分析化学方法及质谱技术研究

李炳龙◎著

中国水利水电出版社
www.waterpub.com.cn
·北京·

内 容 提 要

随着科学技术的飞速发展，分析化学领域取得了巨大的成就。

本书主要阐述了分析化学概论、酸碱滴定法、配位滴定法、氧化还原滴定法、沉淀滴定法、重量分析法、原子光谱分析法、分子光谱分析法、色谱分析法、经典质谱技术、质谱仪、质谱成像与联用技术等，力求突出分析化学的实用性，反映分析化学的发展和新成就。

本书结构合理，条理清晰，内容丰富新颖，可供有关的科技及分析工作者参考。

图书在版编目(CIP)数据

分析化学方法及质谱技术研究/李炳龙著. —北京：中国水利水电出版社，2017.9 （2024.1重印）

ISBN 978-7-5170-5913-4

Ⅰ.①分… Ⅱ.①李… Ⅲ.①分析化学—分析方法—研究②质谱法—研究 Ⅳ.①O657.63

中国版本图书馆CIP数据核字(2017)第236580号

书　　名	分析化学方法及质谱技术研究 FENXI HUAXUE FANGFA JI ZHIPU JISHU YANJIU
作　　者	李炳龙　著
出版发行	中国水利水电出版社 （北京市海淀区玉渊潭南路1号D座 100038） 网址：www.waterpub.com.cn E-mail：sales@waterpub.com.cn 电话：(010)68367658(营销中心)
经　　售	北京科水图书销售中心(零售) 电话：(010)88383994、63202643、68545874 全国各地新华书店和相关出版物销售网点
排　　版	北京亚吉飞数码科技有限公司
印　　刷	三河市天润建兴印务有限公司
规　　格	170mm×240mm　16开本　19.25印张　345千字
版　　次	2018年1月第1版　2024年1月第3次印刷
印　　数	0001—2000册
定　　价	87.00元

前 言

分析化学是关于研究物质的组成、含量、结构和形态等化学信息的分析方法及理论的一门科学。它是化学学科的一个重要分支，被称为工农业生产的“眼睛”、科学研究的“参谋”，可见其重要性非同一般。分析化学的研究范围和应用领域非常广泛，其广泛应用于地质普查、矿产勘探、冶金、化学工业、能源、农业、医药、临床化验、环境保护、商品检验、考古分析、法医刑侦鉴定等领域。

随着生命、材料和环境的发展变化，逐渐造成分析对象的多样性、不确定性和复杂性急剧增加，从而使分析化学的研究面临严峻挑战。化学分析已经发展成为一门以多学科为基础的综合学科，因而早有分析科学的称谓。分析科学可分为化学分析和仪器分析两大类。化学分析是分析科学的基础，用于常量分析；而仪器分析代表了分析科学的发展方向，主要用于痕量分析和复杂体系分析。正因如此，本书分别从化学分析和仪器分析两个方面进行了研究。

本书从系统性、权威性、新颖性、实用性和可操作性原则出发，按由浅入深、循序渐进的原则撰写，力求做到理论严谨、内容丰富、重点突出、层次清晰。全书共 12 章：第 1 章为分析化学概论，让读者对分析化学有一个较为初步的认识；第 2～6 章为化学分析部分，对各种化学分析方法进行了研究，分别为酸碱滴定法、配位滴定法、氧化还原滴定法、沉淀滴定法、重量分析法等；第 7～12 章为仪器分析部分，对各种仪器分析方法进行了研究，分别为原子光谱分析法、分子光谱分析法、色谱分析法、经典质谱技术、质谱仪、质谱成像与联用技术等。

本书在撰写过程中，参考了大量有价值的文献与资料，吸取了许多人的宝贵经验，在此向这些文献的作者表示敬意。此外，本书的撰写还得到了出版社领导和编辑的鼎力支持和帮助，同时也得到了学校领导的支持和鼓励，在此一并表示感谢。由于分析化学方法发展日新月异，加之作者自身水平及时间有限，书中难免有错误和疏漏之处，敬请广大读者和专家给予批评指正。

作者

2017 年 7 月

目 录

第1章　分析化学概论

1.1　分析化学的任务与作用

分析化学的主要任务是通过各种方法与手段，应用各种仪器测试得到图像、数据等相关信息来鉴定物质体系的化学组成，测定其中有关成分的含量和确定体系中物质的结构和形态。它们分别隶属于定性分析、定量分析、结构分析和形态分析研究的范畴。

分析化学不仅对化学学科本身的发展起着重要作用，而且在国民经济、科学技术、医药卫生等各方面都有着举足轻重的作用。

1. 在化学学科发展中的作用

在化学学科发展中，从元素到各种化学基本定律（质量守恒定律、定比定律、倍比定律）的发现；原子论、分子论创立；相对原子质量测定；元素周期律建立及元素特征光谱线的发现等各种化学现象的揭示，都与分析化学的卓越贡献密不可分。在现代化学各研究领域也同样离不开分析化学，例如，中药化学活性成分的研究，采用色谱法对其各成分进行分离，得到单体化合物后使用光谱、核磁、质谱等分析方法对其进行定性、定量、确定结构。又如，在生物化学的细胞分析中，对细胞内容物蛋白质、DNA和糖类的结构和含量进行测定等。事实上，无论是中药化学家还是生物化学家，在研究过程中均需花费大量时间获取所研究物质的定性和定量信息。

2. 在国民经济建设中的作用

在国民经济建设中，工业生产上原材料的选择，中间体、成品和有关物质的检验；资源勘探方面，天然气、油田、矿藏的储量确定；煤矿、钢铁基地的选址；农业生产中，土壤成分检定、作物营养诊断、农产品与加工食品质量检验；建筑行业中，各类建筑材料与装饰材料的品质、机械强度和建筑质量评判；商业流通领域中，商品的质量监控等都需要分析化学提供相关信息。可以说，分析化学在国民经济建设中起着不可替代的作用。

3.在科学技术研究中的作用

在科学技术研究中，当今研究热点生命科学、材料科学、环境科学和能源科学等都涉及研究物质的组成、含量和结构等信息。例如，环境科学家在治理环境污染时首先要确定污染物的成分、分析查找污染源，再采用适当方法治理污染，而这每一步都离不开分析化学。因此，不妨说，凡是涉及化学现象的任何一种科学研究领域，分析化学都是它们所不可缺少的研究工具与手段。实际上，分析化学已成为“从事科学研究的科学”，是现代科学技术的“眼睛”。

4.在医药卫生事业中的作用

在医药卫生事业中，临床检验、疾病诊断、新药研发、药品质量控制、中药有效成分的分离和鉴定；药物构效关系、量效关系研究；药动学、代谢组学研究；药物制剂稳定性研究；突发公共卫生事件的处理等都离不开分析化学。分析化学不仅用于发现问题，而且参与实际问题的解决。

1.2 分析过程及分析结果的表示

1.2.1 取样

根据分析对象是气体、液体或固体，采用不同的取样方法。送到分析实验室的试样量通常是很少的，但它却应该能代表整批物料的平均化学成分。

这里以矿石为例，简要说明取样的基本方法。

①根据矿石的堆放情况和颗粒的大小选取合理的取样点和采集量。

②将采集到的试样经过多次破碎、过筛、混匀、缩分后才能得到符合分析要求的试样。破碎应由粗到细进行。破碎后过筛时，应将未通过筛孔的粗粒进一步破碎，直至全部通过筛孔。

③将试样量进行缩分，使粉碎后的试样量逐渐减少。缩分一般采用四分法，即将过筛后的试样堆为圆饼状，通过中心分为四等份，弃去对角的两份，剩下的两份继续缩分至所需的采样量。

药品的抽样检验中要遵循一定的取样方案。中药分析时，除应注意品种正确外，还要注意产地和采收期等因素对化学成分与中药质量的影响。

1.2.2　试样的制备

制备的试样应适用于所选用的分析方法，一般分析工作中，除干法分析外，通常先将试样制成溶液再进行分析。试样的制备包括干燥、粉碎、研磨、分解、提取、分离和富集等步骤。在制备过程中应尽量少引入杂质，不能丢失待测组分。

1. 试样的分解

试样的分解同样是样品预处理步骤中极为重要的一环。

(1)试样分解原则

一般试样的分解应遵循如下要求和原则。

①分解完全。这是分析测试工作的首要条件，应根据试样的性质，选择适当的溶(熔)剂、合理的溶(熔)解方法和操作条件，并力求在较短时间内将试样分解完全。

②避免待测成分损失。分解试样往往需要加热，有些甚至蒸至近干。这些操作往往会发生暴沸或溅跳现象，使待测组分损失。此外，加入不恰当的溶剂也会引起组分的损失。

③不能额外引入待测组分。在分解试样过程中，必须注意不能选用含有被测组分的试剂和器皿。

④不能引入干扰物质。防止引入对待测组分测定引起干扰的物质。这主要是要注意所使用的试剂、器皿可能产生的化学反应而干扰待测组分的测定。

⑤适当的方法。选择的试样分解方法与组分的测定方法相适应。

⑥与溶(熔)剂匹配的器皿。根据溶(熔)剂的性质，选用合适的器皿。因为有些溶(熔)剂会腐蚀某些材质制造的器皿，所以必须注意溶(熔)剂与器皿间的匹配。

(2)分解试样方法

①湿法分析。大多数分析方法为湿法分析，需要分解试样并将待测组分转入溶液方能进行测定。常用的分解试样的方法为酸溶法，少数试样可采用碱溶法，一些不易溶解的试样可采用熔融法。

②酸溶法。酸溶法是利用酸的酸性、氧化性或还原性和配位性将试样中的被测组分转移入溶液中的一种方法。这是一种最常用的分解试样方法，所采用的酸有盐酸、硝酸、磷酸、氢氟酸和高氯酸等。为了提高酸分解的效果，除了采用单一酸作为溶剂外，也常用两种或两种以上的混合酸对某些

较难分解的试样进行处理。

③碱熔法。常用的碱性熔剂有碳酸钾、碳酸钠、氢氧化钾、氢氧化钠、过氧化钠或它们的混合物。碱熔法常用于酸性氧化物、酸不溶残渣等酸性试样的分解。近年来，由于采用聚四氟乙烯坩埚在微波炉中熔融试样，简化了操作程序，加快了熔融速度。

2. 试样的分离处理

为了避免分析测定过程中其他组分对待测组分的干扰，在试样分解后有时还应进行分离处理，以便得到足够纯度的物质供下一步分析测定。常用的分离方法有沉淀分离法、萃取分离法、色谱分离法等。此外，还可利用蒸馏、挥发、电泳与电渗、区域熔融、泡沫分离等手段进行分离。有些情况下可利用掩蔽剂掩蔽干扰成分消除干扰，以简化操作手续。

1.2.3 分析测定

一个分析试样的分析结果都需要进行测定。进行实际试样测定前必须对所用仪器进行校正。实际上，实验室使用的计量器具和仪器都必须定时经过权威机构的校验。所使用的具体分析方法必须经过认证以确保分析结果符合要求。定量方法认证包括准确度、精密度、检出限、定量限和线性范围等的确定。

1.2.4 分析结果的计算

根据分析过程中有关反应的计量关系及分析测量所得数据，计算试样中待测定组分的含量。对测定结构及其误差分布情况，应用统计学方法进行评价，例如，平均值、标准差、相对标准差、测量次数和置信度等。

1.2.5 分析结果的表示方法

1. 被测组分的表示形式

对所测定的组分通常有以下几种表示形式。

①以实际存在的型体表示测定结果以实际存在型体的含量表示。如水质理化检验中测定 Ca^{2+}、Mg^{2+}、NO_3^-、NO_2^- 等，其测定结果直接以其实际存在型体的含量表示。

②以元素形式表示将测定结果折算为元素的含量表示。如进行 Fe、Mn、Al、Cu、N、S 等元素分析，测定结果常以元素的含量表示。

③以氧化物形式表示将测定结果折算为氧化物的含量表示。如中国表示水的硬度的方法是将所测得的钙、镁的量折算成 CaO 的质量，以每升水中含有 CaO 的质量表示，并且规定 1 L 水中含有相当于 10 mg 的 CaO 为 1 度(°dH)。

④以化合物的形式表示将测定结果折算为化合物的含量表示，如用重量法测定试样中 S，测定结果以 $BaSO_4$ 的含量表示。

以上所列的四种表示形式只是一般的规则，实际工作中往往按需要或历史习惯表示。

2. 被测组分含量的表示方法

被测组分的含量通常以单位质量或单位体积中被测组分的量来表示。由于试样的物理状态和被测组分的含量不同，其计量方法和单位不同。

(1)固体试样

固体试样中某一组分的含量，用该组分在试样中的质量分数 ω 表示。

$$\omega=\frac{m}{m_s}$$

式中，m 和 m_s 分别为被测组分和试样的质量，g。

如果被测组分为常量组分，则 ω 的数值可用百分率(%)表示，这里的“%”是表示质量分数，如 $\omega=0.25$，可记为 25%；如果被测组分含量很低，则 ω 可用指数形式表示，如 $\omega=1.5\times10^{-5}$，也可以用不等的两个单位之比表示，μg/g、ng/g 等表示。

(2)液体试样

液体试样的分析结果一般用物质的量浓度 c 表示，单位为 mol/L、mmol/L 等。在卫生检验工作中，被测物质往往以多种形态存在，没有固定的摩尔质量，因此，测定结果常用质量浓度 ρ 表示，单位为 g/L、mg/L、μg/L、mg/mL 或 μg/mL 等。

(3)气体试样

气体试样中被测组分的含量表示方法，随其存在状态不同分为两种。

①质量浓度。用每立方米气体中被测组分的质量表示，单位为 mg/m^3。目前，空气污染物浓度大都采用这种表示方法，如空气中 SO_2 的浓度用 mg/m^3 表示。

②体积分数。当被测组分以气体或蒸气状态存在时，其含量可用体积分数，即以每立方米气体中所含被测物质的体积表示，单位为 mL/m^3。

1.3 分析化学的发展趋势

环境科学、材料科学、宇宙科学、生命科学以及化学学科的发展，既促进了分析化学的发展，又对分析化学提出了更高的要求。现代分析化学已不再局限于测定物质的组成和含量，它实际上已成为“从事科学研究的科学”，正向着更深、更广阔的领域发展。当前的发展趋势主要表现在以下几个方面。

1. 智能化

智能化主要体现在计算机的应用和化学计量学的发展方面。计算机在分析数据处理、实验条件的最优化选择、数字模拟、专家系统和各种理论计算的研究中以及在农业、生物、环境测控与管理中都起着非常重要的作用。

2. 自动化

自动化主要体现在自动分析、遥测分析等方面。如遥感监测地面污染情况，就可以通过植物的种类、长势及其受害程度，间接判断土壤受污染的程度，这是因为植物受污染后发生的生理病变可在陆地卫星影像上有明显的显示。又如，红外遥测技术在环境监测（大气污染、烟尘排放等），流程控制，火箭、导弹飞行器尾气组分测定等方面具有独特作用。

3. 精确化

精确化主要体现在提高灵敏度和分析结果的准确度方面。如激光微探针质谱法对有机化合物的检出限量为 10^{-15}～10^{-12} g，对某些金属元素的检出限量可达 10^{-20}～10^{-19} g，且能分析生物大分子和高聚物；电子探针分析所用试液体积可低至 1 012 mL，高含量的相对误差值已达到 0.01%以下。

4. 微观化

微观化主要体现在表面分析与微区分析等方面。如电子探针、X 射线微量分析法可分析半径和深度为 1～3 μm 的微区，其相对检出限量为 0.01%～0.1%。

分析化学的发展必须也必将和当代科学技术的发展同步进行，并将广泛吸收当代各种技术的最新成果，如化学、物理、数学与信息学、生命科学、计算科学、材料科学、医学等，利用一切可以利用的性质和手段，完善和建立新的表征、测定方法和技术，并广泛应用和服务于各个科学领域。同时计算机技术、激光、纳米技术、光导纤维、功能材料、等离子体、化学计量学等新技术、新材料和新方向同分析化学的交叉研究，更促进了分析化学的进一步发展。因此，分析化学已经不是单纯提供信息的科学，它已经发展成一门以多学科为基础的综合性科学。它将继续沿着高灵敏度（达原子级、分子级水平）、高选择性（复杂体系）、快速、简便、经济、分析仪器自动化、数字化、计算机化和信息化的纵深方向发展，以解决更多、更新、更复杂的课题。

第2章　酸碱滴定法

2.1　水溶液中的酸碱平衡

酸碱滴定法是以质子转移反应为基础的滴定分析方法，它包括水溶液和非水溶液中进行的酸碱滴定法两大类。一般酸、碱以及能与酸、碱直接或间接发生质子转移反应的物质，几乎都可以用酸碱滴定法滴定，因此应用十分广泛。

酸碱滴定的理论基础是酸碱平衡，它不仅决定酸碱滴定反应进行的程度，而且影响溶液中其他的平衡过程，如碳酸钙、草酸钙溶解于酸，高锰酸钾在不同酸碱性条件下被还原成不同价态，向铜氨络离子的溶液中加入过量强碱会产生氢氧化铜沉淀的现象，就是酸碱平衡影响沉淀溶解平衡、氧化还原平衡和配位平衡的例子。通过控制溶液的酸碱性，可以达到改变溶液中物质存在形式——也就是反应条件的目的。可见，处理好酸碱平衡是研究其他平衡过程、控制滴定反应条件的基础。

2.1.1　酸碱质子理论

酸碱质子理论认为：凡是能给出质子的物质都是酸，如 HCl、HAc、HCO_3^- 等都是酸。凡能接受质子的物质都是碱，如Cl^-、Ac^-、NaOH、HCO_3^-等都是碱。

从酸碱质子理论定义可看出：

①酸和碱可以是分子，也可以是阳离子或阴离子。

②酸和碱不是孤立的，酸给出质子后生成碱，碱接受质子后就变成酸。相应的酸碱之间存在的互相依存关系称为共轭关系。这种因得失一个质子而互相转变的每一对酸碱称为共轭酸碱对。下面列出一些共轭酸碱对：

$$\text{酸} \rightleftharpoons \text{质子} + \text{碱}$$

$$HCl \rightleftharpoons H^+ + Cl^-$$

$$NH_4^+ \rightleftharpoons H^+ + NH_3$$

$$HAc \rightleftharpoons H^+ + Ac^-$$
$$H_2SO_4 \longrightarrow H^+ + HSO_4^-$$
$$HSO_4^- \rightleftharpoons H^+ + SO_4^{2-}$$
$$HCO_3^- \rightleftharpoons H^+ + CO_3^{2-}$$

可以看出，给出质子的能力越大，酸越强，其共轭碱就越弱；给出质子的能力较弱，其共轭碱则较强。

③有些物质既能体现酸也能体现碱的性质。即既能给出质子，又能接受质子。这样的物质称为两性物质。例如，

$$\underset{酸}{HCO_3^-} \rightleftharpoons H^+ + \underset{碱}{CO_3^{2-}},\ \underset{碱}{HCO_3^-} + H^+ \rightleftharpoons \underset{酸}{H_2CO_3}$$

HCO_3^- 就是两性物质，按质子理论，两性物质是非常多的。

④质子理论中没有盐的概念。酸碱解离理论中的盐，在质子论中都是离子酸或离子碱，如NH_4Cl中的NH_4^+是酸，Cl^-是碱。

2.1.2 酸碱反应的实质

酸碱质子理论不仅扩大了酸和碱的范围，还可以把解离理论中的解离作用、中和作用、水解作用等统统包括在酸碱反应的范围之中，皆可看作是质子传递的酸碱反应，酸碱反应的实质就是酸碱之间的质子传递。

共轭酸碱体系中的酸或碱是不能独立存在的，即酸碱半反应都不能单独发生。因而当溶液中某一种酸给出质子后，必须有另一种能接受质子的碱存在才能实现。

酸碱反应的一般式可写为

$$酸_1 + 碱_2 \rightleftharpoons 酸_2 + 碱_1$$

（碱₂与酸₂共轭；酸₁与碱₁共轭）

现以醋酸在水溶液中水解为例：

半反应1

$$\underset{酸_1}{HAc} \rightleftharpoons H^+ + \underset{碱_1}{Ac^-}$$

半反应2

$$\underset{碱_2}{H_2O} + H^+ \rightleftharpoons \underset{酸_2}{H_3O^+}$$

总反应

$$\underset{酸_1}{HAc} + \underset{碱_2}{H_2O} \rightleftharpoons \underset{酸_2}{H_3O^+} + \underset{碱_1}{Ac^-}$$

其结果是质子从 HAc 转移到 H_2O，溶剂 H_2O 起着碱的作用，才使得 HAc 的解离得以实现。通常为书写方便，将 H_3O^+ 简写成 H^+，以上反应式可简写为

$$H_2O \rightleftharpoons H^+ + OH^-$$

需要注意的是，这个简化式代表的是一个完整的酸碱反应，而不是酸碱半反应。

酸碱质子理论中，酸碱反应实际上是两个共轭酸碱对共同作用的结果，其实质是质子的转移。比如说，H_2O 在水中的离解就是 HCl 与 H_2O 之间的质子转移作用，是由 $HCl\text{-}Cl^-$ 与 $H^+\text{-}H_2O$ 两个共轭酸碱对共同作用的结果。

2.1.3 酸碱反应的平衡常数

酸碱反应进行的程度可以用平衡常数的大小来衡量，其中最基本的是酸（碱）解离平衡常数和水的自递常数。例如，酸在水溶液中的解离，

$$HA + H_2O \rightleftharpoons H_3O^+ + A^-$$

反应的平衡常数称为酸解离常数，用 K_a 表示，

$$K_a = \frac{a_{H^+} a_{A^-}}{a_{HA}} \tag{2-1}$$

又如，碱在水溶液中的解离，

$$A^- + H_2O \rightleftharpoons OH^- + HA$$

反应的平衡常数称为碱解离常数，用 K_b 表示：

$$K_b = \frac{a_{OH^-} a_{HA}}{a_{A^-}} \tag{2-2}$$

式(2-1)和式(2-2)为标准平衡常数，即活度平衡常数，a 表示活度，在稀溶液中，通常将溶剂的活度系数视为 1。活度和溶度可以通过活度系数相互转换，活度系数和溶液的离子强度有关。由于反应经常在较稀溶液中进行，所以通常忽略离子强度的影响，这样，活度系数就可以视为 1，即可用平衡溶度代替活度，式(2-1)可写为

$$K_a^c = \frac{[H^+][A^-]}{[HA]}$$

式中，K_a^c 被称为浓度常数。

2.2　酸碱滴定原理

酸碱滴定过程中，随着滴定剂不断地加入到被滴定溶液中，溶液的 pH 不断地变化，根据滴定过程中溶液 pH 的变化规律，选择合适的指示剂，才能正确地指示滴定终点。下面通过几种类型的酸碱滴定过程的讨论，掌握酸碱滴定原理。

2.2.1　强酸(碱)的滴定

滴定反应的平衡常数叫作滴定常数，它反映滴定反应进行的完全程度，一般用 K_t表示。

强酸与强碱的滴定反应式为

$$H^+ + OH^- \rightleftharpoons H_2O$$

$$K_t = \frac{1}{[H^+][OH^-]} = \frac{1}{K_w} = 1.00 \times 10^{14}$$

可以看出，强酸强碱滴定反应的滴定常数 K_t 值特别大，强酸强碱滴定反应也是在水溶液中反应程度最完全的酸碱滴定。

1. 滴定曲线

现以 0.100 0 mol/L NaOH 溶液滴定 20.00 mL(V_0)等浓度的 HCl 溶液为例，来讨论滴定过程中溶液 pH 的变化，假设滴定中加入 NaOH 的体积为 V(mL)。

(1)滴定开始前

溶液的组成为 HCl(0.100 0 mol/L，20.00 mL)，此时($V_b=0$)，溶液的酸度等于 HCl 的初始浓度。

$$[H^+] = c_{HCl} = 0.100 \text{ mol/L}$$

$$pH = 1.00$$

(2)滴定开始至化学计量点前

溶液的组成为 HCl+NaCl，此时溶液中的$[H^+]$取决于剩余 HCl 的浓度，即

$$[H^+] = \frac{V_0 - V}{V_0 + V} \cdot c_{HCl}$$

例如，当滴入 19.98 mL NaOH 溶液时(化学计量点前 0.1%)：

$$[H^+]=\frac{(20.00-19.98)}{(20.00+19.98)}\times 0.1000=5.00\times 10^{-5}\ mol/L$$

$$pH=4.30$$

(3)化学计量点时

溶液的组成为 NaCl,此时 HCl 和 NaCl 恰好完全反应,溶液呈中性,H^+来自水的离解。

$$[H^+]=[OH^-]=1.0\times 10^{-7}\ mol/L$$

$$pH=7.00$$

(4)化学计量点后

溶液的组成为 NaCl+NaOH,此时溶液的 pH 由过量的 NaOH 的浓度决定,即

$$[OH^-]=\frac{V_0-V}{V+V_0}\cdot c_{NaOH}$$

例如,当滴入 20.02 mL 溶液时(化学计量点后 0.1%):

$$[OH^-]=\frac{(20.02-20.00)}{(20.00+20.22)}\times 0.1000=5.00\times 10^{-5}\ mol/L$$

$$pOH=4.30$$

$$pH=9.70$$

用类似方法逐一计算出滴定过程中的 pH 变化,其值列于表 2-1 中。

表 2-1 0.100 0 mol/L NaOH 溶液滴定 0.100 0 mol/L HCl 溶液 20.00 mL pH 变化

加入的 NaOH		剩余的 HCl		$[H^+]$	pH
%	mL	%	mL		
0	0	100	20.0	1.0×10^{-1}	1.00
90.0	18.00	10.0	2.00	5.0×10^{-3}	2.30
99.0	19.80	1.00	0.20	5.0×10^{-4}	3.30
99.9	19.98	0.10	0.02	5.0×10^{-5}	4.30
100.0	20.00	0	0	1.0×10^{-7}	7.00(计量点)
		过量的 NaOH		$[OH^-]$	
100.1	20.02	0.1	0.02	5.0×10^{-5}	9.70
101	20.20	1.0	0.20	5.0×10^{-4}	10.70

以 NaOH 加入量为横坐标,以溶液的 pH 为纵坐标,绘制滴定曲线,如图 2-1 所示。

从表 2-1 和图 2-1 可以看出,从滴定开始到加入 NaOH 溶液 19.98 mL 时,HCl 被滴定了 99.9%,溶液的 pH 仅改变了 3.30 个 pH 单位,但从

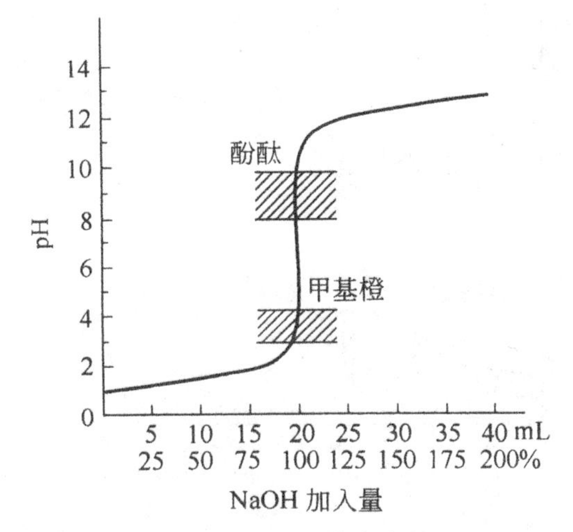

图 2-1　0.100 0 mol/L NaOH 溶液滴定 0.100 0 mol/L HCl 溶液 20.00 mL 的滴定曲线

19.98 mL 增加到 20.02 mL，也就是在化学计量点前后±0.1%的范围内，pH 由 4.30 急剧增到 9.70，增大了 5.40 个 pH 单位，即$[H^+]$浓度降低了 25 万倍，溶液也由酸性变为了碱性。从图 2-1 可以看出，在化学计量点前后曲线呈近似垂直的一段，表明溶液的 pH 发生了急剧变化。这种 pH 的突变被称为滴定突跃，滴定突跃所在的 pH 范围称为滴定突跃范围。此后，再继续滴加 NaOH，溶液的 pH 变化很缓慢，越来越小。

滴定突跃具有十分重要的实际意义，滴定突跃范围是选择指示剂的依据。凡是变色范围全部或部分区域落在滴定突跃范围内的指示剂都可以用来指示滴定终点。

2. 影响滴定突跃范围的因素

强碱与强酸的滴定具有较大的滴定突跃，正是这类反应具有很高完全程度的体现。但滴定突跃的大小还与滴定剂和被滴定物的浓度有关(图 2-2)，浓度越大，滴定突跃亦越大。例如，用 1.00 mol/L 的 NaOH 溶液滴定 20.00 mL 的 1.00 mol/L 的 HCl 溶液，突跃范围为 pH=3.3～10.7。说明强酸、强碱溶液的浓度各增大 10 倍，滴定突跃范围则向上下两端各延伸一个 pH 单位。滴定突跃越大，可供选用的指示剂亦越多，此时甲基橙、甲基红和酚酞均可采用。若 NaOH 和 HCl 的浓度均为 0.01 mol/L，则突跃范围为 pH=5.3～8.7，此时欲使终点误差不超过 0.1%，采用甲基红为指示剂最适宜，酚酞略差一些，甲基橙则不可使用。

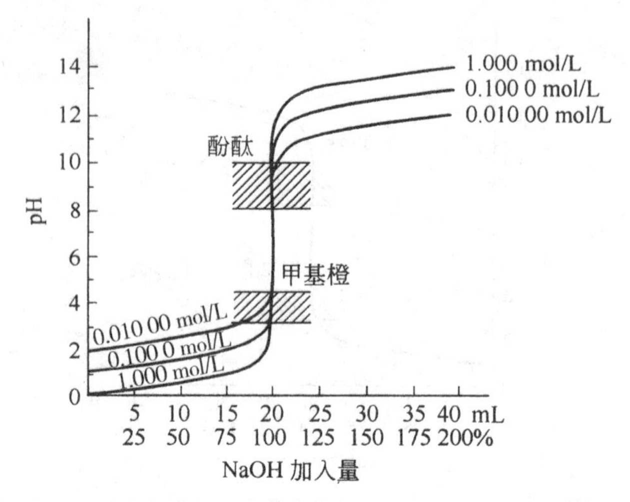

图 2-2 不同浓度 NaOH 溶液滴定不同浓度 HCl 溶液的滴定曲线

2.2.2 一元弱酸(弱碱)的滴定

弱酸、弱碱滴定反应及滴定常数分别为

$$HA+OH^- \rightleftharpoons A^- + H_2O, K_b = K_a / K_w$$

$$B+H^+ \rightleftharpoons HB^+, K_t = K_b / K_w$$

滴定常数是由弱酸、弱碱的离解常数与水的自递常数之比决定的。弱酸(碱)的滴定常数 K_t 比强酸(碱)滴定的 K_t($K_t=1/K$)小,说明反应的完全程度较低。被滴定酸的 K_a 值或碱的 K_b 值越大,即酸(或碱)越强,则 K_t 越大,反应越完全。酸(碱)越弱,则滴定反应越不完全,到一定限度时,准确滴定就不可能了。

强碱滴定弱酸的滴定反应式为

$$HA+OH^- \rightleftharpoons A^- + H_2O$$

1. 滴定曲线

现以浓度为 0.100 0 mol/L 的 NaOH 滴定 20.00 mL 0.100 0 mol/L HAc 为例,来讨论滴定过程中溶液的 pH 变化情况。

(1)滴定开始前

此时溶液的组成为 HAc,溶液的 pH 取决于 HAc 的起始溶度:

$$[H^+]=\sqrt{K_a c}=\sqrt{1.80\times 10^5 \times 0.1000}=1.34\times 10^{-3}\ \text{mol/L}$$

$$pH=2.88$$

(2)滴定开始至化学计量点前

此时溶液组成为 HAc＋NaAc,溶液为 HAc-NaAc 缓冲体系,其 pH 按缓冲溶液计算：

$$pH = pK_a - \lg \frac{c_{HAc}}{c_{Ac^-}}$$

当滴入 19.98 mL NaOH 溶液时，

$$c_{HAc} = \frac{20.00 - 19.98}{20.00 + 19.98} \times 0.1000 = 5.0 \times 10^{-5}\ \text{mol/L}$$

$$c_{Ac^-} = \frac{19.98}{20.00 + 19.98} \times 0.1000 = 5.0 \times 10^{-2}\ \text{mol/L}$$

$$pH = 4.74 - \lg \frac{5.0 \times 10^{-5}}{5.0 \times 10^{-2}} = 7.76$$

(3)化学计量点时

此时溶液组成为 NaCl,HAc 全部与 NaOH 反应,溶液的 pH 取决于 Ac^- 的碱性,NaAc 的浓度为 0.050 0 mol/L,所以

$$[OH^-] = \sqrt{K_b c_{Ac^-}} = \sqrt{c_{Ac^-} \frac{K_w}{K_a}} = \sqrt{0.050 \times \frac{1.0 \times 10^{-14}}{1.8 \times 10^{-5}}}$$

$$= 5.3 \times 10^{-6}\ \text{mol/L}$$

$$pOH = 5.27$$

$$pH = 8.73$$

(4)化学计量点后

溶液组成为 NaAc＋NaOH,溶液的 pH 取决于过量的 NaOH,计算方法与强碱滴定强酸相同。

例如,滴入 NaOH 20.02 mL(化学计量点后 0.1%)时，

$$pOH = 4.30$$

$$pH = 9.70$$

如此依次计算,将 pH 变化数据列于表 2-2 中,并绘制滴定曲线,如图 2-3 所示。

从表 2-2 和图 2-3 可以看出,强碱滴定弱酸有如下特点：

①曲线的起点较高。相对于强酸强碱滴定来说,因为 HAc 是弱酸,在水中部分解离,滴定曲线的起点为 2.88,比前者高了约 2 个 pH 单位。

②pH 的变化速率不同。滴定开始时,生成了少量 Ac^-,抑制了 HAc 的离解,$[H^+]$降低较快,曲线斜率较大。随着滴定的继续进行,HAc 浓度越来越低,Ac^- 的浓度越来越大,HAc-Ac^- 的缓冲作用减缓了溶液 pH 的增加速度。10%到 90%的 HAc 被滴定,pH 从 3.80 增加到 5.70 只改变了 2 个 pH 单位,曲线斜率很小。接近化学计量点时 HAc 浓度越来越低,缓冲

作用越来越弱，溶液碱性逐渐增强，pH 增加较快，曲线斜率迅速增大。

③滴定的 pH 突跃范围较小。滴定突跃范围为 7.70～9.70。化学计量点时溶液 pH＞7，为碱性，是由于生成产物 NaAc 离解显碱性的缘故。

④计量点后，溶液的 pH 变化与 NaOH 滴定 HCl 的一样。由于滴定的 pH 突跃范围为 7.70～9.70，故只能选用在碱性区域变色的指示剂，如酚酞、百里酚蓝等。

表 2-2 0.100 0 mol/L NaOH 溶液滴定 0.100 0 mol/L HAc 20 mL 溶液 pH 的变化

加入的 NaOH		剩余的 HAc		计算式	pH
%	mL	%	mL		
0	0	100	20.00		2.88
50	10.00	50	10.00		4.75
90	18.00	10	2.00	$[OH^-]=\sqrt{K_a c_a}$	5.71
99	19.80	1	0.20	$[H^+]=K_a\frac{[HAc]}{[Ac^-]}$	6.75
19.98		0.1	0.02	$[OH^-]=\sqrt{\frac{K_w}{K_a}c_b}$	7.76
100.0	20.00	0	0		8.73(计量点)
		过量的 NaOH			
100.1	20.02	0.02			9.70
101.0	20.20	1.0	0.20		10.70

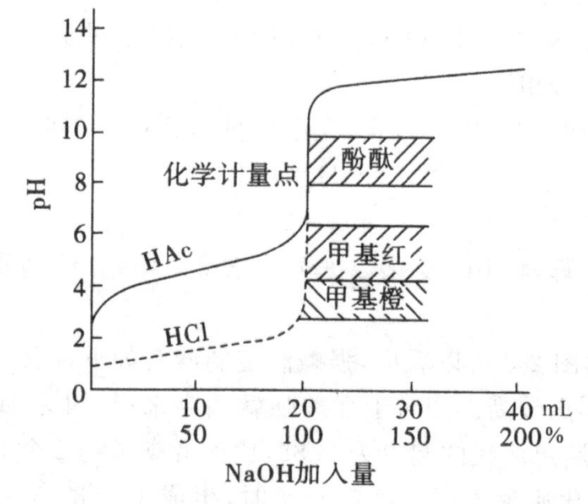

图 2-3 0.100 0 mol/L NaOH 溶液滴定 0.100 0 mol/L HAc 20 mL 的滴定曲线

2. 影响滴定突跃范围的因素

如图 2-4 所示为 0.100 0 mol/L NaOH 溶液滴定 0.100 0 mol/L 不同

强度酸的滴定曲线。

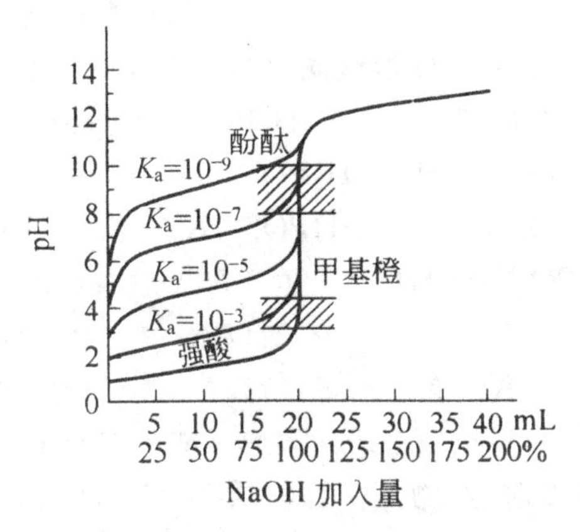

图 2-4　0.100 0 mol/L NaOH 溶液滴定不同强度的酸(0.100 0 mol/L)的滴定曲线

根据图 2-4 可以看出：

①酸的强度：当酸的浓度一定时，被滴定的酸越弱(K_a越小)，滴定的突跃范围越小。当 $K_a \leqslant 10^{-9}$时，已无明显突跃，无法选用一般的指示剂指示滴定的终点。

②弱酸的浓度：当酸的 K_a 值一定时，溶液的浓度对滴定突跃的影响与强碱滴定强酸相同。浓度越大，滴定突跃范围也越大，终点较明显。反之则小。

强酸滴定弱碱的滴定曲线和强碱滴定弱酸的滴定曲线相似，区别就在于：化学计量点在酸性区，pH＝5.23；形状刚好相反，突跃是由高到低。所以指示剂只能选用酸性范围变色的指示剂(甲基橙、甲基红等)。

2.2.3　多元酸(碱)的滴定

1. 多元酸的滴定

对于多元酸的滴定，因为多元弱酸在水溶液中会分步电离，其滴定反应是分步进行的，所以在其滴定曲线上会有多个滴定突跃的出现。可根据下列条件来判断多元酸可不可以准确分步滴定。

①用 $c_a K_a$ 是否大于等于 10^{-8}来判断能不能准确滴定离解的 H^+。

②根据相邻两级 K_a 的比值 K_{a_1}/K_{a_2} 是否大于等于 10^4，来判断第一级 H^+ 的滴定有没有被第二级离解的 H^+ 所干扰，也就是说，能不能分步滴定。若 $K_{a_1}/K_{a_2} \geqslant 10^4$，而 $cK_{a_1} \geqslant 10^{-8}$，则第一级离解的 H^+ 先被滴定，形成第一

个突跃。第二级解离的 H^+ 后被滴定，是否有第二个突跃，则取决于 cK_{a_2} 是否大于等于 10^{-8}。

以 0.100 0 mol/L NaOH 溶液滴定 20.00 mL 等浓度的 H_3PO_4 溶液为例，来说明滴定多元酸的特点。已知 H_3PO_4 在水溶液中分三级离解：

$$H_3PO_4 \rightleftharpoons H^+ + H_2PO_4^-,\ K_{a_1}=7.6\times10^{-3}$$

$$H_2PO_4^- \rightleftharpoons H^+ + HPO_4^{2-},K_{a_2}=6.3\times10^{-8}$$

$$HPO_4^{2-} \rightleftharpoons H^+ + PO_4^{3-},K_{a_3}=4.4\times10^{-13}$$

因为 $cK_{a_1}\geqslant10^{-8}$，$K_{a_1}/K_{a_2}>10^4$，所以第一级的解离能够准确滴定。

因为 $cK_{a_2}\geqslant10^{-8}$，$K_{a_2}/K_{a_3}>10^4$，所以第二级的解离能够准确滴定。

因为 $cK_{a_3}<10^{-8}$，所以第三级的离解不能准确滴定。

第一化学计量点时，产物是两性物质 NaH_2PO_4，pH 用计算两性物质溶液最简式，

$$[H^+]=\sqrt{K_{a_1}K_{a_2}}$$

$$pH=\frac{1}{2}(pK_{a_1}+pK_{a_2})=4.66$$

可以选择甲基红或甲基橙与溴甲酚绿的混合指示剂作为指示剂。

第二化学计量点时，产物是两性物质 Na_2HPO_4，pH 用计算两性物质溶液最简式，

$$[H^+]=\sqrt{K_{a_2}K_{a_3}}$$

$$pH=\frac{1}{2}(pK_{a_2}+pK_{a_3})=9.78$$

可以选择酚酞或百里酚酞作为指示剂。

NaOH 溶液滴定 H_3PO_4 溶液的滴定曲线如图 2-5 所示。

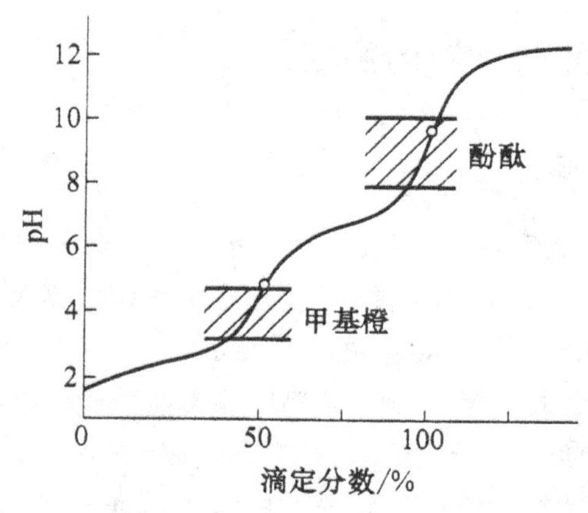

图 2-5 NaOH 溶液滴定 H_3PO_4 溶液的滴定曲线

2. 多元碱的滴定

多元碱可不可以被分步准确滴定的判断原则与多元酸相似：

①若 $cK_b \geqslant 10^{-8}$，则能准确滴定。

②若 $K_{b_1}/K_{b_2} \geqslant 10^4$，则能分步滴定。

以 0.100 0 mol/L HCl 溶液滴定等浓度的 Na_2CO_3 溶液为例，来说明多元碱滴定的特点，其滴定反应式为

$$CO_3^{2-} + H^+ \rightleftharpoons HCO_3^-, K_{b_1} = 10^{-3.75}$$

$$HCO_3^- + H^+ \rightleftharpoons H_2CO_3, K_{b_2} = 10^{-7.62}$$

因为 $cK_{b_1} \geqslant 10^{-8}$，$K_{b_1}/K_{b_2} > 10^4$，所以第一级的解离能够准确滴定。

因为 $cK_{b_2} \geqslant 10^{-8}$，所以第二级的解离能被直接滴定。

第一化学计量点时，产物是两性物质 $NaHCO_3$，pH 用计算两性物质溶液最简式，

$$[H^+] = \sqrt{K_{a_1} K_{a_2}}$$

$$pH = \frac{1}{2}(pK_{a_2} + pK_{a_3}) = 8.31$$

第二化学计量点时，溶液为 H_2CO_3 的饱和溶液，因为 $K_{a_1} \gg K_{a_2}$，所以可以忽略二级离解，

$$[H^+] = \sqrt{cK_{a_1}} = 1.30 \times 10^{-4}$$

$$pH = 3.89$$

可以选择甲基橙作为指示剂。

$$H_3PO_4 \rightleftharpoons H^+ + H_2PO_4^-, pK_{a_1} = 2.12$$

$$H_2PO_4^- \rightleftharpoons H^+ + HPO_4^{2-}, pK_{a_2} = 7.12$$

$$HPO_4^{2-} \rightleftharpoons H^+ + PO_4^{3-}, pK_{a_3} = 12.66$$

因为 $cK_{a_1} \geqslant 10^{-8}$，$K_{a_1}/K_{a_2} \geqslant 10^4$，所以第一级的解离能够准确滴定。

因为 $cK_{a_2} \geqslant 10^{-8}$，$K_{a_2}/K_{a_3} \geqslant 10^4$，所以第二级的解离能够准确滴定。

因为 $cK_{a_3} < 10^{-8}$，所以第三级的离解不能准确滴定。

第一化学计量点时，产物是两性物质 NaH_2PO_4，pH 用计算两性物质溶液最简式，

$$[H^+] = \sqrt{K_{a_1} K_{a_2}}$$

$$pH_1 = \frac{1}{2}(pK_{a_1} + pK_{a_2}) = 4.66$$

可以选择甲基红或甲基橙与溴甲酚绿的混合指示剂作为指示剂。

第二化学计量点时，产物是两性物质 Na_2HPO_4，同样，用最简式计算，

$$[H^+] = \sqrt{K_{a_2} K_{a_3}}$$

$$pH_2=\frac{1}{2}(pK_{a_2}+pK_{a_3})=9.78$$

可以选择酚酞或百里酚酞作为指示剂。

HCl 溶液滴定 Na_2CO_3 溶液的滴定曲线如图 2-6 所示。

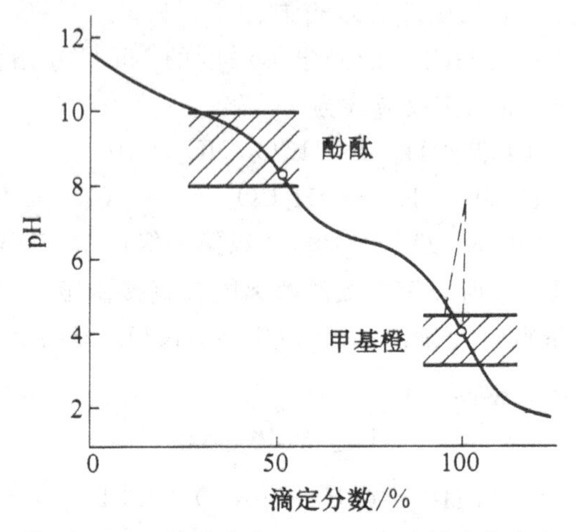

图 2-6　HCl 溶液滴定 Na_2CO_3 溶液的滴定曲线

2.3　酸碱指示剂

2.3.1　酸碱指示剂概述

酸碱指示剂是一类随溶液 pH 改变而变色的化合物，一般是结构比较复杂的有机弱酸或有机弱碱。酸碱指示剂通常有以下三类。

①单色指示剂，在酸式型体或碱式型体中仅有一种型体具有颜色的指示剂，如酚酞。

②双色指示剂，指示剂的酸式型体和碱式型体具有不同的两种颜色，称为双色指示剂，如甲基橙。

③混合指示剂，由两种或两种以上酸碱指示剂按一定比例混合的指示剂称为混合指示剂。

混合指示剂与前两种指示剂的最大区别：混合指示剂利用了颜色之间的互补，具有很窄的变色范围，且在滴定终点有很敏锐的颜色变化，其变色与某一 pH 相关，而无变色范围，因此变色更为敏锐。例如，一份甲基红-三份溴甲酚绿混合指示剂，当溶液由酸性转变为碱性时，溶液颜色由酒红色变为绿色，此混合指示剂常用于以 Na_2CO_3 为基准物质标定 HCl 标准溶液的浓度。

2.3.2　酸碱指示剂的作用原理

酸碱指示剂一般为弱的有机酸或有机碱，它们的共轭酸碱对具有不同的结构，因而呈现不同的颜色。当溶液 pH 改变时，指示剂失去质子由酸型转变为碱型，或得到质子由碱型转变为酸型，结构发生变化，从而引起颜色的变化。下面以酚酞和甲基橙为例来说明。

1. 酚酞

酚酞是一种弱的有机酸，属单色指示剂，在溶液中有如下平衡：

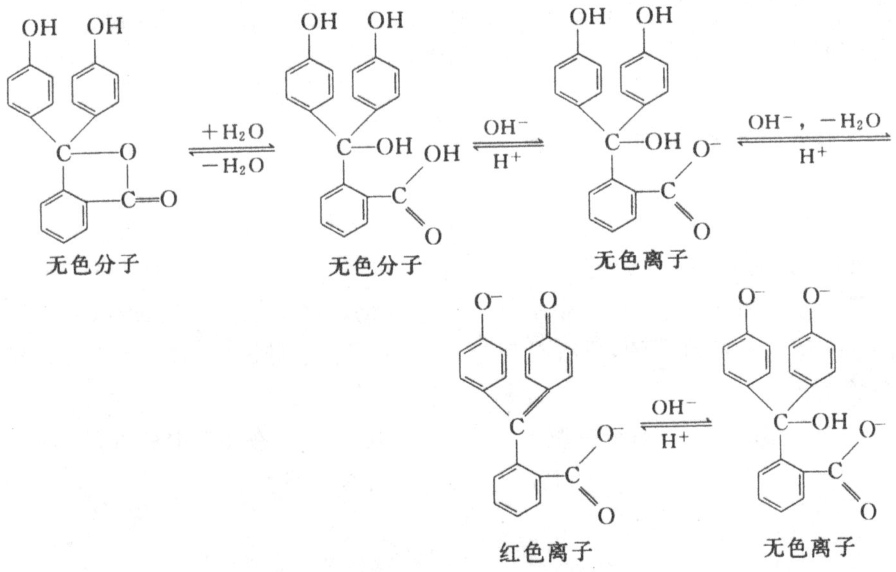

无色分子 $\underset{-H_2O}{\overset{+H_2O}{\rightleftharpoons}}$ 无色分子 $\underset{H^+}{\overset{OH^-}{\rightleftharpoons}}$ 无色离子 $\underset{H^+}{\overset{OH^-,\ -H_2O}{\rightleftharpoons}}$ 红色离子 $\underset{H^+}{\overset{OH^-}{\rightleftharpoons}}$ 无色离子

酚酞为无色二元弱酸，当溶液的 pH 逐渐升高时，酚酞给出一个质子 H^+，形成无色的离子；然后再给出第二个质子 H^+ 并发生结构的改变，成为具有共轭体系醌式结构，呈红色，第二步离解过程的 $pK_{a_2}=9.1$。当碱性进一步加强时，醌式结构转变为无色羧酸盐式离子。

酚酞结构变化的过程也可简单表示为

$$\text{无色分子}\underset{H^+}{\overset{OH^-}{\rightleftharpoons}}\text{无色离子}\underset{H^+}{\overset{OH^-}{\rightleftharpoons}}\text{红色离子}\underset{H^+}{\overset{\text{强碱}}{\rightleftharpoons}}\text{无色离子}$$

上式表明，这个转变过程是可逆的。当溶液 pH 降低（H^+ 浓度增大）时，平衡向左移动，酚酞又变成无色的分子。当 pH 升高到一定数值后成红色，在浓的强碱溶液中酚酞又变成无色。反之亦然。

2. 甲基橙

甲基橙是弱碱，在溶液中有如下平衡：

$$(CH_3)_2N-C_6H_4-N=N-C_6H_4-SO_3^- \underset{OH^-}{\overset{H^+}{\rightleftharpoons}} (CH_3)_2\overset{+}{N}=C_6H_4=N-N(H)-C_6H_4-SO_3^-$$

黄色（偶氮式）　　　　红色（醌式）

当溶液 H^+ 浓度增加时，平衡向左移动，溶液由黄色变成红色；反之，当加入碱时，OH^- 与 H^+ 结合生成水，使平衡向右移动，此时，溶液由红色变成黄色。

由此可见，酸碱指示剂的变色与指示剂本身的结构和溶液的 pH 的改变有关。酸碱指示剂变色的内因是指示剂本身结构的变化，外因则是溶液 pH 的变化。

2.3.3 指示剂的变色范围

指示剂在不同 pH 的溶液中，显示不同的颜色。但是否溶液 pH 稍有改变时，就能看到它的颜色变化呢？事实并不是这样，必须使溶液的 pH 改变到一定程度，才能看得出指示剂的颜色变化。也就是说，引起指示剂变色的 pH 是有一定范围的，只有在超过这个范围才能明显地观察到指示剂颜色的变化。

若以 HIn 表示一种弱酸型指示剂，In^- 为其共轭碱，在溶液中有如下平衡：

$$HIn \rightleftharpoons H^+ + In^-$$

$$K_{HIn} = \frac{[H^+][In^-]}{[HIn]}$$

$$\frac{[In^-]}{[HIn]} = \frac{K_{HIn}}{[H^+]}$$

$$[H^+] = K_{HIn}\frac{[HIn]}{[In^-]}$$

$$pH = pK_{HIn} + \lg\frac{[In^-]}{[HIn]}$$

溶液呈现的颜色决定于 $\frac{[In^-]}{[HIn]}$ 值，对某种指示剂来讲，在指定条件下，K_{HIn} 是个常数，因此 $\frac{[In^-]}{[HIn]}$ 决定于溶液的 $[H^+]$。由于人眼对颜色的分辨能力有一定限度，当$\frac{[In^-]}{[HIn]} \leqslant \frac{1}{10}$时，只能看到 HIn 的颜色；当$\frac{[In^-]}{[HIn]} \geqslant \frac{10}{1}$时，只能看到$In^-$的颜色；当$\frac{[In^-]}{[HIn]}$在$\frac{1}{10} \sim \frac{10}{1}$时，出现 HIn 和$In^-$的混合色。当溶液的 pH 从 $pK_{HIn}-1$ 变到 $pK_{HIn}+1$ 时，可明显看到指示剂从酸色变到碱色。因此，

$$pH = pK_{HIn} \pm 1$$

称为指示剂的变色范围。不同的指示剂，其 K_{HIn}不同，其变色范围也不同。

当$\frac{[In^-]}{[HIn]}=1$ 时，溶液呈现指示剂的中间颜色，此时

$$pH = pK_{HIn}$$

称为指示剂的理论变色点。

如表 2-3 所示为一些常用酸碱指示剂及其变色范围。

表 2-3　常用酸碱指示剂及其变色范围

指示剂	酸式色	碱式色	pK_a	变色范围(pH)	用法
百里酚蓝（第一次变色）	红色	黄色	1.6	1.2～1.8	0.1%的 20%乙醇
甲基黄	红色	黄色	3.3	2.9～4.0	0.1%的 90%乙醇
甲基橙	红色	黄色	3.4	3.1～4.4	0.05%的水溶液
溴酚蓝	黄色	紫色	4.1	3.1～4.6	0.1%的 20%乙醇或其钠盐
溴甲酚绿	黄色	蓝色	4.9	3.8～5.4	0.1%水溶液，每 100 mg 指示剂加 0.05 mol/L NaOH 2.9 mL
甲基红	红色	黄色	5.2	4.4～6.2	0.1%的 60%乙醇或其钠盐水溶液
溴百里酚蓝	黄色	蓝色	7.3	6.0～7.6	0.1%的 20%乙醇或其钠盐水溶液
中性红	红色	黄橙色	7.4	6.8～8.0	0.1%的 60%乙醇
酚红	黄色	红色	8.0	6.7～8.4	0.1%的 20%乙醇
百里酚蓝（第二次变色）	黄色	蓝色	8.9	8.0～9.6	0.1%的 20%乙醇
酚酞	无色	红色	9.1	8.0～9.6	0.1%的 20%乙醇
百里酚酞	无色	蓝色	10.0	9.4～10.6	0.1%的 20%乙醇

指示剂的变色范围越窄越好，这样在化学计量点时，微小 pH 的改变可使指示剂变色敏锐。酸碱滴定中选择指示剂的 pK_{HIn}，应尽可能接近化学计量点的 pH，以减小终点误差。

2.3.4 影响酸碱指示剂变色范围的因素

为了使滴定终点更接近于化学计量点，要求在化学计量点时，溶液的 pH 稍有改变指示剂即可发生颜色转变，因此指示剂的变色范围越窄越好。影响指示剂变色范围的因素主要有以下几个方面。

1. 温度

根据前面的内容可知，指示剂的理论变色范围是 $pK_a \pm 1$，当温度发生改变时，指示剂的解离平衡常数也随之改变，这样，指示剂的实际变色范围也就发生改变了。例如，甲基橙在温度为 18℃时，它的变色范围为 3.1～4.4，而在 100℃时，它的变色范围则为 2.5～3.7。所以我们进行滴定实验的时候都应该在室温下进行，如果需要加热煮沸，也必须等到冷却至室温后再滴定。

2. 溶剂

因为不同的溶剂它们的介电常数和酸碱性都不同，所以溶剂不同时，指示剂的解离常数和变色范围都会不同。例如，甲基橙在水溶液中 pK_a = 3.4，而在甲醇溶液中则为 3.8。

3. 离子强度

溶液离子强度的大小影响到指示剂的解离常数，从而影响到指示剂的变色范围。此外，某些电解质具有吸收不同波长光波的性质，也会影响指示剂颜色的深度，因此在滴定中不宜有大量中性电解质存在。

4. 滴定顺序

因为人的眼睛对于色调变化的敏感度不同，颜色变化从浅色到深色较明显，易被辨认。例如，用 NaOH 滴定 HCl，可选用酚酞，也可选用甲基橙作指示剂。如果用酚酞，溶液颜色由无色变成红色，颜色变化明显，易于辨认；若用甲基橙作指示剂，溶液颜色由红色变成黄色，颜色变化反差较小，难以辨认，易滴过量。因此，用 NaOH 滴定 HCl 时选用酚酞作指示剂比较适宜，而用 HCl 滴定 NaOH 时可选用甲基橙作指示剂。所以在选择滴定程序时，最好选择指示剂从浅色变到深色的转变过程。

5. 指示剂的用量

指示剂用量过多(或浓度过高)会使终点颜色变化不明显，而且指示剂本身也会多消耗一些滴定剂，从而带来误差，因此在不影响指示剂变色灵敏度的条件下，一般以用量少一点为佳。另外，指示剂用量多少会影响单色指示剂的变色范围，如酚酞，它的酸式无色，碱式红色。设实验者能观察出红色形式酚酞的最低浓度为 c_0，人们仍能据此判断滴定终点，而这一最低浓度应该是一定的。又假设指示剂的总浓度为 c，由指示剂的离解平衡式可以看出：

$$\frac{K_a}{[H^+]}=\frac{[In^-]}{[HIn]}=\frac{c_0}{c-c_0}$$

若 c 增大了，因为 K_a、c_0 都是定值，所以 H^+ 浓度就会相应地增大。也就是说，指示剂会在较低的 pH 时变色。如在 50～100 mL 溶液中加 2～3 滴 0.1%酚酞，pH≈9 时出现微红，而在同样情况下加 10 滴酚酞，则在 pH≈8 时出现微红。

2.3.5 指示剂的选择

滴定突跃是选择指示剂的依据。指示剂的选择原则是：所选用的酸碱指示剂的变色范围落在或大部分落在化学计量点附近的 pH 突跃范围之内。若为混合指示剂，则其变色点越接近化学计量点越好。例如，用 0.10 mol/L NaOH 滴定同浓度 HCl 时，甲基橙(变色点 pH 为 4.4)、甲基红(变色点 pH 为 5.0)、酚酞(变色点 pH 为 9.0)均适用。在反方向的滴定中，甲基红(变色点 pH 为 5.0)、酚酞(变色点 pH 为 8.0)都是理想的指示剂。

在实际滴定中，指示剂选择还应考虑人的视觉对颜色的敏感性，如酚酞由无色变为粉红色、甲基橙由黄色变为橙色，即颜色由浅到深，人的视觉较敏感，因此强酸滴定强碱时常选用甲基橙，强碱滴定强酸时常选用酚酞指示剂指示终点。

对于强酸强碱的滴定，滴定突跃范围的大小主要取决于酸、碱的浓度。浓度越大，滴定突跃范围越大，可以用来选择的指示剂就越多；浓度越小，滴定突跃范围越小，可以用来选择的指示剂就越少。如图 2-7 所示为三种不同浓度的 NaOH 溶液滴定相同浓度的 HCl 溶液的滴定曲线。例如，0.01 mol/L NaOH 溶液滴定 0.01 mol/L HCl 溶液，滴定突跃范围的 pH

为5.30～8.70，可以选择甲基红、酚酞作为指示剂，可是不能选择甲基橙作为指示剂，否则就会超过滴定分析的误差。另外，标准溶液(即滴定液)的浓度太高，计量点附近滴入一滴溶液的物质的量比较大，所以引入的误差也相对较大，而且标准溶液的浓度也不能太细，否则滴定突跃范围太窄。通常情况下，标准溶液的溶度控制在0.1～0.5 mol/L比较适宜。

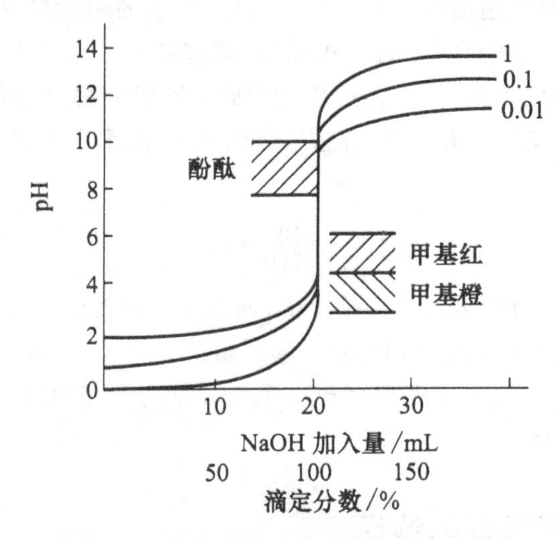

图 2-7 不同浓度强碱滴定强酸的滴定曲线

2.4 酸碱滴定法的应用

2.4.1 直接滴定法的应用

凡能溶于水，或其中的酸或碱的组分可用水溶解，而它们的 $c_aK_a \geq 10^{-8}$ 的酸性物质和 $c_bK_b \geq 10^{-8}$ 的碱性物质均可用酸、碱标准溶液直接滴定。

1. 水样碱度的测定

水样碱度是指水中所含能与强酸定量作用的物质的总量。

天然水中碱度的存在主要是因为天然水中含有重碳酸盐、碳酸盐和氢氧化物，其中重碳酸盐是引起水中碱度的主要物质。硼酸盐、硅酸盐和磷酸盐也会产生一定的碱度，但它们在天然水中的含量一般很低，通常可以忽略不计。

废水和受污染的水中，产生碱度的原因可能会是有一些不同污染来源的物质，像是各种强碱、弱碱、还有一些金属水解性盐类等。

水中碱度的测定是用盐酸标准溶液滴定水样，由耗去的盐酸的量求得水样碱度，如果以酚酞作指示剂，当用酸液滴定至水样由粉红变为无色时，所得碱度称为酚酞碱度。如果以甲基橙作指示剂，滴定水样由黄色变为橙色时，所得碱度称为甲基橙碱度。这时水中所有的碱性物质都被酸中和，因此甲基橙碱度就是总碱度。

2. 药用 NaOH 的测定

在生产和储存中因吸收空气中的 CO_2，而成为 NaOH 和 Na_2CO_3 的混合碱。分别测定各自的含量有两种方法。

(1)氯化钡法

准确称取一定量样品，溶解后，吸取两份。一份以甲基橙作指示剂，用 HCl 标准溶液滴定至橙色，消耗 HCl 溶液的体积为 V_1 mL，此时测得的是总碱。另一份加入过量的$BaCl_2$ 溶液，使全部碳酸盐转换为$BaCO_3$ 沉淀，以酚酞作指示剂，用 HCl 标准溶液滴定至红色消失，消耗 HCl 溶液的体积为 V_2 mL，此时测得的是混合碱中的 NaOH，$V_1>V_2$，滴定 NaOH 溶液的体积为 V_2，滴定 Na_2CO_3 用去体积为 V_1-V_2。

$$\omega_{Na_2CO_3}(\%)=\frac{c_{HCl}(V_1-V_2)\frac{M_{Na_2CO_3}}{2\ 000}}{m}\times 100\%$$

$$\omega_{NaOH}(\%)=\frac{c_{HCl}V_2\frac{M_{NaOH}}{1\ 000}}{m}\times 100\%$$

(2)双指示剂滴定法

准确称取一定量样品，溶解后，以酚酞作指示剂，用硫酸标准溶液滴定至终点，消耗 H_2SO_4 溶液的体积为 V_1，此时溶液组成有 Na_2SO_4 和 $NaHCO_3$。再加入甲基橙，并继续滴定至第二终点，消耗 H_2SO_4 溶液的体积为 V_2，此时溶液组成为 CO_2 和 H_2O。滴定 NaOH 溶液的体积为 V_1-V_2，与 Na_2CO_3 反应用去体积为 $2V_2$。NaOH 和 Na_2CO_3 的百分含量可分别按下列两式计算：

$$\omega_{NaOH}(\%)=\frac{2c_{H_2SO_4}(V_1-V_2)\frac{M_{H_2SO_4}}{1\ 000}\times 100\%}{m}$$

$$\omega_{Na_2CO_3}(\%)=\frac{2V_2c_{H_2SO_4}\frac{M_{Na_2CO_3}}{1\ 000}\times 100\%}{m}$$

双指示剂法操作简便，但因第一计量点时酚酞由红→红色消失，误差在1%左右，若要求提高测定的准确度，可用氯化钡法。

双指示剂法不仅用于混合碱的定量分析，还用于未知碱样的定性分析。若V_1为滴定至酚酞变色时消耗标准酸的体积，V_2为继续滴定至甲基橙变色时消耗标准酸的体积。根据V_1、V_2大小可判断组成。

当$V_1 \neq 0, V_2 = 0$时，OH^-；当$V_1 = 0, V_2 \neq 0$时，HCO_3^-；当$V_1 = V_2 \neq 0$时，CO_3^{2-}；当$V_1 > V_2 > 0$时，OH^-和CO_3^{2-}；当$V_2 > V_1 > 0$时，HCO_3^-和CO_3^{2-}。

3. 阿司匹林的测定

阿司匹林又名乙酰水杨酸，是常用的解热镇痛药，在溶液中可解离出H^+($pK_a = 3.5$)，所以可以用NaOH标准溶液直接滴定，测试其含量。其与NaOH的滴定反应式为

$$C_6H_4(COOH)(OCOCH_3) + NaOH \rightleftharpoons C_6H_4(COONa)(OCOCH_3) + H_2O$$

为防止乙酰基水解，可以根据阿司匹林微溶于水且易溶于乙醇的特点，在中性乙醇中进行滴定，另外，要注意滴定时温度不宜太高。水杨酸的含量按下式计算：

$$C_9H_8O_4\% = \frac{c_{NaOH} \cdot V_{NaOH} \cdot M_{C_9H_8O_4} \times 10^{-3}}{S} \times 100\%$$

4. 颠茄酊中生物碱的含量测定

精密量取本品100 mL，置蒸发皿中，在水浴上蒸发至约10 mL，如有沉淀析出，可加乙醇适量使溶解，移至分液漏斗中，蒸发皿用0.1 mol/L硫酸溶液10 mL分次洗涤，洗液并入分液漏斗中，用氯仿分次振摇，每次10 mL，至氯仿层无色，合并氯仿液，用0.1 mol/L硫酸溶液10 mL振摇洗涤，洗液并入酸液中，加过量的浓氨试液使呈碱性，迅速用氯仿分次振摇提取，至生物碱提尽。如发生乳化现象，可加乙醇数滴，每次得到的氯仿液均用同一的水10 mL洗涤，弃去洗液，合并氯仿液，蒸干，加乙醇3 mL，蒸干，并在80℃干燥2 h，残渣加氯仿2 mL，必要时，微热使溶解，精密加0.01 mol/L硫酸滴定液20 mL，置水浴上加热，除去氯仿，放冷，加甲基红指示液1～2滴，用氢氧化钠滴定液(0.02 mol/L)滴定。每1 mL的0.01 mol/L硫酸滴定液相当于5.788 mg的莨菪碱。

本品含生物碱以莨菪碱计应为 0.028%～0.032%。

2.4.2 间接滴定法的应用

有些物质虽具有酸碱性，但难溶于水；有些物质酸碱性很弱，不能用强酸、强碱直接滴定，而需用间接滴定法测定。

1. 氮的测定

NH_3 是弱酸，如 $(NH_4)_2SO_4$、NH_4Cl 等，不能直接用碱滴定。通常采用的方法如下所示。

(1)蒸馏法

在含 NH_3 溶液中加入过量 NaOH，加热煮沸将 NH_3 蒸出后，用过量的 H_2SO_4 或 HCl 标准溶液吸收，过量的酸用 NaOH 标准溶液回滴定；也可用 H_3BO_3 溶液吸收，生成的 $H_2BO_3^-$ 是较强碱，可用酸标准溶液滴定。

$$NH_4^+ + OH^- \rightleftharpoons NH_3\uparrow + H_2O$$

$$NH_3 + H_3BO_3 \rightleftharpoons NH_4^+ + H_2BO_3^-$$

$$H_2BO_3^- + H^+ \rightleftharpoons H_3BO_3$$

终点产物是 H_3BO_3 和 NH_3（混合弱酸），pH＝5，可用甲基红作指示剂。

此法的优点是只需一种酸标准溶液。吸收剂 H_3BO_3 的浓度和体积无须准确，但要确保过量。蒸馏法准确，但比较烦琐费时。

$$\omega_N(\%) = \frac{c_{HCl}V_{HCl}\frac{M_N}{1\ 000}\times 100\%}{m}$$

(2)甲醛法

甲醛与 NH_4^+ 生成六亚甲基四胺离子，同时放出定量的酸，其反应如下：

$$4NH_4^+ + 6NCHO \rightleftharpoons (CH_2)_6N_4H^+ + 3H^+ + 6H_2O$$

选酚酞为指示剂，用 NaOH 标准溶液滴定。若甲醛中含有游离酸，使用前应以甲基红作指示剂，用碱预先中和除去。甲醛法也可用于氨基酸的测定。将甲醛加入氨基酸溶液中时，氨基与甲醛结合失去碱性，然后用标准碱溶液来滴定它的羧基。

(3)凯氏定氮法

土壤、肥料、生物碱、面粉、饲料等有机物质中氮含量的测定，常采用凯氏定氮法。凯氏定氮法的步骤是：首先于有机试样中加入浓硫酸和硫酸钾溶液，在硫酸铜或其他催化剂存在下进行煮沸，此过程称为“消化”。在消化过程中有机物质中碳、氢转化为CO_2 和 H_2O，所含的氮定量转化为NH_4^+：

$$C_mH_nN \xrightarrow{H_2SO_4, K_2SO_4, CuSO_4} CO_2 \uparrow + H_2O + NH_4^+$$

然后再按上述蒸馏法进行测定。

凯氏定氮法适用于蛋白质、胺类、酰胺类及尿素等有机化合物中氮的测定，对于含硝基、亚硝基或偶氮基等有机化合物，煮沸消化之前必须用还原剂处理，再按上述方法进行，使氮定量转化为NH_4^+。常用的还原剂有亚铁盐、硫代硫酸盐和葡萄糖等。

许多不同蛋白质中氮的含量基本相同，约为 16%。因此，在蛋白质中将氮的质量换算为蛋白质的质量的换算因数约为 6.25。若蛋白质的大部分为白蛋白，则换算因数为 6.27。

2. 硼酸的测定

硼酸 H_3BO_3 是一种很弱的酸，在水中不能直接用 NaOH 滴定。但 H_3BO_3 与甘露醇或甘油等多元醇生成配位酸后能增加酸的强度，如 H_3BO_3 与甘油按下列反应生成的配位酸的 $pK_a = 4.26$，可用 NaOH 的标准溶液直接滴定。

$$2\ \begin{matrix} H_2C-OH \\ | \\ HC-OH \\ | \\ H_2C-OH \end{matrix} + H_3BO_3 \rightleftharpoons \left[\begin{matrix} H_2C-O & & O-CH_2 \\ | & \diagdown\ \ \diagup & | \\ HC-O & B & O-CH \\ | & & | \\ H_2C-OH & & HO-CH_2 \end{matrix} \right]^- + H^+ + 3H_2O$$

甘油　　　　　　　　甘油硼酸

精密称取硼酸约 0.2 g，加蒸馏水一份与丙三醇两份的混合液 30 mL，微热使溶解，迅速放冷至室温，加入酚酞指示剂 3 滴，用 0.1 mol/L NaOH 标准溶液滴定至显粉红色，即为终点。按下式计算 H_3BO_3 的百分含量。

$$H_3BO_3\% = \frac{c_{NaOH} \cdot V_{NaOH} \cdot \frac{M_{H_3BO_3}}{1\ 000}}{S} \times 100\%$$

对于一些极弱的酸（碱），除利用生成稳定的配合物使弱酸强化，还可利用沉淀反应、氧化还原反应使弱酸强化后，进行准确滴定。

3. 苦参总生物碱含量的测定

苦参中的苦参碱、氧化苦生碱、羟基苦生碱等生物碱是苦参的药效成分，其总生物碱的含量可用回滴法测定。贝母、钩藤、槟榔、麻黄等生药中的总生物碱也可用回滴法测定含量。

操作步骤：取过三号筛的苦参粉末约 0.5 g，精密称定，置具塞锥形瓶中，精密加入氯仿 25 mL，浓氨溶液 0.3 mL，称定重量，摇匀，室温放置 16 h 以上，再称定重量。补足损失的溶剂量，振摇后放置。用滤纸滤过，精密吸取滤液 10 mL，置水浴上蒸干，残渣加中性乙醇 3 mL 使溶解，蒸干得生物总碱提取物。将此提取物加乙醚 5 mL 溶解，准确加入 0.010 mol/L 的 H_2SO_4 标准溶液 10.00 mL，摇匀，置水浴上加热使溶解，并除尽乙醚，放冷。加新煮沸过的冷蒸馏水 15 mL 和 0.5%的甲基红指示剂 2 滴，用 0.020 mol/L 的 NaOH 标准溶液滴定至黄色为终点。每毫升 0.010 mol/L 的 H_2SO_4 标准溶液相当于 0.004 967 g 苦参碱，按下式计算总生物碱含量。

$$\text{生物碱}\% = \frac{T_{H_2SO_4/C_{15}H_{24}N_2O} \cdot V_{H_2SO_4} \cdot F}{S \times \frac{10.00}{25.00}} \times 100\%$$

因是回滴法，所以

$$V_{H_2SO_4} = \frac{10.00c_{H_2SO_4} - \frac{1}{2}V_{NaOH} \cdot c_{NaOH}}{c_{H_2SO_4}}$$

第3章 配位滴定法

3.1 EDTA及其配合物

利用形成配合物的反应进行滴定分析的方法称为配位滴定法。配位滴定法是以配位反应为基础的滴定分析方法,也称为络合滴定法。配位滴定法常用来测定多种金属离子或间接测定其他离子,广泛地应用于医药工业、化学工业、地质、冶金等各个领域。

3.1.1 EDTA的性质及其解离平衡

EDTA是乙二胺四乙酸的简称,习惯上用 H_4Y 表示。其结构式如下:

$$\begin{matrix} HOOCH_2C \\ {}^{-}OOCH_2C \end{matrix} \!\! > \overset{H}{\underset{+}{N}} - CH_2 - CH_2 - \overset{H}{\underset{+}{N}} < \!\! \begin{matrix} CH_2COO^{-} \\ CH_2COOH \end{matrix}$$

EDTA是白色无水结晶粉末,相对分子质量为292.1,室温时微溶于水中,22℃时每100 mL水中仅能溶解0.02 g。EDTA与金属离子形成多基配位体的配合物,又称为螯合物,常用水溶性较好的EDTA二钠盐作滴定液。

EDTA二钠盐一般也称为EDTA,它是白色结晶,含两分子结晶水,写作 $Na_2H_2Y \cdot H_2O$,相对分子质量为372.26。室温下易溶于水,22℃时每100 mL水中可溶解11.1 g,其饱和溶液溶度约为0.3 mol/L,水溶液的pH约为4.7。

当 H_4Y 溶于酸度很高的溶液时,其两个羧酸根还可以接受两个 H^+,形成六元酸 H_6Y^{2+},有六级离解平衡:

$$H_6Y^{2+} \rightleftharpoons H^+ + H_5Y^+, K_{a_1} = \frac{[H^+][H_5Y^+]}{[H_6Y^{2+}]} = 10^{-0.90}$$

$$H_5Y^+ \rightleftharpoons H^+ + H_4Y, K_{a_2} = \frac{[H^+][H_4Y]}{[H_5Y^+]} = 10^{-1.60}$$

$$H_4Y \rightleftharpoons H^+ + H_3Y^-, K_{a_3} = \frac{[H^+][H_3Y^-]}{[H_4Y]} = 10^{-2.00}$$

$$H_3Y^- \rightleftharpoons H^+ + H_2Y^{2-}, K_{a_4} = \frac{[H^+][H_2Y^2]}{[H_3Y^-]} = 10^{-2.67}$$

$$H_2Y^{2-} \rightleftharpoons H^+ + H_2Y^{3-}, K_{a_5} = \frac{[H^+][H_2Y^{3-}]}{[H_2Y^{2-}]} = 10^{-6.16}$$

$$HY^{3-} \rightleftharpoons H^+ + Y^{4-}, K_{a_6} = \frac{[H^+][HY^{4-}]}{[HY^{3-}]} = 10^{10.26}$$

可见，EDTA 在水溶液中以 H_6Y^{2+}、H_5Y^+、H_4Y、H_3Y^-、H_2Y^{2-}、HY^{3-} 和 Y^{4-} 等七种型体存在，且在不同酸度下，各种型体的分布分数 δ（各种型体的浓度与 EDTA 总浓度之比）是不同的。EDTA 各种存在型体在不同 pH 时的分布曲线如图 3-1 所示。

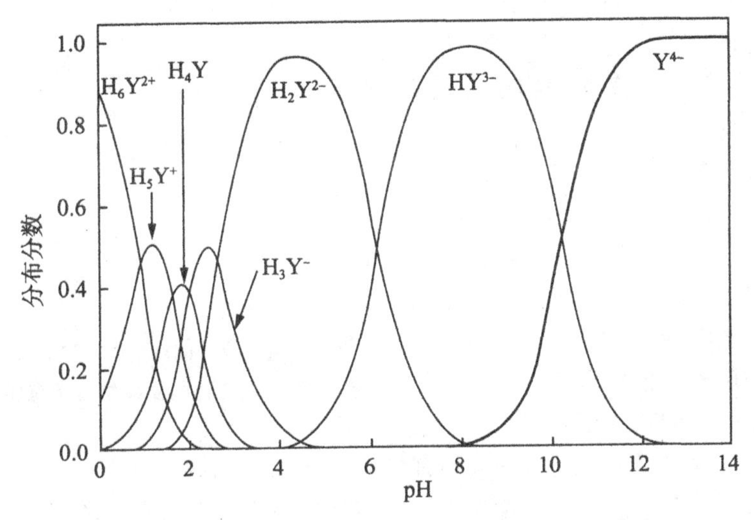

图 3-1 EDTA 各种存在型体在不同 pH 时的分布曲线

在这七种型体中，只有 Y^{4-} 能与金属离子直接配位。因此溶液的酸度越低（pH 越大），Y^{4-} 的存在形式越多，EDTA 的配位能力越强。

不同 pH 时 EDTA 的主要存在型体见表 3-1。

表 3-1 不同 pH 时 EDTA 的主要存在型体

pH	<1	1～1.6	1.6～2	2～2.7	2.7～6.2	6.2～10.3	>10.3
主要存在型体	H_6Y^{2+}	H_5Y^+	H_4Y	H_3Y^-	H_2Y^{2-}	HY^{3-}	Y^{4-}

由表 3-1 可知，在 pH<1 的强酸性溶液中，EDTA 主要以 H_6Y^{2+} 形式存在；在 pH>10.3 的碱性溶液中，主要以 Y^{4-} 形式存在。

3.1.2 EDTA与金属离子的配合物

EDTA分子具有两个氨氮原子和四个羧氧原子，均为孤对电子，即有六个配位原子。它可以和绝大多数的金属离子形成稳定的配位物。

EDTA与金属离子配位形成具有六配位、五个五元环结构稳定的配合物，具有该类环结构的螯合物比较稳定，配位反应较完全。如图3-2所示为EDTA与Zn^{2+}形成的配合物的立体结构示意图。

一般情况下，配位比为1∶1，计量关系简单。例如，

$$Zn^{2+}+H_2Y^{2-}\rightleftharpoons ZnY^{2-}+2H^+$$

$$Al^{3+}+H_2Y^{2-}\rightleftharpoons AlY^-+2H^+$$

在计算时均可以取其化学式作为基本单元，计算简单。只有少数高价金属离子，例如，Zr、Mo等金属离子形成2∶1形式配合物。

大多数M^{n+}与EDTA形成配合物的反应瞬间即可完成，只有极少数金属离子如Cr^{3+}、Al^{3+}室温下反应较慢，但是可以加热促使反应迅速进行。

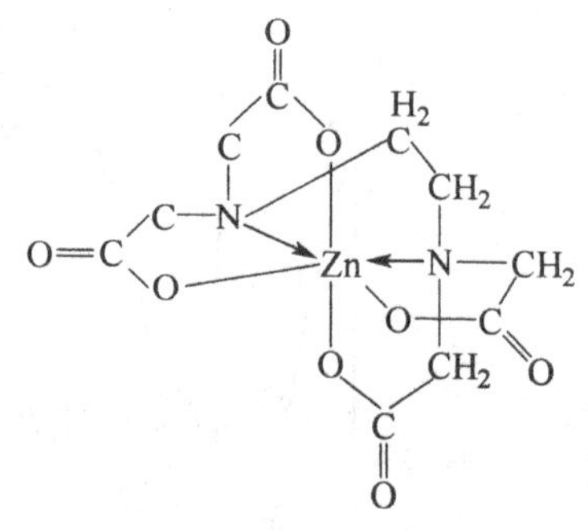

图3-2 EDTA与Zn^{2+}形成的配合物的立体结构示意图

形成的配合物易溶于水且无色的金属离子形成无色配合物，与有色的金属离子形成颜色更深的配合物。滴定这些离子时，要适当控制其浓度，一般不宜过大，便于指示剂确定其终点。

EDTA与金属离子的配位能力与溶液的pH有密切的关系。使用时要注意选择合适的缓冲溶液。

3.2 配位平衡

3.2.1 配位平衡常数

在配位反应中，配合物的形成和离解，同处于相对平衡状态，其配位平衡常数常用稳定常数K_f表示。

1. ML 型(1∶1)配合物

EDTA 与大多数金属离子形成 1∶1 的配合物，其反应通式如下：

$$M^{n+}+L^{4-}\rightleftharpoons ML^{4-n}$$

简写为

$$M+L\rightleftharpoons ML$$

式中，M 为金属离子；L 为单基配位体；ML 为金属配合物。

此反应为配位滴定的主反应，平衡是配合物的稳定常数表达式为

$$K_f=\frac{[ML]}{[M]\cdot[L]}$$

式中，K_f 越大表示 EDTA 所形成的配合物 ML 越稳定。

不同金属离子与 EDTA 形成的配合物的稳定性有较大的差别。碱金属离子的配合物最不稳定，$\lg K_f<3$；碱土金属离子的 $\lg K_f$ 在 8～11；二价及过渡金属、稀土金属离子和Al^{3+} 的 $\lg K_f$ 在 15～19；三价、四价金属离子及Hg^{2+} 的 $\lg K_f>20$。

配合物的稳定性的差别，主要取决于金属离子本身的离子电荷数、离子半径和电子层结构。离子电荷数越高，离子半径越大，电子层结构越复杂，配合物稳定常数就越大。

除了与 EDTA 形成 1∶1 型的配合物外，金属离子还能与其他配位剂 L 形成ML_n 型配位化合物，这种配合物是逐渐形成的，此时，在溶液中存在着一系列配位平衡，各有其相应的平衡常数。

2. ML_n型(1∶n)配合物

(1)配合物的逐级稳定常数

$M+L\rightleftharpoons ML$	第一级稳定常数	$K_{f_1}=\frac{[ML]}{[M][L]}$
$M+L\rightleftharpoons ML_2$	第二级稳定常数	$K_{f_2}=\frac{[ML_2]}{[ML][L]}$
⋮	⋮	⋮
$ML_{n-1}+L\rightleftharpoons ML_n$	第 n 级稳定常数	$K_{f_n}=\frac{[ML_n]}{[ML_{n-1}][L]}$

上述 K_{f_1}、K_{f_2}、…、K_{f_n} 称为逐级稳定常数。

(2)配合物的累积稳定常数

在许多配位平衡的计算中，常常用到 K_{f_1}、K_{f_2}、K_{f_3} 等数值，这样将逐级稳定常数一次相乘得到的乘积称为稳定常数，使用 β 表示。

第一级累积稳定常数：

$$\beta_1 = K_{f_1}, \lg \beta_1 = \lg K_{f_1}$$

第二级累积稳定常数：

$$\beta_2 = K_{f_1} \times K_{f_2}, \lg \beta_2 = \lg K_{f_1} + \lg K_{f_2}$$

第 n 级累积稳定常数：

$$\beta_n = K_{f_1} \times K_{f_2} \times \cdots \times K_{f_n}, \lg \beta_n = \lg K_{f_1} + \lg K_{f_2} + \cdots + \lg K_{f_n}$$

(3)总稳定常数

最后一级积累稳定常数又称为总稳定常数，对于 1∶n 型配合物ML_n的总稳定常数$K_{f_总}$为

$$K_{f_总} = K_{f_1} \times K_{f_2} \times \cdots \times K_{f_n} = \beta_n = \frac{[ML_n]}{[M][L]^n}$$

3.2.2 影响配位平衡的因素

在配位滴定中所涉及的化学平衡比较复杂，除了被测金属离子 M 与滴定剂 Y 之间的主反应外，还存在不少副反应，从而影响主反应的进行。如下式所示：

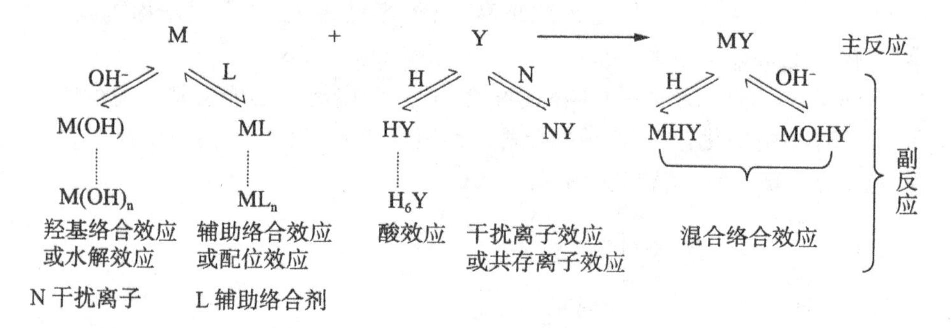

十分明显，这些副反应的发生都将影响主反应。反应物 M、Y 发生副反应将不利于主反应的进行；产物 MY 发生副反应则有利于主反应的进行，但是这些混合配合物大多数不太稳定，从而可以忽略不计。

1. 条件稳定常数

在没有副反应发生时，金属离子 M 与配位剂 EDTA 的反应进行程度可用稳定常数 K_{MY}表示，其不受溶液浓度、酸度等外界条件的影响，所以又称为绝对稳定常数。K_{MY}值越大，配合物越稳定。然而在实际滴定中，由于受到副反应的影响，K_{MY}值已经不能反映主反应的进行程度，此时稳定常数的表达式中，Y 应用 Y′代替，M 应用 M′代替，所形成的配位化合物也应当用总浓度[MY′]表示，那么，在有副反应的情况下，平衡常数变为

$$K'_{MY}=\frac{[MY']}{[M'][Y']}$$

K'_{MY}称为条件稳定常数。表示在一定条件下，有副反应发生时主反应进行的程度。

因为

$$[M']=\alpha_M[M],[Y']=\alpha_Y[Y],[MY']=\alpha_{MY}[MY]$$

所以

$$K'_{MY}=\frac{\alpha_{MY}[MY]}{\alpha_M[M]\cdot\alpha_Y[Y]}=K_{MY}\cdot\frac{\alpha_{MY}}{\alpha_M\alpha_Y}$$

使用对数形式表示如下：

$$\lg K'_{MY}=\lg K_{MY}-\lg\alpha_M-\lg\alpha_Y+\lg\alpha_{MY}$$

上述两个公式为配位平衡的重要公式，其表示 MY 的条件稳定常数随溶液酸度不同而改变。K'_{MY}的大小反映了在相应 pH 条件下形成配合物的实际稳定常数，是判定滴定可能性的重要依据。

2. 副反应系数

用 α_Y 表示配位剂的副反应系数：

$$\alpha_Y=\frac{[Y']}{[Y]}$$

α_Y 表示未与 M 配位的 EDTA 的各种型体的总浓度[Y′]为游离 EDTA (Y^{4-})浓度([Y])的 α_Y 倍。配位剂的副反应主要有酸效应和共存离子效应，其副反应系数则分别表示酸效应系数 $\alpha_{Y(H)}$ 和共存离子效应系数 $\alpha_{Y(N)}$。

(1)酸效应及酸效应系数 $\alpha_{Y(H)}$

因为 H^+ 与 Y 之间的副反应，使得 M 和 Y 的主反应的配位能力下降，将这种现象称为酸效应。当 H^+ 与 Y 发生副反应时，未与金属离子配位的配位体除游离的 Y 外，还有 HY、H_2Y、H_3Y、H_4Y、H_5Y、H_6Y 等，所以未与 M 配位的 EDTA 的浓度应等于以上七种浓度的总和：

$$[Y']=[Y]+[HY]+[H_2Y]+[H_3Y]+[H_4Y]+[H_5Y]+[H_6Y]$$

酸效应的大小使用酸效应系数来表示：

$$\alpha_{Y(H)}=\frac{[Y']}{[Y]}$$

根据 EDTA 的各级离解平衡关系，可以推导出：

$$\alpha_{Y(H)}=1+\frac{[H^+]}{K_{a_6}}+\frac{[H^+]^2}{K_{a_6}K_{a_5}}+\frac{[H^+]^3}{K_{a_6}K_{a_5}K_{a_4}}+\frac{[H^+]^4}{K_{a_6}K_{a_5}K_{a_4}K_{a_3}}+\frac{[H^+]^5}{K_{a_6}K_{a_5}K_{a_4}K_{a_3}K_{a_2}}+\frac{[H^+]^6}{K_{a_6}K_{a_5}K_{a_4}K_{a_3}K_{a_2}K_{a_1}}$$

由此可以看出，$\alpha_{Y(H)}$与溶液酸度有关，随着溶液 pH 的增大而减小，$\alpha_{Y(H)}$越大，配位反应 Y 的浓度越小，从而表示滴定剂发生的副反应越严重；当$\alpha_{Y(H)}=1$时，$[Y']=[Y]$，表示滴定剂没有发生副反应，EDTA 全部以 Y 的形式存在。

根据 EDTA 的各级离解常数 K_{a_1}、K_{a_2}、K_{a_3}、…、K_{a_6}，还可以计算出在不同 pH 下的$\alpha_{Y(H)}$值。EDTA 在各种 pH 时的酸效应系数见表 3-2。

表 3-2　EDTA 在各种 pH 时的酸效应系数

pH	lg $\alpha_{Y(H)}$	pH	lg $\alpha_{Y(H)}$	pH	lg $\alpha_{Y(H)}$
0.0	23.64	4.5	7.44	9.0	1.28
0.5	20.75	5.0	6.45	9.5	0.83
1.0	18.01	5.5	5.51	10.0	0.45
1.5	15.55	6.0	4.65	10.5	0.20
2.0	13.51	6.5	3.92	11.0	0.07
2.5	11.90	7.0	3.32	11.5	0.02
3.0	10.63	7.5	2.78	12.0	0.01
3.5	9.48	8.0	2.27	13.0	0.000 8
4.0	8.44	8.5	1.77	13.9	0.000 1

表 3-2 显示，lg $\alpha_{Y(H)}$随着酸度的增大而增大，即 pH 越小，酸效应越显著，EDTA 参与配位反应的能力越低。反之，pH 越大，则酸效应越不显著，当 pH 增大至一定程度时，可忽略 EDTA 酸效应的影响。

(2)共存离子效应及共存离子效应系数 $\alpha_{Y(N)}$

当用 Y 滴定 M 时，如果溶液中存在其他金属离子 N，Y 与 N 也能形成 1∶1 配合物，从而降低 Y 参加主反应的能力，这种现象称为共存离子效应。其副反应影响程度用共存离子效应系数 $\alpha_{Y(N)}$ 衡量。若只考虑共存离子的影响：

$$\alpha_{Y(N)}=\frac{[Y']}{[Y]}=\frac{[Y]+[NY]}{[Y]}=1+\frac{[N][Y]K_{NY}}{[Y]}=1+[N]K_{NY}$$

即配位剂 EDTA 与干扰离子 N 的共存离子效应系数决定于干扰离子 N 的浓度和干扰离子 N 与 EDTA 的稳定常数 K_{NY}。

(3)Y 的总副反应系数 α_Y

如果 EDTA 与 H^+ 及 N 同时发生副反应，则总的副反应系数 α_Y 可按下式计算：

$$\alpha_Y = \frac{[Y']}{[Y]} = \frac{[Y]+[HY]+[H_2Y]+\cdots+[H_6Y]+[NY]}{[Y]}$$
$$= \frac{[Y]+[HY]+[H_2Y]+\cdots+[H_6Y]+[Y]+[NY]-[Y]}{[Y]}$$
$$= \alpha_{Y(H)} + \alpha_{Y(N)} - 1$$

3. 配位效应和配位效应系数

因为溶液中的其他配位剂与金属离子配位所产生的副反应，使金属离子参加主反应的能力降低的现象称为金属离子的配位效应。当有配位效应存在时，未与 Y 配位的金属离子，除了游离的 M 外，还有 ML、ML_2、…、ML_n 等，以[M′]表示与 Y 配位的金属离子的总浓度，则有

$$[M'] = [M]+[ML]+[ML_2]+\cdots+[ML_n]$$

配位效应对主反应影响程度的大小可用配位效应系数 $\alpha_{M(L)}$ 来衡量。

$$\alpha_{M(L)} = \frac{[M']}{[M]} = \frac{[M]+[ML]+[ML_2]+\cdots+[ML_n]}{[M]}$$

其表示未与 Y 配位的金属离子各种型体的总浓度（[M′]）为游离金属离子浓度（[M]）的 $\alpha_{M(L)}$ 倍。

3.3　配位滴定原理

3.3.1　配位滴定曲线

在金属离子的溶液中，随着配位滴定剂的加入，金属离子不断发生配位反应，其浓度也随之减小，在化学计量点附近，金属离子浓度发生突跃。因此可将配位滴定过程中金属离子浓度随着滴定剂加入量不同而变化的规律绘制成滴定曲线。

如果被滴定的金属离子为不易水解也不易与其他配位剂反应的离子，如Ca^{2+}，则只需要考虑 EDTA 的酸效应 $\alpha_{Y(H)}$。可以利用 $K'_{MY} = \frac{K_{MY}}{\alpha_{Y(H)}}$ 计算出在不同 pH 溶液中，滴定到不同阶段时被滴定的金属离子的浓度，其计算的思路类同于酸碱滴定。以 0.010 00 mol/L EDTA 溶液滴定 20.00 mL 0.010 00 mol/L Ca^{2+} 溶液为例，说明曲线的绘制。

已知 $\lg K_{CaY} = 10.69$，pH=10.0，$\lg \alpha_{Y(H)} = 0.45$，通过计算得到 $K'_{CaY} = 1.74\times10^{10}$。

整个滴定过程，可分为四个阶段进行计算。

(1)滴定开始前

$$[Ca^{2+}]=0.01000\ mol/L, pCa=-\lg[Ca^{2+}]=2.00$$

(2)滴定开始至化学计量点前

当加入19.98 mL EDTA溶液时，有

$$[Ca^{2+}]=\frac{0.02\ mL\times0.01000\ mol/L}{39.98\ mL}=5.0\times10^{-6}\ mol/L$$

$$pCa=5.30$$

从滴定开始到化学计量点前的各点都这样计算。

(3)化学计量点时

当加入20.00 mL EDTA溶液时，Ca^{2+}与EDTA恰好完全作用生成CaY，浓度为0.005 000 mol/L，此时$[Ca^{2+}]=[Y']$。

所以

$$[Ca^{2+}]=\sqrt{\frac{[CaY]}{K'_{CaY}}}=\sqrt{\frac{0.005000}{1.74\times10^{10}}}\ mol/L$$

$$=5.36\times10^{-7}\ mol/L$$

$$pCa=6.27$$

(4)化学计量点后

加入20.02 mL EDTA溶液时，EDTA溶液过量0.02 mL，此时

$$[Y']=\frac{0.02\ mL\times0.01000\ mol/L}{40.02\ mL}$$

$$=5.0\times10^{-6}\ mol/L$$

$$[Ca^{2+}]=\frac{[CaY]}{[Y']K'_{CaY}}=\frac{0.005000}{5.0\times10^{-6}\times1.74\times10^{10}}\ mol/L$$

$$=5.75\times10^{-8}\ mol/L$$

$$pCa=7.24$$

化学计量点计算过程同上述过程类似，最后以加入EDTA溶液的加入量作为横坐标，对应的pCa作为纵坐标，得到图3-3所示的EDTA滴定Ca^{2+}的滴定曲线。

在化学计量点前一段曲线的位置仅随着EDTA的加入Ca^{2+}的浓度不断缩小，后一段受EDTA酸效应的影响，pCa数值随着pH的不同而不同。

如果被滴定的金属离子为易水解或者易与其他配位剂反应的离子，滴定时常常需要加入辅助配位剂防止水解，那么滴定曲线同时受酸效应和配位效应的影响。如图3-4所示为EDTA滴定Ni^{2+}的滴定曲线，由于氨缓冲溶液中Ni^{2+}易与NH_3配位，从而生成较为稳定的$[Ni(NH_3)_4]^{2+}$，使游离的Ni^{2+}的浓度减小，所以滴定曲线在化学计量点前一段的位置升高。

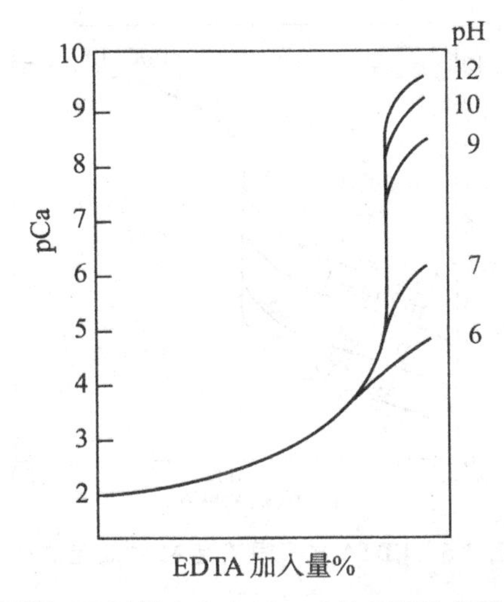

图 3-3　不同 pH 时用 0.010 00 mol/L DETA 标准溶液滴定 20.00 mL 等浓度 Ca^{2+} 的滴定曲线

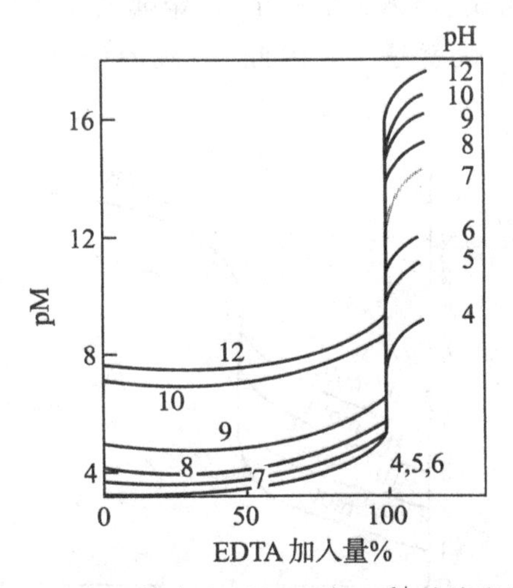

图 3-4　EDTA 滴定 0.001 mol/L Ni^{2+} 的滴定曲线

如果用 EDTA 标准溶液滴定不同浓度的同一金属离子 M，则所得的滴定曲线如图 3-5 所示。

3.3.2　影响配位滴定突跃的因素

影响配位滴定突跃的主要因素是金属离子浓度和条件稳定常数。

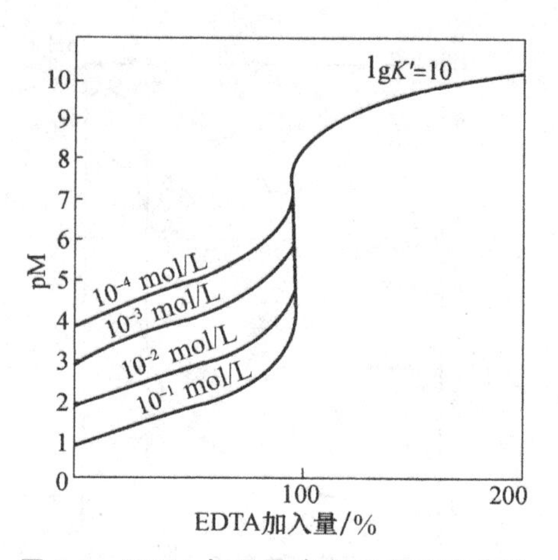

图 3-5　EDTA 与不同浓度 M 的滴定曲线

1. 金属离子浓度

从图 3-6 可以看出，当 K'_{MY}值一定时，金属离子浓度越低，滴定曲线的起点就越高，滴定突跃就越小。因此，溶液的浓度不宜过稀，一般选用 10^{-2} mol/L 左右。

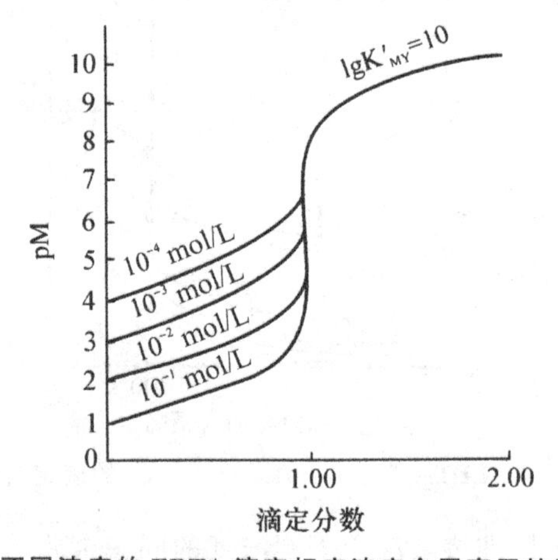

图 3-6　不同浓度的 EDTA 滴定相应浓度金属离子的滴定曲线

2. 条件稳定常数

由图 3-7 中不难看出，当配位剂 EDTA 和被滴定的金属离子 M 浓度一定时，配合物的条件稳定常数 K'_{MY}的值越大，滴定突跃就越大。而 K'_{MY}值的大小主要取决于有配合物的稳定常数、溶液的酸度以及存在的其他配位剂等。

①配合物的 K_{MY} 值越大，则 K'_{MY} 值也越大，配位滴定的 pM′突跃范围也越大。

②滴定体系的酸度越高，pH 越小，lg $\alpha_{Y(H)}$ 值越大，lg K'_{MY} 值就越小，配位滴定的 pM′突跃范围也就越小。

③若有其他配位剂存在时，则对金属离子产生配位效应。lg $\alpha_{M(L)}$ 值越大，lg K'_{MY} 值就越小，配位滴定的 pM′突跃范围也就越小。

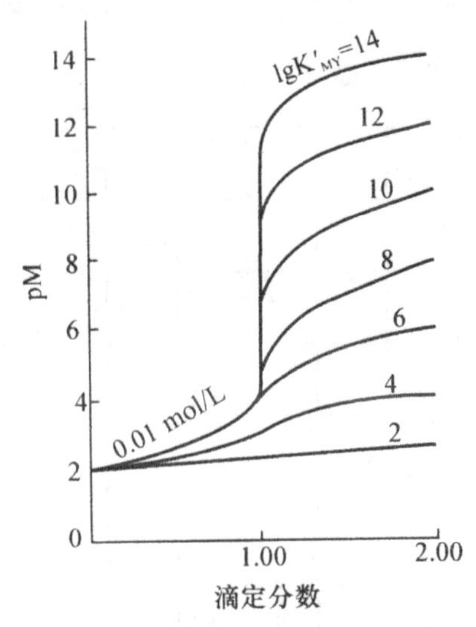

图 3-7　用 EDTA 滴定不同 K'_{MY} 值的金属离子的滴定曲线

3.3.3　配位滴定中适宜 pH 范围

1. 滴定金属离子的最小 pH

实验测得，当 pH=2.0 时 ZnY 的条件稳定常数 K'_{ZnY} 仅为 $10^{2.99}$，配位反应不完全，那么在该酸度条件下不能进行滴定；当酸度降低时，lg $\alpha_{Y(H)}$ 减小，配位反应趋向完全，在 pH=5.0 时，K'_{ZnY} 为 $10^{10.05}$，此时说明 ZnY 已经十分稳定，可以进行滴定分析。上述表明，对于配合物 ZnY 来说，pH=2.0～5.0，存在着可以滴定与不可滴定的界限。所以，需要求出对于不同的金属离子进行滴定时允许的最小 pH。

若配位滴定反应中只有 EDTA 的酸效应而无其他副反应时，配位滴定中被测金属离子的[M]一般为 0.01 mol/L，则有

$$\lg K'_f(MY)=\lg K_f(MY)-\lg \alpha_{Y(H)}\geqslant 8$$

即有

$$\lg \alpha_{Y(H)} \leqslant \lg K_f(MY) - 8$$

按照上式计算所得的 $\lg \alpha_{Y(H)}$ 值对应的 pH 就是滴定该金属离子的最低 pH。如果溶液 pH 低于这一限度时，金属离子则不能被准确滴定。

2. 酸效应曲线

使用上述方法计算出滴定各种金属离子所允许的最低 pH，将各种金属离子的稳定常数 $\lg K_{MY}$ 与滴定允许的最低 pH 绘制成 pH-$\lg K_{MY}$ 曲线，称为酸效应曲线或林邦曲线，如图 3-8 所示。

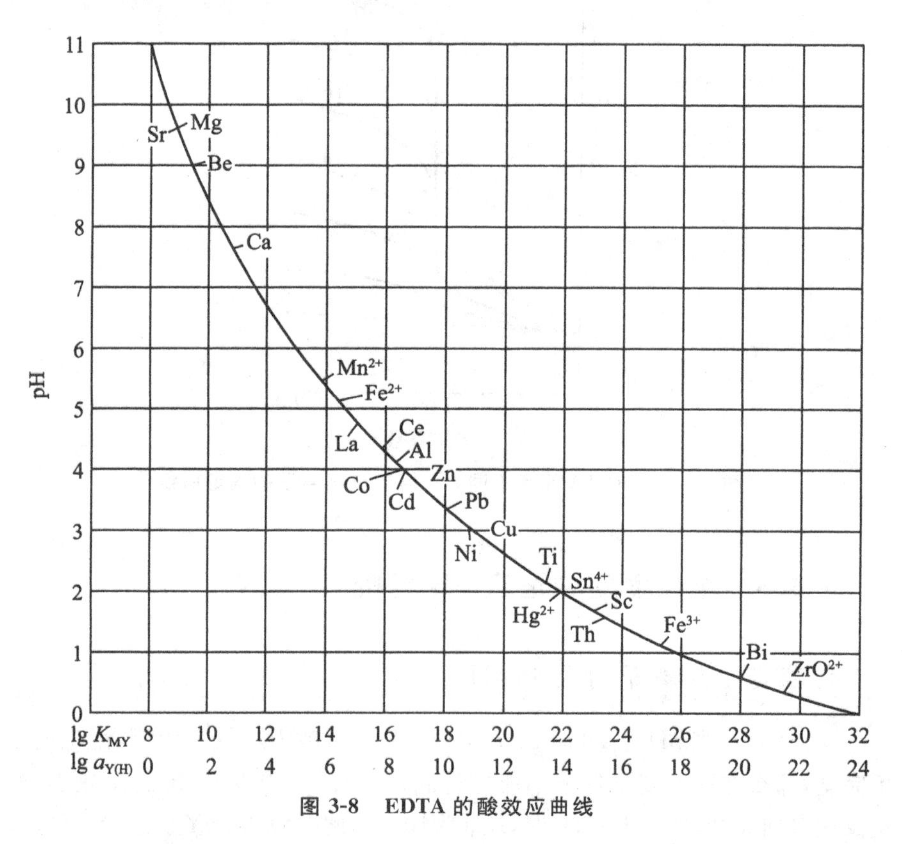

图 3-8　EDTA 的酸效应曲线

酸效应曲线的用途：

①确定滴定时允许的最低 pH 条件。从曲线上可以找出各种金属离子单独被 EDTA 准确滴定时允许的最低 pH，即最大酸度。如果滴定时溶液的 pH 小于该值，那么金属离子配位不完全。例如，滴定 Fe^{3+}，pH 必须大于 1。实际滴定时所采用的 pH 要比所允许的最低 pH 高一些，从而保证被测滴定的金属离子配位完全。

②判断干扰情况。从曲线中可以看出，在一定 pH 范围内，哪些离子能被准确滴定，哪些离子对滴定有干扰。一般而言，酸效应曲线上被测金属离子右下的离子都会干扰测定。例如，在 pH＝10.0 附近滴定Mg^{2+}时，溶液中如果同时存在位于Mg^{2+}下方的离子，此时它们均可以被同时滴定。也就是说，可用“上不干扰下干扰”的原则判断共存金属离子对被滴金属离子是否存在干扰。

③控制溶液酸度进行连续滴定。从曲线上还可以看出，当溶液中多种金属离子同时存在时，利用控制溶液酸度的方法可以进行选择滴定或者连续滴定。例如，溶液中有Bi^{3+}、Zn^{2+}和Mg^{2+}时，可在溶液 pH＝1.0 时滴定Bi^{3+}，然后调节 pH＝5.0～6.0 时滴定Zn^{2+}，最后调节 pH＝10.0～11.0 时滴定Mg^{2+}。

④兼作 pH-lg $\alpha_{Y(H)}$ 表使用。

3. 滴定金属离子的最高 pH

配位滴定时实际采用的 pH 要比允许的最低 pH 略高些，从而使得金属离子反应更加完全。然而高的 pH 又会引起金属离子的水解生成沉淀，而影响 MY 的形成，甚至有时候会使滴定无法进行。所以不同金属离子在被滴定时有不同的最高 pH。在没有其他配位剂存在时，最高 pH 可由 $M(OH)_n$ 的溶度积求得。在配位滴定中，应根据金属离子以及所选用的指示剂性质进行综合考虑，从而进一步选择合适的 pH 范围。

因为 EDTA 在滴定过程中随着 MY 的形成会不断释放出 H^+：

$$H_2Y + M \xlongequal{} 2H^+ + MY$$

溶液的 pH 逐渐减小，增大了酸效应，使得配合物不稳定，减小了突跃范围，继而不利于滴定的进行。所以，在配位滴定中往往需要加入一定量的缓冲溶液来控制溶液的 pH。

3.4　金属指示剂

金属指示剂是一些可与金属离子生成有色配合物的有机配位剂，其有色配合物的颜色与游离指示剂的颜色不同，从而可以用来指示滴定过程中金属离子浓度的变化情况，因而称为金属离子指示剂，简称金属指示剂。

3.4.1　金属指示剂的作用原理

在被测定的金属离子溶液中，加入金属指示剂，指示剂与被测金属离子进行配位反应，生成与指示剂自身颜色不同的配合物。

$$M+In \rightleftharpoons MIn$$

自身色 配位色

滴定开始至化学计量点之前，溶液一直都为配合物 MIn 颜色。在近化学计量点时，游离的金属离子浓度非常低，再加入 EDTA 进而夺取 MIn 中的 M，使溶液呈现指示剂自身的颜色。

$$MIn+Y \rightleftharpoons MY+In$$

配位色　　　　　自身色

以 EDTA 在 pH＝10 条件下滴定Mg^{2+}，用铬黑 T(EBT)作指示剂为例。铬黑 T 与铬黑 T-Mg 配合物的结构及颜色变化如下：

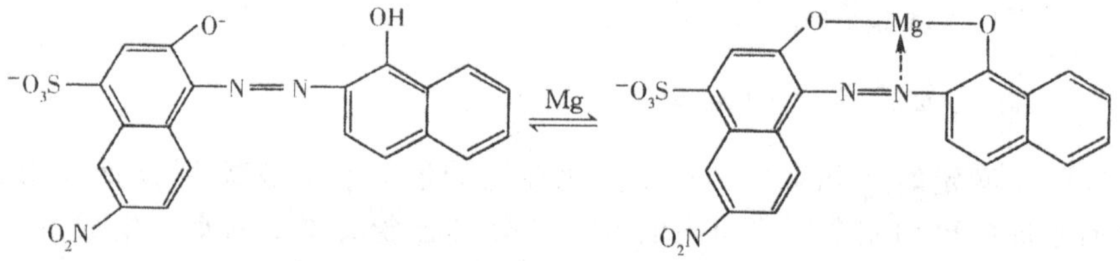

In(蓝色)　　　　MgIn(红色)

滴定前在待测液中先加一定量的指示剂，铬黑 T 与一部分Mg^{2+}配位生成红色配合物，当加入 EDTA 后，溶液中大量游离的Mg^{2+}与 EDTA 配合，溶液仍呈红色。当滴定至化学计量点附近时，游离镁的浓度已经降至很低。此时加入少许 EDTA 就可以夺取出 Mg-EBT 中的Mg^{2+}，使 EBT 游离出来而呈蓝色，引起溶液的颜色突变，指示滴定终点。

3.4.2 金属指示剂必备的条件

由金属指示剂变色原理可知，作为金属指示剂必须具备以下条件：

①与金属离子形成的配合物的颜色应与其本身的颜色有明显的差别，这样终点时的颜色变化才明显。

②与金属离子形成的配合物要有适当的稳定性。若稳定性不够大，则未到化学计量点时 MIn 就会分解，使终点会提前到来。但稳定性又必须小于该金属离子与 EDTA 形成配合物的稳定性，以免到达计量点时 EDTA 仍不能将指示剂取代出来，不发生颜色变化，终点延后。一般要求二者稳定性应相差 100 倍以上。

③金属指示剂和金属离子的反应要灵敏、迅速，而且还要有良好的变色可逆性。

④指示剂及其配合物都应易溶于水。如果生成胶体或者沉淀，都会影响显色反应的可逆性，使得变色不明显。

3.4.3　金属指示剂的选择

通常选择指示剂的原则都是以在滴定过程中化学计量点附近产生的突跃范围为基本依据的。因此要求指示剂能在此突跃范围内发生明显的颜色变化，并且指示剂变色点的 pM 值应尽量与化学计量点的 pM_{sp} 一致或很接近，以减小终点误差。

根据配位平衡，被测金属离子 M 与指示剂形成有色配合物 MIn，它在溶液中存在解离平衡如下：

$$MIn \rightleftharpoons M + In$$

考虑溶液中副反应的影响，可得

$$K'_{MIn} = \frac{[MIn]}{[M'][In']}$$

$$\lg K'_{MIn} = pM' + \lg \frac{[MIn]}{[In']}$$

当达到指示剂的变色点时，$[MIn]=[In']$，则有

$$\lg K'_{MIn} = pM'$$

可以看出指示剂变色点时的 pM' 等于有色配合物的 $\lg K'_{MIn}$。

上式还可改写成

$$pM' = \lg K_{MIn} - \lg \alpha_{In(H)}$$

因此只要知道金属离子指示剂配合物的稳定常数及一定 pH 时指示剂的酸效应系数，就可以求出变色点的 pM 值。

需要说明的是，由于配位滴定使用的指示剂一般为有机弱酸，存在着酸效应，所以它与金属离子 M 所形成的配合物的条件稳定常数将随 pH 的变化而变化，从而使得指示剂变色点的 pM 也随 pH 的变化而变化。因此，金属离子指示剂不可能像酸碱指示剂那样，有一个确定的变色点。在选择指示剂时，必须考虑体系的酸度，使指示剂的变色点与化学计量点尽量一致。至少在化学计量点附近的 pM 突跃范围内，否则误差太大。

理论上来说，指示剂的选择可以通过与其有关的常数进行计算来完成。但遗憾的是，迄今为止，金属指示剂的有关常数很不齐全，所以在实际工作中大多采用实验方法来选择指示剂，即先试验待选指示剂在终点时的变色敏锐程度，然后再检查滴定结果的准确度，这样就可以确定该指示剂是否符合要求。

3.4.4 金属指示剂的封闭、僵化和变质现象

金属指示剂在化学计量点附近应有敏锐的颜色变化，但实际上有时会存在一些对滴定分析不利的现象。

1. 金属指示剂的封闭现象

当配位滴定进行到终点时，由于稍过量的滴定剂 EDTA 并不能夺取 MIn 中的金属离子，从而使指示剂在计量点附近没有颜色变化，这种现象即为指示剂的封闭现象。

指示剂的封闭现象能够通过分析造成封闭的不同原因而采取相应的措施来消除。由于溶液中存在的干扰离子与 In 形成了稳定性大于 MY 的配合物，导致指示剂在计量点附近不变色，而产生封闭现象，一般采用加入适当的掩蔽剂来消除这些离子的干扰。例如，在 pH＝10.0 时，以铬黑 T 为指示剂，用 EDTA 滴定水中的 Ca^{2+}、Mg^{2+} 时，若水样中含有 Fe^{3+}、Al^{3+} 时，就会对指示剂铬黑 T 造成封闭，可加入三乙醇胺来掩蔽。若水样中含有 Cu^{2+}、Co^{2+}、Ni^{2+} 等干扰离子对指示剂有封闭现象，可加入 KCN 来掩蔽消除。

由待测离子 M 本身造成的封闭现象可采用返滴定法进行消除。例如，Al^{3+} 对二甲酚橙有封闭作用，则测定 Al^{3+} 时可在 pH＝3.5 的条件下，先加入过量的 EDTA 标准溶液，煮沸，使 Al^{3+} 与 EDTA 充分反应形成 AlY 后，再调节 pH 到 5.0～6.0，加入指示剂二甲酚橙，用 Zn^{2+} 或 Pb^{2+} 标准溶液返滴剩余的 EDTA，即可避免 Al^{3+} 对指示剂的封闭。

2. 金属指示剂的僵化现象

有些金属指示剂或金属指示剂配合物在水中的溶解度太小，生成胶体溶液或沉淀，就会影响颜色反应的可逆性，使得滴定剂 EDTA 与金属指示剂配合物 MIn 交换缓慢，使终点拖长，这种现象称为指示剂僵化。解决的办法是加入有机溶剂或加热以增大其溶解度。

3. 金属指示剂的变质现象

多数金属指示剂含有不同数量的双键，所以在日光、氧化剂、空气等充足时很容易分解变质，分解变质的速率与试剂的纯度有关。一般纯度较高时，保存的时间较长。另外，有些金属对指示剂的氧化分解有催化作用。例如，铬黑 T 在 Mn^{4+}、Ce^{4+} 存在下，仅数秒钟就分解褪色。

3.5　配位滴定法的应用

3.5.1　配位滴定方式

配位滴定方式多种多样，采用不同的滴定方式不仅能扩大配位滴定的应用范围，还可以提高配位滴定的选择性。常用的滴定方式有直接滴定、间接滴定、返滴定、置换滴定等。

1. 直接滴定法

直接滴定法是指直接用 EDTA 标准溶液滴定待测离子的方法。若有其他干扰离子存在，滴定前应加掩蔽剂进行掩蔽或分离除去。这种方法操作简便、迅速、引入误差少，是配位滴定中的最基本方法，因此在可能的范围内应尽可能采用直接滴定法。能采用直接滴定法进行测定的金属离子见表 3-3。

对于下列几种情况，不宜采用直接滴定法进行滴定。

①SO_4^{2-}、PO_4^{3-} 等不能与 EDTA 形成配合物，或 Na^+、K^+ 等与 EDTA 形成的配合物不稳定。

②Ba^{2+}、Sr^{2+} 等虽能与 EDTA 形成稳定的配合物，但缺少符合要求的指示剂。

③Al^{3+}、Ni^{2+} 等与 EDTA 的配合速度很慢，本身又易水解或封闭指示剂。

对不适宜采用直接滴定法进行测定的金属离子，可采用其他滴定方式进行测定。

2. 间接滴定法

不能与 EDTA 生成稳定配合物的金属离子可以利用间接滴定法。间接滴定法是指在待测溶液中加入一定量过量的、能与 EDTA 形成稳定配合物的金属离子作沉淀剂，以沉淀待测离子，过量的沉淀剂用 EDTA 滴定，最后利用沉淀待测离子消耗沉淀剂的量，间接地计算出待测离子的含量。

例如，测定PO_4^{3-} 时可利用过量 Bi^{3+} 与其反应生成 $BiPO_4$ 沉淀，用 EDTA 滴定过量的 Bi^{3+} 时，即可计算出PO_4^{3-} 的含量。也可以在酸性条件下加入 $MgCl_2$ 并煮沸，再滴加氨水至碱性，使PO_4^{3-} 沉淀为$MgNH_4PO_4 \cdot 6H_2O$，用氨水洗净沉淀,经过滤后,用 HCl 液将沉淀溶解,加入过量的 EDTA 标准溶液,调节溶液至氨碱性,以铬黑 T 为指示剂,用 Mg^{2+} 标准溶液返滴过量的 EDTA,间接求得磷的含量。

表 3-3 采用直接滴定法进行测定的金属离子

金属离子	pH	指示剂	其他主要条件	终点
Fe^{2+}	5~6.5	二甲酚橙	六次甲基四胺	红→黄
Fe^{3+}	1.5~3	磺基水杨酸	乙酸,温热	红紫→黄
Mg^{2+}	10	铬黑 T	NH_3-NH_4Cl 缓冲溶液	红→蓝
Zn^{2+}	10	铬黑 T	氨缓冲溶液	红→蓝
	5~6	二甲酚橙	六次甲基四胺	红紫→黄
Ca^{2+}	12~14	钙指示剂	NaOH 介质	酒红→蓝
Cu^{2+}	9.3 2.5~10	邻苯二酚紫 PAN	NH_3-NH_4Cl 缓冲溶液	蓝→红紫 红→绿
Pb^{2+}	10	铬黑 T	NH_3-NH_4Cl 缓冲液,酒石酸,TEA,40~70℃	蓝紫→蓝
	5	二甲酚橙	HAc-NaAc 缓冲溶液	红紫→黄
	6	二甲酚橙	六次甲基四胺	红紫→黄
Sn^{2+}	5.5~6	甲基百里酚蓝	吡啶乙酸盐,加入 NaF 掩蔽 Sn^{4+}	蓝→黄
Cd^{2+}	10	铬黑 T	NH_3-NH_4Cl 缓冲溶液	红→蓝
	5~6	二甲酚橙	六次甲基四胺	粉红→黄
	5~6		HAc-NaAc 缓冲溶液	红紫→黄
Co^{2+}	5~6	二甲酚橙	六次甲基四胺,80℃	红紫→黄
Bi^{2+}	1~3	二甲酚橙	HNO_3 介质	红→黄

又如,为了测定 Na^+,首先将 Na^+ 沉淀为醋酸铀酰锌钠 $NaZn(UO_2)_3Ac_9 \cdot 9H_2O$,将沉淀过滤洗净,再将其溶解,用 EDTA 标准溶液滴定 Zn^{2+},可间接计算出试样中的 Na^+ 含量。

但是,由于该方法操作烦琐,引入误差的机会增多,因而不是一种理想的分析方法。

3. 返滴定法

当某些金属离子用EDTA滴定时找不到合适的指示剂，或者与EDTA配位反应速度缓慢时，往往采用返滴定。返滴定是在被测试液中预先加入已知过量的EDTA标准溶液，再通过加热、延长反应时间等方式使之充分反应，然后用金属离子标准溶液滴定过量的EDTA，由此可求得被测物含量。

例如，在测定Ni^{2+}时，由于Ni^{2+}与EDTA配位反应速度较慢。为此，可先加入一定量过量的EDTA标准溶液，调节酸度为pH=5，煮沸溶液，使Ni^{2+}与EDTA完全配位，以PAN为指示剂，用$CuSO_4$标准溶液返滴定过量EDTA，可测得Ni^{2+}的含量。

测定Sr^{2+}时没有变色敏锐的指示剂，在被测溶液中加入过量的EDTA溶液，使Sr^{2+}与EDTA完全反应后，以铬黑T作指示剂，用Mg^{2+}标准溶液返滴定过量的EDTA，可测得Sr^{2+}的含量。

用作返滴定剂的金属离子N与EDTA形成的配合物要有适当的稳定性，且$K_{NY}<K_{MY}$，从而保证滴定的准确性。从平衡的角度考虑，当$K_{NY}>K_{MY}$，则会发生如下反应：

$$N+MY=\!=\!=NY+M$$

一般在适当的酸度下，Zn^{2+}、Cu^{2+}、Mg^{2+}、Ca^{2+}等常用作返滴定剂。

此外，Al^{3+}与EDTA配位反应速度较慢，在水中容易生成多羟基配合物，也没有合适的指示剂，因此采用返滴定方式测定Al^{3+}。EDTA测定Ba^{2+}时，也采用返滴定的方式进行测定。

4. 置换滴定法

置换滴定法是指利用置换反应，置换出配合物中的金属离子或EDTA，然后再用EDTA或金属离子标准溶液进行滴定，测定被置换出的金属离子或EDTA的方法。

(1)置换出金属离子

用置换法测定Ag^+，因EDTA不能直接滴定Ag^+，在Ag^+试液中加入过量$Ni(CN)_4^{2-}$，发生置换反应

$$2Ag^++Ni(CN)_4^{2-}=\!=\!=2Ag(CN)_2^-+Ni^{2+}$$

用EDTA滴定被置换出的Ni^{2+}，便可求得Ag^+的含量。

Ca^{2+}、Zn^{2+}、Al^{3+}三种金属离子共存时要测定Al^{3+}，可在混合离子溶液中加入过量EDTA，并加热使各种金属离子全部与EDTA完全反应，控制pH=5～6，用Cu^{2+}标准溶液返滴过量EDTA，然后加入NH_4F，使AlY^-转

化为更稳定的AlF_6^{3-}，再用铜标准溶液滴定被置换出的 EDTA，即可计算出 Al^{3+} 的含量。

(2)置换出 EDTA

用 EDTA 将样品中所有金属离子生成配合物，再加入专一性试剂 L，选择性地与被测金属离子 M 生成比 MY 更稳定的配合物 ML，因而将与 M 等量的 EDTA 置换出来。

$$MY + L \rightleftharpoons ML + Y$$

释放出来的 EDTA 用锌标准溶液滴定，可计算出 M 的含量。

例如，测定合金中 Sn 时，可于供试液中加入过量的 EDTA，试样中 Pb^{2+}、Zn^{2+}、Cd^{2+}、Ba^{2+}、Sn^{2+} 都与 EDTA 形成配合物，过量的 EDTA 用锌标准液回滴定。再加入 NH_4F 使 SnY 转变成更稳定的 SnF_6^{2-}，释放出的 EDTA 再用锌标准溶液滴定，即可求得 Sn^{4+} 的含量。

3.5.2 配位滴定法的应用

1. 水的总硬度及钙镁含量的测定

水中常含有某些金属阳离子和一些阴离子，由于高温作用，阴阳离子聚集形成沉淀，把水中这些金属离子的总浓度称为水的硬度。水的硬度是水质控制的一个重要指标，在水中的金属离子浓度较高时可采用 EDTA 滴定法进行测定。但由于含量太小，可以忽略不计。因而常把水中 Ca^{2+}、Mg^{2+} 的总浓度看成水的硬度。

硬度的表示方法在国际、国内都尚未统一，我国目前使用的表示方法是将所测得的 Ca^{2+}、Mg^{2+} 折算成 CaO 或 $CaCO_3$ 的质量，用 1 L 水中所含 CaO 或 $CaCO_3$ 的毫克数，单位为 mg/L。

(1)水的总硬度的测定

取一份水样，用氨性缓冲溶液调节溶液的 pH＝10 左右，这时 Ca^{2+}、Mg^{2+} 均可被 EDTA 准确滴定。加入少量铬黑 T 作为指示剂，此时溶液呈红色，用 EDTA 标准溶液滴定至终点，溶液颜色由红色变为蓝色，即为终点。水的总硬度可以通过 EDTA 的标准浓度 c_{EDTA} 和消耗体积 V_{EDTA1} 以及水样的体积 V_s 来计算，以 $CaCO_3$ 计，单位为 mg/L。

$$总硬度 = \frac{c_{EDTA} V_{EDTA1} M_{CaCO_3}}{V_s}$$

(2)钙、镁含量的测定

取等量的水样，用 NaOH 溶液调节水样的 pH＝12.0，此时水中的

Mg^{2+} 转化为 $Mg(OH)_2$ 沉淀而被掩蔽，不会干扰到 Ca^{2+} 的测定，加入少量钙指示剂，与 Ca^{2+} 生成红色配合物 CaIn，用 EDTA 滴定溶液由红色变为蓝色即为终点。以终点时所消耗 EDTA 体积 V_{EDTA2} 计算水的钙硬度。其质量浓度（单位为 mg/L）为

$$\rho_{Ca^{2+}}=\frac{c_{EDTA}V_{EDTA2}M_{Ca}}{V_s}$$

则溶液中 Mg^{2+} 的含量为

$$\rho_{Mg^{2+}}=\frac{c_{EDTA}(V_{EDTA1}-V_{EDTA2})M_{Mg}}{V_s}$$

2. Ag^+ 含量的测定

Ag^+ 与 EDTA 的配合物不稳定，不能用 EDTA 直接滴定，此时可采用置换滴定法进行测定。

在含 Ag^+ 的试液中加入已知过量的 $[Ni(CN)_4]^{2-}$ 标准溶液，发生如下反应：

$$2Ag^+ + [Ni(CN)_4] \rightleftharpoons 2[Ag(CN)_2]^- + Ni^{2+}$$

在 pH＝10.0 的氨性缓冲溶液中，以紫脲酸铵为指示剂，用 EDTA 滴定置换出来的 Ni^{2+}，根据 Ag^+ 和 Ni^{2+} 的换算关系，即可求得 Ag^+ 的含量。

3. 锌矿中锌含量的测定

锌矿中锌含量的测定运用了配合掩蔽直接滴定法。

在 pH 为 5～6 的醋酸-醋酸钠缓冲溶液中，Zn^{2+} 与 EDTA 生成稳定的配合物

$$Zn^{2+} + H_2Y^{2-} \rightleftharpoons ZnY^{2-} + 2H^+$$

用二甲酚橙为指示剂，EDTA 标准溶液滴定至由紫红色突变为亮黄色为终点。

矿石用盐酸-氢氟酸-硝酸溶解，铁、铝、锰等干扰元素通过氨分离除去，铜先还原成低价铜，再用硫脲络合掩蔽，滤液中尚有微量的铁、铝、钍等离子采用乙酰丙酮-磺基水杨酸掩蔽。

4. 铝盐中 Al^{3+} 测定

由于 Al^{3+} 与 EDTA 配位反应的速度较慢，需要加热才能配合完全，且 Al^{3+} 对二甲酚橙、EBT 等指示剂有封闭作用，在 pH 不高时，水解生成一系列多核羟基配合物，影响滴定，因此 Al^{3+} 不能用 EDTA 直接滴定法进行测定，但可采用返滴定法和置换滴定法进行测定。

返滴定法即在含 Al^{3+} 的试液中，加入过量 EDTA 标准溶液，在 pH＝3.5 时煮沸溶液，使其完全反应，然后将溶液冷却，并用缓冲溶液调 pH 为 5～6，加入二甲酚橙指示剂，用 Zn^{2+} 标准溶液返滴过量的 EDTA。终点时溶液颜色由亮黄色变为微红色。

置换滴定法即将 Al^{3+} 的试液调节 pH＝3～4，加入过量 EDTA 标准溶液，煮沸使 Al^{3+} 与 EDTA 完全反应，冷却、调溶液 pH 为 5～6，以二甲酚橙为指示剂，用标准溶液滴定过量的 EDTA。然后加入过量的 KF，煮沸，将 Al-EDTA 中的 EDTA 定量置换出来，再用 Zn^{2+} 标准溶液滴定使溶液颜色从亮黄色变为微红色即为终点。其反应式如下：

$$AlY^{-} + 6F^{-} \xlongequal{} AlF_6^{3-} + Y^{4-}$$

$$Y^{4-} + Zn^{2+} \xlongequal{} ZnY^{2-}$$

5. 可溶性硫酸盐中 SO_4^{2-} 的测定

SO_4^{2-} 不能与 EDTA 直接反应，可采用间接滴定法进行测定。即在含有 SO_4^{2-} 的溶液中加入已知准确浓度的过量 $BaCl_2$ 标准溶液，使 SO_4^{2-} 与 Ba^{2+} 充分反应生成 $BaSO_4$ 沉淀，剩余的 Ba^{2+} 用 EDTA 标准溶液返滴定，可用铬黑 T 作指示剂。由于 Ba^{2+} 与铬黑 T 的配合物不够稳定，终点颜色变化不明显，因此，实验时常加入已知量的 Mg^{2+} 标准溶液，以提高测定的准确性。

SO_4^{2-} 的质量分数可用下式求得：

$$\omega_{SO_4^{2-}} = \frac{c_{Ba^{2+}}V_{Ba^{2+}} + c_{Mg^{2+}}V_{Mg^{2+}} - c_{EDTA}V_{EDTA}M_{SO_4^{2-}}}{m_S}$$

式中，$c_{Ba^{2+}}$ 为加入 $BaCl_2$ 标准溶液的浓度，mol/L；$V_{Ba^{2+}}$ 为加入 $BaCl_2$ 标准溶液的体积，L；$c_{Mg^{2+}}$ 为加入 Mg^{2+} 标准溶液的浓度，mol/L；$V_{Mg^{2+}}$ 为加入 Mg^{2+} 标准溶液的体积，L；c_{EDTA} 为 EDTA 标准溶液的浓度，mol/L；V_{EDTA} 为滴定时消耗 EDTA 的体积，L；$M_{SO_4^{2-}}$ 为 SO_4^{2-} 的摩尔质量，g/mol；m_S 为称取硫酸盐样的质量，g。

第4章　氧化还原滴定法

4.1　氧化还原平衡

氧化还原滴定法是以氧化还原反应为基础的滴定分析方法，是滴定分析中应用广泛的一种重要的方法。氧化还原滴定法应用非常广泛，它不仅可用于无机分析，而且广泛用于有机分析，许多具有氧化性或还原性的有机物都可以用氧化还原滴定法来加以测定。

4.1.1　氧化还原反应

1. 氧化数

氧化数是指单质或化合物中某元素一个原子的形式电荷数，也称为氧化值。这种电荷数是假设将每个键中的电子指定给电负性大的原子而求得的。它主要用于描述物质的氧化或还原状态，并用于氧化还原反应方程式的配平。氧化数可以为整数也可以为小数或分数，其具体的计算规则如下：

①单质中元素的氧化数为零。例如，Cu、N_2 等物质中，铜、氮的氧化数都为零。

②简单离子的氧化数等于该离子的电荷数。例如，Ca^{2+}、Cl^- 离子中的钙和氯的氧化数分别为+2、−1。

③在中性分子中各元素的正负氧化数的代数和为零；在复杂离子中各元素原子正负氧化数代数和等于离子电荷数。

④共价化合物中，将属于两个原子共用的电子对指定给电负性较大的原子后，两原子所具有的形式电荷数即为它们的氧化数。例如，HCl 分子中 H 的氧化数为+1，Cl 为−1。

⑤一般情况下，氢的氧化数为+1，但在碱金属等氢化物中为−1，例如，NaH 中，氢的氧化数为−1；氧在化合物中的氧化数一般为+2；但在过氧化物（H_2O_2、Na_2O_2）中氧的氧化数为−1；在含氟氧键的化合物（OF_2）中氧的

氧化数为+2。

2.氧化与还原

根据上述氧化数的概念,则可定义在化学反应中,反应前后元素的氧化数发生变化的反应称为氧化还原反应。其中,元素氧化数升高的过程称为氧化;元素氧化数降低的过程称为还原。并且在反应过程中,氧化过程和还原过程必然同时发生,其氧化数升高的总数与氧化数降低的总数总是相等。

可以概括氧化还原反应的本质为电子的得失(包括电子对的偏移),并引起元素氧化数的变化。通常称得到电子氧化数降低的物质为氧化剂,在化学反应中被还原;失去电子氧化数升高的物质是还原剂,在化学反应中被氧化。例如,

$$2KMnO_4+5H_2O_2+3H_2SO_4 = K_2SO_4+2MnSO_4+5O_2\uparrow+8H_2O$$

上述反应中,$KMnO_4$ 是氧化剂,Mn 的氧化数从+7 降到+2,它使 H_2O_2 氧化,其本身被还原。H_2O_2 是还原剂,其中氧的氧化数从-1 升高到 0,它使 $KMnO_4$ 还原,其本身被氧化。H_2SO_4 中各元素的氧化数没有变化,为反应介质。有时氧化数的升高和降低可能会发生在统一元素上的反应为歧化反应。

常见的氧化剂有活泼的非金属单质和一些高氧化数的化合物,前者如 F_2、Cl_2、Br_2 等卤族非金属单质,后者常见的有 $KMnO_4$、KIO_2、HNO_3、MnO_2、浓 H_2SO_4 及 Fe^{3+}、Ce^{4+} 等。

常见的还原剂有活泼的金属单质和低氧化数的化合物,前者为 Na、Mg、Zn、Fe 等最为普遍,后者则如 $H_2C_2O_4$、H_2S、CO 等。

某些含有中间氧化数的物质,在反应时其氧化数可能升高,也可能降低。在不同反应条件下,有时作氧化剂,有时又可作还原剂,如 H_2SO_3 等。

4.1.2 电极电位

物质的氧化还原性质可以用有关电对的电极电位来衡量。氧化还原电对由物质的氧化态和对应的还原态构成,如 Fe^{3+}/Fe^{2+}、I_2/I^-、$Cr_2O_7^{2-}/Cr^{3+}$、$S_4O_6^{2-}/S_2O_3^{2-}$ 等。电对的电极电位越高,氧化态的氧化能力越强,还原态的还原能力越弱;反之,电对的电极电位越低,氧化态的氧化能力越弱,而还原态的还原能力越强。

如果以 Ox 表示氧化态,Red 表示还原态,则可用下式表示氧化还原电对的半反应:

$$Ox+ne^- \rightleftharpoons Red$$

式中，n 为转移电子数。对于上述半反应，若电对能迅速建立起氧化还原平衡，称该电对为可逆电对（如 Fe^{3+}/Fe^{2+}、I_2/I^- 等）；否则，为不可逆电对（如 $Cr_2O_7^{2-}/Cr^{3+}$、$S_4O_6^{2-}/S_2O_3^{2-}$ 等）。可逆电对的电极电位可以用能斯特（Nernst）方程式表示为

$$\varphi_{Ox/Red}=\varphi^{\ominus}+\frac{RT}{nF}\ln\frac{a_{Ox}}{a_{Red}}=\varphi^{\ominus}+\frac{2.303RT}{nF}\lg\frac{a_{Ox}}{a_{Red}} \tag{4-1}$$

式中，$\varphi^{\ominus}$ 表示标准电极电位；a_{Ox} 表示氧化态的活度；a_{Red} 表示还原态的活度；R 为摩尔气体常数[8.314 J/(K · mol)]；T 为热力学温度；F 为法拉第常数(96 487 C/mol)。

在 25℃时，则上述公式在取常用对数的情况下变为

$$\varphi_{Ox/Red}=\varphi^{\ominus}+\frac{0.059}{n}\lg\frac{a_{Ox}}{a_{Red}}(25℃) \tag{4-2}$$

在处理氧化还原平衡时，还应该注意到电对有对称和不对称的差异。在对称电对中，氧化态与还原态的系数相同，例如，

$$Fe^{3+}+e^- \rightleftharpoons Fe^{2+}$$

$$MnO_4^- +8H^+ +5e^- \rightleftharpoons Mn^{2+}+4H_2O$$

在不对称电对中，氧化态与还原态的系数不相同，例如，

$$I_2+2e^- \rightleftharpoons 2I^-$$

$$Cr_2O_7^{2-}+14H^+ +6e^- \rightleftharpoons 2Cr^{3+}+7H_2O$$

当涉及不对称电对的有关计算时，情况稍微有些复杂，计算时应注意。

对于金属-金属离子电对，Ag-AgCl 电对等而言，纯金属、纯固体的活度为 1，溶剂的活度为常数，它们的影响已反映在 $\varphi^{\ominus}$ 中，故不再列 Nernst 方程式中。

4.1.3 条件电位

在应用 Nernst 方程式计算相关电对的电极电位时，不能忽略离子强度的影响。实际工作中，通常只知道各物质的浓度，而不知道其活度。并且由于溶液体系中可能还存在各种副反应，如果用浓度代替活度，就必须引入相应的活度系数（γ_{Ox}、γ_{Red}）和副反应系数（α_{Ox}、α_{Red}）。此外，当溶液体系的组成改变时，电对的氧化型、还原型的存在型体可能会发生改变，进而使电对的氧化型、还原型浓度改变，电极电位也会随之发生改变。活度与浓度之间的关系为

$$a_{Ox}=\gamma_{Ox}[Ox], a_{Red}=\gamma_{Red}[Red] \tag{4-3}$$

活度等于平衡浓度与活度系数的乘积。

若将浓度代替活度，则往往会引起较大的误差（只有在极稀的溶液中两者才近似相等），而其他的副反应如酸度的影响、沉淀或配合物的形成，都会引起氧化型及还原型浓度的改变，进而使电对的电极电位改变。若要以浓度代替活度，还需引入副反应系数。

$$\alpha_{Ox}=\frac{c_{Ox}}{[Ox]},\alpha_{Red}=\frac{c_{Red}}{[Red]} \tag{4-4}$$

式中，c_{Ox}和 c_{Red}分别表示溶液中 Ox、Red 的分析浓度。将式(4-3)、(4-4)代入式(4-2)中，可得：

$$\varphi_{Ox/Red}=\varphi^{\ominus}+\frac{0.059}{n}\lg\frac{\gamma_{Ox}\alpha_{Red}c_{Ox}}{\gamma_{Red}\alpha_{Ox}c_{Red}}=\varphi^{\ominus'}+\frac{0.059}{n}\lg\frac{c_{Ox}}{c_{Red}} \tag{4-5}$$

其中，

$$\varphi^{\ominus'}=\varphi^{\ominus}+\frac{0.059}{n}\lg\frac{\gamma_{Ox}\alpha_{Red}}{\gamma_{Red}\alpha_{Ox}} \tag{4-6}$$

式中，$\varphi^{\ominus'}$为条件电位，它是在一定条件下，氧化型和还原型的分析浓度均为 1 mol/L 或它们的浓度比为 1 时的实际电极电位。由于在实验条件一定时，活度系数和副反应系数均为固定值，故条件电位 $\varphi^{\ominus'}$ 在该条件下也是固定值。

条件电位是在一定实验条件下，校正了溶液离子强度以及副反应等各种因素影响后得到的实际电极电位，因此，用它来处理氧化还原滴定中的有关问题不仅更方便，且更符合实际情况。例如，Fe^{3+}/Fe^{2+} 电对的标准电极电位 $\varphi^{\ominus}=0.77$ V，而其条件电极电位在不同无机酸介质中则有不同数值，见表 4-1。

表 4-1 Fe^{3+}/Fe^{2+} 电对条件电位

介质(浓度)	$HClO_4$(1 mol/L)	HCl(0.5 mol/L)	H_2SO_4(1 mol/L)	H_3PO_4(2 mol/L)
$\varphi^{\ominus'}$/V	0.767	0.71	0.68	0.46

条件电极电位都是由实验测得，到目前为止，人们只测出了部分氧化还原电对的条件电极电位数据。由于实际工作中的反应条件多种多样，常遇到缺少相同条件下的条件电位的情况，如果缺乏相关电对的条件电极电位值，可用标准电极电位值进行粗略近似计算，否则应用实验方法测定。

4.1.4 氧化还原反应进行的程度

氧化还原反应进行的程度通常用反应平衡常数 K 来衡量。K 可以根据相关的氧化还原反应，通过 Nernst 方程式加以求解。设氧化还原反应如下：

$$n_2 Ox_1 + n_1 Red_2 \rightleftharpoons n_1 Ox_2 + n_2 Red_1$$

反应平衡常数的表达式为

$$K = \frac{a_{Red_1}^{n_2} a_{Ox_2}^{n_1}}{a_{Ox_1}^{n_2} a_{Red_2}^{n_1}} \tag{4-7}$$

与该反应有关的氧化还原半反应和电对的电极电位分别为

$$Ox_1 + n_1 e^- \rightleftharpoons Red_1, \varphi_1 = \varphi_1^{\ominus} + \frac{0.59}{n_1} \lg \frac{a_{Ox_1}}{a_{Red_1}}$$

$$Ox_2 + n_2 e^- \rightleftharpoons Red_2, \varphi_2 = \varphi_2^{\ominus} + \frac{0.59}{n_2} \lg \frac{a_{Ox_2}}{a_{Red_2}}$$

反应达到平衡时，有 $\varphi_1 = \varphi_2$，因此

$$\varphi_1^{\ominus} + \frac{0.59}{n_1} \lg \frac{a_{Ox_1}}{a_{Red_1}} = \varphi_2^{\ominus} + \frac{0.59}{n_2} \lg \frac{a_{Ox_2}}{a_{Red_2}}$$

两边同时乘以 n_1、n_2 的最小公倍数 n，整理后可得

$$\lg \frac{a_{Red_1}^{n_2} a_{Ox_2}^{n_1}}{a_{Ox_1}^{n_2} a_{Red_2}^{n_1}} = \lg K = \frac{n(\varphi_1^{\ominus} - \varphi_2^{\ominus})}{0.59} \tag{4-8}$$

如果考虑溶液中各种副反应的影响，则以相应的条件电位代入上式，相应的活度也以总浓度代替，所得平衡常数为条件平衡常数 K'，它能更好地反映实际情况下反应进行的程度。即

$$\lg \frac{c_{Red_1}^{n_2} c_{Ox_2}^{n_1}}{c_{Ox_1}^{n_2} c_{Red_2}^{n_1}} = \lg K' = \frac{n(\varphi_1^{\ominus'} - \varphi_2^{\ominus'})}{0.59} \tag{4-9}$$

式(4-9)表明，氧化还原反应进行的程度与两个氧化还原电对的条件电位之差以及电子转移数有关。条件电位之差越大，两个半反应转移电子数的最小公倍数越大，所进行的反应越彻底。

滴定分析法中，通常要求达到化学计量点时的反应完全程度在 99.9% 以上。也就是说，对于一个 1∶1 类型的反应

$$Ox_1 + Red_2 \rightleftharpoons Ox_2 + Red_1$$

在化学计量点时，应有以下浓度关系：

$$\frac{c_{Red_1}}{c_{Ox_1}} \geqslant 10^3, \frac{c_{Ox_2}}{c_{Red_2}} \geqslant 10^3$$

即条件平衡常数应满足 $K' \geqslant 10^6$，代入式(4-9)，得 $\Delta\varphi^{\ominus'} = \varphi_1^{\ominus'} - \varphi_2^{\ominus'} \geqslant 0.36$ V，这就是 1∶1 类型的反应定量完成的条件。依此类推，可以计算其他类型反应定量完成的条件。

通常不管是怎样的氧化还原反应，如只是考虑反应的完全程度，则 $\Delta\varphi^{\ominus'} \geqslant 0.4$ V 即可满足滴定分析的要求。

4.1.5 影响氧化还原反应速度的因素

氧化还原反应平衡常数可衡量氧化还原反应进行的程度，但不能说明反应的速度。有的反应平衡常数很大，但实际上觉察不到反应的进行。其主要原因是反应的机制较复杂，且常分步进行，反应速度较慢。氧化还原反应速度除与反应物的性质有关外，还与下列外界因素有关。

1. 氧化剂与还原剂的性质

不同性质的氧化剂和还原剂，其反应速率相差极大。这与它们的电子层结构、条件电极电位的差异和反应历程等因素有关，具体情况较为复杂。目前对此问题的了解尚不完整。

2. 反应物浓度

由于氧化还原反应机理比较复杂，不同的氧化还原反应，反应速度差别很大。故不能从总的氧化还原反应方程式来判断浓度对反应速率的影响程度。但一般来说，增加反应物的浓度，都能加快反应速度。例如，一定量的 $K_2Cr_2O_7$ 在酸性溶液中与 KI 的反应如下：

$$Cr_2O_7^{2-} + 6I^- + 14H^+ \rightleftharpoons 2Cr^{3+} + 3I_2 + 7H_2O$$

此反应速率较慢，增大 I^- 的浓度或提高溶液酸度都可加快反应速率。需要注意的是，此反应的酸度过高会加速空气中 O_2 对 I^- 的氧化而产生误差，故此反应通常将酸度控制在 0.5 mol/L。

3. 温度

升高反应温度一般可提高反应速率。通常温度每升高 10℃，反应速率可提高 2～4 倍。这是由于升高反应温度时，不仅增加了反应物之间碰撞的概率，而且增加了活化分子数目。例如，酸性介质中，用 MnO_4 氧化 $C_2O_4^{2-}$ 的反应

$$2MnO_4^- + 5C_2O_4^{2-} + 16H^+ = 2Mn^{2+} + 10CO_2\uparrow + 8H_2O$$

在室温下反应速率很慢，若将溶液加热并控制在 70～80℃，则反应速率明显加快。但是并不是在任何情况下都可以通过升高温度来提高反应速率，使用不当会产生副作用。例如，$K_2Cr_2O_7$ 与 KI 的反应，若用升高温度

的办法提高速率，则会使反应产物 I_2 挥发。有些还原性物质如 Fe^{2+}、Sn^{2+} 等，升高温度也会加快空气中氧气氧化 Fe^{2+}、Sn^{2+}。

4. 催化剂

使用催化剂是加快反应速率的有效方法之一。催化反应的机理非常复杂。在催化反应中，由于催化剂的存在，可能产生了一些不稳定的中间价态离子、游离基或活泼的中间配合物，从而改变了氧化还原反应历程，或者改变了反应所需的活化能，使反应速率发生变化。催化剂有正催化剂和负催化剂之分，正催化剂增大反应速率，负催化剂减小反应速率。分析化学中，常用正催化剂来加快反应的速率。

例如，在酸性溶液中 $KMnO_4$ 与 $Na_2C_2O_4$ 的反应，反应速率较慢，

$$2MnO_4^- + 5C_2O_4^{2-} + 16H^+ \xlongequal{} 2Mn^{2+} + 10CO_2\uparrow + 8H_2O$$

反应开始时进行得很慢。如果加入少量 Mn^{2+}，则反应速率明显加快。由于反应本身有 Mn^{2+} 生成，因此，如果不另加 Mn^{2+}，反应速率便会呈现为先慢后快的特点。这种由生成物本身起催化作用的反应，称为自动催化反应。滴定过程中，可以先滴加少量 $KMnO_4$，一旦有少量 Mn^{2+} 生成，便会加快反应速率，观察到 $KMnO_4$ 褪色后，就可以正常进行滴定。

5. 诱导作用

有些氧化还原反应在通常情况下，并不进行或进行得很慢的反应，但是由于另一个反应的进行，受到诱导而得以进行。这种由于一个氧化还原反应的发生促进另一氧化还原反应进行的现象，称为诱导作用，所发生的反应称为诱导反应。

例如，酸性溶液中，$KMnO_4$ 氧化 Cl^- 的反应速率极慢，当溶液中同时存在 Fe^{2+} 时，$KMnO_4$ 氧化 Fe^{2+} 的反应将加速 $KMnO_4$ 氧化 Cl^- 的反应。这里 Fe^{2+} 称为诱导体，MnO_4^- 称为作用体，Cl^- 称为受诱体。反应如下：

$$MnO_4^- + 5Fe^{2+} + 8H^+ \xlongequal{} Mn^{2+} + 5Fe^{2+} + 4H_2O$$

$$MnO_4^- + 10Cl^- + 16H^+ \xlongequal{} 2Mn^{2+} + 5Cl_2$$

需要注意的是，诱导作用和催化作用是不同的。在催化反应中，催化剂在反应前后的组成和质量均不发生改变；而在诱导反应中，诱导体参加反应后转变为其他物质。因此，对于滴定分析来说，诱导反应往往是有害的，应该尽量避免。

4.2 氧化还原滴定原理

4.2.1 氧化还原滴定曲线

氧化还原滴定过程中，随着滴定剂的加入和反应的进行，溶液中氧化剂和还原剂的浓度逐渐改变，有关电对的电位也随之改变。以滴定剂加入的体积或滴定分数为横坐标，以其对应的电对电极电位为纵坐标作图，所得曲线称为氧化还原滴定曲线，一般可用实验方法测得。对于可逆氧化还原体系可以用 Nernst 方程式从理论上算出的数据绘制。

现以在 1.00 mol/L H_2SO_4 介质中，0.100 0 mol/L $Ce(SO)_2$ 标准溶液滴定 20.00 mL 0.100 0 mol/L $FeSO_4$ 溶液为例，计算滴定过程的电极电位，并绘制滴定曲线。

滴定反应为

$$Ce^{4+}+Fe^{2+}=\!=\!=Ce^{3+}+Fe^{3+}$$

已知在此条件下两电对的电极反应及条件电极电位分别为

$$Ce^{4+}+e^{-}=\!=\!=Ce^{3+},\varphi^{\ominus'}_{Ce^{4+}/Ce^{3+}}=1.44\ V$$

$$Fe^{3+}+e^{-}=Fe^{2+},\varphi^{\ominus'}_{Fe^{3+}/Fe^{2+}}=0.68\ V$$

需要注意的是，滴定过程中任一时刻，当反应体系达平衡时，溶液中同时存在两个电对，并且两电对的电极电位相等，即

$$\varphi_{Ce^{4+}/Ce^{3+}}=\varphi_{Fe^{3+}/Fe^{2+}}$$

故在滴定的不同阶段，可选择方便于计算的电对，用 Nernst 方程式计算滴定过程中溶液的电极电位，即溶液电位。

(1)滴定开始前

在化学计量点前，由于空气中的氧化作用，其中必然存在极少量的 Fe^{3+}，溶液中存 Fe^{3+}/Fe^{2+} 电对，由于此时 Fe^{3+} 的浓度从理论上无法确定，故此时电极电位无法依据 Nernst 方程式进行计算。

(2)滴定开始至化学计量点前

滴定开始后，溶液中同时存在两个氧化还原电对。在滴定过程中的任何时刻，反应达到平衡后，两个电对的电极电位相等，即

$$\varphi^{\ominus'}_{Fe^{3+}/Fe^{2+}}+0.059\lg\frac{c_{Fe^{3+}}}{c_{Fe^{2+}}}=\varphi^{\ominus'}_{Ce^{4+}/Ce^{3+}}+0.059\lg\frac{c_{Ce^{4+}}}{c_{Ce^{3+}}}$$

此阶段，溶液体系中存在 Fe^{3+}/Fe^{2+} 和 Ce^{4+}/Ce^{3+} 两个电对，达到平衡时溶液中 Ce^{4+} 在溶液中存在量极少且难以确定其浓度，故只能用 Fe^{3+}/Fe^{2+}

电对计算该阶段的电极电位。$c_{Fe^{3+}}/c_{Fe^{2+}}$ 的值则可根据加入滴定剂Ce^{4+}的百分数来确定。所以，利用Fe^{3+}/Fe^{2+}电对来计算体系的电极电位比较方便。

当有 10.00 mL 的滴定剂Ce^{4+}加入时，50.0%的Fe^{2+}被氧化并生成Fe^{3+}，因此，体系的电极电位为

$$\varphi=\varphi^{\ominus'}_{Fe^{3+}/Fe^{2+}}+0.059\ \lg\frac{50.0\%}{50.0\%}=0.68\ \mathrm{V}$$

若有 19.98 mL 的滴定剂Ce^{4+}加入时，99.9%的Fe^{2+}被氧化并生成Fe^{3+}，即

$$\frac{c_{Fe^{3+}}}{c_{Fe^{2+}}}=\frac{99.9}{0.1}=999$$

$$\varphi_{Fe^{3+}/Fe^{2+}}=\varphi^{\ominus'}_{Fe^{3+}/Fe^{2+}}+0.059\ \lg\frac{c_{Fe^{3+}}}{c_{Fe^{2+}}}=0.68+0.059+\lg 999=0.86\ \mathrm{V}$$

(3)化学计量点时

这时，加入的滴定剂Ce^{4+}体积为 20.00 mL，Ce^{4+}和Fe^{2+}分别定量地反应生成Ce^{3+}和Fe^{3+}。溶液中的Ce^{4+}和Fe^{2+}浓度极小，不易求得。可利用$c_{Ce^{4+}}=c_{Fe^{2+}}$，$c_{Ce^{3+}}=c_{Fe^{3+}}$关系计算体系的电极电位。以φ_{sp}表示化学计量点时的电极电位，则

$$\varphi_{sp}=\varphi^{\ominus'}_{Ce^{4+}/Ce^{3+}}+0.059\ \lg\frac{c_{Ce^{4+}}}{c_{Ce^{3+}}}$$

$$\varphi_{sp}=\varphi^{\ominus'}_{Fe^{3+}/Fe^{2+}}+0.059\ \lg\frac{c_{Fe^{3+}}}{c_{Fe^{2+}}}$$

上述两式相加可得

$$\begin{aligned}2\varphi_{sp}&=\varphi^{\ominus'}_{Ce^{4+}/Ce^{3+}}+\varphi^{\ominus'}_{Fe^{3+}/Fe^{2+}}+0.059\ \lg\frac{c_{Ce^{4+}}+c_{Fe^{3+}}}{c_{Ce^{3+}}+c_{Fe^{2+}}}\\&=(1.44+0.68+0.059\ \lg 1)\ \mathrm{V}\\&=2.12\ \mathrm{V}\end{aligned}$$

故

$$\varphi_{sp}=1.06\ \mathrm{V}$$

(4)化学计量点后

这一阶段，溶液中的Fe^{2+}基本上都被氧化而生成Fe^{3+}，Fe^{2+}的浓度极小，不易求得，但$c_{Ce^{4+}}/c_{Ce^{3+}}$的值可根据加入滴定剂Ce^{4+}的百分数来确定。因此，利用Ce^{4+}/Ce^{3+}的电对来计算体系的电极电位比较方便。

当加入的Ce^{4+}过量 0.1%(20.02 mL)时，体系的电极电位为

$$\varphi=\varphi^{\ominus'}_{Ce^{4+}/Ce^{3+}}+0.059\ \lg\frac{0.1\%}{100\%}=1.26\ \mathrm{V}$$

当加入的Ce^{4+}过量10%(22.00 mL)时,体系的电极电位为

$$\varphi=\varphi^{\ominus'}_{Ce^{4+}/Ce^{3+}}+0.059\ \lg\frac{10\%}{100\%}=1.38\ V$$

用同样的方法,计算滴定曲线上任意一点的电极电位,具体可见表4-2,由此可得如图4-1所示的滴定曲线。滴定突跃范围根据化学计量点前、后0.1%时的电极电位确定为(0.86~1.26) V。

表4-2 在1.0 mol/L H_2SO_4溶液中以0.100 0 mol/L Ce^{4+}标准溶液滴定0.100 0 mol/L Fe^{2+}溶液的电极电位变化

加入Ce^{4+}标准溶液的体积/mL	Fe^{2+}被滴定分数/%	电位 φ/V
1.00	5.0	0.60
4.00	20.0	0.64
10.00	50.0	0.68
18.00	90.0	0.74
19.80	99.0	0.80
19.98	99.9	0.86
20.00	100.0	1.06(化学计量点)
20.02	100.1	1.26
20.20	101.0	1.32
22.00	110.0	1.38
40.00	200.0	1.44

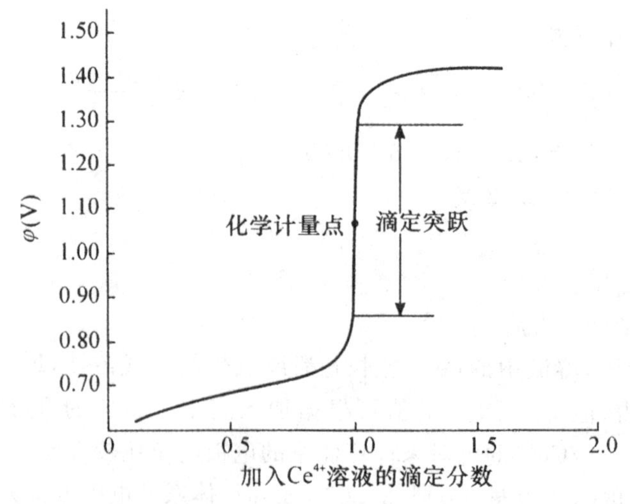

图4-1 0.100 0 mol/L $Ce(SO_4)_2$溶液滴定20.00 mL 0.100 0 mol/L $FeSO_4$溶液的滴定曲线

通过表 4-2 和图 4-1 可以看出，滴定曲线在化学计量点前后是对称的，这是由于两个电对的电子转移数相等，均为 1，化学计量点的电极电位 φ_{sp} 正好位于突跃范围的中点。从化学计量点前 0.1%到化学计量点后 0.1%，体系电极电位由 0.86 V 突变至 1.26 V(即 $\Delta\varphi$ 为 0.40 V)。此区间就是该氧化还原滴定的突跃范围，氧化还原滴定的突跃范围，对选择适宜的氧化还原指示剂是非常重要的。

对 $n_2\mathrm{Ox}_1 + n_1\mathrm{Red}_2 \rightleftharpoons n_1\mathrm{Ox}_2 + n_2\mathrm{Red}_1$ 可逆氧化还原反应，如果用 Ox_1 滴定 Red_2，则其化学计量点前后误差在±0.1%范围内的电位突跃区间为

$$\left(\varphi_1^{\ominus'} + \frac{3\times0.059}{n_2}\right) \sim \left(\varphi_2^{\ominus'} - \frac{3\times0.059}{n_1}\right)\ \mathrm{V} \tag{4-10}$$

4.2.2　影响氧化还原滴定突跃范围的因素

氧化还原滴定曲线类似于其他类型的滴定曲线，在化学计量点附近溶液电位发生了突跃，而指示剂就是依据此突跃范围加以选择的。

根据滴定曲线和化学计量点附近溶液电位的计算可以看出，氧化还原滴定突跃范围的大小，取决于两电对条件电极电位的差值。两电对的条件电极电位相差越大，滴定突跃范围越大；反之，两电对条件电极电位的差值越小，滴定突跃范围越小。如图 4-2 所示，对于两电对电子转移数相同且等于 1 的滴定反应，当差值大于或等于 0.40 V 时，才可选用氧化还原指示剂指示滴定的终点。

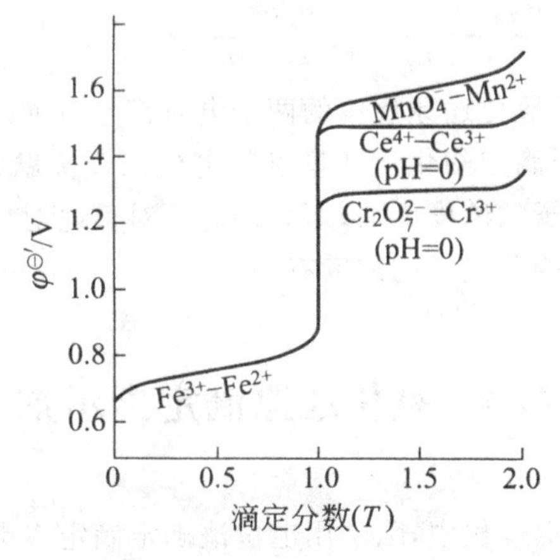

图 4-2　$\Delta\varphi^{\ominus'}$ 与滴定突跃范围

此外，如图 4-3 所示，不同介质中，氧化还原电对的条件电极电位不同，滴定曲线的突跃范围大小和化学计量点在曲线的位置就不同。

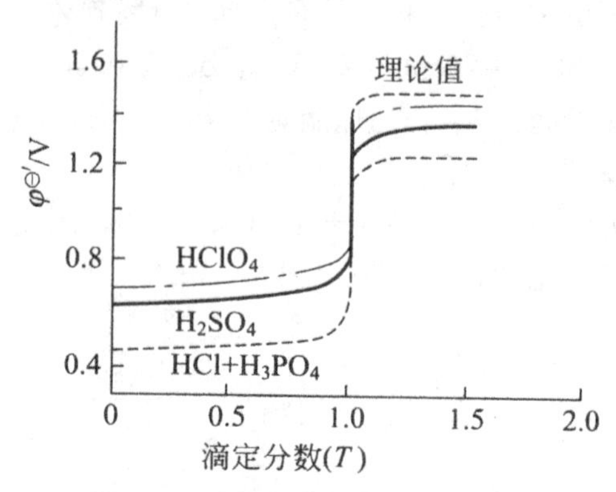

图 4-3　反应介质与滴定突跃范围

并且，根据式(4-10)也可以看出影响氧化还原滴定突跃范围的两个主要因素：

①两个氧化还原电对的条件电位之差 $\Delta\varphi^{\ominus'}$，$\Delta\varphi^{\ominus'}$ 越大，对应突跃范围越大。

②两个氧化还原电对的电子转移数 n_1 和 n_2，电子转移数越大，突跃范围越大。

如果氧化还原反应有不对称电对参加，例如，

$$n_2\,\mathrm{Ox}_1 + n_1\,\mathrm{Red}_2 \rightleftharpoons n_1\,\mathrm{Ox}_2 + n_2 b\,\mathrm{Red}_1$$

则化学计量点时的电极电位为

$$\varphi_{\mathrm{sp}} = \frac{n_1\varphi_1^{\ominus'} + n_2\varphi_2^{\ominus'}}{n_1 + n_2} + \frac{0.0592}{n_1 + n_2}\lg\frac{1}{b\left[(c_{\mathrm{Red}_1})_{\mathrm{sp}}\right]^{b-1}}$$

综上可知，如果氧化还原反应的两个电对都是可逆的，且没有不对称电对参加，则氧化还原滴定的化学计量点的电位以及突跃范围大小与两个氧化还原电对相关离子的浓度无关；而如果有不对称电对参加，则其化学计量点的电位与该电对相关离子的浓度有关。

4.3　氧化还原滴定指示剂

在氧化还原滴定过程中，除了用电位法确定滴定终点外，通常用指示剂指示滴定终点。氧化还原滴定法常用的指示剂有以下几种。

1. 自身指示剂

有些标准溶液或被测溶液的颜色与其生成物的颜色明显不同，在滴定过程中可利用其自身的颜色变化指示滴定的终点，而无须另加指示剂，称为自身指示剂。

例如，在酸性溶液中用 $KMnO_4$ 标准溶液滴定 Fe^{2+} 时，滴到计量点后过量一滴，溶液即呈现 $KMnO_4$ 的紫红色，由此来确定滴定终点。

另外，有些物质的溶液虽然也有颜色，但是由于灵敏度不够，不能用作自身指示剂。

2. 专用指示剂

某些物质本身不具有氧化还原性质，但能与某种氧化剂或还原剂发生可逆的显色反应，引起颜色变化，从而指示滴定的终点，称为特殊指示剂，有时也称为专属指示剂。

例如，无色的淀粉溶液本身不具有氧化还原性，但是可溶性淀粉与碘溶液反应，生成蓝色的化合物，当 I^- 被氧化为 I_2 时，溶液中立即出现蓝色。实验证明，当 I_2 的浓度为 2×10^{-6} mol/L 时，即能看到蓝色，反应非常灵敏。因此，在碘量法中，可用淀粉溶液作指示剂。

3. 外指示剂

有的物质本身具有氧化还原性，能与标准溶液或被测溶液发生氧化还原反应，故不能将其加到被测溶液中，只能在化学计量点附近，用玻璃棒蘸取被滴定的溶液在外面与其作用，根据颜色变化来判定滴定终点，这类物质称为外指示剂。例如，重氮化滴定法就可以用碘化钾-淀粉糊这种外指示剂来滴定终点。

4. 氧化还原指示剂

氧化还原指示剂是一类本身具有氧化还原性质的有机试剂。其氧化态和还原态具有不同的颜色。在滴定过程中，因指示剂被氧化或还原而发生颜色变化，从而指示滴定终点。

以 In_{Ox} 和 In_{Red} 分别表示氧化还原指示剂的氧化态和还原态，则其电对的电极反应和25℃时相应的 Nernst 方程式为

$$In_{Ox}+ne^- \rightleftharpoons In_{Red}$$

$$\varphi=\varphi_{In}^{\ominus'}+\frac{0.059}{n}\lg\frac{In_{Ox}}{In_{Red}}$$

在滴定体系中加入一定量的氧化还原指示剂，在滴定过程中，随着滴定的进行，溶液电位发生变化，指示剂的氧化还原态的浓度之比$\frac{In_{Ox}}{In_{Red}}$也随之变化。当溶液电位大于指示剂的条件电极电位，即$\varphi>\varphi_{In}^{\ominus'}$，指示剂被氧化，指示剂的氧化态浓度增加；反之，指示剂的还原态浓度增加。根据人类眼睛辨别颜色的灵敏度，通常来说：

当$\frac{In_{Ox}}{In_{Red}}\geqslant 10$时，溶液电位$\varphi\geqslant\varphi_{In}^{\ominus'}+\frac{0.059}{n}\lg 10$，即$\varphi\geqslant\varphi_{In}^{\ominus'}+\frac{0.059}{n}$，溶液呈氧化态$In_{Ox}$的颜色。

当$\frac{In_{Ox}}{In_{Red}}\leqslant\frac{1}{10}$时，溶液电位$\varphi\leqslant\varphi_{In}^{\ominus'}+\frac{0.059}{n}\lg\frac{1}{10}$，即$\varphi\leqslant\varphi_{In}^{\ominus'}+\frac{0.059}{n}$，溶液呈还原态$In_{Red}$的颜色。

当$\frac{1}{10}\leqslant\frac{In_{Ox}}{In_{Red}}\leqslant 10$时，$\varphi_{In}^{\ominus'}-\frac{0.059}{n}\leqslant\varphi\leqslant\varphi_{In}^{\ominus'}+\frac{0.059}{n}$，指示剂由还原态颜色转变为氧化态颜色，溶液呈现指示剂氧化态和还原态的混合色。

当$\frac{In_{Ox}}{In_{Red}}=1$时，溶液电位等于指示剂的条件电极电位，即$\varphi=\varphi_{In}^{\ominus'}$，溶液呈现指示剂氧化态与还原态的中间色，因此氧化还原指示剂的理论变色点就是其条件电极电位$\varphi_{In}^{\ominus'}$。

这类指示剂的选择原则：应使指示剂变色点（即条件电极电位）处于滴定体系的突跃范围内，并尽可能与化学计量点φ_{sp}接近。常用的氧化还原指示剂，如表 4-3 所示。

表 4-3 常见氧化还原指示剂（[H^+]=1 mol/L）

指示剂	$\varphi_{In_{Ox}/In_{Red}}^{\ominus'}$	颜色变化	
		氧化态	还原态
次甲基蓝	0.36	蓝	无色
二苯胺	0.76	紫	无色
二苯胺磺酸钠	0.84	紫红	无色
邻苯氨基苯甲酸	0.89	紫红	无色
邻二氮菲-亚铁	1.06	浅蓝	红
硝基邻二氮菲-亚铁	1.25	浅蓝	紫红

4.4　常用氧化还原滴定法及其应用

氧化还原滴定法可以根据待测物的性质来选择合适的滴定剂，并常根据所用滴定剂的名称来命名，如碘量法、高锰酸钾法、重铬酸钾法等。各种方法都有其特点和应用范围，应该根据实际情况正确选用。

4.4.1　碘量法及其应用

1. 碘量法的滴定原理

碘量法是利用 I_2 的氧化性和 I^- 的还原性来进行滴定的氧化还原滴定方法，其基本反应为

$$I_2 + 2e^- \rightleftharpoons 2I^-$$

固体 I_2 在水中溶解度很小并且容易挥发，所以通常 I_2 溶解于 KI 溶液中，此时它以 I_3^- 配离子形式存在，其半反应为

$$I_3^- + 2e^- \rightleftharpoons 3I^-, \varphi^{\ominus}_{I_3^-/I^-} = 0.535\ V$$

从 $\varphi^{\ominus}$ 值可以看出，I_2 是较弱的氧化剂，能与较强的还原剂作用；而 I^- 是中等强度的还原剂，能与许多氧化剂作用。因此碘量法可以用直接滴定或者间接滴定两种方式进行。

碘量法既可测定氧化剂，又可测定还原剂。I_3^-/I^- 电对反应的可逆性好，副反应少，又有很灵敏的淀粉指示剂指示终点，因此碘量法的应用范围很广。

(1)直接碘量法

凡标准电极电位 $\varphi^{\ominus}$ 值比碘低的电对，其还原型可用 I_2 标准溶液直接滴定，这种滴定分析方法，称为直接碘量法，也称为碘滴定法。例如，试样中硫的测定，将试样在近 1 300℃的燃烧管中通入 O_2 燃烧，使硫转化为 SO_2，再用 I_2 溶液滴定，其反应为

$$I_2 + SO_2 + H_2O \rightleftharpoons 2I^- + SO_4^{2-} + 4H^+$$

滴定时以淀粉为指示剂，终点十分明显。

直接碘量法还可以用来测定含有 S^{2-}、SO_3^{2-}、$S_2O_3^{2-}$、Sn^{2+}、AsO_3^{3-}、SbO_3^{3-} 及含有二级醇基等物质的含量。

(2)间接碘量法

电位值比 $\varphi^{\ominus}_{I_3/I^-}$ 高的氧化性物质，可在一定的条件下，用 I^- 还原，然后

用$Na_2S_2O_3$滴定液滴定释放出来的I_2，这种方法称为间接碘量法，又称为滴定碘法。间接碘量法的基本反应为

$$I_2+2S_2O_3^{2-} \rightleftharpoons S_4O_6^{2-}+2I^-$$

利用这一方法可以测定许多氧化性物质，如Cu^{2+}、$Cr_2O_7^{2-}$、IO_3^-、BrO_3^-、AsO_4^{3-}、ClO^-、NO_2^-、H_2O_2、MnO_4^-和Fe^{3+}等。

(3)碘量法的终点指示

碘量法一般选择淀粉水溶液作终点指示剂，I_2遇淀粉呈现蓝色，其显色灵敏度除与I_2的浓度有关外，还与淀粉的性质、加入的时间、温度及反应介质等条件有关。因此，在使用淀粉指示液指示终点时要注意以下几点：

①所用的淀粉必须是可溶性淀粉。

②I_3^-遇淀粉呈现蓝色在热溶液中会消失，因此，不能在热溶液中进行滴定。

③要注意反应介质的条件，淀粉在弱酸性溶液中灵敏度很高，显蓝色；当$pH<2$时，淀粉会水解成糊精，与I_2作用显红色；当$pH>9$时，I_2转变为IO^-，遇淀粉不显色。

④直接碘量法用淀粉指示液指示终点时，应在滴定开始时加入。终点时，溶液由无色突变为蓝色。间接碘量法用淀粉指示液指示终点时，应在滴至I_2的黄色很浅时再加入淀粉指示液(若过早加入淀粉，它遇I_2形成的蓝色配合物会吸留部分I_2，易使终点提前且不明显)。终点时，溶液由蓝色转无色。

⑤淀粉指示液的用量一般为2～5 mL。

2. 碘量法的应用

(1)水体中溶解氧含量的测定

溶解于水中的氧称为溶解氧，常以DO表示。水中溶解氧的含量与大气压力、水的温度有密切关系，大气压力减小，溶解氧含量也减小。温度升高，溶解氧含量将显著下降。溶解氧的含量用1 L水中溶解的氧气量(O_2，mg/L)表示。

水体中溶解氧含量的多少，反映水体受到污染的程度。清洁的地表水在正常情况下，所含溶解氧接近饱和状态。如果水中含有藻类，由于光合作用而放出氧，就可能使水中含过饱和的溶解氧。但当水体受到污染时，由于氧化污染物质需要消耗氧，水中所含的溶解氧就会减少。因此，溶解氧的测定是衡量水污染的一个重要指标。

清洁的水样一般采用碘量法测定溶解氧。若水样有色或含有氧化性或还原性物质、藻类、悬浮物时将干扰测定，则需采用叠氮化钠修正的碘量法

或膜电极法等其他方法测定。

碘量法测定溶解氧的原理是：往水样中加入硫酸锰和碱性碘化钾溶液，使生成氢氧化亚锰沉淀。氢氧化亚锰性质极不稳定，迅速与水中溶解氧化合生成棕色锰酸锰沉淀。

$$MnSO_4 + 2NaOH \longrightarrow \underset{\text{白色沉淀}}{Mn(OH)_2\downarrow} + Na_2SO_4$$

$$2Mn(OH)_2 + O_2 \longrightarrow \underset{\text{棕色沉淀}}{2H_2MnO_3\downarrow}$$

$$Mn(OH)_2 + H_2MnO_3 \longrightarrow \underset{\text{棕色沉淀}}{MnMnO_3\downarrow} + 2H_2O$$

加入硫酸酸化，使已经化合的溶解氧与溶液中所加入的 I^- 发生氧化还原反应，析出与溶解氧相当量的 I_2。溶解氧越多，析出的碘也越多，溶液的颜色也就越深。

$$MnMnO_3 + 3H_2SO_4 + 2KI \longrightarrow 2MnSO_4 + K_2SO_4 + I_2 + 3H_2O$$

最后取出一定量反应完毕的水样，以淀粉为指示剂，用 $Na_2S_2O_3$ 标准溶液滴定至终点。滴定反应为

$$2Na_2S_2O_3 + I_2 \longrightarrow Na_2S_4O_6 + 2NaI$$

测定结果按下式计算：

$$DO = \frac{(V_0 - V_1) \times c_{Na_2S_2O_3} \times 8.000 \times 1\,000}{V_{水}}$$

式中，DO 为水中溶解氧，mg/L；V_1 为滴定水样时消耗硫代硫酸钠标准溶液体积，mL；$V_{水}$ 为水样体积，mL；$c_{Na_2S_2O_3}$ 为硫代硫酸钠标准溶液浓度，mol/L；8.000 为氧$\left(\frac{1}{2}O\right)$摩尔质量，g/mol。

(2)S^{2-} 或 H_2S 含量的测定

酸性溶液中 I_2 能氧化 H_2S：

$$H_2S + I_2 \rightleftharpoons S + 2I^- + 2H^+$$

因此，测定硫化物时，可用 I_2 标准溶液直接滴定。

需要注意的是，滴定不能在碱性溶液中进行，否则部分 S^{2-} 将被氧化为SO_4^{2-}。

$$S^{2-} + 4I_2 + 8OH^- \rightleftharpoons SO_4^{2-} + 8I^- + 4H_2O$$

而且 I_2 也会发生歧化。

为防止 H_2S 挥发，可用返滴定法进行滴定。即在被测试液加入一定量过量的酸性 I_2 标准溶液，再用 $Na_2S_2O_3$ 标准溶液回滴过量的 I_2。

能与酸作用生成 H_2S 的物质(如含硫的矿石、石油和废水中的硫化物、

钢铁中的硫，以及某些有机化合物中的硫），可用镉盐或锌盐的氨溶液吸收它们与酸反应生成的 H_2S，再用碘量法测定其中的含硫量。

(3)维生素 C 含量的测定

维生素 C 又称为抗坏血酸（$C_6H_8O_6$，摩尔质量为 171.62 g/mol）。由于维生素 C 分子中的烯二醇基，具有还原性，所以它能被 I_2 定量地氧化成二酮基，其反应为

```
                        H   OH                                   H   OH
┌─────O─────┐           |   |              ┌─────O─────┐         |   |
C──C══C──C──C──CH + I2  ⇌  C──C──C──C──C──CH + 2HI
‖   |   |   |   |   |                      ‖   ‖   ‖   |   |   |
O  OH  OH  H   H   H                       O   O   O   H  OH   H
```

维生素 C 的半反应式为

$$C_6H_6O_6 + 2H^+ + 2e^- \rightleftharpoons C_6H_8O_6, \varphi^{\ominus}_{C_6H_6O_6/C_6H_8O_6} = +0.18\ V$$

由于维生素 C 的还原性很强，在空气中极易被氧化，尤其在碱性介质中更甚，测定时应加入 HAc 使溶液呈现弱酸性，以减少维生素 C 的副反应。

维生素 C 含量的测定方法是：取维生素 C 样品约 0.2 g 精密称定，加入新煮沸过的冷蒸馏水 100 mL 与稀醋酸 10 mL 使溶解，加入淀粉指示液 1 mL，立即用 I_2 滴定液（0.05 mol/L）滴定，至溶液显蓝色并在 30 s 内不褪色，即为终点。记录所消耗的 I_2 滴定液的体积，平行测 3 次。根据 I_2 滴定液的消耗量，计算出维生素 C 的质量，求出维生素 C 的含量（%）。每 1 mL I_2 滴定液（0.05 mol/L）相当于 8.806 mg 的维生素 C。

维生素 C 在空气中易被氧化，所以在 HAc 酸化后应立即滴定。由于蒸馏水中溶解有氧，因此蒸馏水必须事先煮沸，否则会使测定结果偏低。如果试液中有能被 I_2 直接氧化的物质存在，则对测定有干扰。

(4)铜合金中铜含量的测定

先把试样预处理，使铜转换为 Cu^{2+}，Cu^{2+} 与 I^- 的反应为

$$2Cu^{2+} + 4I^- \rightleftharpoons 2CuI\downarrow + I_2$$

析出的 I_2 用 $Na_2S_2O_3$ 标准溶液滴定，就可计算出铜的含量。

为了使上述反应进行完全，必须加入过量的 KI，KI 既是还原剂，又是沉淀剂和配位剂（将 I_2 配位为 I_3^-）。

由于 CuI 沉淀强烈地吸附 I_2，会使测定结果偏低。加入 KSCN，使 CuI 转化为溶解度更小、无吸附作用的 CuSCN 沉淀。

$$CuI + KSCN \rightleftharpoons CuSCN\downarrow + KI$$

则不仅可以释放出被 CuI 吸附的 I_2，而且反应时再生出来的 I^- 可与未作用

的 Cu^{2+} 反应，这样，就可以使用较少的 KI 却能使反应进行得完全。但是 KSCN 只能在接近终点时加入，否则 SCN^- 可能被 Cu^{2+} 氧化而使结果偏低。

为了防止铜盐水解，反应必须在酸性溶液中进行（一般控制 pH 在 3～4 之间）。如果酸度过低，反应速率慢，终点拖长；酸度过高，则 I^- 被空气氧化为 I_2 的反应被 Cu^{2+} 催化而加快，使结果偏高。又因大量 Cl^- 可与 Cu^{2+} 配合，因此应使用 H_2SO_4 而不用 HCl 溶液。

测定时应注意防止其他共存离子的干扰，例如，试样含有 Fe^{3+} 时，由于 Fe^{3+} 能氧化 I^-，其反应为

$$2Fe^{3+} + 2I^- \rightleftharpoons 2Fe^{2+} + I_2$$

故干扰铜的测定。如果加入 NH_4HF_2，可使 Fe^{3+} 生成稳定的 $[FeF_6]^{3-}$ 配离子，使 Fe^{3+}/Fe^{2+} 电对的条件电极电位降低，从而防止 Fe^{3+} 氧化 I^-。NH_4HF_2 和 H_2SO_4 还可控制溶液的酸度，使 pH 为 3～4。

(5)安乃近含量的测定

安乃近属于解热镇痛及非甾体抗炎镇痛药，用于高热时的解热，也可用于头痛、偏头痛、肌肉痛、关节痛、痛经等。《中国药典》(2010 年版)对其含量测定采用了直接碘量法。操作如下：取安乃近约 0.3 g，精密称定，加入乙醇与 0.01 mol/L 盐酸各 10 mL 溶解后，立即用碘滴定液(0.05 mol/L)滴定(控制滴定速度为 3～5 mL/min)，直至溶液所显的浅黄色在 30 s 内不褪去即达到滴定终点。每 1 mL 碘滴定液(0.05 mol/L)相当于 16.67 mg 的安乃近。

4.4.2　高锰酸钾法及其应用

1. 高锰酸钾法的滴定原理

高锰酸钾法是以高锰酸钾为标准溶液的氧化还原滴定法。高锰酸钾是一种强氧化剂，其氧化能力和还原产物与溶液的酸度有关。强酸性溶液中 MnO_4^- 被还原为 Mn^{2+}。

$$MnO_4^- + 8H^+ + 5e^- \rightleftharpoons Mn^{2+} + 4H_2O, \varphi^{\ominus}_{MnO_4^-/Mn^{2+}} = 1.51\ V$$

在弱酸性、中性或弱碱性溶液中，MnO_4^- 被还原成 MnO_2。

$$MnO_4^- + 2H_2O + 3e^- \rightleftharpoons MnO_2 + 4OH^-, \varphi^{\ominus}_{MnO_4^-/MnO_2} = 0.59\ V$$

在强碱性溶液中，MnO_4^- 被还原成 MnO_4^{2-}。

$$MnO_4^- + e^- \rightleftharpoons MnO_4^{2-}, \varphi^{\ominus}_{MnO_4^-/MnO_4^{2-}} = 0.56\ V$$

MnO_4^{2-} 不稳定，可歧化成MnO_2 和MnO_4^-。

高锰酸钾法通常是利用强酸性溶液中MnO_4^- 被还原为Mn^{2+}的反应。因为 HCl 具有还原性，可被$KMnO_4$ 氧化，不宜使用，HNO_3 有氧化性，也不宜使用，故调节溶液的酸度常用 H_2SO_4，酸性应控制在 1～2 mol/L 为宜。

$KMnO_4$ 溶液本身呈紫红色，而生成的Mn^{2+}是无色的，故通常用$KMnO_4$作自身指示剂，浓度小于 0.002 mol/L 时，也可选用二苯胺等氧化还原指示剂指示终点。

用$KMnO_4$ 溶液作滴定剂时，根据被测物质的性质，可采用不同的滴定方式。

(1)直接滴定法

直接滴定法主要应用于测定还原性较强的物质，如 Fe^{2+}、Sb(Ⅱ)、As(Ⅲ)、H_2O_2、$C_2O_4^{2-}$、NO_2^-、W^{5+}、U^{4+} 等都可用$KMnO_4$ 标准溶液直接滴定。

(2)间接滴定法

某些非氧化还原性物质，如 Ca^{2+}，可向其中加入一定量过量的 $Na_2C_2O_4$ 标准溶液，使 Ca^{2+} 全部沉淀为 CaC_2O_4，沉淀经过滤洗涤后，再用稀 H_2SO_4 溶解，最后用$KMnO_4$ 标准溶液滴定沉淀溶解释放出的 $C_2O_4^{2-}$，从而求出Ca^{2+}的含量。

$$5H_2C_2O_4+2KMnO_4+3H_2SO_4 \rightleftharpoons 2MnSO_4+K_2SO_4+10CO_2\uparrow+8H_2O$$

$$Ca^{2+}+C_2O_4^{2-} \rightleftharpoons CaC_2O_4\downarrow$$

$$CaC_2O_4+H_2SO_4 \rightleftharpoons CaSO_4+H_2C_2O_4$$

此外，某些有机物，如甲醇、甲醛、甲酸、甘油、乙醇酸、酒石酸、柠檬酸、水杨酸、葡萄糖、苯酚等，也可用间接法测定。测定时，在强碱性溶液中进行。反应如下：

$$6MnO_4^-+CH_3OH+8OH^- \rightleftharpoons CO_3^{2-}+6MnO_4^{2-}+6H_2O$$

待反应完全后，溶液酸化，MnO_4^{2-} 歧化为 MnO_4^{2-} 和 MnO_2；再加入一定量的 $FeSO_4$ 标准溶液，将反应剩余的 MnO_4^-、歧化反应生成的 MnO_4^- 和 MnO_2 全部还原为 Mn^{2+}；最后以 $KMnO_4$ 标准溶液返滴剩余的 $FeSO_4$。根据 $KMnO_4$ 两次的用量和 $FeSO_4$ 的用量及各反应物之间的关系，即可求出试样中甲醇的含量。

(3)返滴定法

有些氧化物质，如 $S_2O_8^{2-}$、MnO_4^-、MnO_2、ClO_3^-、PbO_2、BrO_3^-、IO_3^- 等，不能用$KMnO_4$ 标准溶液直接滴定，但可以与$Na_2C_2O_4$ 或$FeSO_4$ 标准溶液配合，用返滴定方式进行滴定。例如，MnO_2 含量的测定，可在 H_2SO_4 溶液存在下，加入准确而过量的$Na_2C_2O_4$(固体)或$Na_2C_2O_4$ 标准溶液，加热待

MnO_2 与 $C_2O_4^{2-}$ 作用完毕后，再用$KMnO_4$ 标准溶液滴定剩余的 $C_2O_4^{2-}$。由$Na_2C_2O_4$ 的总量减去剩余量，就可以算出与MnO_2 作用所消耗掉的$Na_2C_2O_4$，从而求出MnO_2 的含量。

2. 高锰酸钾法的应用

(1)Ca^{2+} 的测定

Ca^{2+}、Th^{4+} 等在溶液中没有可变价态，通过生成草酸盐沉淀，可用高锰酸钾法间接测定。

以 Ca^{2+} 的测定为例，先沉淀为 CaC_2O_4，再经过滤、洗涤后将沉淀溶于热的稀 H_2SO_4 溶液中，最后用$KMnO_4$ 标准溶液滴定 $H_2C_2O_4$。根据所消耗的$KMnO_4$ 量可计算出 Ca^{2+} 的含量。

为了保证 Ca^{2+} 与 $C_2O_4^{2-}$ 间 1∶1 的计量关系，以获得较大的 CaC_2O_4 沉淀便于过滤和洗涤，必须采取以下相应的措施：

①在酸性试液中先加入过量$(NH_4)_2C_2O_4$，后用稀氨水慢慢中和试液至甲基橙显黄色，使沉淀缓慢地生成。

②沉淀完全后需放置陈化一段时间。

③用蒸馏水洗去沉淀表面吸附的 $C_2O_4^{2-}$。若在中性或弱碱性溶液中沉淀，会有部分 $Ca(OH)_2$ 或碱式草酸钙生成，使测定结果偏低。为减少沉淀溶解损失，应用尽可能少的冷水洗涤沉淀。

(2)Fe^{2+} 的测定

在酸性条件下，Fe^{2+} 与MnO_4^- 按照下式进行反应：

$$MnO_4^- + 5\,Fe^{2+} + 8H^+ \rightleftharpoons Mn^{2+} + 5\,Fe^{3+} + 4H_2O$$

反应宜在室温下进行，温度越高，空气中 O_2 氧化Fe^{2+} 越严重。为避免Fe^{3+} 黄色对$KMnO_4$ 自身指示剂的影响，可加入适量 H_3PO_4，使之与Fe^{3+} 生成$FeHPO_4^+$，以降低[Fe^{3+}]；加入适量 H_3PO_4，可起到降低 $\varphi_{Fe^{3+}/Fe^{2+}}$ 值，使反应迅速完成。

由滴定反应可知：

$$1\ \text{mol}\ KMnO_4 \Leftrightarrow 5\ \text{mol}\ Fe^{2+}$$

$$Fe^{2+}\% = \frac{(CV)_{KMnO_4} \times \frac{5M_{Fe^{2+}}}{1\,000}}{S} \times 100\%$$

(3)H_2O_2 的测定

H_2O_2 可用$KMnO_4$ 标准溶液在酸性条件下直接进行滴定，反应如下：

$$2\,MnO_4^- + 5H_2O_2 + 6H^+ \rightleftharpoons 2Mn^{2+} + 5O_2\uparrow + 8H_2O$$

反应在室温下进行。开始滴定时速度不宜太快，这是由于此时MnO_4^-

与 H_2O_2 反应速度较慢的缘故。但随着Mn^{2+}的生成，反应速率逐渐加快。亦可预见加入少量Mn^{2+}作催化剂。由滴定反应可知：

$$1\ mol\ KMnO_4 \Leftrightarrow \frac{5}{2}\ mol\ H_2O_2$$

$$H_2O_2\% = \frac{(CV)_{KMnO_4} \times \frac{5}{2} \times \frac{M_{H_2O_2}}{1\ 000}}{V} \times 100\%$$

(4)一些有机物的测定

利用在强碱性溶液中$KMnO_4$ 氧化有机物的反应比在酸性溶液中快的特点，可在强碱性条件下测定有机化合物。例如，测定甘油时，加入一定量过量的$KMnO_4$ 标准溶液到含有试样的 2 mol/L NaOH 溶液中，放置片刻，发生如下反应：

$$HOCH_2CH(OH)CH_2OH + 14MnO_4^- + 20OH^- \rightleftharpoons 3CO_3^{2-} + 14MnO_4^{2-} + 14H_2O$$

待反应完全后，将溶液酸化，此时MnO_4^{2-} 歧化成MnO_4^- 和MnO_2，再加入过量的 $Na_2C_2O_4$ 标准溶液，还原所有高价锰为 Mn^{2+}。后再以 $KMnO_4$ 标准溶液滴定剩余的 $Na_2C_2O_4$。由两次加入的$KMnO_4$ 量和 $Na_2C_2O_4$ 量，计算甘油的质量分数。

甲醛、甲酸、酒石酸、柠檬酸、苯酚、葡萄糖等都可按此法测定。

(5)化学需氧量(COD)的测定

化学需氧量是度量水体受还原性物质(主要是有机物)污染程度的综合性指标，它是指水体中还原性物质所消耗的氧化剂的量，换算成氧的质量浓度(以 mg/L 计)。测定时在水样中加入 H_2SO_4 和一定量过量的 $KMnO_4$ 标准溶液，置于沸水浴中加热，使其中的还原性物质氧化。剩余的 $KMnO_4$ 用一定量过量的 $Na_2C_2O_4$ 还原，再用 $KMnO_4$ 标准溶液返滴定剩余的 $Na_2C_2O_4$。有关的反应方程式为

$$4MnO_4^- + 5C + 12H^+ \rightleftharpoons 4Mn^{2+} + 5CO_2\uparrow + 6H_2O$$

$$2MnO_4^- + 5C_2O_4^{2-} + 16H^+ \rightleftharpoons 2Mn^{2+} + 10CO_2\uparrow + 8H_2O$$

由于Cl^-对此有干扰，因而本法仅适用于地表水、地下水、饮用水和生活污水 COD 的测定，含较高Cl^-的工业废水则应采用 $K_2Cr_2O_7$ 法测定。

(6)软锰矿中 MnO_2 的测定

软锰矿中 MnO_2 的测定是利用 MnO_2 与 $C_2O_4^{2-}$ 在酸性溶液中的反应，其反应式如下：

$$MnO_2 + C_2O_4^{2-} + 4H^+ = Mn^{2+} + CO_2\uparrow + 2H_2O$$

加入一定量过量的 $Na_2C_2O_4$ 于磨细的矿样中，加入 H_2SO_4 并加热，当

样品中无棕黑色颗粒存在时，表示试样分解完全。用 $KMnO_4$ 标准溶液趁热返滴定剩余的草酸。由 $Na_2C_2O_4$ 加入量和 $KMnO_4$ 溶液消耗量之差求出 MnO_2 的含量。

4.4.3　重铬酸钾法及其应用

1. 重铬酸钾法的滴定原理

重铬酸钾法是以重铬酸钾为标准溶液的氧化还原滴定法。$K_2Cr_2O_7$ 是一种常用的强氧化剂，在酸性介质中与还原性物质作用时，本身还原为Cr^{3+}：

$$Cr_2O_7^{2-}+6e+14H^+ = 2Cr^{3+}+7H_2O,\varphi^{\ominus}_{Cr_2O_7^{2-}/Cr^{3+}}=1.33\ V$$

①$K_2Cr_2O_7$ 易制纯，纯品在 120℃干燥到恒重之后，可直接精密称取一定量的该试剂后配成标准溶液，无须进行标定。

②$K_2Cr_2O_7$ 标准溶液非常稳定，可长期保持使用。

③$K_2Cr_2O_7$ 的氧化能力较$KMnO_4$ 弱，在 1 mol/L HCl 溶液中 $\varphi^{\ominus'}=1.00\ V$，室温下不与$Cl^-$ 作用（$\varphi^{\ominus'}_{Cl_2/Cl^-}=1.33\ V$）。因此在 HCl 溶液中用 $K_2Cr_2O_7$ 标准溶液滴定Fe^{2+}。

④$Cr_2O_7^{2-}/Cr^{3+}$ 的 $\varphi^{\ominus'}$ 值随酸的种类和浓度不同而有差异，见表 4-4。

表 4-4　不同介质中$Cr_2O_7^{2-}/Cr^{3+}$ 的 $\varphi^{\ominus'}$

酸的浓度和种类	1 mol/L HCl	3 mol/L HCl	1 mol/L $HClO_4$	2 mol/L H_2SO_4	42 mol/L H_2SO_4
$\varphi^{\ominus'}$	1.00	1.08	1.025	1.10	1.15

⑤滴定终点的确定。虽然 $K_2Cr_2O_7$ 本身显橙色，但其还原产物Cr^{3+} 显绿色，对橙色的观察有严重影响，故不能用自身指示终点，常用二苯胺硫酸钠作指示剂。

应用 $K_2Cr_2O_7$ 法可以测定Fe^{2+}、VO_2^{2+}、Na^+、COD、某些生物碱及土壤中的有机质含量。

2. 重铬酸钾法的应用

(1)土壤中有机质含量的测定

土壤中有机质含量的高低，是判断土壤肥力的重要指标。其原理以化学反应方程式表示为

$$2K_2Cr_2O_7(\text{过量})+8H_2SO_4+3C(\text{风干土中的碳})\xrightarrow[Ag_2SO_4]{170\sim180℃}$$
$$2K_2SO_4+2Cr_2(SO_4)_3+3CO_2\uparrow+8H_2O$$
$$K_2Cr_2O_7(\text{余量})+6FeSO_4+7H_2SO_4\longrightarrow$$
$$Cr_2(SO_4)_3+K_2SO_4+3Fe_2(SO_4)_3+7H_2O$$
$$C\%=\frac{\frac{1}{6}\times C_{Fe^{2+}}(V_0-V)_{Fe^{2+}}\times\frac{3}{2}\times\frac{12.01}{1\ 000}}{S_{\text{风干土}}}\times100\%$$

式中，V_0 为空白试验时消耗$FeSO_4$ 的体积。1 g 碳相当于 1.724 g 有机质，通常有机质中含碳量在 58%。

$$\text{有机质}\%=1.724\times C\%$$

因为此方法不能将有机质全部氧化，一般只氧化 96%，故最后有机质含量为

$$\text{有机质}\%=1.724\times C\%\times1.04$$

(2)铁矿石中全铁量的测定

重铬酸钾法是测定矿石中全铁量的标准方法。根据预氧化还原方法的不同可分为 $SnCl_2$-$HgCl_2$ 法和 $SnCl_2$-$TiCl_3$ 法。

①$SnCl_2$-$HgCl_2$ 法。试样用热浓 HCl 溶解，用 $SnCl_2$ 趁热将 Fe^{3+} 还原为 Fe^{2+}。冷却后，过量的 $SnCl_2$ 用 $HgCl_2$ 氧化，再用水稀释，并加入 H_2SO_4、H_3PO_4 和二苯胺磺酸钠指示剂，立即用 $K_2Cr_2O_7$ 标准溶液滴定至溶液由浅绿色(Cr^{3+})变为紫红色。

用盐酸溶解时反应为

$$Fe_2O_3+6HCl=\!=\!=2FeCl_3+3H_2O$$

滴定反应为

$$Cr_2O_7^{2-}+6Fe^{2+}+14H^+=\!=\!=2Cr^{3+}+6Fe^{3+}+7H_2O$$

②$SnCl_2$-$TiCl_3$ 法。$SnCl_2$-$TiCl_3$ 法即无汞测定法。样品用酸溶解后，以 $SnCl_2$ 趁热将大部分 Fe^{3+} 还原为 Fe^{2+}，再以钨酸钠为指示剂，用 $TiCl_3$ 还原剩余的 Fe^{3+}，反应为

$$2Fe^{3+}+Sn^{2+}\longrightarrow2Fe^{2+}+Sn^{4+}$$
$$Fe^{3+}+Ti^{3+}\longrightarrow Fe^{2+}+Ti^{4+}$$

当 Fe^{3+} 定量还原为 Fe^{2+} 之后，稍过量的 $TiCl_3$ 即可使溶液中作为指示剂的六价钨还原为蓝色的五价钨合物(俗称“钨蓝”)，此时溶液呈现蓝色。然后滴入重铬酸钾溶液，使钨蓝刚好褪色，或者以 Cu^{2+} 为催化剂使稍过量的 Ti^{3+} 被水中溶解的氧所氧化，从而消除少量的还原剂的影响。最后以二苯胺磺酸钠为指示剂，用重铬酸钾标准滴定溶液滴定溶液中的 Fe^{2+}，即可求出全铁含量。

(3)化学需氧量(COD_{Cr})的测定

高锰酸盐指数只适用于较为清洁水样的测定。若需要测定污染严重的生活污水和工业废水,则需要用重铬酸钾法测定化学需氧量。化学需氧量(COD_{Cr})是指水样在一定条件下,用重铬酸钾处理 1 L 水样消耗氧化剂的量,以氧的 mg/L 表示。COD_{Cr}反映了水中受还原性物质污染的程度。水中还原性物质包括有机物和亚硝酸盐、硫化物、亚铁盐等无机物。该指标也作为有机物相对含量的综合指标之一。

重铬酸钾法测定原理是,水样中加入一定量的重铬酸钾标准溶液,在强酸性(H_2SO_4)条件下,以 Ag_2SO_4 为催化剂,加热回流 2 h,使重铬酸钾与有机物和还原性物质充分作用。过量的重铬酸钾以试亚铁灵为指示剂,用硫酸亚铁铵标准滴定溶液返滴定,终点为黄→蓝绿→红褐。其滴定反应为

$$Cr_2O_7^{2-}+6Fe^{2+}+14H^+ = 2Cr^{3+}+6Fe^{3+}+7H_2O$$

由所消耗的硫酸亚铁铵标准滴定溶液的量及加入水样中的重铬酸钾标准溶液的量,便可以按下式

$$COD_{Cr}=\frac{(V_0-V_1)\times c_{Fe^{2+}}\times 8.000\times 1\ 000}{V}$$

计算出水样中还原性物质消耗氧的量。式中,V_0 为滴定空白时消耗硫酸亚铁铵标准溶液体积,mL;V_1 为滴定水样时消耗硫酸亚铁铵标准溶液体积,mL;V 为水样体积,mL;$c_{Fe^{2+}}$ 为硫酸亚铁铵标准溶液浓度,mol/L;8.000 为氧$\left(\frac{1}{2}O\right)$摩尔质量,g/mol。

水样中的少量 Cl^- 在测定条件下会被重铬酸钾氧化,可在水样中先加入少量固体 $HgSO_4$ 形成$[HgCl_4]^{2-}$配合物,使其还原电位发生变化,从而消除对测定结果的影响。当 Cl^- 浓度超过 2 000 mg/L 时,必须进行 Cl^- 的校正。

(4)利用$Cr_2O_7^{2-}$与Fe^{2+}反应测定其他物质

$Cr_2O_7^{2-}$与Fe^{2+}的反应可逆性强,速率快,计量关系好,无副反应发生。此反应不仅用于测铁,还可利用它间接地测定多种物质,既可以测定氧化剂(如NO_3^-、ClO_3^-)、还原剂(如 Ti^{3+}),也可以测定非氧化还原性物质(Pb^{2+}、Ba^{2+})。

第5章　沉淀滴定法

5.1　沉淀溶解平衡

沉淀滴定法是以沉淀反应为基础的一类滴定分析方法。虽然能形成沉淀的反应很多，但符合滴定分析要求，适用于沉淀滴定法的沉淀反应并不多。目前实际应用最多的是生成难溶银盐的反应。

在沉淀滴定法中，是以沉淀进行完全为基础的，但是难溶化合物与其饱和溶液共存时，总是存在着溶解平衡。平衡常数用于表示沉淀反应进行完全的程度。

5.1.1　沉淀的溶解

根据溶度积规则，只要降低难溶电解质饱和溶液中相关离子的浓度，使 $Q<K_{sp}$，平衡向着沉淀溶解的方向移动。常用的方法如下所示。

1. 利用酸碱反应生成弱电解质

(1)难溶氢氧化物的溶解

如 $Mg(OH)_2$、$Cu(OH)_2$、$Fe(OH)_3$ 等的溶解度与溶液的酸度有关，可以用加酸或加 NH_4Cl 的方法使沉淀溶解。

例如，$Mg(OH)_2$ 沉淀可溶于盐酸等强酸中，其反应如下：

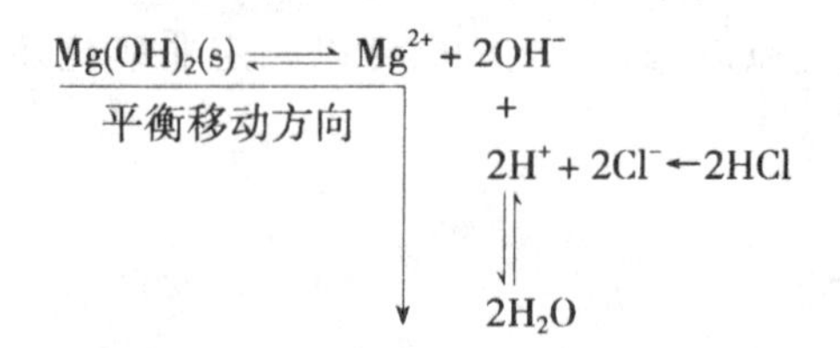

(2)碳酸盐、亚硫酸盐和某些硫化物的溶解

这些难溶盐与稀酸作用都能生成微溶性的气体，随着气体的逸出，平衡

不断向沉淀溶解的方向移动。

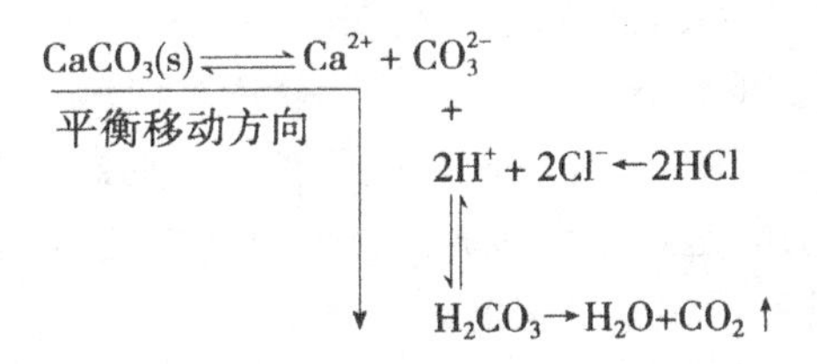

2. 利用氧化还原反应

用氧化剂或还原剂使难溶电解质中的某一离子发生氧化还原反应而降低离子浓度。例如，一些金属硫化物如 CuS、HgS 等的溶度积特别小，不能溶于稀酸，可以加入稀 HNO_3 将 CuS 中的 S^{2-} 氧化成 S，使溶液中 S^{2-} 的浓度减少，$Q<K_{sp}$，达到 CuS 溶解目的。

$$3CuS+8HNO_3 = 3Cu(NO_3)_2+4H_2O+3S\downarrow+2NO\uparrow$$

此法适用于那些具有明显氧化性和还原性的难溶物。

3. 利用配位反应

向沉淀体系中加入适当的配位剂与某一离子形成稳定的配合物，减少其离子浓度，使沉淀溶解。

$$AgCl(s) \rightleftharpoons Ag^+ + Cl^-$$

$$+$$

$$2NH_3(\text{加氨水})$$

$$\Updownarrow$$

$$[Ag(NH_3)_2]^+$$

总反应：$AgCl(s)+2NH_3 = [Ag(NH_3)_2]^+ + Cl^-$

5.1.2 沉淀的转化

实验证明，在白色 $PbSO_4$ 沉淀中加入 K_2CrO_4 溶液并搅拌，沉淀将变为黄色的 $PbCrO_4$。这是因为发生下列的沉淀转化：

$$PbSO_4+CrO_4^{2-} = PbCrO_4(s)\downarrow+SO_4^{2-}$$

该反应的平衡常数为

$$K=\frac{[Pb^{2+}][SO_4^{2-}]}{[Pb^{2+}][CrO_4^{2-}]}=\frac{K_{sp,PbSO_4}}{K_{sp,PbCrO_4}}=\frac{2.53\times10^{-8}}{2.8\times10^{-13}}=9.04\times10^{4}$$

由此可以说明，平衡常数很大，转化容易实现。原因是 $PbSO_4$ 的溶解度

大于 $PbCrO_4$。这种借助于某一试剂，把一种难溶电解质转化为另一种难溶电解质的过程称为沉淀的转化。沉淀转化是有条件的，由一种溶解度大的沉淀转化为溶解度小的沉淀较容易。反之，则比较困难，甚至不可能转化。

另外，在同一溶液中，存在着两种或两种以上的离子能与同一试剂反应产生沉淀，首先析出的是离子积最先达到溶度积的化合物，然后按先后顺序依次沉淀的这种现象叫作分步沉淀。

5.2 沉淀滴定原理

沉淀滴定法在滴定过程中，溶液中离子浓度变化的情况相似于其他滴定法，可用滴定曲线表示。

现以 0.100 0 mol/L 的 $AgNO_3$ 标准溶液滴定 20.00 mL 0.100 0 mol/L 的 NaCl 溶液为例。沉淀反应方程式为

$$\underset{\text{白色}}{Ag^+ + Cl^- = AgCl\downarrow}, K_{sp} = 1.77\times10^{-10}$$

(1)滴定开始前

溶液中$[Cl^-]$为溶液的原始溶度，

$$[Cl^-] = 0.100\,0 \text{ mol/L}$$

$$pCl = -\lg 0.100\,0 = 1.00$$

(2)滴定开始至化学计量点前

溶液中$[Cl^-]$取决于剩余的 NaCl 浓度。如果加入$AgNO_3$ 溶液 V mL 时，

$$[Cl^-] = \frac{(20.00 - V)\times10^{-3}\times0.100\,0}{(20.00 + V)\times10^{-3}} \text{ mol/L}$$

当加入$AgNO_3$ 溶液 19.98 mL 时，

$$[Cl^-] = \frac{(20.00 - 19.98)\times10^{-3}\times0.100\,0}{(20.00 + 19.98)\times10^{-3}} = 5.0\times10^{-5} \text{ mol/L}$$

$$pCl = 4.30$$

(3)化学计量点时

溶液为 AgCl 的饱和溶液，

$$[Ag^+][Cl^-] = K_{sp}$$

$$[Cl^-] = [Ag^+] = \sqrt{K_{sp,AgCl}} = \sqrt{1.8\times10^{-10}} = 1.3\times10^{-5} \text{ mol/L}$$

$$pCl = pAg = 4.88$$

(4)化学计量点后

溶液中$[Ag^+]$由过量的$AgNO_3$ 浓度决定。如果加入$AgNO_3$ 溶液的

体积为 V 时，则溶液中$[Ag^+]$为

$$[Ag^+]=\frac{(V-20.00)\times10^{-3}\times0.1000}{(V+20.00)\times10^{-3}}\ \text{mol/L}$$

当加入$AgNO_3$ 溶液 20.02 mL 时，

$$[Ag^+]=\frac{(20.02-20.00)\times10^{-3}\times0.1000}{(20.02+20.00)\times10^{-3}}=5.0\times10^{-5}\ \text{mol/L}$$

$$pAg=4.30,pCl=5.51$$

逐一计算，可得表 5-1。根据表中所列数据绘出滴定曲线，如图 5-1 所示。

表 5-1　以 0.100 0 mol/L 的 $AgNO_3$ 标准溶液滴定 20.00 mL 0.100 0 mol/L 的 NaCl 溶液过程中 pAg 及 pCl

加入 $AgNO_3$ 溶液的体积		滴定 Cl^-	
mL	%	pCl	pAg
0.00	0	1.0	
18.00	90	2.3	7.5
19.60	98	3.0	6.8
19.80	99	3.3	6.5
19.96	99.8	1.0	5.8
19.98	99.9	4.3	5.5
20.00	100	4.9	4.9
20.02	100.1	5.5	4.3
20.04	100.2	5.8	4.0
20.20	101	6.5	3.3
20.40	102	6.8	3.0
22.00	110	7.5	2.3

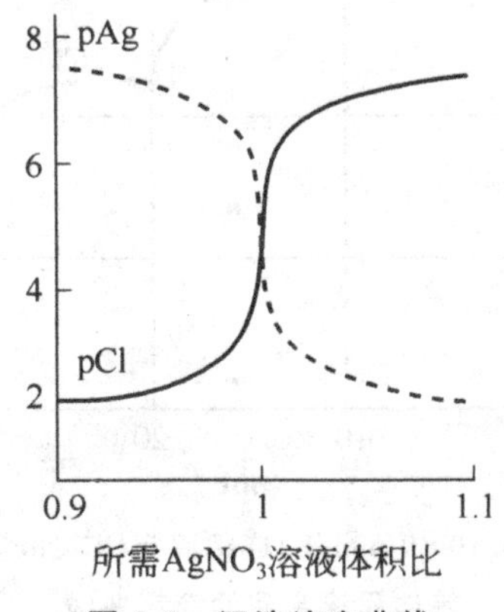

图 5-1　沉淀滴定曲线

根据表 5-1 和图 5-1 可以看出：

①滴定开始时，溶液中离子浓度较大，滴入Ag^+所引起的Cl^-浓度改变不大，曲线比较平坦；接近化学计量点时，溶液中Cl^-浓度已经很小，再滴入少量Ag^+即可使浓度产生很大变化而产生突跃。

②pAg 与 pCl 两条曲线以化学计量点对称。这表示随着滴定的进行，溶液中Ag^+浓度增加，而Cl^-浓度以相同比例减少，化学计量点时，两种离子浓度相等，因此，两条曲线的交点即是化学计量点。

③突跃范围的大小，取决于沉淀的溶度积常数与溶液的浓度。溶度积常数越小，突跃范围越大；溶液的浓度越小，突跃范围越小。

当溶液中同时存在Cl^-、Br^-、I^-三种离子时，由于它们的银盐溶度积常数相差较大（$K_{sp,AgCl}=1.56\times10^{-10}$，$K_{sp,AgBr}=5.0\times10^{-13}$，$K_{sp,AgI}=1.5\times10^{-16}$），若浓度差别不大时，则可通过溶液连续滴定，测出三者各自含量。并且最先沉淀的是溶度积常数最小的 AgI，然后依次是 AgBr、AgCl。反映在滴定曲线上就会出现三个突跃。

如图 5-2 所示为相应的理论滴定曲线和个别卤化物纯溶液滴定曲线的形状。图中，虚线表示溶液中单独含有碘化物和溴化物时的理论滴定曲线。碘化物和溴化物的终点，由滴定曲线上的两次突跃表示，突跃的位置比此二卤化物单独滴定时的计量点要高。这个滴定平衡受三个溶度积的支配，所以即使在共沉淀可忽略不计的情况下，在前一种卤化物尚未完全沉淀之前，后一种卤化银的沉淀就已开始出现。而且由于卤化银沉淀的吸附和生成混晶的作用，也常常会引起误差。因此，实际的滴定结果并不理想。

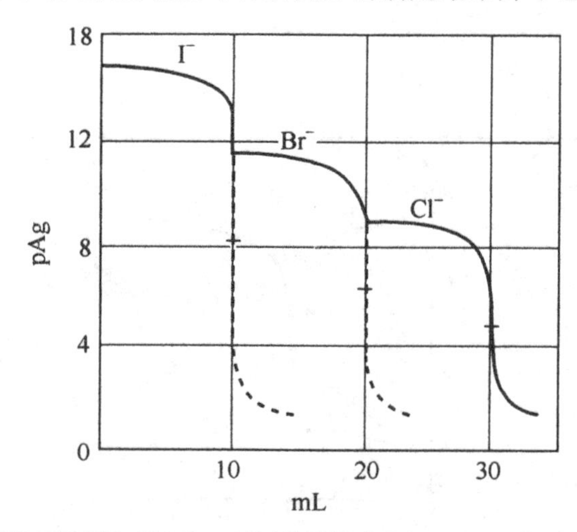

图 5-2 $AgNO_3$ 溶液（0.100 0 mol/L）连续滴定Cl^-、Br^-、I^-（0.100 0 mol/L）等体积混合液的滴定曲线

5.3　常用的沉淀滴定法

目前应用最为广泛的,最为成熟的沉淀滴定法是银量法。根据所选指示剂的不同,银量法可分为莫尔法、佛尔哈德法、法扬司法等。

5.3.1　莫尔法

1. 莫尔法的滴定原理

莫尔法是在中性或弱碱性介质中,以铬酸钾为指示剂,用 $AgNO_3$ 标准溶液测定卤素化合物含量的银量法。该方法使用铬酸钾为指示剂,因此也被称为铬酸钾指示剂法。

现以测定 Cl^- 来说明莫尔法的滴定原理,其滴定反应式为

$$Ag^+ + Cl^- \rightleftharpoons \underset{\text{白色}}{AgCl\downarrow}$$

指示终点反应为

$$2Ag^+ + CrO_4^{2-} \rightleftharpoons \underset{\text{砖红色}}{Ag_2CrO_4\downarrow}$$

其中,

$$K_{sp,AgCl} = 1.56 \times 10^{-10}$$

$$K_{sp,Ag_2CrO_4} = 9.0 \times 10^{-12}$$

由于 AgCl 和 Ag_2CrO_4 不是同一类型的沉淀,所以不能用溶度积直接进行比较和计算,需要用它们的溶解度进行讨论。求得 AgCl 的溶解度为 1.25×10^{-5} 小于 Ag_2CrO_4 的溶解度 1.3×10^{-4},根据分步沉淀的原理,在滴定过程中,Ag^+ 首先和 Cl^- 生成 AgCl 沉淀,而此时 $[Ag^+]^2[CrO_4^{2-}] < K_{sp}$,所以不能形成 Ag_2CrO_4 沉淀。随着滴定进行,溶液中 Cl^- 浓度越来越低,Ag^+ 浓度越来越高,在计量点后稍稍过量的 Ag^+,可使 $[Ag^+]^2[CrO_4^{2-}] > K_{sp}$,产生砖红色的 Ag_2CrO_4 沉淀,即滴定终点。

2. 莫尔法的滴定条件

(1)指示剂的用量

溶液中指示剂浓度的大小和滴定终点出现的迟早有着密切的关系,并直接影响到分析结果。如果 K_2CrO_4 指示剂的浓度过高或过低,Ag_2CrO_4

沉淀析出就会提前或滞后。因此，要使Ag_2CrO_4沉淀恰好在滴定反应的化学计量点时产生。

滴定达到化学计量点时，溶液中的$[Ag^+]$为

$$[Ag^+]=[Cl^-]=\sqrt{K_{spAgCl}}=\sqrt{1.56\times10^{-10}}=1.25\times10^{-5}\ mol/L$$

Ag_2CrO_4沉淀恰好析出，则溶液中的$[CrO_4^{2-}]$为

$$[CrO_4^{2-}]=\frac{K_{spAgCl}}{[Ag^+]^2}=\frac{9.0\times10^{-12}}{(1.25\times10^{-5})^2}=5.8\times10^{-2}\ mol/L$$

以上的计算说明：在滴定到达化学计量点时，刚好生成Ag_2CrO_4沉淀所需$[CrO_4^{2-}]$较高，由于K_2CrO_4溶液呈黄色，浓度较高时颜色较深，会影响滴定终点的判断，所以指示剂的浓度应略低一些为宜，一般滴定溶液中K_2CrO_4的浓度约为5.0×10^{-3} mol/L。显然，K_2CrO_4浓度降低，要生成Ag_2CrO_4沉淀就要多消耗一些$AgNO_3$，这样滴定剂就会过量，滴定终点将在化学计量点后出现，因此需做指示剂的空白值对测定结果进行校正，以减小误差。具体就是在不含Cl^-的同量的溶液中加入同量的指示剂，滴入$AgNO_3$呈现砖红色，记录其用量，即为指示剂空白值。

(2)溶液的酸碱度

莫尔法需要在中性或弱碱性(pH 为 6.5～10.5)溶液中进行。如果溶液酸性较强，CrO_4^{2-}一会转化为$Cr_2O_7^{2-}$，即

$$2H^+ + 2\,CrO_4^{2-} \rightleftharpoons 2\,HCrO_4^- \rightleftharpoons CrO_7^{2-} + H_2O$$

从而导致CrO_4^{2-}浓度减小，Ag_2CrO_4沉淀出现过迟，甚至不出现沉淀。若溶液酸性太强，可用$NaHCO_3$或$Na_2B_4O_7\cdot10H_2O_4$进行中和。

如果溶液碱性较强，将出现Ag_2O沉淀，即

$$2\,Ag^+ + 2OH^- = Ag_2O\downarrow + H_2O$$

黑

析出的Ag_2O沉淀，会影响分析结果。若溶液碱性太强，可用稀HNO_3溶液中和。滴定时不应含有氨，因为NH_3易使Ag^+生成$[Ag(NH_3)_2]^+$，而使$AgCl$和Ag_2CrO_4溶解。溶液中有氨存在时，必须用酸中和成铵盐，滴定的pH应控制在6.5～7.2。

(3)沉淀吸附作用

通过莫尔法可直接滴定Cl^-或Br^-，生成的卤化银沉淀将优先吸附溶液中的卤离子，使卤离子浓度下降，终点提前到达，因此，滴定时必须剧烈摇动。

但莫尔法不能测定I^-和SCN^-，这是由于AgI、AgSCN沉淀强烈吸附I^-或SCN^-，即使剧烈摇动也不能解吸，导致终点过早出现，测定结果偏低。

莫尔法主要用于以$AgNO_3$标准溶液直接滴定Cl^-、Br^-、CN^-，但不适

用于滴定 I^- 和 SCN^-，也不适用于以 NaCl 为标准溶液直接滴定 Ag^+。因为 Ag_2CrO_4 转化为 AgCl 十分缓慢而使测定无法进行。

如用莫尔法测定 Ag^+，必须采用返滴定，即先加入一定量过量的 NaCl 标准溶液与其充分反应，然后加入指示剂，用 $AgNO_3$ 标准溶液返滴定。

(4) 干扰离子

莫尔法的选择性较差，以下几类离子都会干扰到滴定，应预先分离出去。

①能与 CrO_4^{2-} 生成沉淀的阳离子，如 Ba^{2+}、Pb^{2+}、Bi^{3+} 等离子。

②能与 Ag^+ 生成沉淀的阴离子，如 PO_4^{3-}、AsO_4^{3-}、CO_3^{2-}、S^{2-}、$C_2O_4^{2-}$ 等离子。

③大量有色离子，如 Cu^{2+}、Co^{2+}、Ni^{2+} 等离子。

莫尔法主要用于测定 Cl^- 和 Br^-，也能在弱碱性溶液中测定 CN^-，不能测定 I^- 和 SCN^-。

5.3.2　佛尔哈德法

1. 佛尔哈德法的滴定原理

1898 年德国科学家佛尔哈德提出了一种是用 NH_4SCN 作标准溶液，以铁铵矾为指示剂的银量法，铁铵矾的化学式为 $NH_4Fe(SO_4)_2 \cdot 12H_2O$，此后该方法以其名字命名。可以通过佛尔哈德法测定有机卤化物中的卤素，该方法根据滴定方式的不同，可分为直接滴定法和返滴定法（也称为剩余回滴法）两种。

(1)直接滴定法

酸性溶液中，以铁铵钒为指示剂，用 NH_4CN（或 KSCN）标准溶液直接滴定溶液中的 Ag^+，至溶液中呈现 $[Fe(SCN)]^{2+}$ 的红色时表示终点到达。滴定反应为

终点前：

$$Ag^+ + SCN^- \rightleftharpoons \underset{\text{白色}}{AgSCN\downarrow}$$

终点后：

$$Fe^{3+} + SCN^- \rightleftharpoons \underset{\text{红色}}{Fe(SCN)^{2+}}$$

为防止指示剂中的 Fe^{3+} 在中性或碱性介质中水解，生成 $Fe(OH)^{2+}$、$Fe(OH)_2^+$ 等深色配合物，甚至产生 $Fe(OH)_3$ 沉淀，而影响终点的确定，滴定

反应必须在酸性(HNO_3)溶液中进行,溶液应控制 c_{H^+} 为 0.2～0.5 mol/L。

由于NH_4SCN溶液滴定Ag^+溶液时,生成的 AgSCN 沉淀能吸附溶液中的Ag^+,Ag^+浓度降低,导致红色的出现略早于化学计量点。因此在滴定过程中需剧烈摇动,释放被吸附的Ag^+。

直接滴定法的优点在于可用来直接测定Ag^+,并可在酸性溶液中进行滴定。

(2)返滴定法

在运用佛尔哈德法测定卤素离子(如Cl^-、Br^-、I^-)和SCN^-时应采用返滴定法。该方法是首先向试液中加入已知量且过量的$AgNO_3$标准溶液,使卤离子或硫氰根离子定量生成银盐沉淀后,然后加入铁铵矾指示剂,用NH_4SCN标准溶液返滴定剩余的$AgNO_3$,计量点时,稍微过量的SCN^-与Fe^{3+}反应生成红色的$[Fe(SCN)]^{2+}$,便表示到达滴定终点。具体滴定反应如下:

终点前:

$$\underset{\text{过量}}{Ag^+} + X^- \rightleftharpoons AgX\downarrow$$

$$\underset{\text{剩余量}}{Ag^+} + SCN^- \rightleftharpoons \underset{\text{白色}}{AgSCN\downarrow}$$

终点时:

$$Fe^{3+} + SCN^- \rightleftharpoons \underset{\text{红色}}{Fe(SCN)^{2+}\downarrow}$$

用佛尔哈德法测定Cl^-,滴定到临近终点时,经摇动后形成的红色会褪去,这是由于 AgSCN 的溶解度(1.0×10^{-6} mol/L)小于 AgCl 的溶解度(1.2×10^{-5} mol/L),稍过量的SCN^-与 AgCl 沉淀发生沉淀的转化:

$$\begin{array}{c} AgCl \rightleftharpoons Ag^+ + Cl^- \\ + \\ Fe(SCN)^{2+} \rightleftharpoons SCN^- + Fe^{3+} \\ \Downarrow \\ AgSCN\downarrow \end{array}$$

由于转化反应使溶液中SCN^-的浓度降低,使已生成的$[Fe(SCN)]^{2+}$配离子又分解,使红色褪去。根据平衡移动原理,溶液中存在下列关系时,沉淀转化才会停止:

$$\frac{[Cl^-]}{[SCN^-]} = \frac{K_{sp,AgCl}}{K_{sp,AgSCN}} = \frac{1.56\times10^{-10}}{1.0\times10^{-12}} = 156$$

于是在计量点之时为了得到持久的红色,就必须继续滴入NH_4SCN,

直至Cl^-与SCN^-之间建立新的平衡关系为止。这样将引起很大的误差。为了避免上述现象的发生，可以采取下列措施：

①当加入过量$AgNO_3$标准溶液，立即加热煮沸溶液，使AgCl沉淀凝聚，以减少AgCl沉淀对Ag^+的吸附。滤去AgCl沉淀，并用稀HNO_3洗涤沉淀，洗涤液并入滤液中，然后用NH_4SCN标准溶液返滴滤液中过量的Ag^+。

②加入有机溶剂如硝基苯(有毒)或1,2-二氯乙烷1～2 mL。用力摇动，使AgCl沉淀表面覆盖一层有机溶剂，避免沉淀与溶液接触，这样就可以阻止转化反应发生。此法虽然比较简便，但由于硝基苯的毒性，操作时应多加小心。

用返滴定法测定Br^-或I^-时，由于AgBr及AgI的溶解度均比AgSCN小，不发生上述的转化反应。但在测定I^-时，指示剂必须在加入过量的$AgNO_3$液后才能加入，否则Fe^{3+}将氧化I^-为I_2，影响分析结果的准确度。

佛尔哈德法的最大优点在于其滴定在硝铵介质中进行，一般酸度大于0.3 mol/L。在此酸度下，许多弱酸阴离子如PO_4^{3-}、AsO_4^{3-}、$Cr_2O_7^{2-}$、$C_2O_4^{2-}$、CO_3^{2-}等都不干扰滴定，因而方法的选择性高。

2.佛尔哈德法的滴定条件

(1)指示剂的用量

指示剂铁铵矾的用量能影响滴定终点，指示剂浓度越高，终点越提前；反之，终点越拖后。在化学计量点时，SCN^-的浓度为

$$c_{SCN^-}=c_{Ag^+}=\sqrt{K_{sp,AgSCN}}=\sqrt{1.0\times10^{-12}}=1.0\times10^{-6}\ \text{mol/L}$$

要求此时刚好生成$FeSCN^{2+}$以确定终点。故此时Fe^{3+}的浓度应为

$$c_{Fe^{3+}}=\frac{[Fe(SCN)^{2+}]}{K_1[SCN^-]},K_1=138$$

通常来说，$Fe(SCN)^{2+}$的浓度要达到6×10^{-6} mol/L左右，才能明显观察到$Fe(SCN)^{2+}$的红色，所以

$$c_{Fe^{3+}}=\frac{6\times10^{-6}}{138\times1.0\times10^{-6}}=0.04\ \text{mol/L}$$

实际上，这样高的Fe^{3+}浓度使溶液呈较深的橙黄色，影响终点的观察，故通常保持Fe^{3+}的浓度为0.015 mol/L，此时引起的终点误差实际上很小，可以忽略不计。

(2)溶液的酸度

佛尔哈德法滴定必须在酸性溶液(多为HNO_3)中进行，溶液的pH通常控制在0～1之间。此时Fe^{3+}主要以$Fe(H_2O)_6^{3+}$的形式存在，颜色较浅。若酸度较低，则会造成Fe^{3+}水解，形成颜色较深的棕色的$Fe(H_2O)_5OH^{2+}$

或$Fe(H_2O)_4OH_2^+$ 等物质，十分影响终点的观察。

此外，在强酸性介质中进行滴定，许多弱酸根离子，如CO_3^{2-}、SO_3^{2-}、AsO_4^{3-} 等不能与Ag^+生成沉淀，不干扰测定，这点优于莫尔法。

(3)测定碘化物注意事项

在测定碘化物时，应先加入准确过量的$AgNO_3$ 标准溶液后，才能加入铁铵矾指示剂。否则Fe^{3+} 可氧化 I^- 而生成 I_2，造成误差，影响测定结果。其反应为

$$Fe^{3+} + 2I^- \rightleftharpoons Fe^{2+} + \frac{1}{2}I_2$$

佛尔哈德法的选择性很高，适用的范围比莫尔法要广泛，不仅可以用来测定Ag^+、Cl^-、Br^-、I^-和SCN^-，还可以用来测定 AsO_4^{3-} 和PO_4^{3-}，在农业上也常用此法测定有机氯农药。

5.3.3 法扬司法

1. 法扬司法的滴定原理

1923 年美国科学家法扬司提出利用吸附指示剂指示滴定终点的银量法，该法被后人称为法扬司法，也称为吸附指示剂法。通常可用法扬司法测定一些有机药物(如氯烯雌醚、溴米那和碘解磷定等)中卤原子。

胶状沉淀(如 AgCl)具有强烈的吸附作用，能够选择性地吸附溶液中的离子，首先是构晶离子。如Cl^-在过量时沉淀优先吸附Cl^-离子，使胶粒带负电荷；在Ag^+过量时，首先吸附Ag^+离子，使胶粒带正电荷。

而吸附指示剂是一种有机染料，在溶液中能部分解离，其阴离子很容易被带正电的胶状沉淀所吸附。当阴离子被吸附在胶体微粒表面后，分子结构发生变形，引起吸附指示剂颜色变化，故可以指示滴定终点，由于这种指示剂在滴定过程中有吸附和解吸的过程，因此称为吸附指示剂。

吸附指示剂是在接近计量点时能够突然被吸附到沉淀表面层上的物质，在吸附时伴随有颜色(双色吸附指示剂)或荧光(荧光吸附指示剂)的明显变化。指示剂离子的突然吸附，是由于在沉淀表面层上的电荷的改变而引起的。

可将吸附指示剂分为两类：一类是酸性染料，例如，荧光黄及其衍生物，这类物质是有机弱酸，解离出指示剂阴离子；另一类是碱性染料，常见的如甲基紫、罗丹明 6G 等，解离出指示剂阳离子。

例如，以荧光黄作指示剂，用$AgNO_3$ 标准溶液滴定Cl^-。

作为一种有机弱酸荧光黄在溶液中部分电离产生阴离子，易被带正电荷的胶态沉淀所吸附，通常用 HFIn 代表荧光黄，FIn^- 代表荧光黄阴离子。该溶液中存在如下离解平衡：

$$HFIn^{3+} \rightleftharpoons FIn^- + H^+$$

黄绿色

整个溶液呈黄绿色。

胶状 AgCl 沉淀能够选择性地吸附溶液中的离子。在理论终点前，溶液中的Cl^-过量，AgCl 胶粒选择吸附与其结构有关的Cl^-形成带负电荷的 $AgCl \cdot Cl^-$，荧光黄阴离子受排斥而不被吸附，溶液呈现FIn^- 的黄绿色。理论终点后，AgCl 胶粒选择吸附Ag^+，形成带正电荷的 $AgCl \cdot Ag^+$，它强烈吸附FIn^-，使其结构发生改变而呈淡红色。滴定过程中溶液由黄绿色变为粉红色，指示滴定终点的到达。

		沉淀表面	被吸附离子
终点前，Cl^- 过量	$(AgCl)\ Ag^+ + FI^- \rightleftharpoons$	$(AgCl)\ Cl^-$	M^+
终点时，Ag^+ 稍过量		$(AgCl)\ Ag^+$	FI^-
颜色变化	黄绿色	微红色	

通常来说，用于沉淀滴定的吸附指示剂的种类很多，包括用于银量法和其他滴定法常用的吸附指示剂，常用的几种见表 5-2。但这些指示剂吸附能力不同，有很多不是在计量点附近变色，而是超前或拖后，造成较大的滴定误差，在实际应用中要严格控制试剂用量和操作步骤，进行空白试验以校正误差。因此，现在多用仪器分析法。

表 5-2　常用的吸附指示剂

指示剂名称	待测离子	滴定剂	适用的 pH 范围	颜色变化
荧光黄	Cl^-（Br^-、I^-、SCN^-）	Ag^+	7～10	黄绿→微红
二氯荧光黄	Cl^-（Br^-、I^-、SCN^-）	Ag^+	4～6	黄绿→红
曙红	Br^-（I^-、SCN^-）	Ag^+	2～10	橙色→紫红
甲基紫	SO_4^{2-}、Ag^+	Ba^{2+}	酸性溶液	黄→玫瑰红
二甲基二碘荧光黄	I^-	Ag^+	中性	橙红→蓝红

2. 法扬司法的滴定条件

(1)溶液的酸度

由于吸附指示剂多为有机弱酸或弱碱，溶液的 pH 和指示剂的 K_a 将决定指示剂存在的形式和离子浓度。将溶液的 pH 应控制在最佳数值,应有利于指示剂离子的存在。即电离常数小的吸附指示剂,溶液的 pH 就要偏高些;反之,电离常数大的吸附指示剂,溶液的 pH 要偏低些。

例如,荧光黄是有机弱酸($K_a=10^{-7}$),当溶液的 pH<7 时,其离解会受到很大影响,致使阴离子浓度太低,终点颜色变化不明显,所以用荧光黄作指示剂滴定Cl^-时,要在中性或弱碱性(pH 7~10)的溶液中使用。

而荧光黄的卤代物则是较强酸,滴定可在 pH 较低的溶液中进行,例如,二氯荧光黄,其 $K_a=10^{-4}$,可在 pH 4~10 的溶液中使用;曙红(四溴荧光黄),其 $K_a=10^{-2}$,酸性更强,故溶液的 pH 小至 2 时,仍可以指示终点。

(2)溶液的浓度

溶液的浓度不能太稀,否则沉淀很少,观察终点比较困难。用荧光黄为指示剂,以 $AgNO_3$ 溶液滴定Cl^-时,待测离子的浓度要在 0.005 mol/L 以上。滴定Br^-、I^-及SCN^-时,灵敏度稍高,浓度降至 0.001 mol/L 时,仍可看到终点。

(3)吸附指示剂

吸附指示剂的电荷与加入的滴定剂离子应带有相反电荷。若采用 $AgNO_3$ 标准溶液滴定卤离子时,应选择阴离子型的吸附指示剂;若用 NaCl 标准溶液滴定Ag^+,就不能选择阴离子型的吸附指示剂,如荧光黄指示剂,应选用阳离子型的吸附指示剂,如甲基紫指示剂。

(4)吸附指示剂的吸附力

胶体颗粒(卤化银胶状沉淀)对指示剂离子的吸附力应略小于对被测离子的吸附力,否则指示剂将在计量点前变色,提前终点;但对指示剂离子的吸附力也不能太小,否则计量点后不能立即变色。滴定卤化物时,卤化银对卤化物和几种常用的吸附指示剂的吸附力的大小次序如下:

I^->二甲基二碘荧光黄>Br^->曙红>荧光黄或二氯荧光黄

从上述排列顺序来看,在测定Cl^-时不选用曙红,而应选用荧光黄为指示剂。若选用曙红则 AgCl 对曙红的吸附力大于对Cl^-的吸附力,则使未达到化学计量点就发生颜色变化。同理,测定Br^-时,应选用曙红或荧光黄,而不能用二甲基二碘荧光黄,测定 I^-时应选用二甲基二碘荧光黄或曙红而不能用荧光黄,因为碘化银对荧光黄的吸附能力太弱,在化学计量点时不能立即变色。

法扬司法可用于Cl^-、Br^-、I^-、Ag^-、Ag^+、SCN^-以及一些含卤原子的有机化合物。

(5)胶体保护剂

吸附指示剂不是使溶液发生颜色变化,而是使沉淀的表面颜色发生变化。因此，应尽可能使卤化银沉淀呈胶体状态，具有较大的比表面积。因此，在滴定前应将溶液稀释并加入糊精、淀粉等亲水性高分子化合物形成保护胶体。同时应避免大量中性盐存在，因其能使胶体凝聚。

(6)避免强光照射

应避免在强光照射下进行滴定。这是由于带有吸附指示剂的卤化银胶体对光极为敏感，遇光溶液很快变为灰色或黑色，不利于终点的观察。

5.4　沉淀滴定法的应用

5.4.1　有机卤化物中卤素的测定

因为有机卤化物中不同的卤素结合方式，它们中大多数不能直接采用银量法进行测定，需要经过适当的处理，使有机卤素转变成卤素离子后再用银量法测定。使有机卤素转变成卤离子的常用方法如下所示。

1. NaOH 水解法

将试样与 NaOH 水溶液加热回流水解，使有机卤素以卤离子形式进入溶液中。反应式表示：

$$R—X+NaOH \longrightarrow R—OH+NaX$$

NaOH 水解法常用于脂肪族卤化物或卤素结合于侧链上类似脂肪族卤化物的有机化合物，其卤素比较活泼，在碱性溶液中加热水解，有机卤素即以卤素离子形式进入溶液中。常见的可通过 NaOH 水解法进行测定的化合物如下：

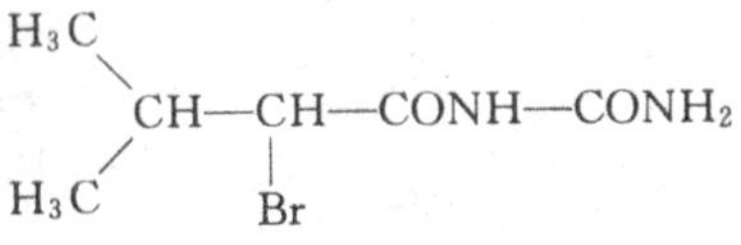

$(H_3C)_2CH—CH(Br)—CONH—CONH_2$

溴米那

$COCH_2Br$—C_6H_4—NO_2（对位）

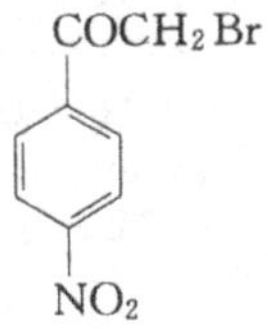

对硝基-α-溴代苯乙酮

$Cl_3C(CH_2)_2OH$

三氯叔丁醇

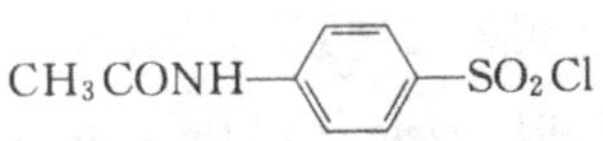

CH_3CONH—C_6H_4—SO_2Cl

对-乙酰胺基磺酰氯

例如，溴米那的测定：取样品 0.3 g，精密称定，置于锥形瓶中，加入 1 mol/L NaOH 溶液 40 mL 和沸石 2～3 块，瓶上放一小漏斗，微微加热至沸，并持续 20 min，用蒸馏水冲洗漏斗，冷却至室温，加入 6 mol/L HNO_3 10 mL，再准确加入 0.1 mol/L $AgNO_3$ 溶液 25 mL，铁铵钒指示液 2 mL，用 0.1 mol/L 的NH_4SCN 溶液滴定至出现淡棕红色，即为终点。

2. Na_2CO_3 熔融法

把试样和无水碳酸钠置于坩埚中，均匀混合，灼烧至内容物完全灰化，冷却，用水溶解，调成酸性，用银量法测定。

Na_2CO_3 熔融法主要用于结合在苯环或杂环上的有机卤素化合物的测定，这是由于其有机卤素都比较稳定，对这些结构较复杂的有机卤化物，通过该法，使有机卤化物转变成无机卤化物后，然后再进行测定。

例如，α-溴-β萘酚，其结构如下：

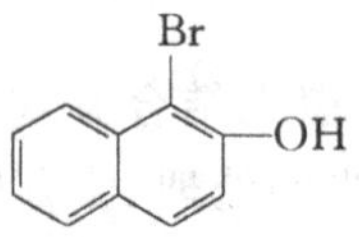

Br
OH

通过 Na_2CO_3 熔融法使有机溴以Br^-形式转入溶液中再进行相应的测定。

3. 氧瓶法

将试样裹入滤纸内，夹在燃烧瓶的铂丝下部，瓶内加入适当的吸收液（NaOH、H_2O_2 或 NaOH、H_2O_2 的混合液），然后充入氧气，点燃。待燃烧完全后，充分振摇至瓶内白色烟雾完全被吸收为止。有机碘化物可用碘量法测定；有机溴化物和氯化物可用银量法测定。

例如，二氯酚（5，5′-二氯-2，2′-二羟基二苯甲烷）就是通过氧瓶法进行有机破坏，使有机氯以Cl^-形式进入溶液中，用 NaOH 和 H_2O_2 的混合液为吸收液，用银量法测定。

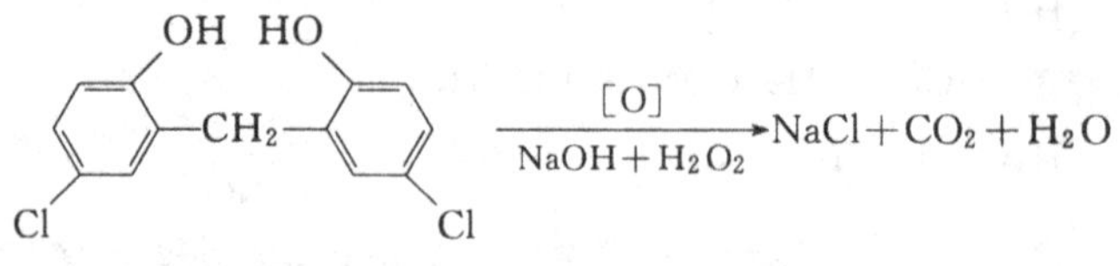

OH HO
—CH_2—
Cl Cl

$$\xrightarrow[NaOH+H_2O_2]{[O]} NaCl+CO_2+H_2O$$

取本品 20 mg 精密称定，用氧瓶法进行有机破坏，以 0.1 mol/L NaOH 10 mL 和 H_2O_2 2 mL 的混合液作为吸收液，等到反应充分后，微微煮沸 10 min，除去剩余的 H_2O_2，冷却，加稀HNO_3 35 mL，0.02 mol/L $AgNO_3$ 溶液 25 mL，至沉淀完全后，过滤，用水洗涤沉淀，合并滤液，以铁铵矾为指示剂，用 0.02 mol/L NH_4SCN 溶液滴定，同时做一空白试验。

5.4.2 合金中银含量的测定

准确称取银合金试样，将其完全溶解于HNO_3，制成溶液，其反应式如下：

$$Ag+NO_3^-+2H^+ = Ag^++NO_2\uparrow+H_2O$$

需要注意的是，在溶解样品时，必须煮沸以除去氮的低价氧化物，防止其与SCN^-作用产生红色化合物，会影响终点的观察。

$$HNO_3+H^++SCN^- = \underset{\text{红色}}{NOSCN}+H_2O$$

在试样溶解后，加入铁铵矾指示剂，用NH_3SCN标准溶液滴定，根据试样的质量和滴定用去的NH_3SCN标准溶液的浓度和体积，计算银的质量分数。

$$Ag^++SCN^- = \underset{\text{白色}}{AgSCN}\downarrow$$

$$Fe^{3+}+SCN^- = \underset{\text{红色}}{FeSCN^{2+}}$$

$$\omega_{Ag}=\frac{c_{NH_3SCN}V_{NH_3SCN}M_{Ag}}{m}\times100\%$$

铁铵矾指示剂的用量最好以控制Fe^{3+}浓度在0.015 mol/L左右。

5.4.3 中药中无机和有机氢卤酸盐含量的测定

中药中所含的无机卤化物如NaCl(大青盐)、$CaCl_2$、NH_4Cl(白硇砂)、KI、NaI、CaI_2等以及能与$AgNO_3$生成沉淀的无机化合物和许多有机碱的盐酸盐，都可用银量法测定。

1. 白硇砂中氯化物含量的测定

精密称取本品约1.2 g，加蒸馏水溶解后，定量转移至250 mL容量瓶中，用蒸馏水稀释至刻度，摇匀，静置至澄清，吸取上层清液25.00 mL加蒸馏水25 mL，硝酸3 mL，准确加入0.100 0 mol/L $AgNO_3$标准溶液40.00 mL，摇匀，再加硝基苯3 mL，用力振摇，加铁铵矾指示剂2 mL，用0.1 mol/L NH_4SCN标准溶液滴定至溶液呈红色。

$$NH_4Cl\%=\frac{(V_{AgNO_3}c_{AgNO_3}-V_{NH_4SCN}c_{NH_4SCN})\times M_{NH_4Cl}}{S\times\frac{25}{250}}\times100\%$$

2. 盐酸麻黄碱片含量的测定

本品含盐酸麻黄碱($C_{10}H_{15}ON \cdot HCl$)应为标示量的93%～107%。

通过法扬司法，以溴酚蓝(HBs)为指示剂，用$AgNO_3$为标准溶液。对应的滴定反应如下：

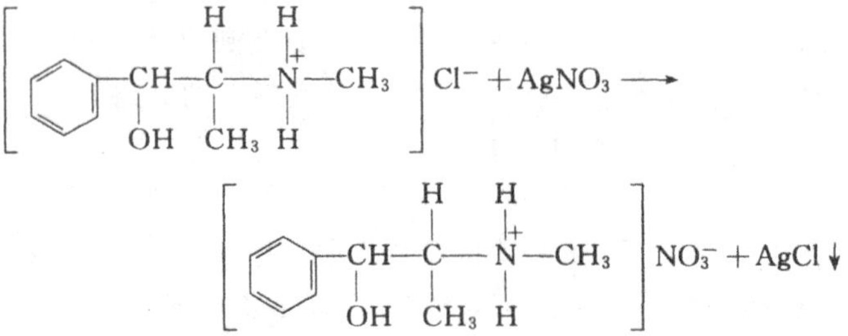

$$\left[\begin{array}{c} \quad\quad\quad\; H \quad\; H \\ \quad\quad\quad\; | \quad\;\; |_{+} \\ C_6H_5-CH-C-N-CH_3 \\ \quad\quad | \quad\;\; | \quad\;\; | \\ \quad\quad OH \;\; CH_3 \;\; H \end{array}\right] Cl^- + AgNO_3 \longrightarrow$$

$$\left[\begin{array}{c} \quad\quad\quad\; H \quad\; H \\ \quad\quad\quad\; | \quad\;\; |_{+} \\ C_6H_5-CH-C-N-CH_3 \\ \quad\quad | \quad\;\; | \quad\;\; | \\ \quad\quad OH \;\; CH_3 \;\; H \end{array}\right] NO_3^- + AgCl\downarrow$$

终点前，Cl^-过量 $(AgCl)Cl^- \vdots M^+$

终点时，Ag^+过量 $(AgCl)Ag^+ \vdots X^-$

$(AgCl)Ag^+$吸附Bs^- $(AgCl)Ag^+ \vdots Bs^-$

溶液颜色变化：黄绿色⟶灰紫色

具体取15片试样，精密称定，计算平均片重。将已称重之盐酸麻黄碱片研细，精密称出适量，置于锥形瓶中，加蒸馏水15 mL，振摇，使盐酸麻黄碱溶解。加溴酚蓝指示剂(此时作酸碱指示剂)2滴，滴加醋酸使溶液由紫色变为黄绿色，再加溴酚蓝指示剂10滴与糊精(1→50)5 mL，用0.100 0 mol/L $AgNO_3$溶液滴定至AgCl沉淀的乳浊液呈灰紫色即达终点，其中$M_{C_{10}H_{15}ON \cdot HCl}=201.7$。

$$\text{平均每片被测成分的实测重量}=\frac{c_{AgNO_3}\times V_{AgNO_3}\times \frac{M}{1\,000}}{S}\times\text{平均片重}$$

$$\text{含量占标示量的百分数(\%)}=\frac{\text{平均每片被测成分的实测重量}}{\text{每片被测成分的标示量}}\times 100\%$$

$$=\frac{\frac{c_{AgNO_3}\times V_{AgNO_3}\times \frac{M}{1\,000}}{S}\times\text{平均片重}}{\text{标示量}}\times 100\%$$

5.4.4 盐酸丙卡巴肼含量的测定

有些游离的有机碱，单独存在时易分解、挥发或氧化变质，为了便于保存，常将其制成能够稳定存在的盐酸盐形式。以盐酸盐形式存在的有机碱可用银量法测定其含量。以抗肿瘤药盐酸丙卡巴肼($C_{12}H_{19}N_3O \cdot HCl$)为例，利用铁铵矾指示剂法可测定其含量。$C_{12}H_{19}N_3O \cdot HCl$ 的结构式如下：

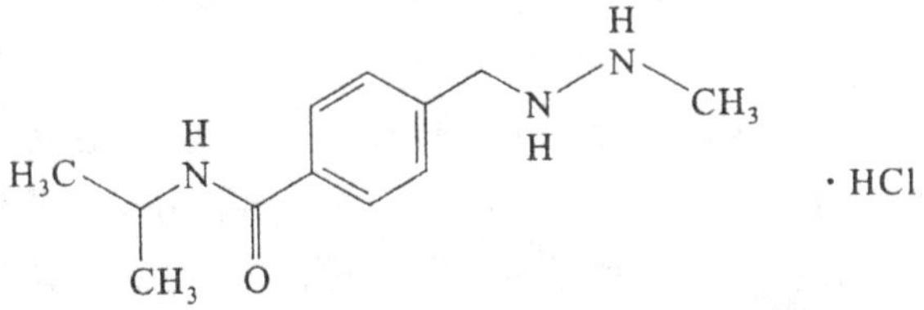

取盐酸丙卡巴肼试样约 0.25 g，精密称定，加水 50 mL 溶解后，加稀 HNO_3 3 mL，加入 0.1 mol/L $AgNO_3$ 标准溶液 20.00 mL，再加约 3 mL 的邻苯二甲酸二丁酯，充分振摇后，加 2 mL 铁铵矾指示剂，用 0.1 mol/L NH_4SCN 标准溶液滴定至溶液呈淡棕红色为终点。1 mL 0.100 0 mol/L $AgNO_3$ 标准溶液相当于 25.78 mg $C_{12}H_{19}N_3O \cdot HCl$。

试样中盐酸丙卡巴肼的质量分数为

$$\omega_{C_{12}H_{19}N_3O \cdot HCl}=\frac{(V^0_{NH_4SCN}-V^s_{NH_4SCN})\times 25.78\times 10^{-3}\times \frac{c_{NH_4SCN}\times V_{KSCN}}{0.100\ 0}}{m}\times 100\%$$

式中，m 为试样的质量，g；c_{NH_4SCN} 为 NH_4SCN 标准溶液的浓度，mol/L；$V^0_{NH_4SCN}$是空白试验时消耗NH_4SCN 标准溶液的体积，mL；$V^s_{NH_4SCN}$为试样测定时消耗的NH_4SCN 标准溶液的体积，mL。

5.4.5　氯化钠含量的测定

实际应用中利用银量法测定氯化钠含量的有很多。例如，氯化钠注射液中氯化钠的含量即可用银量法进行测定。精密量取氯化钠注射液 10 mL，加水 40 mL，再加 2%糊精溶液 5 mL 和荧光黄指示液 5～8 滴，用 0.1 mol/L 硝酸银标准溶液滴定至沉淀表面呈淡红色即为终点。1 mL 0.100 0 mol/L $AgNO_3$ 标准溶液相当于 5.844 mg NaCl。试样中 NaCl 的质量浓度(g/L)为

$$\rho_{NaCl}=\frac{V_{AgNO_3}\times 5.844\times 10^{-3}\times \frac{c_{AgNO_3}}{0.100\ 0}}{V_{NaCl}}$$

式中，V_{NaCl}是氯化钠注射液试样的体积，mL；c_{AgNO_3} 是$AgNO_3$ 标准溶液的浓度，mol/L；V_{AgNO_3} 是滴定至终点时消耗的$AgNO_3$ 标准溶液的体积，mL。

NaCl 作为人体血液中重要的电解质，人体血清中Cl^- 的正常值应为 3.4～3.8 g/L。通常采用莫尔法测定血清中的Cl^-，测定时先将血清中的

蛋白沉淀，取无蛋白滤液进行Cl^-的测定。

5.4.6 溶液中 AsO_4^{3-} 的测定

在 pH 为 7～9 的 AsO_4^{3-} 溶液中，加入过量的Ag^+，生成沉淀Ag_3AsO_4，过滤后，将此沉淀溶于 30 mL 8 mol/L HNO_3 溶液中，稀释至 120 mL，用 KSCN 标准溶液滴定，采用铁铵矾指示剂法指示滴定终点。溶液中的 Ge、少量 Sb 和 Sn 都不干扰测定。

试样中 AsO_4^{3-} 的物质的量浓度(mol/L)为

$$c_{AsO_4^{3-}}=\frac{c_{KSCN}\times V_{KSCN}}{3V_{AsO_4^{3-}}}$$

式中，$V_{AsO_4^{3-}}$ 为 AsO_4^{3-} 试样溶液的体积，mL；c_{KSCN}为 KSCN 标准溶液的浓度，mol/L；V_{KSCN}为滴定至终点时消耗的 KSCN 标准溶液的体积，mL。

5.4.7 四苯硼钠滴定法快速测定钾

四苯硼钠[$NaB(C_6H_5)_4$]是测定钾的最佳试剂。沉淀反应为

$$NaB(C_6H_5)_4+K^+ = KB(C_6H_5)_4\downarrow+Na^+$$

测定时，以四苯硼钠为标准溶液，在水和三氯甲烷的两相介质中，指示剂取溴酚蓝和季铵盐，滴定钾离子直至三氯甲烷层中蓝色消失，水相呈色即为终点。

试样中 K 的质量分数为

$$\omega_K=\frac{c_{NaB(C_6H_5)_4}V_{NaB(C_6H_5)_4}M_K}{1\ 000\times m}\times 100\%$$

式中，m 为试样的质量，g；$c_{NaB(C_6H_5)_4}$ 为四苯硼钠标准溶液的浓度，mol/L；$V_{NaB(C_6H_5)_4}$ 为四苯硼钠标准溶液消耗的体积，mL；M_K 为 K 的摩尔质量，g/mol。

5.4.8 亚铁氰化钾容量法测定氧化锌含量

冶金产品中氧化锌的含量可用亚铁氰化钾容量法测定。具体的沉淀反应如下：

$$3Zn^{2+}+2K^++2[Fe(CN)_6]^{4-} = K_2Zn_3[Fe(CN)_6]_2$$

在试样以硫酸铵-磷酸氢二钠混合溶剂溶解后，加热至沸，以二苯胺为指示剂，用亚铁氰化钾标准溶液滴定至紫蓝色突然消失并呈现黄绿色即为

终点。用氧化锌基准试剂标定亚铁氰化钾标准溶液，便可得亚铁氰化钾标准溶液的滴定度(g/mL)为

$$T_{K_4[Fe(CN)_6]/ZnO}=\frac{m_{ZnO}}{V_{K_4[Fe(CN)_6]}}$$

式中，m_{ZnO}为称取的氧化锌的质量，g；$V_{K_4[Fe(CN)_6]}$为标定时消耗的亚铁氰化钾标准溶液的体积，mL。

试样中 ZnO 的质量分数为

$$\omega_{ZnO}=\frac{T_{K_4[Fe(CN)_6]/ZnO}V_{K_4[Fe(CN)_6]}}{m}\times100\%$$

式中，m 为试样的质量，g；$V_{K_4[Fe(CN)_6]}$为滴定试液时所消耗的亚铁氰化钾标准溶液的体积，mL。

第6章　重量分析法

6.1　重量分析法概述

重量分析法简称重量法，是称取一定重量的试样，用适当的方法将被测组分与试样中其他组分分离后，转化成一定的称量形式称重，从而求得该组分含量的方法。

重量分析法的优点是直接采用分析天平称量的数据来获得分析结果，在分析过程中不需要标准溶液和基准物质，也就不需要容量器皿引入数据，这样引入的误差较小，因此分析结果准确度较高。对于常量组分的测定，相对误差不超过±(0.1%～0.2%)。同时重量分析法也有着明显的缺点，像是操作烦琐、分析周期长、灵敏度不高、不适于微量及痕量组分的测定、不适于生产的控制分析。因此，目前在生产中已逐渐被其他较快速的方法所取代，尽管如此，但利用沉淀法的有关原理及基本操作技术，在分离干扰元素和富集痕量组分方面，却是目前在实际工作中常采用的分离手段。

此外，重量法也常用于某些准确度要求较高的分析工作中，像是一些稀有金属的测定以及有关溶液浓度的标定等。因此，重量分析法仍然是分析化学中必不可少的基本方法。

在重量分析中一般是先使被测组分从试样中分离出来，转化为一定的称量形式，称量后，由称得的质量计算被测组分的含量。重量分析的过程实质上包含了分离和称量两个过程。根据分离方法的不同，重量分析法通常分为沉淀重量法、挥发重量法、提取重量法和电解重量法。

(1)沉淀重量法

沉淀重量法是利用沉淀反应使被测组分生成溶解度很小的沉淀，将沉淀过滤、洗涤、烘干或灼烧成为组成一定的物质，称其质量，再计算被测组分的含量。如测定试液中SO_4^{2-}含量时，在试液中加入过量的$BaCl_2$溶液，使SO_4^{2-}完全生成难溶的$BaSO_4$沉淀，经过滤、洗涤、烘干或灼烧后称量的质量，而计算试液中SO_4^{2-}的含量。这是重量分析的主要方法。

(2)挥发重量法

挥发重量法是用加热或其他方法使试样中被测组分逸出，再根据逸出前后试样质量之差来计算被测成分的含量。试样中的结晶水的测定多用这种方法。例如，在土壤污染物监测中，水分含量是其必测项目。测定时，根据土壤样品在 105℃烘干后所损失的质量，计算对应的水分含量。另外，还可以在被测组分逸出后，用某种吸收剂来吸收它，这时可以根据吸收剂质量的增加来计算含量。例如，试样中 CO_2 的测定，以碱石灰为吸收剂。此法只适用于测定可挥发性物质。

(3)提取重量法

提取重量法是利用被测组分在两种互不相溶的溶剂中的分配比的不同进行测定的。通过加入某种提取剂，使被测组分从原来的溶剂中定量地转入提取剂中，称量剩余物的质量，从而计算被测组分含量；或将提出液中的溶剂蒸发除去，称量剩下的质量，以计算被测组分的含量。

(4)电解重量法

电解重量法是利用电解的原理，控制适当的电位，使被测组分以纯金属或难溶化合物的形式在电极上析出，通过称量沉积物的质量计算待测组分的含量，又叫作电重量分析法，精度可达千分之一，分析中不需要标准物校正，直接获得测得量。常用于一些金属纯度的鉴定、仲裁分析等。

6.2　沉淀的溶解度

在沉淀重量分析法中，要求沉淀反应进行完全。一般可根据沉淀溶解度大小来衡量，因为沉淀的溶解损失是误差的主要来源之一，所以人们总是希望待测组分沉淀得越完全越好。但是绝对不溶解的物质是没有的，通常在重量分析中，沉淀溶解损失不超过分析天平的称量误差(0.2 mg)，即可认为沉淀已经完全。因为一般的沉淀很少能达到这一要求，所以如何减小沉淀的溶解损失保证分析结果的准确度成为一个重要的问题。在实际中，如果控制好沉淀条件，就可以降低溶解损失，使其达到上述要求，为此，必须了解沉淀的溶解度及其影响因素。

6.2.1　溶解度

沉淀在水中溶解有两步平衡，有固相与液相之间的平衡，溶液中未解离分子与离子之间的解离平衡。如 1∶1 型难溶化合物 MA，在水中有如下的平衡关系：

$$MA(固) \rightleftharpoons MA(水) \rightleftharpoons M^{+} + A^{-}$$

由此可见，在水溶液中固体 MA 的溶解部分以 M^{+}，A^{-} 和 MA(水)两种状态存在。其中，MA(水)可以是分子，也可以是 $M^{+} \cdot A^{-}$ 离子对化合物。

例如，

$$AgCl(固) \rightleftharpoons Ag^{+} \cdot Cl^{-}(水) \rightleftharpoons Ag^{+} + Cl^{-}$$

$$CaSO_4(固) \rightleftharpoons Ca^{2+} \cdot SO_4^{2-}(水) \rightleftharpoons Ca^{2+} + SO_4^{2-}$$

根据 MA(固)和 MA(水)之间的沉淀平衡可得

$$S = \frac{a_{MA(水)}}{a_{MA(固)}}$$

考虑到纯固体活度 $a_{MA(固)} = 1$，那么 $a_{MA(水)} = S^0$，所以在一定温度下溶液中分子状态或离子对化合物的活度为一常数，叫作固有溶解度(或分子溶解度)，用 S^0 表示。一定温度下，在有固相存在时，溶液中以分子状态(或离子对)存在的活度为一常数。

根据沉淀 MA 在水溶液中的平衡关系，得到

$$\frac{a_{M^{+}} \cdot a_{A^{-}}}{a_{MA(水)}} = K$$

将 S^0 代入可得

$$a_{M^{+}} \cdot a_{A^{-}} = S^0 \cdot K = K_{ap}$$

式中，K_{ap} 为活度积常数，简称活度积。活度与浓度的关系为

$$K_{ap} = a_{M^{+}} \cdot a_{A^{-}} = \gamma_{M^{+}} \cdot c_{M^{+}} \cdot \gamma_{A^{-}} \cdot c_{A^{-}}$$

式中，K_{sp} 为溶度积常数，简称溶度积。

因为溶解度是指在平衡状态下所溶解的 MA(固)的总浓度，所以如果溶液中不再存在其他平衡关系时，则固体 MA(固)的溶解度 S 应为固有溶解度 S^0 和构晶离子 M^{+} 或 A^{-} 的浓度之和，即

$$S = S^0 + [M^{+}] = S + [A^{-}]$$

固有溶解度不易测得，大多数物质的固有溶解度都比较小。例如，AgBr、AgI、AgCl、$AgIO_3$ 等的固有溶解度仅占其总溶解度的 0.1%～1%；其他如 $Fe(OH)_3$、$Zn(OH)_2$、CdS、CuS 等的固有溶解度也很小，所以固有溶解度可忽略不计，那么 MA 的溶解度近似认为：

$$S = [M^{+}] = [A^{-}] = \sqrt{K_{sp}}$$

对于 M_mA_n 型难溶盐溶解度的计算，其溶解度的公式推导如下：

$$[M^{n+}]^m [A^{m-}]^n = \frac{K_{sp}}{\gamma_{M^{n+}} \gamma_{A^{m-}}} = K_{sp}$$

$$K_{sp}=[M^{n+}]^m[A^{m-}]^n$$
$$=(mS)^m(nS)^n$$
$$=m^m n^n S^{m+n}$$
$$S=\sqrt[m+n]{\frac{K_{sp}}{m^m n^n}}$$

难溶盐的溶解度小，在纯水中离子强度也很小，此种情况下活度系数可视为 1，所以活度积 K_{ap} 等于溶度积 K_{sp}。一般溶度积表中所列的 K 均为活度积，但应用时一般作为溶度积，不加区别。但是，如果溶液中离子强度较大时，K_{ap} 与 K_{sp} 差别就大了，应采用活度系数加以校正。

6.2.2　条件溶度积

实际上，在沉淀的平衡过程中，除了被测离子与沉淀剂形成沉淀的主反应之外，往往还存在多种副反应，如水解效应、配位效应和酸效应等可表示如下：

$$\begin{array}{ccccc} MA & = & M & + & A \\ & OH \swarrow\!\!\nearrow & & \searrow\!\!\nwarrow L & \downarrow\!\uparrow H \\ & M(OH) & & ML & HA \end{array}$$

其中，在副反应中省略了各种离子的电荷。

此时构晶离子在溶液中以多种型体存在，其各种型体的总浓度分别为 $[M']$ 和 $[A']$。引入相应的副反应系数 α_M、α_A，则

$$K_{sp}=[M][A]=\frac{[M'][A']}{\alpha_M\alpha_A}=\frac{K'_{sp}}{\alpha_M\alpha_A}$$

即

$$K'_{sp}=[M'][A']=K_{sp}\alpha_M\alpha_A$$

式中，K'_{sp} 称为条件溶度积。因为 α_M、α_A 均大于 1，由此可见，因副反应的发生，使条件溶度积 K'_{sp} 大于 K_{sp}，此时沉淀的实际溶解度为

$$S=[M']=[A']=\sqrt{K'_{sp}}$$

对于 M_mA_n 型的沉淀，其条件溶度积为

$$K'_{sp}=K_{sp}\alpha_M^m\alpha_A^n$$

K'_{sp} 能反映溶液中沉淀平衡的实际情况，用它进行有关计算较之用溶度积 K_{sp} 更能反映沉淀反应的完全程度，反映各种因素对沉淀溶解度的影响。

6.2.3 影响沉淀溶解度的因素

除了难溶化合物本身的性质之外，影响沉淀溶解度的因素还有很多，如同离子效应、盐效应、酸效应和配位效应等。此外，温度、溶剂、沉淀颗粒大小、结晶结构、溶胶作用、水解作用等因素对溶解度也有一定的影响。为了能在实际操作中正确地控制沉淀条件，以便使沉淀反应完全，现将各种因素分别讨论如下。

1. 同离子效应

组成沉淀晶体的离子称为构晶离子。当沉淀反应达到平衡后，向溶液中增加某一构晶离子的浓度，使沉淀溶解度降低的现象，称为同离子效应。

同离子效应是降低沉淀溶解度的有效手段，所以在沉淀重量分析中，一般都要加入适当过量的沉淀剂来减少沉淀的溶解损失。但是，沉淀剂的量并不是越多越好，沉淀的溶解度 S 不可能小于它的固有溶解度，沉淀剂加的太多，还可能引起盐效应等副反应，反而使沉淀的溶解度增加。一般情况下，沉淀剂过量 50%～100%，如果沉淀剂不易挥发除去，则以过量 20%～30%为宜。如果过量太多则又有可能引起盐效应、酸效应及配位效应等副反应，反而使沉淀的溶解度增大。

2. 盐效应

在难溶化合物的饱和溶液中，加入易溶的强电解质，会出现难溶化合物的溶解度比同温度下在纯水中的溶解度大的现象，这种效应称为盐效应，也被称为异离子效应。

如前所述，过量太多的沉淀剂，除了同离子效应外，还会产生不利于沉淀完全的其他效应，盐效应就是其中之一。

例如，测定Pb^{2+}时，采用Na_2SO_4 为沉淀剂，生成$PbSO_4$ 沉淀。不同溶度的Na_2SO_4 溶液中$PbSO_4$ 的溶解度变化情况见表 6-1。

表 6-1　$PbSO_4$ 在Na_2SO_4 溶液中的溶解度

Na_2SO_4/(mol/L)	0	0.001	0.01	0.02	0.04	0.100	0.200
$PbSO_4$/(mol/L)	0.15	0.024	0.016	0.014	0.013	0.016	0.023

由表 6-1 可以看出，随着Na_2SO_4 浓度的增加，由于同离子效应使$PbSO_4$ 溶解度降低，当Na_2SO_4 浓度达到 0.04 mol/L 时，$PbSO_4$ 的溶解度

达到最小，说明此时同离子效应最大。当Na_2SO_4浓度继续增大时，由于盐效应增强，$PbSO_4$的溶解度又开始增大。

需要说明的是，盐效应并不是增大沉淀溶解度的主要因素，在重量分析中一般可以忽略不计。

3. 酸效应

在难溶化合物中有相当一部分是弱酸盐，包括硫化物、铬酸盐、草酸盐、磷酸盐等。当提高其所在溶液的H^+浓度，即降低pH时，将增大弱酸根离子与H^+结合生成相应共轭酸的倾向，因而使沉淀溶解度增大；若降低溶液的H^+浓度，即提高pH时，难溶弱酸盐中的金属离子就可能水解，也会导致沉淀溶解度增大。这种溶液的pH影响沉淀溶解度的现象称为酸效应，又称为pH效应。

引起酸效应的原因是因为溶液中H^+浓度对弱酸、多元酸或难溶弱酸离解平衡存在影响。酸效应所引起的结果是弱酸盐、多元酸盐沉淀溶解度增大。

在重量分析中，必须注意由酸效应引起的溶解损失。如果已知溶液的pH，就可以利用酸效应系数$\alpha_{A(H)}$来计算溶解度。

现以草酸钙沉淀为例，在溶液中有如下平衡：

$$CaC_2O_4 \rightleftharpoons Ca^{2+} + C_2O_4^{2-}$$

$$C_2O_4^{2-} \overset{H^+}{\rightleftharpoons} HC_2O_4^- \overset{H^+}{\rightleftharpoons} H_2C_2O_4$$

在不同的酸度下，溶液中存在的沉淀剂总浓度$[C_2O_4^{2-}]_{总}$应为

$$[C_2O_4^{2-}]_{总} = [C_2O_4^{2-}] + [HC_2O_4^-] + [H_2C_2O_4]$$

能与Ca^{2+}形成沉淀的是$C_2O_4^{2-}$，所以

$$\alpha_{C_2H_4^{2-}(H)} = \frac{[C_2O_4^{2-}]_{总}}{[C_2O_4^{2-}]}$$

则有

$$[Ca^{2+}][C_2O_4^{2-}] = [Ca^{2+}] \times \frac{[C_2O_4^{2-}]_{总}}{[C_2O_4^{2-}]} = \frac{K'_{sp}}{\alpha_{C_2H_4^{2-}(H)}} = K_{sp}$$

式中，K'_{sp}表示在一定条件下草酸钙的溶度积，称为条件溶度积。利用K'_{sp}可以计算不同酸度下草酸钙的溶解度。

$$S = [Ca^{2+}] = [C_2O_4^{2-}]_{总} = \sqrt{K'_{sp}(CaC_2O_4)} = \sqrt{K_{sp}\alpha_{C_2H_4^{2-}(H)}}$$

通常来说，弱酸盐及多元酸盐的难溶化合物，必须考虑酸效应。而酸效应对强酸的难溶化合物溶解度的影响则可忽略不计。

4. 配位效应

如果溶液中存在配位剂，它能与生成沉淀的离子形成配合物，将使沉淀

溶解度增大,甚至不产生沉淀,这种现象称为配位效应。

例如,用Cl^-沉淀Ag^+时,会有反应

$$Ag^+ + Cl^- \longrightarrow AgCl$$

如果溶液中有氨水,则NH_3能与Ag^+配位,形成$[Ag(NH_3)_2]^+$配离子,因而 AgCl 在 0.01 mol/L 氨水中的溶解度比在纯水中的溶解度大 40 倍。如果氨水的浓度足够大,则不能生成 AgCl 沉淀。

又如,Ag^+溶液中加入Cl^-,最初生成 AgCl 沉淀,但若继续加入过量的Cl^-,则Cl^-能与 AgCl 配位成$[AgCl_2]^-$和$[AgCl_3]^{2-}$等配离子,而使 AgCl 沉淀逐渐溶解。AgCl 在 0.01 mol/L HCl 溶液中的溶解度比在纯水中的溶解度小,这时同离子效应是主要的;若$[Cl^-]$增到 0.05 mol/L,则 AgCl 的溶解度超过纯水中的溶解度,此时配位效应的影响已超过同离子效应;若$[Cl^-]$更大,则由于配位效应起主要作用,AgCl 沉淀就可能不出现。因此用Cl^-沉淀Ag^+时,必须严格控制$[Cl^-]$。

应该指出的是,配位效应使沉淀溶解度增大的程度与沉淀的溶度积和形成配合物的稳定常数的相对大小有关,形成的配合物越稳定,配位效应越显著,沉淀的溶解度越大。

综合上面四种效应对沉淀溶解度的影响讨论可知,在进行沉淀反应时,对无配位反应的强酸盐沉淀,应主要考虑同离子效应和盐效应的影响。对弱酸盐或难溶酸盐,多数情况应主要考虑酸效应的影响。在有配位反应,尤其在能形成较稳定的配合物,而沉淀的溶解度又不太小时,则应主要考虑配位效应的影响。

5. 温度

溶解一般是吸热过程,绝大多数沉淀的溶解度是随温度升高而增大,温度越高,溶解度越大。但增大的程度各不相同。根据图 6-1 可知,温度对 AgCl 的溶解度影响比较大,对 $BaSO_4$ 的影响则不显著。在重量分析中,如果沉淀物的溶解度非常小或者温度对溶解度的影响很小时,一般采用热过滤和热洗涤。热溶液的黏度小,可加快过滤和洗涤的速度;同时,杂质的溶解度也可能增大而易洗去。如 $Fe_2O_3 \cdot nH_2O$ 沉淀采用热过滤、热洗涤,测定SO_4^{2-}时用温水洗涤 $BaSO_4$ 沉淀等。在热溶液中溶解度较大的沉淀,如 CaC_2O_4 应在过滤前冷却,以减少溶解损失。

6. 溶剂

大部分无机难溶盐溶解度受溶剂极性影响较大,溶剂极性越大,无机难溶盐溶解度就越大,改变溶剂极性可以改变沉淀的溶解度。对一些水中溶

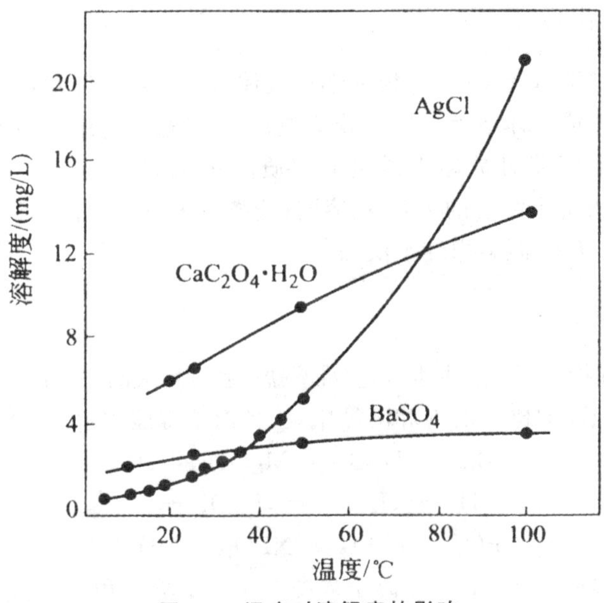

图 6-1　温度对溶解度的影响

解度较大的沉淀，加入适量与水互溶的有机溶剂，可以降低溶剂的极性，减小难溶盐的溶解度。如 $PbSO_4$ 在 30％乙醇水溶液中的溶解度比在纯水中小约 20 倍。

7. 沉淀颗粒大小

同一种沉淀，在相同质量时，颗粒越小，其总表面积越大，溶解度越大。因为小晶体比大晶体有更多的角、边和表面，处于这些位置的离子受晶体内离子的吸引力小，而且又受到外部溶剂分子的作用，容易进入溶液中，所以小颗粒沉淀的溶解度比大颗粒的大。如 $BaSO_4$ 沉淀，当晶体颗粒半径为 1.7 μm 时，每升水中可以溶解沉淀 2.29 mg(25℃)；若将晶体研磨至半径 0.1 μm 时，则每升水中可溶解 4.15 mg(25℃)。在沉淀形成后，常将沉淀和母液一起放置一段时间进行陈化，使小晶体逐渐转变为大晶体，有利于沉淀的过滤与洗涤。

8. 晶体结构

沉淀的结构不同，溶解度不同。陈化还可使沉淀结构发生转变，由初生成时的结构转变为另一种更稳定的结构，溶解度就大为减小。例如，初生成的 CoS 是 α 型，$K_{sp,CoS_\alpha}=4.0\times10^{-21}$，放置后经陈化转变成 β 型，$K_{sp,CoS_\beta}=2.0\times10^{-25}$。

9. 胶溶作用

进行无定形沉淀反应时，极易形成胶体溶液，甚至已经凝集的胶体沉淀还会重新转变成胶体溶液。同时胶体微粒小，可透过滤纸而引起沉淀损失。因此在无定形沉淀时常加入适量电解质防止沉淀胶溶。如 $AgNO_3$ 沉淀 Cl^- 时，需加入一定浓度的 HNO_3 溶液；洗涤 $Al(OH)_3$ 沉淀时，要用一定浓度 NH_4NO_3 溶液，而不用纯水洗涤。

10. 水解作用

由于沉淀构晶离子发生水解，使难溶盐溶解度增大的现象称为水解作用。例如，$MgNH_4PO_4$ 的饱和溶液中，三种离子都能水解。

$$Mg^{2+} + H_2O \rightleftharpoons MgOH^+ + H^+$$

$$NH_4^+ + H_2O \rightleftharpoons NH_4OH + H^+$$

$$PO_4^{3-} + H_2O \rightleftharpoons NPO_4^{2-} + OH^-$$

因为水解使 $MgNH_4PO_4$ 离子浓度乘积大于溶度积，沉淀溶解度增大。为了抑制离子的水解，在 $MgNH_4PO_4$ 沉淀时需加入适量的 NH_4OH。

6.3 沉淀的纯度

沉淀法中，不仅要求沉淀的溶解度要小，而且要求沉淀要纯净。但当沉淀从溶液中析出时会或多或少地夹杂溶液中的其他组分而使沉淀沾污，这是重量法误差的主要来源。因此，必须了解影响沉淀纯度的原因，以及如何得到尽可能纯净的沉淀。影响沉淀纯度的主要因素是共沉淀和后沉淀。

6.3.1 共沉淀

共沉淀是指一种难溶化合物沉淀时，某些可溶性杂质同时沉淀下来的现象。引起共沉淀的原因主要有以下几个方面。

1. 表面吸附

在沉淀晶体结构中，正负离子按一定的晶格排列，沉淀内部的离子都被带相反电荷的离子所包围，处于静电平衡状态，如图 6-2 所示。但表面上的离子至少有一个面未被包围，由于静电引力使这些离子具有吸引带相反电荷离子的能力，尤其是棱角上的离子更为显著。从静电引力的作用来说，溶液中任何带相反电荷的离子都同样有被吸附的可能性，但实际上表面吸附是有选择性的。一般规律如下：

①优先吸附溶液中过量的构晶离子形成第一吸附层。

②第二吸附层易优先吸附与第一吸附层的构晶离子生成溶解度小或离解度小的化合物离子。

③浓度相同的杂质离子，电荷越高越容易被吸附。

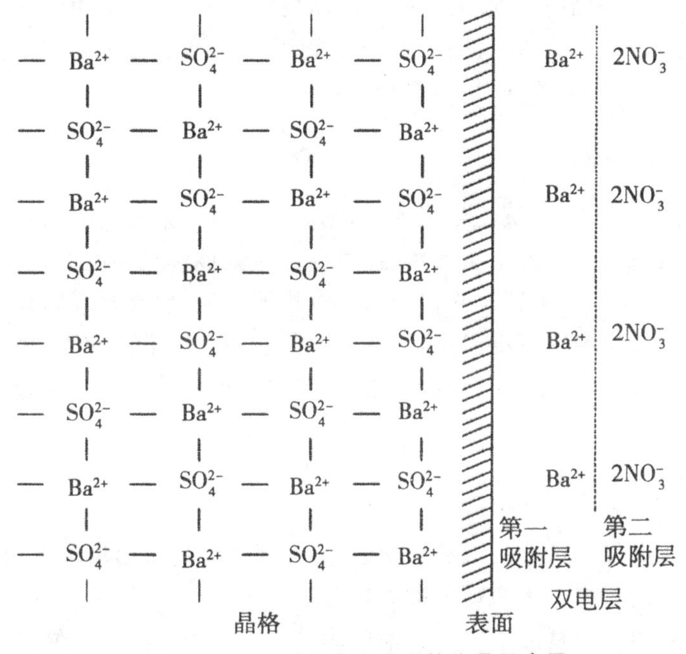

图 6-2　$BaSO_4$ 晶体表面吸附的作用示意图

例如，用过量的$BaCl_2$ 溶液与Na_2SO_4 溶液作用时，生成的$BaSO_4$ 沉淀表面首先吸附过量的Ba^{2+}，形成第一吸附层，使晶体表面带正电荷。第一吸附层中的Ba^{2+}又吸附溶液中共存的阴离子Cl^-，$BaCl_2$ 过量越多，被共沉淀的也越多。如果用沉淀剂 $Ba(NO_3)_2$ 代替一部分$BaCl_2$，并使二者过量的程度相同时，由于 $Ba(NO_3)_2$ 的溶解度小于$BaCl_2$ 的溶解度，NO_3^- 离子优先被吸附形成第二吸附层。第一、二吸附层共同组成沉淀表面的双电层，双电层里的电荷等衡。

此外，沉淀对同一种杂质的吸附量，尚与下列因素有关：

①沉淀颗粒越小，比表面积越大，吸附杂质量越多。

②杂质离子浓度越大，被吸附的量也越多。

③溶液的温度越高，吸附杂质的量越少，由于吸附过程是一放热过程，提高温度可减少或阻止吸附作用。

吸附作用是一可逆过程,洗涤可使沉淀上吸附的杂质进入溶液,从而净化沉淀。但所选洗涤剂必须是灼烧或烘干时容易挥发除去的物质。

2. 混晶

如果杂质离子的电荷数与构晶离子相同,离子半径的大小也比较接近,形成的晶体结构也相同,则杂质离子容易替代构晶离子而形成混晶,例如,$BaSO_4$ 与 $PbSO_4$ 很容易形成混晶。混晶现象如果发生,将使沉淀受到严重沾污。因为杂质已进入沉淀内部,故不能用洗涤的方法除去。在重量分析中,如果有这类杂质存在,应该事先分离除去。

3. 吸留和包藏

沉淀过程中,如果沉淀生成太快,则表面吸附的杂质离子来不及离开沉淀表面就被沉积上来的离子所覆盖,这样杂质就被包藏在沉淀内部,引起共沉淀,这种现象称为吸留。吸留引起共沉淀的程度,也符合吸附规律。有时母液也可能被包藏在沉淀之中,引起共沉淀。这类共沉淀不能用洗涤的方法将杂质除去,可以采用改变沉淀条件、陈化或重结晶的方法来避免。

6.3.2 后沉淀

当溶液中某一组分的沉淀析出后,另一原本难以析出沉淀的组分,也在沉淀表面逐渐形成沉积的现象称为后沉淀。

后沉淀的产生是由于沉淀表面吸附作用所引起,多出现在该组分形成的稳定过饱和溶液中。例如,用草酸盐沉淀分离Ca^{2+}和Mg^{2+}时,最初得到的CaC_2O_4 不夹杂MgC_2O_4,但若将沉淀与溶液长时间共置,由于CaC_2O_4 表面吸附 $C_2O_4^{2-}$ 而使其表面 $C_2O_4^{2-}$ 浓度增大,致使$[Mg^{2+}][C_2O_4^{2-}]$大于K_{sp,MgC_2O_4},MgC_2O_4 常能沉淀在CaC_2O_4 上析出,产生后沉淀,影响分离效果。尤其是经加热、放置后,后沉淀更为严重。所以减少沉淀与母液共置时间可减小后沉淀。

6.3.3 提高沉淀纯度的措施

1. 选择适当的分析步骤

如果溶液中同时存在含量相差很大的两种离子需要沉淀分离,应避免先沉淀主要组分,否则会引起大量沉淀的析出,使部分少量组分因共沉淀或后沉淀而混入沉淀中而引起测定误差。

例如，分析烧结菱镁矿（含 1%左右的 CaO，90%以上的 MgO）时，应该先沉淀Ca^{2+}。为了避免沉淀 Ca^{2+} 时MgC_2O_4 共沉淀，应该在大量乙醇介质中用稀硫酸将Ca^{2+} 沉淀成$CaSO_4$，而不能采用草酸铵沉淀Ca^{2+}。

2. 选择适当的沉淀条件

针对不同类型的沉淀，选用适当的沉淀条件。沉淀的吸附作用与沉淀颗粒的大小、沉淀的类型、温度和陈化过程等都有关系。因此可通过试剂浓度、温度、试剂加入的次序与速度、陈化等情况，选择适宜的沉淀条件。

3. 选择适当的洗涤剂

吸附过程是一个可逆过程，因此洗涤沉淀可以使表面吸附的杂质进入洗涤液中，从而达到提高沉淀纯度的目的。需要注意的是，选择的洗涤剂必须是在灼烧或烘干时容易挥发除去的物质，同时，在洗涤过程中沉淀的损失最少。

4. 降低易被吸附杂质离子的浓度

由于吸附作用具有选择性，降低易被吸附杂质离子的浓度，可以减少共沉淀。例如，溶液中含有易被吸附的Fe^{3+} 时，可将Fe^{3+} 预先还原成不易被吸附的Fe^{3+}，或加酒石酸（或柠檬酸）使之生成稳定的配合物，以减少共沉淀。

5. 进行再沉淀

必要时进行再沉淀（或称为二次沉淀），即将沉淀过滤、洗涤、再溶解后，进行再一次沉淀。第二沉淀时，溶液中杂质的量大大减少，共沉淀和后沉淀现象也大大减少，再沉淀对于除去吸留的杂质特别有效。

若采用上述措施后，沉淀的纯度仍提高不大，则应对沉淀中的杂质进行分析测定，然后再对分析结果加以校正。

6.4　沉淀的类型及其形成过程

6.4.1　沉淀的类型

在重量分析法中，为了得到准确的分析结果，要求沉淀尽可能具有易于过滤和洗涤的结构。根据沉淀的物理性质和结构，可粗略地分为以下三类。

1. 晶形沉淀

晶形沉淀体积小，颗粒大，其颗粒直径在0.1～1 μm，内部排列较规则，结构紧密，比表面积较小，易于过滤和洗涤。如用一般方法得到的$BaSO_4$沉淀。

2. 无定形沉淀

无定形沉淀又称为胶状沉淀或非晶形沉淀，是由细小的胶体微粒凝聚在一起组成的，体积庞大，颗粒小，胶体微粒直径一般在0.02 μm以下，无定形沉淀是杂乱疏松的，比表面积比晶形沉淀大得多，容易吸附杂质，难于过滤和洗涤。X衍射法证明，一般情况下形成的无定形沉淀并不具有晶体的结构，如$Fe_2O_3 \cdot nH_2O$沉淀。

3. 凝乳状沉淀

凝乳状沉淀也是由胶体微粒凝聚在一起组成的，胶体微粒直径在0.02～0.1 μm左右，微粒本身是结构紧密的微小晶体。所以，从本质上讲，凝乳状沉淀也属晶形沉淀，但与无定形沉淀相似，凝乳状沉淀也是疏松的，比表面积较大，如AgCl沉淀。

生成的沉淀属于哪种类型，首先取决于沉淀的性质，同时也与形成沉淀时的条件以及沉淀的预处理密切相关。以上三类沉淀的最大差别是沉淀颗粒的大小不同，重量分析中最好能避免形成无定形沉淀。因为它的颗粒排列杂乱，其中还包含了大量的水分子，体积特别庞大，形成疏松的絮状沉淀，所以在过滤时速度很慢，还会将滤纸的孔隙堵塞。而且，由于比表面积特别大，带有大量杂质，很难洗净。相比之下，凝乳状沉淀在过滤时并不堵塞滤纸，过滤的速度还比较快，洗涤液可以通过孔隙将沉淀内部的表面也洗净。

在沉淀重量分析中，希望得到的是晶形沉淀，有较大的颗粒，无定形沉淀要紧密，这样便于洗涤和过滤，沉淀的纯度要高。所以了解沉淀的溶解度、纯度以及沉淀条件的选择对沉淀重量分析是很重要的。

6.4.2 沉淀的形成过程

1. 晶核的形成与成长

沉淀的形成一般要经过晶核形成和晶核成长两个过程。

(1)晶核形成

晶核的形成过程有两类。一类是均相成核，它是指构晶离子自发地形成晶核的过程。在溶液呈过饱和状态时，可组成沉淀的构晶离子会由于静电作用逐渐缔合，形成离子对，再进一步结合形成离子群或离子聚集体。当离子群成长到一定大小时，即成为晶核。晶核通常由4～8个构晶离子组成，例如，$BaSO_4$的晶核由8个构晶离子组成，Ag_2CrO_4的晶核由6个构晶离子组成，而CaF_2的晶核由8～9个构晶离子组成；另一类是异相成核，或称非均相成核，它是指构晶离子借助于外来物质微粒形成晶核的过程。在进行沉淀的溶液和容器中，不可避免地存在着大量肉眼观察不到的固体微粒，如实验证明，由化学纯试剂配得的溶液，每毫升中至少有10^6个固体微粒存在；即使用蒸气处理过的烧杯，壁上也还会存有不少针状微粒。这些固体微粒诱导沉淀的形成，起到晶种的作用。

实际上，在进行沉淀反应时，异相成核作用总是存在的。而在过饱和程度相当低的溶液中，均相成核作用不容易发生，这时晶核主要来自异相成核作用。但是，当溶液的过饱和度较大时，异相成核作用与均相成核作用同时发生，形成极多的晶核，使获得的沉淀晶粒数目多而颗粒小。

(2)晶核成长

溶液中有了晶核以后，构晶离子就向晶核表面扩散并淀积，晶核便逐渐成长为沉淀颗粒。沉淀颗粒的大小是由晶核形成速度和晶粒成长速度的相对大小所决定的。如果晶核形成速度比晶核成长的速度慢得多，则晶核主要来自异相成核作用，形成的沉淀粒数较少而成长的颗粒较大，且能定向地排列成为晶形沉淀；如果晶核形成的速度比晶核成长的速度快得多，则除了异相成核作用外，均相成核作用也容易发生，而且形成的晶核数会大大超过由异相成核作用所形成的晶核数，于是沉淀的粒数就多，颗粒就小。

晶核形成的速度和晶核成长的速度都同沉淀物质的浓度c有关。c很小时，晶核形成的速度相对来说要慢得多；c增大时，这两种速度都会增大，但晶核形成的速度增大得更快些。所以，从比较稀的溶液中进行沉淀，容易得到颗粒较大的沉淀；而从比较浓的溶液中进行沉淀，容易获得颗粒较小的沉淀。另外，实验表明：均相成核作用还与沉淀本身的溶解度S有关，沉淀本身的溶解度越大，沉淀的颗粒也越大，越容易形成晶形沉淀；沉淀本身的溶解度越小，沉淀的颗粒也越小，易形成无定形沉淀。

冯·韦曼提出了一个经验公式，认为沉淀的分散度（晶核形成速度）与溶液的相对过饱和度成正比，有

$$分散度=K\frac{c-S}{S}$$

式中，c、S分别为沉淀开始生成的瞬间沉淀物质的浓度和溶解度；$c-S$为沉淀开始瞬间的过饱和度，它是引起沉淀作用的动力；$\frac{c-S}{S}$为沉淀开始瞬

间的相对过饱和度；K 为常数，它与沉淀的性质、介质及温度等因素有关。溶液的相对过饱和度越小，晶核形成速度越慢，形成的晶核数目就比较少，有望得到大颗粒的沉淀。所以，必须设法降低沉淀生成时溶液的相对过饱和度。

实验表明，各种沉淀都有一个能大批地自发产生晶核的过饱和比$\frac{c}{S}$的极限值，称为临界过饱和比。控制过饱和比在此临界值以下，沉淀就以异相成核为主，能够得到大颗粒的沉淀；如果超过此临界值，均相成核作用就显著增加，导致大量小颗粒沉淀生成。不同沉淀的临界过饱和比不相同。例如，$BaSO_4$、AgCl 和 $CaC_2O_4 \cdot H_2O$ 三种沉淀的临界过饱和比分别为 1 000、5.5 和 31。根据 $BaSO_4$ 的溶解度约为 10^{-5} mol/L、临界过饱和比为 1 000 可知，当 c 为 0.01 mol/L 时将发生均相成核作用。如图 6-3 所示为 $BaSO_4$ 沉淀析出瞬间 $BaSO_4$ 浓度 c 的对数($\lg c$)与每立方厘米溶液中形成 $BaSO_4$ 粒子数 N 的对数($\lg N$)之间的关系曲线。

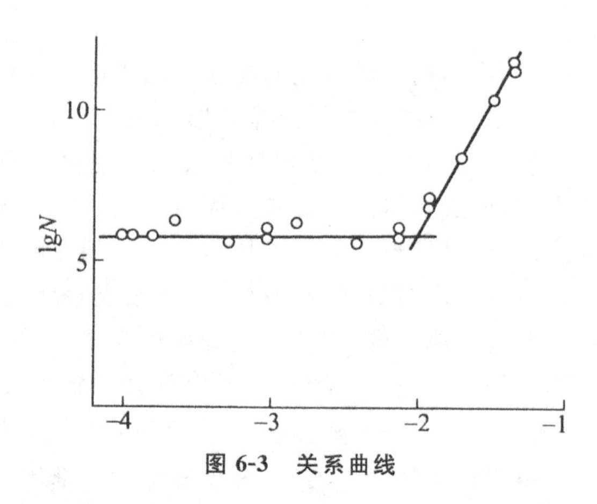

图 6-3 关系曲线

从图 6-3 中可见，当 c 低于 0.01 mol/L 时，沉淀的粒子数基本上相同，表明在该浓度范围内均相成核作用几乎没有发生，而异相成核作用所形成的晶核数基本相同。当 c 高于 0.01 mol/L 时，因为均相成核作用明显发生，所以 $BaSO_4$ 的粒子数激增，而且浓度越高，粒子数越多。

AgCl 和 $BaSO_4$ 的溶解度相近，而临界过饱和比相差很大，使得通常得到的 AgCl 沉淀和 $BaSO_4$ 沉淀外观相差甚大。AgCl 的临界过饱和比只有 5.5，在沉淀 AgCl 时，即使沉淀剂的加入速度与沉淀 $BaSO_4$ 时相同，$\frac{c}{S}$值也容易超过 5.5，所以均相成核作用非常显著，只能获得很小的微粒，凝聚而成凝乳状沉淀。但是，如果在沉淀时能保持$\frac{c}{S}$在 5.5 以内，也可能得到较大颗粒的沉淀。至于溶解度极小的沉淀，其相对过饱和度通常都很大，即使小心控制浓度 c，也会产生大量晶核，只能得到更小的无定形沉淀。

晶体的成长过程要经过好几个阶段，其中包括溶剂化离子从溶液扩散到晶体表面，溶剂化离子失去溶剂分子、在晶体表面上沉积，释放出的溶剂分子从晶体表面扩散出去等。显然，搅拌能促使溶剂化离子和溶剂分子的扩散速度加快、溶剂化离子失去溶剂分子的速度增大，所以有利于晶体的成长。

2. 无定形沉淀的形成

无定形沉淀形成的过程中，微粒互相聚集。如果过饱和比非常高，微粒的聚集体能进一步快速聚集起来，形成更大的聚集体，这一过程的速度称为聚集速度；在聚集过程中，原先排列很不规则的离子能重新按晶格有次序地定向排列，定向排列过程的速度称为定向速度。当聚集速度很快，而定向速度很慢时，就容易得到无定形沉淀。

聚集速度是过饱和度的函数，过饱和度越大，聚集速度越快；而定向速度与物质的性质有关。金属水合氧化物的定向速度一般很小，且金属离子的价数越高，定向速度越慢。$Fe_2O_3 \cdot nH_2O$ 的溶解度相当小，加入氨水使 $Fe_2O_3 \cdot nH_2O$ 沉淀生成时，过饱和比非常高，所以聚集速度很快，同时它的定向速度又非常慢，所以容易形成无定形沉淀。$BaSO_4$ 和 AgCl 等极性较强的盐类具有较高的定向速度，即使在过饱和比很高的条件下进行沉淀，聚集体内的离子也能较快地定向排列，所以沉淀仍具有晶体结构，不致形成无定形沉淀。

不同类型的沉淀，在一定条件下可以相互转化。例如，$BaSO_4$ 晶形沉淀，若在浓溶液中沉淀，很快地加入沉淀剂，也可以生成非晶形沉淀。可见，沉淀究竟是哪一种类型，不仅取决于沉淀本质，还取决于沉淀时进行的条件。

3. 陈化

沉淀形成后，还会发生一系列不可逆的变化，称为陈化。例如，将沉淀和母液一起放置，小颗粒会逐渐溶解，大颗粒会慢慢长大，晶粒会变得更加完整。这是因为沉淀和母液之间存在着溶解过程和结晶过程的动态平衡，再结晶作用不断地发生，而同一种沉淀的小颗粒溶解度比大颗粒大，对大颗粒沉淀已是饱和的母液，对小颗粒来说却是不饱和的，小颗粒就要溶解；溶解后的母液对于大颗粒呈过饱和状态，于是大颗粒就继续长大，晶粒也逐渐完整起来。晶形沉淀和凝乳状沉淀经过陈化后，颗粒变大，比表面积随之明显变小。如果在放置时加热并经常搅动溶液,可以加快陈化的速度。

无定形沉淀的陈化速度非常慢,而且会发生沉淀沾污,所以一般不予陈化。

4. 胶体微粒的凝聚

胶体微粒能分散在溶液中形成胶体溶液,过滤时会穿过滤纸而引起损失,所以在重量分析中要设法使胶体微粒凝聚。胶体微粒的表面因吸附了溶液过剩的构晶离子而带有电荷,形成所谓吸附层。例如,$AgNO_3$ 溶液中加入 NaCl 时,如果 $AgNO_3$ 过量,则 AgCl 微粒表面吸附 Ag^+ 而带正电荷;如果 NaCl 过量,则 AgCl 微粒表面吸附 Cl^- 而带负电荷。为了保持电中性,胶体微粒的吸附层外又有带相反电荷的离子被吸引,如图 6-4 所示。这些带相反电荷的离子称为抗衡离子,结合得比较松散,成为扩散层。于是,吸附层与扩散层共同组成包围着沉淀微粒表面的双电层,处于双电层中的正、负电荷总数相等。

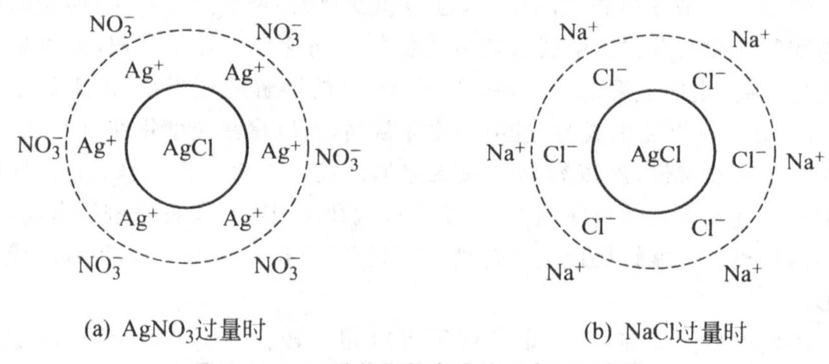

图 6-4　AgCl 胶体微粒表面的双电层示意图

表面带有相同电荷的胶体微粒会相互排斥,分散在溶液中,并形成具有一定稳定性的胶体溶液。当溶液中电解质的浓度增大时,可以中和胶体微粒的表面电荷,使双电层缩小、胶体微粒之间的斥力减弱,胶体微粒就会凝聚并沉降下来。在重量分析中需要采用挥发性的电解质促使胶体微粒凝聚。

在进行过滤并用水洗涤时,因为电解质被逐渐洗去,致使双电层又扩大,已经凝聚的胶体微粒会再次相互排斥而分散,形成胶体溶液,穿过滤纸,使沉淀损失。这种现象称为胶溶。为了避免发生胶溶现象,在洗涤这类沉淀时应该采用挥发性电解质的稀溶液做洗涤液。

6.5 沉淀重量分析法的应用

6.5.1 大气中TSP、PM_{10}的测定

总悬浮颗粒物(TSP)是指能悬浮在空气中，空气动力学当量直径≤100 μm的颗粒。它源自烟雾、尘埃、煤灰或冷凝气化物的固体或液态水珠，能长时间悬浮于空气中，包括碳基、硫酸盐及硝酸盐粒子。它是大气质量评价中的一个通用的重要污染指标。

通常把粒径在10 μm以下的颗粒物称为PM_{10}，又称为可吸入颗粒物(IP)。可吸入颗粒物(PM_{10})在环境空气中持续的时间很长，对人体健康和大气能见度影响都很大。一些颗粒物来自污染源的直接排放，比如烟囱与车辆。另一些则是由环境空气中硫的氧化物、氮氧化物、挥发性有机化合物及其他化合物互相作用形成的细小颗粒物，它们的化学和物理组成依地点、气候、一年中的季节不同而变化很大。可吸入颗粒物通常来自于未铺沥青、水泥的路面上行使的机动车、材料的破碎碾磨处理过程以及被风扬起的尘土。

大气中TSP、PM_{10}均采用重量法进行测定。通过抽取一定体积的空气，通过已恒重的滤膜，空气中悬浮微粒物被阻留在滤膜上，粒径在100 μm以下的即为总悬浮微粒TSP，而粒径在10 μm以下的微粒总和即为PM_{10}。根据采样前、后滤膜重量之差及采样体积，可计算TSP、PM_{10}的质量浓度。

6.5.2 水中残渣的测定

残渣分为总残渣、总可滤残渣和总不可滤残渣。它们是表征水中溶解性物质、不溶性物质含量的指标。

1. 总残渣

总残渣是水和废水在一定的温度下蒸发、烘干后剩余的物质，包括总不可滤残渣和总可滤残渣。其测定方法是取适量(如50 mL)振荡均匀的水样于称至恒重的蒸发皿中，在蒸气浴或水浴上蒸干，移入103～105℃烘箱内烘至恒重，增加的质量即为总残渣。计算式如下：

$$总残渣(mg/L)=\frac{(A-B)}{V}\times 1\,000\times 1\,000$$

式中，A 为总残渣和蒸发皿重，g；B 为蒸发皿重，g；V 为水样的体积，mL。

2. 总可滤残渣

总可滤残渣是指将过滤后的水样放在称至恒重的蒸发皿内蒸干，再在一定温度下烘至恒重所增加的质量。一般测定 103～105℃烘干的总可滤残渣，但有时要求测定(180±2)℃烘干的总可滤残渣。水样在此温度下烘干，可将吸着的水全部赶尽，所得结果与化学分析结果所计算的总矿物质量接近。总可滤残渣的计算方法同总残渣。

3. 总不可滤残渣

总不可滤残渣也称为悬浮物(SS)，是指水样经过滤后留在过滤器上的固体物质，于 103～105℃烘至恒重得到的物质量称为总不可滤残渣。总不可滤残渣包括不溶于水的泥沙、各种污染物、微生物及难溶有机物等。常用的滤器有滤纸、滤膜、石棉坩埚。由于这些滤器的滤孔大小不一致，故报告结果时应注明。石棉坩埚通常用于过滤酸或碱浓度高的水样。总不可滤残渣的计算方法同总残渣。

总不可滤残渣是必测的水质指标之一。地面水中的 SS 使水体浑浊，透明度降低，影响水生生物呼吸和代谢；工业废水和生活污水含大量无机、有机悬浮物，易堵塞管道，污染环境。

6.5.3 矿化度与矿物油的测定

1. 矿化度的测定

矿化度用于评价水中的总含盐量，是农田灌溉用水适用性评价的主要指标之一。对无污染的水样，测得的矿化度值与该水样在 103～105℃烘干的总可滤残渣值接近。

矿化度的测定：取适量经过滤去除悬浮物和沉降物的水样于称至恒重的蒸发皿中，在水浴上蒸干，加过氧化氢除去有机物并蒸干，移至 103～105℃烘箱中烘干至恒重，计算出矿化度。

2. 矿物油的测定

水中的矿物油来自工业废水和生活污水。工业废水中石油类污染物主要来自原油开采、加工及各种炼制油的使用部门。矿物油漂浮在水表面，影响空气与水体界面间的氧交换；分散于水中的油可被微生物氧化分解，使水质恶化。

重量法测定矿物油的原理是以硫酸酸化水样，用石油醚萃取矿物油，然后蒸发除去石油醚，称量残渣重，计算矿物油含量。重量法适于测定 10 mg/L 以上的含油水样。

6.5.4　药物含量的测定

某些中草药中无机化合物可用沉淀法测定。例如，中药芒硝中Na_2SO_4的含量测定，芒硝的主要成分是Na_2SO_4，以$BaCl_2$为沉淀剂，$BaSO_4$形式称量。

测定步骤：取试样 0.4 g，精密称定，加水 200 mL 溶解后，加盐酸 1 mL 煮沸，不断搅拌，并缓慢加入热$BaCl_2$试液至不再产生沉淀，再适当过量。置水浴上加热 30 min，静置 1 h，定量滤纸过滤，沉淀用水分次洗涤至洗涤液不再显氯化物反应，炭化、灼烧至恒重，称量，所得沉淀的重量与 0.608 6 相乘，即得芒硝中含Na_2SO_4的重量。

6.5.5　药物纯度检查

在中草药纯度检查中，重量法应用最多的是：用干燥失重法测定中草药中水分、挥发性物质的含量；测定中草药中无机杂质的含量（灰分的测定）。

例如，中草药灰分测定，《中国药典》对不同药物灰分含量的要求相差较大，一般原生药（如植物的叶、皮、根等）的灰分含量要求较宽，可高达 10% 左右，例如，洋地黄叶灰分不得超过 10%；而对中草药的分泌物、浸出物等一般要求灰分在 5%以下，例如，儿茶的灰分不得超过 3%，阿胶的灰分不得超过 1% 等，个别浸出物也有例外，如甘草浸膏的灰分要求不得超过 12%等。

操作步骤：取中草药试样 2～3 g，置已炽灼至恒重的坩埚中，精密称定，先于低温下炽灼，并注意避免燃烧，至完全炭化时，逐渐升高温度，继续炽灼至暗红色，使完全灰化，称至恒重，根据残渣的重量计算试样中含灰分的百分率。并将结果与《中国药典》标准比较。

6.5.6　生物碱、有机碱的测定

在一定酸度下，某些生物碱、有机碱类可与苦味酸、杂多酸（如硅钨酸）等沉淀剂作用，生成难溶盐，用沉淀法测定该组分的含量。

例如，在酸性条件下，盐酸硫胺（维生素 B_1、$C_{12}H_{17}ON_4SCl \cdot HCl$）与硅钨酸作用生成难溶的硅钨酸硫胺，可采用沉淀重量法测其含量。

首先，精确称取盐酸硫胺 50 mg，加 50 mL 水溶解，待溶解完全后加 2 mL 盐酸煮沸，立即滴加 4 mL 硅钨酸试液，继续煮沸 2 min，用已恒重的垂熔玻璃坩埚过滤，先用 20 mL 煮沸的盐酸溶解沉淀洗涤多次，再用 10 mL 水洗涤一次，最后用丙酮洗涤 2 次，每次 5 mL，在 80℃干燥沉淀至恒重，精密称定。所得沉淀质量乘以 0.193 9，即为样品中盐酸硫胺的质量。

6.5.7 钢铁中 Ni^{2+} 的测定（丁二酮肟重量法）

丁二酮肟又叫作二甲基乙二肟、丁二肟、秋加叶夫试剂、镍试剂等。该试剂难溶于水，Co^{2+}、Cu^{2+}、Zn^{2+} 等与它生成水溶性的配合物，但只有 Ni^{2+}、Pb^{2+}、Pt^{2+}、Fe^{2+} 能与它生成沉淀。在弱酸性或氨性溶液中，丁二酮肟与 Ni^{2+} 生成鲜红色螯合物 $Ni(C_4H_7O_2N_2)$ 沉淀，沉淀组成恒定，可烘干后直接称重，是一种选择性很高的试剂，常用于重量法测定钢铁中的镍。

在测定钢铁中的镍时，将试样用酸溶解，然后加入酒石酸，并用氨水调节成 pH＝8～9 的氨性溶液，加入丁二酮肟有机沉淀剂，就生成丁二酮肟镍沉淀，其反应式如下：

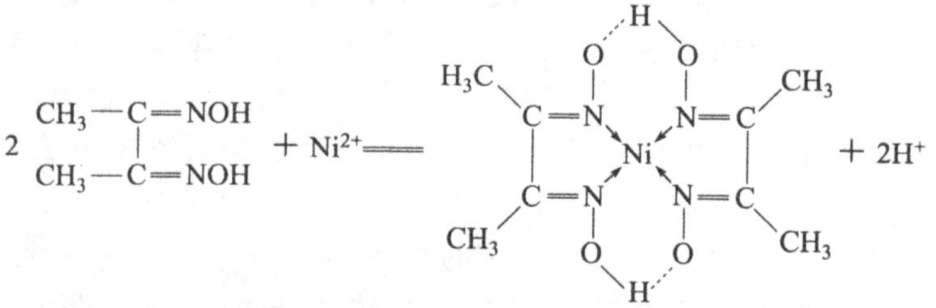

$$2\begin{array}{l}CH_3-C=NOH\\ \quad\quad\ |\\ CH_3-C=NOH\end{array} + Ni^{2+} = Ni(C_4H_7O_2N_2)_2\downarrow + 2H^+$$

（产物结构：两个丁二酮肟根以 N 原子与 Ni 配位，两侧 O—H…O 氢键连接；H₃C、CH₃ 分别连于 C=N 的 C 上。）

由于 Fe^{3+}、Al^{3+}、Cr^{3+} 等在氨性溶液中能生成水合氧化物沉淀，干扰测定，常用柠檬酸或酒石酸进行掩蔽。当试样中含钙量高时，由于酒石酸钙的溶解度小，采用柠檬酸作掩蔽剂较好；少量铜、砷、锑存在不干扰。

6.5.8 可溶性硫酸盐中硫的测定（氯化钡沉淀法）

将试样溶解酸化后，以 $BaCl_2$ 溶液为沉淀剂，将试样中的 SO_4^{2-} 沉淀生成 $BaSO_4$，其反应式如下：

$$Ba^{2+} + SO_4^{2-} = BaSO_4\downarrow$$

陈化后，沉淀经过滤、洗涤和灼烧至恒重。根据所得 $BaSO_4$ 形式的称量，可计算试样中含硫质量分数。如果上述重量分析法的结果要求不需十分精确，可利用玻璃砂芯坩埚抽滤$BaSO_4$沉淀、烘干、称量。可缩短实验操作时间，适用于工业生产过程的快速分析。

$BaSO_4$沉淀的性质稳定，溶解度小，但是$BaSO_4$是一种细晶形沉淀，要注意控制条件生成较大晶体的$BaSO_4$。因此必须在热的稀盐酸溶液中，在不断搅拌下缓缓滴加沉淀剂$BaCl_2$稀溶液，陈化后，得到较粗颗粒的$BaSO_4$沉淀。若试样是可溶性硫酸盐，用水溶解时，有水不溶残渣，应过滤除去。试样中若含有Fe^{3+}等将干扰测定，应在加$BaCl_2$沉淀之前，加入1%的EDTA溶液掩蔽。

第7章　原子光谱分析法

7.1　原子吸收光谱法

原子吸收光谱法(AAS)也称为原子吸收分光光度法。它是根据物质的基态原子蒸气对特征波长光的吸收,测定试样中待测元素含量的分析方法,简称原子吸收分析法。

7.1.1　原子吸收光谱法的原理

1. 原子吸收光谱的产生

一个原子可具有多种能态,在正常状态下,原子处在最低能态,即基态。基态原子受到外界能量激发,其外层电子可能跃迁到不同能态,因此有不同的激发态。电子吸收一定的能量,从基态跃迁到能量最低的第一激发态时,由于激发态不稳定,电子会在很短的时间内跃迁返回基态,并以光的形式辐射出同样的能量,这种谱线称为共振发射线。使电子从基态跃迁到第一激发态所产生的吸收谱线称为共振吸收线。共振发射线和共振吸收线都简称为共振线。

根据 $\Delta E=h\nu=hc/\lambda$ 可知,由于各种元素的原子结构及其外层电子排布不同,核外电子从基态受激发而跃迁到其第一激发态所需能量不同,同样,再跃迁回基态时所发射的共振线也就不同,因此这种共振线就是元素的特征谱线。由于第一激发态与基态之间跃迁所需能量极低,最容易发生,因此,对大多数元素来说,共振线就是元素的灵敏线。原子吸收分析就是利用处于基态的待测原子蒸气对从光源辐射的共振线的吸收来进行的。

2. 谱线轮廓与谱线变宽

(1)谱线轮廓

如果将一束不同频率的光(强度为 I_0)通过原子蒸气时(图 7-1),一部分光被吸收，透过光的强度 I_ν 与原子蒸气宽度 L 有关；如果原子蒸气中原子密度一定，则透过光强度与原子蒸气宽度 L 成正比，符合光吸收定律，有

$$I_\nu = I_0 e^{-K_\nu L}$$

$$A = \lg \frac{I_0}{I_\nu} = 0.434 K_\nu L$$

式中，K_ν 为原子蒸气中基态原子对频率为 ν 的光的吸收系数。

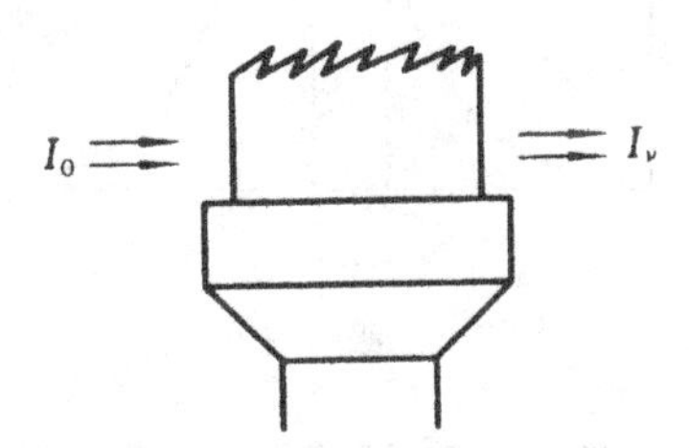

图 7-1 原子吸收的示意图

由于基态原子对光的吸收有选择性，即原子对不同频率的光的吸收不尽相同，因此，透射光的强度 I_ν 随光的频率 ν 而变化，其变化规律如图 7-2 所示。

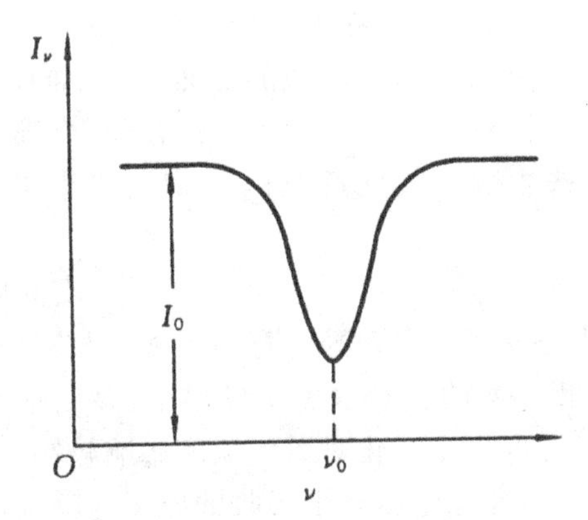

图 7-2 透光强度 I_ν 与频率 ν 的关系

由图 7-2 可知，在频率 ν_0 处，透射的光最少，即吸收最大，也就是说，在特征频率 ν_0 处吸收线的强度最大。ν_0 称为谱线的中心频率或峰值频率。

如果在各种频率 ν 下测定吸收系数 K_ν，并以 K_ν 对 ν 作图得一曲线，称为吸收曲线，如图 7-3 所示。

其中，曲线极大值相对应的频率 ν_0 称为中心频率，中心频率处的 K_0 称为峰值吸收系数。在峰值吸收系数一半（$K_0/2$）处吸收线呈现的宽度称为半宽度，以 $\Delta\nu$ 表示。吸收曲线的形状就是谱线的轮廓。ν 和 $\Delta\nu$ 是表征谱线轮廓的两个重要参数，前者取决于原子能级的分布特征（不同能级间的能

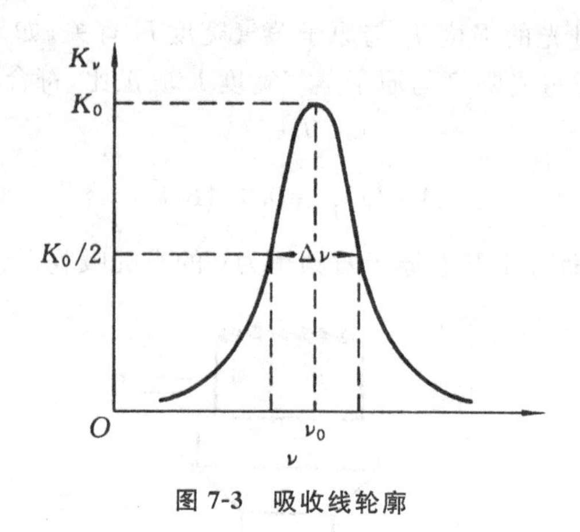

图 7-3　吸收线轮廓

量差)，后者除谱线本身具有的自然宽度外，还受多种因素的影响。

(2)谱线变宽

原子吸收谱线变宽的原因较为复杂，一般由两方面的因素决定。一方面是由原子本身的性质决定了谱线的自然宽度；另一方面是由于外界因素的影响引起的谱线变宽。谱线变宽效应可用 $\Delta\nu$ 和 K_0 的变化来描述。

①自然变宽 $\Delta\nu_N$。在没有外界因素影响的情况下，谱线本身固有的宽度称为自然宽度(10^{-5} nm)。不同谱线的自然宽度不同，它与原子发生能级跃迁时激发态原子平均寿命($10^{-8}\sim10^{-5}$ s)有关，寿命长则谱线宽度窄。谱线自然宽度造成的影响与其他变宽因素相比要小得多，其大小一般在 10^{-5} nm 数量级。

②多普勒变宽 $\Delta\nu_D$。多普勒变宽是由于原子在空间做无规则热运动而引起的，所以又称为热变宽。多普勒变宽与元素的相对原子质量、温度和谱线的频率有关。被测元素的相对原子质量越小，温度越高，则 $\Delta\nu_D$ 就越大。在一定温度范围内，温度微小变化对谱线宽度影响较小。

③压力变宽。压力变宽是由产生吸收的原子与蒸气中原子或分子相互碰撞而引起的谱线变宽，所以又称为碰撞变宽。根据碰撞种类，压力变宽又可以分为两类：一是劳伦兹变宽，它是产生吸收的原子与其他粒子(如外来气体的原子、离子或分子)碰撞而引起的谱线变宽。劳伦兹变宽($\Delta\nu_L$)随外界气体压力的升高而加剧，随温度的升高谱线变宽呈下降的趋势。劳伦兹变宽使中心频率位移，谱线轮廓不对称，影响分析的灵敏度。二是赫鲁兹马克变宽，又称为共振变宽，它是由同种原子之间发生碰撞而引起的谱线变宽，共振变宽只在被测元素浓度较高时才有影响。

除上面所述的变宽原因之外，还有其他一些影响因素。但在通常的原子吸收实验条件下，吸收线轮廓主要受多普勒和劳伦兹变宽影响。当采用火焰原子化器时，劳伦兹变宽为主要因素。当采用无火焰原子化器时，多普勒变宽占主要地位。

3. 原子蒸气中基态与激发态原子数的比值

原子吸收光谱是以测定基态原子对同种原子特征辐射的吸收为依据的。当进行原子吸收光谱分析时，首先要使样品中待测元素由化合物状态转变为基态原子，这个过程称为原子化过程，通常是通过燃烧加热来实现。待测元素由化合物离解为原子时，多数原子处于基态状态，其中还有一部分原子会吸收较高的能量被激发而处于激发态。理论和实践都已证明，由于原子化过程常用的火焰温度多数低于 3 000 K，因此对大多数元素来说，火焰中激发态原子数远远小于基态原子数（小于 1%），因此可以用基态原子数 N_0 代替吸收辐射的原子总数。

4. 原子吸收值与待测元素浓度的定量关系

（1）积分吸收

原子蒸气层中的基态原子吸收共振线的全部能量称为积分吸收，它相当于如图 7-1 所示吸收线轮廓下面所包围的整个面积，以数学式表示为 $\int K_\nu \mathrm{d}\nu$。理论证明谱线的积分吸收与基态原子数的关系为

$$\int K_\nu \mathrm{d}\nu = \frac{\pi e^2}{mc} f N_0 \tag{7-1}$$

式中，e 为电子电荷；m 为电子质量；c 为光速；f 为振子强度，表示能被光源激发的每个原子的平均电子数，在一定条件下对一定元素，f 为定值；N_0 为单位体积原子蒸气中的基态原子数。

在火焰原子化法中，当火焰温度一定时，N_0 与喷雾速度、雾化效率以及试液浓度等因素有关，而当喷雾速度等实验条件恒定时，单位体积原子蒸气中的基态原子数 N_0 与试液浓度成正比，即 $N_0 \propto c$。对给定元素，在一定实验条件下，$\frac{\pi e^2}{mc} f$ 为常数。因此

$$\int K_\nu \mathrm{d}\nu = kc \tag{7-2}$$

式(7-2)表明，在一定实验条件下，基态原子蒸气的积分吸收与试液中待测元素的浓度成正比。因此，如果能准确测量出积分吸收就可以求出试液浓度。然而要测出宽度只有 $10^{-3} \sim 10^{-2}$ nm 吸收线的积分吸收，就需要采用高分辨率的单色器，这在目前的技术条件下还难以做到。所以原子吸收法无法通过测量积分吸收求出被测元素的浓度。

(2)峰值吸收

1955 年,瓦尔西(A. Wallsh)提出,由于在原子吸收分析的条件下,吸收线宽度主要由多普勒变宽决定,经过严格的论理推导,可以得到了积分吸收和峰值吸收系数 K_0 的关系:

$$\int K_\nu \mathrm{d}\nu = \frac{1}{2}\sqrt{\frac{\pi}{\ln 2}}K_0\Delta\nu_\mathrm{D} = \frac{\pi e^2}{mc}fN_0$$

于是

$$K_0 = \frac{2\sqrt{\pi \ln 2}}{\Delta\nu_\mathrm{D}} \cdot \frac{e^2}{mc} \cdot fN_0 \qquad (7\text{-}3)$$

而当原子化温度恒定时,多普勒变宽 $\Delta\nu_\mathrm{D}$ 为常数。将式(7-3)中的所有常数合并为 a,则有

$$K_0 = aN_0 \qquad (7\text{-}4)$$

式(7-4)说明,在一定条件下,单位体积原子蒸气中的基态原子数与峰值吸收系数成正比。这样就可以用峰值吸收的测量来代替积分吸收的测量,从而使原子吸收测定成为可能。

所谓峰值吸收是指在 K_0 附近很窄的频率范围内所产生的吸收,如图 7-4 所示的 ν_1 和 ν_2 所包围的面积。

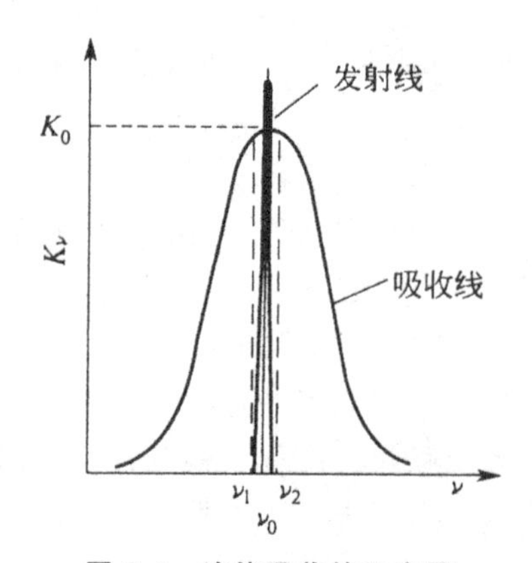

图 7-4 峰值吸收的示意图

为了测得峰值吸收,光源必须满足以下条件:发射线和吸收线的中心频率相重合;发射线的半宽度比吸收线的窄得多(1/10～1/5)。

这种光源称为锐线光源,空心阴极灯就是一种常用的锐线光源。它能发射出半宽度很窄的待测元素的特征谱线,该发射线与吸收线的中心频率正好重合,并且发射线的光谱区间正好位于峰值吸收系数所对应的中心频率两侧的一个狭小范围之内,这时测得的便是峰值吸收。

在实际工作中,并不需要直接求出 K_0。由于采用了锐线光源,故可用

K_0 代替式(7-1)中的 K_ν，即有

$$A=0.434K_0L \tag{7-5}$$

将式(7-4)代入式(7-5)，得

$$A=0.434aN_0L$$

对于特定的仪器而言，原子蒸气的宽度 L 为确定值，故可令常数 $k=0.434aL$，由于在原子化的条件下，单位体积蒸气中待测原子总数 $N\approx N_0$，因此

$$A=kN \tag{7-6}$$

实验证明，当原子化条件适当且稳定时，试样中待测元素的浓度 c 和 N 正比，这样，便能得到原子吸收分析的定量关系式：

$$A=k'c \tag{7-7}$$

式中，k' 为在一定条件下的总常数。

式(7-7)说明，在一定条件下，待测元素的浓度和其吸光度的关系符合比尔定律。因此只要用仪器测得试样的吸光度 A，就能求出其中待测元素的浓度。

7.1.2　原子吸收分光光度计

原子吸收分光光度计是由光源、原子化器、分光系统和检测系统四部分组成，如图 7-5 所示。

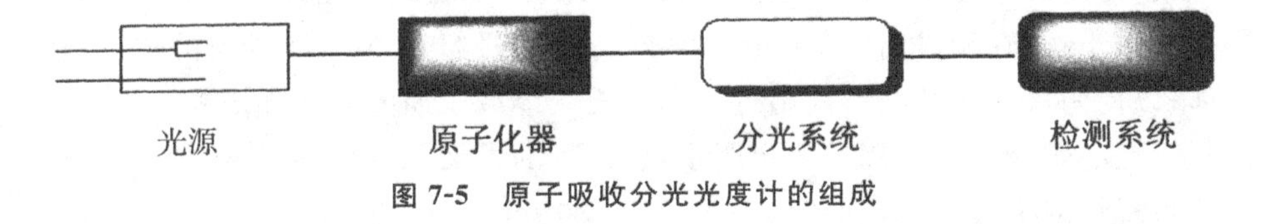

图 7-5　原子吸收分光光度计的组成

1. 光源

光源的功能是发射被测元素的特征光谱，以供测量之用。如前所述为了测出待测元素的峰值吸收，必须使用锐线光源。为了获得较高的灵敏度和准确度，使用的光源应满足以下要求。

①发射线的波长范围必须足够窄，即发射线的半宽度明显小于吸收线的半宽度，以保证峰值吸收的测量。

②辐射的强度要足够大，以保证有足够的信噪比。

③辐射光强度要稳定且背景小，使用寿命长等。

目前使用的光源有空心阴极灯、无极放电灯和蒸气放电灯等，其中空心阴极灯是符合上述要求且应用最广的光源。

空心阴极灯是一种气体放电管,其基本结构如图 7-6 所示,它包括一个阳极(钨棒)和一个空心圆筒形阴极(由用以发射所需谱线的金属或合金,或铜、铁、镍等金属制成阴极衬套,空穴内再衬入或熔入所需金属)。两电极密封于充有低压惰性气体、带有石英窗的玻璃壳中。

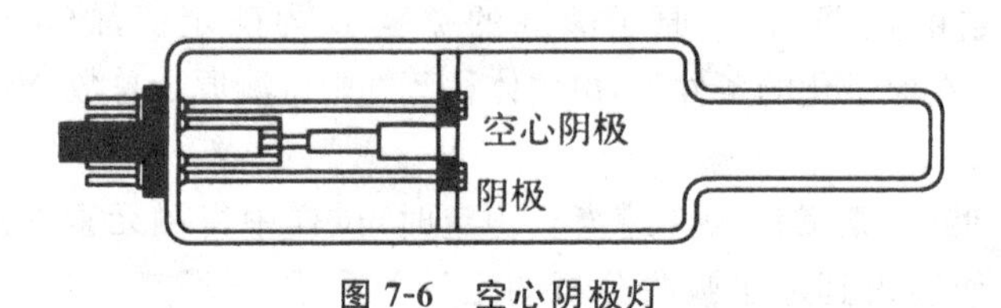

图 7-6 空心阴极灯

当两极之间施加适当电压(通常是 300～500 V)时,便产生辉光放电。在电场作用下,电子在飞向阳极的途中,与载气原子碰撞并使之电离,放出二次电子,使电子与正离子数目增加,以维持放电。正离子从电场获得动能。如果正离子的动能足以克服金属阴极表面的晶格能,当其撞击在阴极表面时,就可以将原子从晶格中溅射出来。除溅射作用外,阴极受热也会导致阴极表面元素的热蒸发。溅射与蒸发出来的原子进入空腔内,再与电子、原子、离子等发生第二类碰撞而受到激发,发射出相应元素的特征共振辐射。

空心阴极灯发射的光谱,主要是阴极元素光谱,因此用不同的待测元素作阴极材料,可制成各相应待测元素的空心阴极灯。若阴极物质只含一种元素,可制成单元素灯;阴极物质含多种元素,可制成多元素灯。为避免发生光谱干扰,在制灯时,必须用纯度较高的阴极材料和选择适当的内充气体,以使阴极元素的共振线附近没有内充气体或杂质元素的强谱线。

空心阴极灯在使用前一定要预热,使灯的发射强度达到温度,预热时间长短视灯的类型和元素而定,一般在 5～20 min 范围内。

空心阴极灯是性能优良的锐线光源。只有一个操作系数(即灯电流),发射的谱线稳定性好,强度高而宽度窄,并且容易更换。

2. 原子化器

原子化器的作用是使各种形式的试样解离出基态原子,并使其进入光源的辐射光程。常用的原子化器有火焰原子化器和无火焰原子化器两类。

(1)火焰原子化器

火焰原子化包括两个步骤,首先将试样溶液变成细小的雾滴——雾化阶段,然后是使小雾滴接受火焰供给的能量形成基态原子——原子化阶段。火焰原子化器由雾化器、预混合室、燃烧器组成,其结构如图 7-7 所示。

化学火焰原子化器比较简单、普通,但火焰的原子化效率低,普通雾化

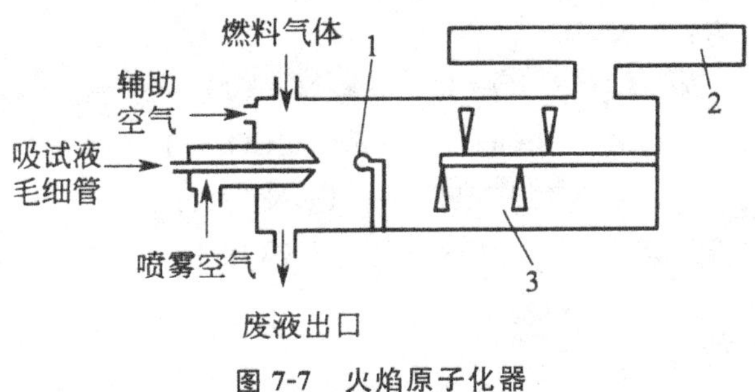

图 7-7 火焰原子化器

1—冲击球；2—燃烧器；3—扰流器

器的效率仅为10%～30%。但将分析样品引入火焰使其原子化却是一个复杂的过程，这个过程包括雾粒的脱溶剂、蒸发、解离等阶段。如图7-8所示为火焰原子化过程的图解。

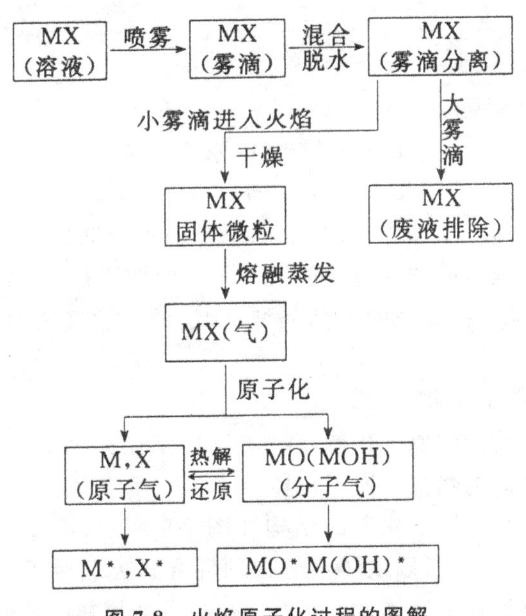

图 7-8 火焰原子化过程的图解

整个原子化过程可大致分为运输过程、蒸发过程、气相平衡三个阶段；火焰中发生的基本反应可归纳为五种行为，如下所示。

①热解行为：

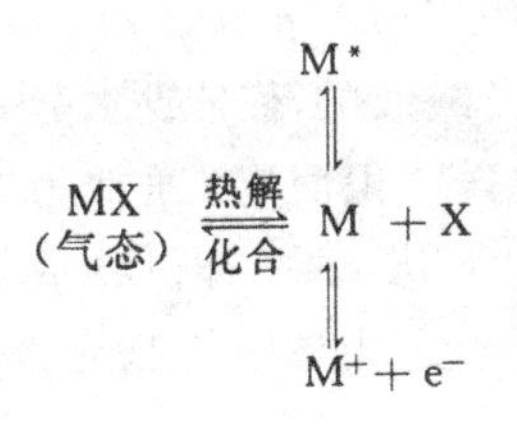

②还原行为：

$$2MO+C^{*} \longrightarrow 2M+CO_2$$

$$5MO+2CH^{*} \longrightarrow 5M+2CO_2+H_2O$$

$$MO+NH \longrightarrow M+N+OH$$

$$MO+CN \longrightarrow M+CO+N$$

…

③化合行为：

$$MX+\left\{\begin{array}{l} O \rightleftharpoons \underset{\displaystyle\Downarrow}{\overset{MO^{*}}{\Updownarrow}}\!\!\!\! \;MO \rightleftharpoons MO(\text{固}) \\ OH \rightleftharpoons MOH \rightleftharpoons MOH^{*} \end{array}\right.$$

④电离行为：

$$M \overset{\triangle}{\rightleftharpoons} M^{+}+e$$

⑤光谱发射和吸收行为：

$$M^{*} \longrightarrow M+h\nu(\text{原子光谱})$$

$$MX^{*} \longrightarrow MX+h\nu(\text{分子光谱})$$

火焰原子化是一个动态过程，自由原子在火焰区域内的空间分布是不均匀的。在不同区域的浓度直接取决于元素的性质和火焰的特性。在实际分析工作中，必须选择合适的火焰类型，恰当调节燃气和助燃气的比例，正确选择测量高度。

(2)无火焰原子化器

无火焰原子化器的原子化效率和灵敏度都比火焰原子化器高得多，应用最广的是石墨炉电热高温原子化器。

石墨炉电热高温原子化器的结构如图 7-9 所示，试样是在容积很小的石墨管内直接原子化，所以试样不像在预混合式火焰原子化器中那样受雾化效率的限制及被喷雾气体大量稀释，从而可大大提高光路中待测元素的原子浓度。

实验时将试样从石墨管的中央小孔注入，为了防止试样及石墨管氧化，加热需要在惰性气氛中进行(不断通入氮气或氩气)。测定时分干燥、灰化、原子化和除残四个阶段，如图 7-10 所示。

干燥的目的是蒸发除去试液的溶剂或水分，干燥的温度一般高于溶剂的沸点，干燥时间可根据试样体积而定，通常为 20～60 s；灰化的作用是在不损失待测元素的前提下进一步除去有机物或低沸点无机物，以减少基体组分对待测元素的干扰；原子化就是使待测元素成为基态原子，原子化温度

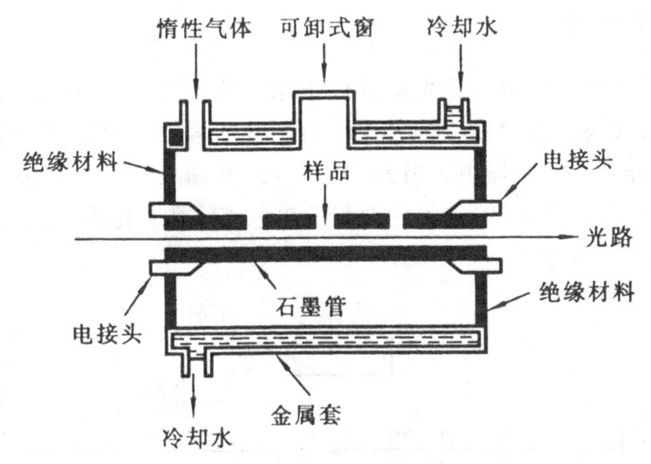

图 7-9　石墨炉电热高温原子化器的结构

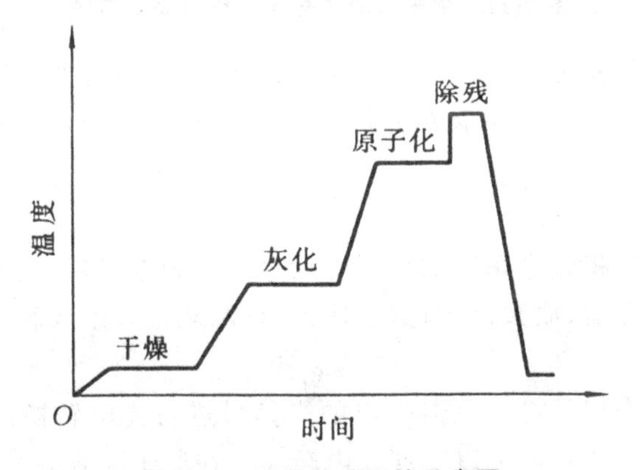

图 7-10　石墨炉升温的示意图

由待测元素的性质而定，时间 3～10 s，温度可达 2 500～3 000℃；除残是在试样测定完毕后，用比原子化阶段稍高的温度加热，除去石墨管中的试样残渣，净化石墨管。

石墨炉电热高温原子化器具有以下特点：试样用量少，液体试样为 1～100 μL，固体为 0.1～10 mg；灵敏度高，检出限多为 1.0×10^{-10}～1.0×10^{-12}，某些元素可达到 1.0×10^{-14}，是一种微痕量分析技术；试样利用率高，原子化的原子在石墨炉中可以停留较长的时间，且原子化过程是在还原性气氛中进行的，原子化效率可达 90%以上；可直接测定黏度较大的试样和固体试样；整个原子化过程是在一个密闭的配有冷却装置的系统中进行的，在操作时比火焰法安全；但其测定的精密度、重现性不如火焰法，装置和操作也较复杂，需增加设备费用。

3. 分光系统

原子分光光度计中的分光系统位于原子化器之后，它的作用是将待测元素的共振线与其他谱线(非共振线、惰性气体谱线、杂质光谱和火焰中的杂散光等)分开。分光器由色散元件(棱镜或光栅)、凹面反射镜、入出射狭缝组成，转动棱镜或光栅，则不同波长的单色谱线按一定顺序通过出射狭缝投射到检测器上，如图 7-11 所示。

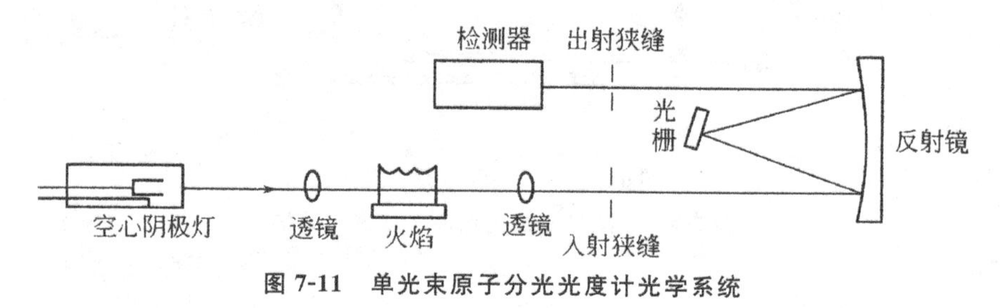

图 7-11　单光束原子分光光度计光学系统

由于元素灯发射的是半宽度很窄的锐线，比一般光源发射的光谱简单，因此原子吸收分析中不要求分光器有很高的色散(分辨)能力。

4. 检测系统

检测系统是将分光系统的出射光信号转变为电信号，进而放大、显示的装置。它由检测器、放大器、对数变换器、显示装置等组成。

(1)检测器

检测器的作用是将单色器分出的光信号进行光电转换。应用光电池、光电管或光敏晶体管都可以实现光电转换。在原子吸收分光光度计中常用光电倍增管作检测器。光电倍增管的原理和连接线路如图 7-12 所示。光电倍增管中有一个光敏阴极 K、若干个倍增极和一个阳极 A。最后经过碰撞倍增了的电子射向阳极而形成电流。光电流通过光电倍增管负载电阻 R 而转换成电信号送入放大器。

(2)放大器

放大器的作用是进一步提高测量灵敏度和消除原子化器中待测元素发射光谱的影响。原子吸收光谱仪广泛采用的是同步检波放大器，这种放大器的信号频率与光源的调制频率相同，只放大光源辐射的与其频率相同的交流信号，而对直流信号不予以响应，因此，可以消除待测元素发射光谱对待测元素吸收信号测量的影响。

(3)对数变换器

原子吸收光谱法中吸收前后光强度的变化与试样中待测元素的浓度关

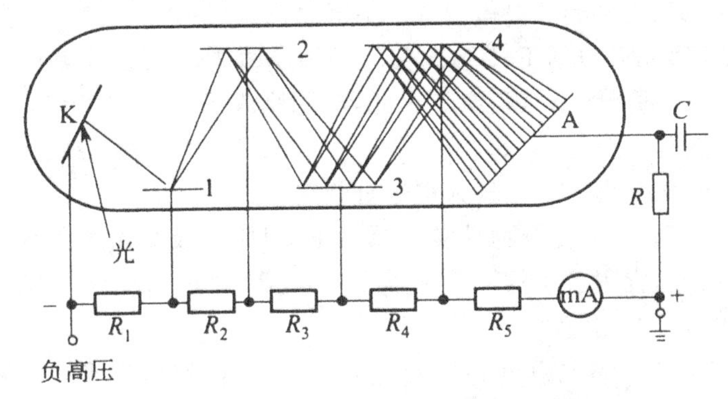

图 7-12　光电倍增管的原理和连接线路的示意图

K—光敏阴极；A—阳极；1～4—打拿极；

R，R_1～R_5—电阻；C—电容

系，在火焰宽度一定时是服从比尔定律的，吸收后的光强并不直接与浓度呈直线关系。因此为了在指示仪表上显示出与试样浓度成正比例的数值，就必须进行信号的对数变换。

(4)显示装置

在显示装置里，信号可以转换成吸光度或透光率，也可以转换成浓度用数字显示器显示出来，还可以用记录仪记录吸收峰的峰高或峰面积。当前一些高级原子吸收分光光度计中还设有自动调零、自动校准、积分读数、曲线校正等装置，并可用微机绘制校准工作曲线以及高速处理大量测定数据等。

7.1.3　原子吸收光谱法的应用

1. 元素的测定

(1)金属的测定

碱金属是原子吸收光谱法中具有很高测定灵敏度的一类元素。碱金属元素的电离电势和激发电势低，易于电离，测定时需要加入消电离剂，宜用低温火焰测定。

所有碱土金属在火焰中易生成氧化物和少量的 MOH 型化合物。原子化效率强烈地依赖于火焰组成和火焰高度。因此，必须仔细地控制燃气与助燃气的比例，恰当地调节燃烧器的高度。为了完全分解和防止氧化物的形成，应使用富燃火焰。在空气-乙炔火焰中，碱土金属有一定程度的电离，加入碱金属可抑制电离干扰。镁是原子吸收光谱法测定的最灵敏的元素之一，测定镁、钙、锶和钡的灵敏度依次下降。

有色金属元素包括 Fe、Co、Ni、Cr、Mo、Mn 等。这组元素的一个明显的特点是它们的光谱都很复杂。因此，应用高强度空心阴极灯光源和窄的光谱通带进行测定是有利的。Fe、Co、Ni、Mn 用贫燃乙炔-空气火焰进行测定。Cr、Mo 用富燃乙炔-空气火焰进行测定。

Ag、Au、Pd 等的化合物易实现原子化，用原子吸收光谱法测定时显示出很高灵敏度，宜用贫燃乙炔-空气火焰，Ag、Pd 要选用较窄的光谱通带。

(2)非金属的测定

原子吸收光谱法除了可以测定金属元素的含量外，还可间接测定非金属的含量。如 SO_4^{2-} 的测定，先用已知过量的钡盐和 SO_4^{2-} 沉淀，再测定过量钡离子含量，从而间接得出 SO_4^{2-} 含量。

2. 有机物分析

先使有机药物与金属离子生成金属配合物，然后用间接法测定有机物。如 8-羟基喹啉可制成 8-羟基喹啉铜，溴丁东莨菪碱可制成溴丁东莨菪碱硫氰酸钴，分别测定铜和钴的含量，即可分别求得 8-羟基喹啉和溴丁东莨菪碱的含量。

还有一些药物，分子结构中含有金属原子。例如，维生素 B_{12} 含有钴原子，可测定钴的含量，以求得维生素 B_{12} 的含量。

7.2 原子发射光谱法

原子发射光谱法(AES)是根据待测物质的气态原子或离子被激发后所发射的特征谱线的波长及其强度来测定物质的元素组成和含量的一种分析技术。

7.2.1 原子发射光谱法的原理

1. 原子发射光谱的产生

在正常情况下组成物质的原子处于能量最低最稳定的状态，这种状态称为基态，它的能量是最低的。通过电致激发、热致激发或光致激发等激发光源作用下，原子获得能量，外层电子从基态跃迁到较高能态变为激发态，当原子从基态跃迁到激发态时所需的能量称为激发电位。处于激发态的原子很不稳定，约经 10^{-9}～10^{-8} s 后便恢复到正常状态，这时它便跃迁回基态或其他较低的能级，多余的能量的发射可得到一条光谱线。原子的外层电子由高能级向低能级跃迁，能量以电磁辐射的形式发射出去，这样就得到发射光谱。原子发射光谱是线状光谱。发射光谱的能量可表示为

$$\Delta E = E_2 - E_1 = h\nu = \frac{hc}{\lambda}$$

式中，E_2 为高能级的能量；E_1 为低能级的能量；h 为普朗克常数；ν 为发射光的频率；λ 为发射光的波长；c 为光速。

由此可知，每一条发射光谱的谱线的波长和跃迁前后的两个能级之差成反比。由于原子内的电子轨道是不连续的，故得到的光谱是线光谱。

每一条所发射的谱线都是原子在不同能级间跃迁的结果，可以用两个能级之差 ΔE 来表示。ΔE 的大小与原子结构有关。不同元素的原子，由于结构不同，可以产生一系列不同的跃迁，发射出一系列不同波长的特征谱线，谱线波长是 AES 定性分析的基础。将这些谱线按一定的顺序排列，就得到不同原子的发射光谱，据此可对样品进行定性分析；而根据待测元素原子的浓度不同，因此发射强度不同，可实现元素的定量测定。如果物质含量越高，原子数越多，则谱线将越强，故谱线强度是原子发射光谱定量分析的基础。

原子发射光谱分析由以下几个过程组成：

①提供外部能量使被测试样蒸发、解离，产生气态原子，并使气态原子的外层电子激发至高能态，处于高能态的原子自发地跃迁回低能态时，以辐射的形式释放出多余的能量。

②将待测物质发射的复合光经色散后形成一系列按波长顺序排列的谱线。

③用光谱干板或检测器记录和检测各谱线的波长和强度，并对元素进行定性和定量分析。

2. 谱线强度

由于原子中外层电子在核外的能量分布是量子化的值，不是连续的，所以 ΔE 也是不连续的，因此，原子光谱是线光谱。

在同一原子中，电子的能级有很多，有各种不同的能级跃迁，所以有各种不同的 ΔE 值，即可以发射出许多不同频率 ν 或波长 λ 的辐射线。不同元素的原子具有不同的能级构成，ΔE 不一样，所以 ν 或 λ 也不同，各种元素都有其特征光谱线，从识别各元素的特征光谱线可以鉴定样品中元素的存在，这是光谱定性分析的基础。

元素特征谱线的强度与样品中该元素的含量有确定的关系，所以可通过测定谱线的强度来确定元素在样品中的含量，这是光谱定量分析的基础。

当激发能和激发温度一定时，谱线强度 I 与试样中被测元素的浓度 c 成正比，即

$$I=ac \tag{7-8}$$

式中，a 是与谱线性质、实验条件有关的常数。式(7-8)在低浓度时成立，浓度较大时，处于激发光源中心的原子所发射的特征谱线被外层处于基态的同类原子所吸收，使谱线的强度减弱。此时，式(7-8)应修正为

$$I=ac^b \text{ 或 } \lg I=b\lg c+\lg a$$

式中，b 为自吸常数。浓度较低时，自吸现象可忽略，b 值接近于 1。随着浓度的增加，b 逐渐减小，当浓度足够大时，b 接近于零，此时谱线强度几乎达到饱和。此式是原子发射光谱法定量分析的基本公式。

谱线强度的影响因素如下所示。

(1)激发态能级

激发能级越高，其能量越大，谱线强度越小(谱线强度与激发态能级的能量呈负指数关系)。随着激发态能级的增高，处于该激发态的原子数迅速减少，释放谱线的强度降低。激发能量最低的谱线往往是最强线(第一共振线)。

(2)基态原子数

谱线强度与进入光源的激态原子数成正比，因此，试样中被测元素的含量越大，发射的谱线也就越大。

(3)跃迁概率

跃迁概率是指电子在某两个能级之间每秒跃迁的可能性的大小，它与激发态的寿命成反比，也就是说，原子处于激发态的时间越长，跃迁概率越小，产生的谱线强度越弱。

(4)统计权重

统计权重也称为简并度，是指能级在外加磁场的作用下，可分裂成 $2J+1$ 个能级，谱线强度与统计权重成正比。当由两个不同 J 值的高能级向同一低能级跃迁时，产生的谱线强度也是不同的。

(5)激发温度

温度既影响原子的激发过程，又影响原子的电离过程，谱线强度与温度之间的关系比较复杂。温度开始升高时，气体中的各种粒子、电子等运动速度加快，增强了非弹性碰撞，原子被激发的程度增加，所以谱线强度增强。但超过某一温度之后，电离度增加，原子谱线强度渐渐降低，离子谱线强度继续增强。原子谱线强度随温度的升高，先是增强，到达极大值后又逐渐降

低。综合激发温度正反两方面的效应,要获得最大强度的谱线,应选择最适合的激发温度。如图 7-13 所示为部分元素谱线强度与温度的关系。

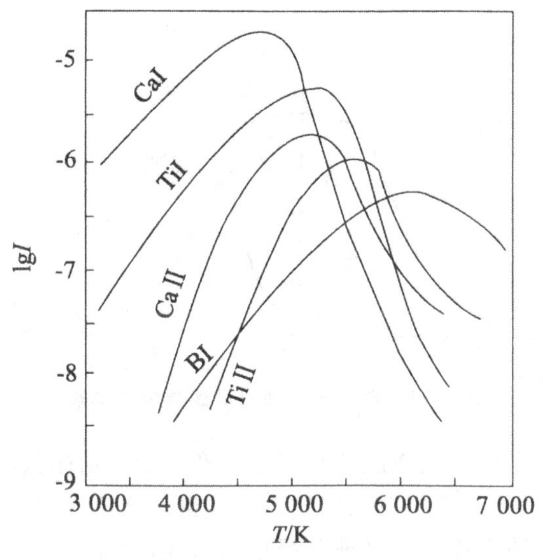

图 7-13　部分元素谱线强度与温度的关系

3. 谱线的自吸与自蚀

在光谱发射测定中,由于进行样品激发时的手段与条件不同,会使激发区域的温度和待测元素原子的浓度也产生差异,即温度与原子浓度在激发区域各部位的分布是不均匀的。中心区域的温度高,边缘部分的温度低;温度高的区域原子达到激发态和电离的原子数就高;温度低的区域达到激发态的原子数就低,大部分的原子可能只能达到基态,从而产生自吸效应。自吸效应可用朗伯-比尔定律表示:

$$I = I_0 e^{-ad}$$

式中,I 为射出弧层后的谱线强度;I_0 为弧焰中心发射的谱线强度;a 为吸收系数;d 为弧层厚度。从弧层越厚,弧焰中被测元素的原子浓度越大,自吸效应越严重。

当待测样品进行激发时,激发中心区域温度高,达到激发态的原子多,发射出的特征谱线强;而在激发中心区的周围边缘区域温度低,多数原子处于基态或低能级状态,释放特征谱线少。在测定时,某元素原子在激发的中心区域发射出的某一波长的电磁辐射,必须要通过边缘区域才能到达检测器,导致边缘区域处于基态的原子可能将该电磁辐射吸收,从而使检测到的谱线强度低于实际强度,这种因周围原子吸收而使谱线中心强度降低的现象称为自吸,自吸对谱线强度的影响可参考图 7-14。

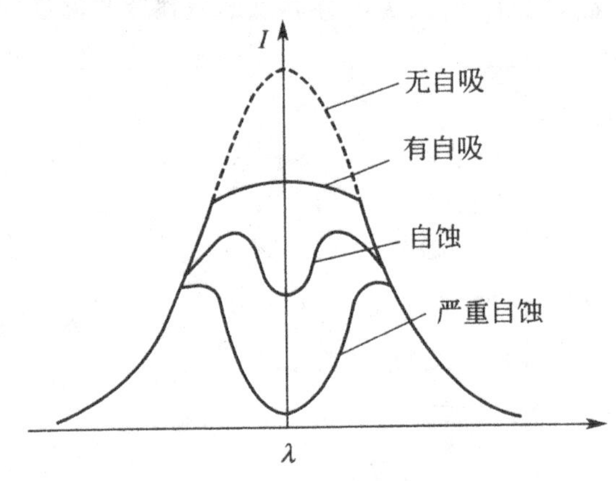

图 7-14 自吸与自蚀对谱线强度的影响

共振线是原子由激发态跃迁至基态而产生的。由于这种跃迁及激发所需的能量低,所以基态原子对共振线的吸收也最严重。当元素浓度很大时,共振线常呈现自蚀现象。自吸现象严重的谱线,往往具有一定的宽度,这是由同类原子的相互碰撞而引起的,称为共振变宽。

由于自吸现象严重影响谱线强度,所以在光谱定量分析中,这是一个必须注意的问题。

7.2.2 原子发射光谱仪

在发射光谱分析时,待测样品要经过蒸发、离解、激发等过程而发射出特征光谱,再经过分光、检测而进行定性、定量分析。发射光谱仪器主要由激发光源、分光系统及检测系统三部分组成。

1. 激发光源

光源的作用是提供足够的能量,使试样蒸发、解离并激发,产生光谱。光源的特性在很大程度上影响分析方法的灵敏度、准确度及精密度。理想的光源应满足高灵敏度、高稳定性、背景小、线性范围宽、结构简单、操作方便、使用安全等要求。目前可用的激发光源有火焰、电弧、火花、等离子体、辉光等。

(1)火焰

火焰是最早用于原子发射光谱法的光源,它利用燃气和助燃气混合后燃烧,产生足够的热量来使样品蒸发、离解和激发。用不同的燃气和助燃气体、不同的气体流量比例可以得到不同用途的火焰。

利用火焰的热能使原子发光并进行光谱分析的仪器称为火焰光度计，如图 7-15 所示，其分析方法称为火焰光度法。

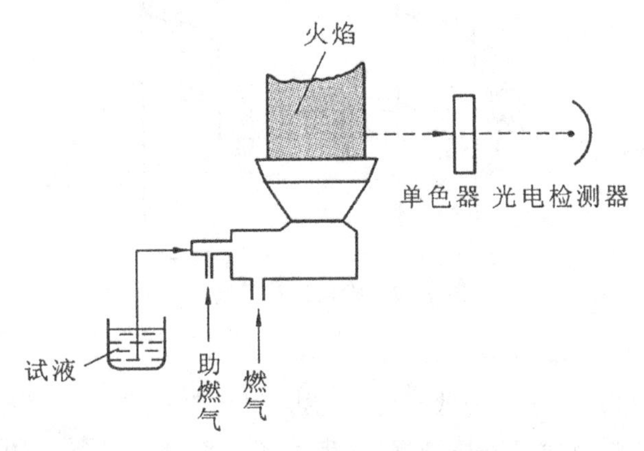

图 7-15　火焰光度计的示意图

(2)直流电弧

直流电弧是光谱分析中常用的光源，其电路如图 7-16 所示。图中 E 为直流电源，通常为 220～380 V；R 为镇流电阻，用来调节和稳定电流；电流一般为 5～30 A；L 为电感，用于减小电流波动；G 为分析间隙。直流电弧通常用石墨或金属作为电极材料。

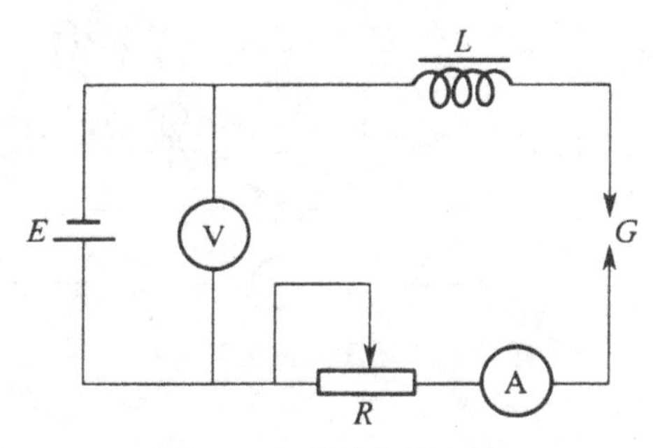

图 7-16　直流电弧电路

当采用电弧或火花光源时，需要将试样处理后装在电极上进行摄谱。当试样为导电性良好的固体金属或合金时可将样品表面进行处理，除去表面的氧化物或污物，加工成电极，与辅助电极配合，进行摄谱。这种用分析样品自身做成的电极称为自电极，而辅助电极则是配合自电极或支持电极产生放电效果的电极，通常用石墨作为电极材料，制成外径为 6 mm 的柱体。如果固体试样量少或者不导电时，可将其粉碎后装在支持电极上，与辅助电极配合摄谱。支持电极的材料为石墨，在电极头上钻有小孔，以盛放试样，常用的石墨电极如图 7-17 所示。

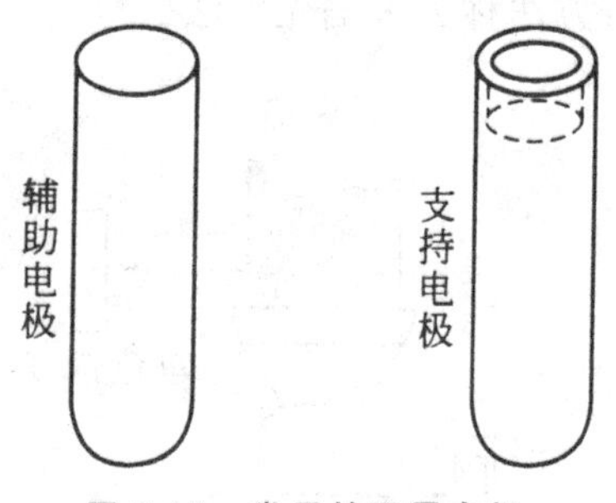

图 7-17 常用的石墨电极

(3)交流电弧

在光谱分析中，常使用低压交流电弧，其电路由两部分组成，如图 7-18 所示。交流电弧电流具有脉冲性，其电流密度比直流电弧大，弧温较高，激发能力较强，甚至可产生一些离子线。但交流电弧放电的间歇性使电极温度比直流电弧略低，因而蒸发能力较差，适用于金属和合金中低含量元素的分析。由于交流电弧的电极上无高温斑点，温度分布较均匀，蒸发和激发的稳定性比直流电弧好，分析的精密度较高，有利于定量分析。

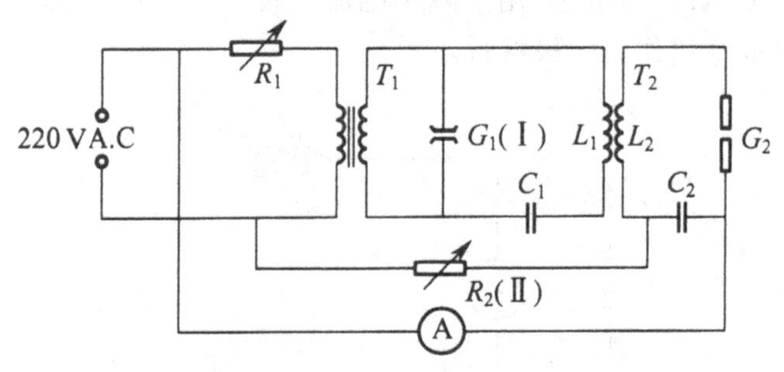

图 7-18 低压交流电弧电路

(4)火花

当施加于两个电极间的电压达到击穿电压时，在两极间尖端迅速放电产生电火花，电火花可分为高压火花和低压火花。高压火花电路与低压交流电弧的引燃电路相似，如图 7-19 所示，但高压火花电路放电功率较大。

(5)等离子体

等离子体是一种由自由电子、离子、中性原子与分子所组成的具有一定的电离度，但在整体上呈电中性的气体，有直流等离子体喷焰、微波等离子体和电感耦合等离子体等。

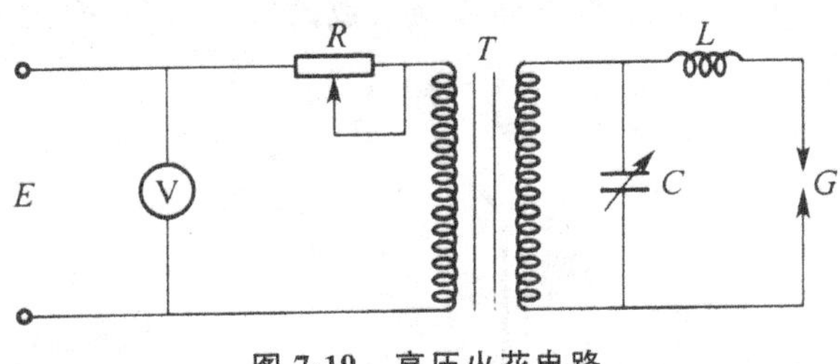

图 7-19　高压火花电路

①直流等离子体喷焰。直流等离子体喷焰(DCP)实际上是一种被气体压缩了的大电流直流电弧,其形状类似火焰。早期的直流等离子体喷焰由电极中间的喷口喷出来,得到等离子体喷燃,从切线方向通入氩气或氦气,将电弧压缩,以获得高电流密度。其示意图如图 7-20 所示。

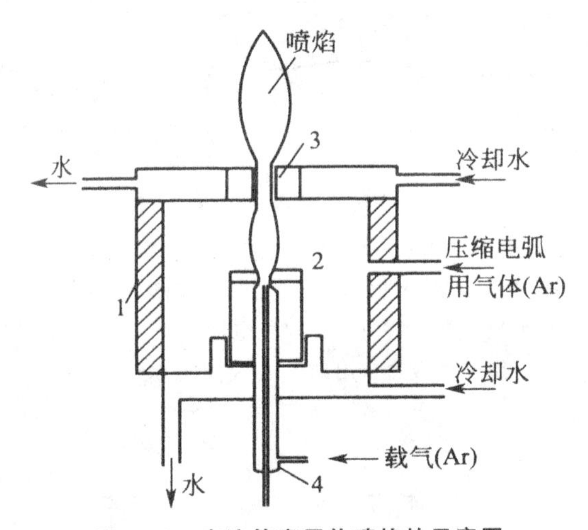

图 7-20　直流等离子体喷焰的示意图

②微波等离子体。已采用的微波等离子体有两种类型:电容耦合微波等离子体(CMP)和微波诱导等离子体(MIP)。微波等离子体由火花点燃,电子在微波场中振荡且获得充分的动能后通过碰撞电离载气。

a. 电容耦合微波等离子体。电容耦合微波等离子体是通过一根同轴波导管将微波能量传输到电极顶端的,如图 7-21 所示为经过改进的电容耦合微波等离子体炬管。其工作气体为氩气,屏蔽气为氮气。在微波频率为 2 450 MHz 时,应用的微波功率为 200～500 W。电容耦合微波等离子体系统的背景较高,信噪比较差,且电极易受污染,因此不如 MIP 常用。

b. 微波诱导等离子体。微波诱导等离子体也称为无极微波谐振腔等离子体,如图 7-22 所示,微波诱导等离子体通过外部的谐振腔把微波能耦合给石英管中心的气流，工作气体为氩气或氮气；微波功率为100～500 W。

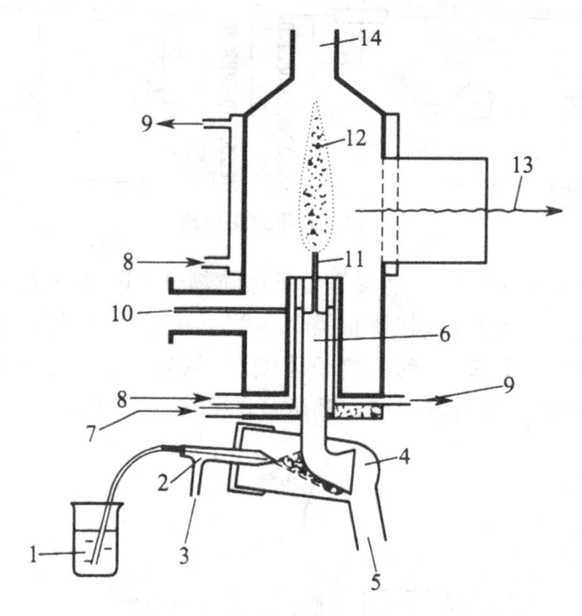

图 7-21　经过改进的 CMP 炬管

1—样品溶液；2—雾化器；3—气溶胶气体（加等离子体气）；4—雾化室；5—废液；6—中央导体中的气溶胶通道；7—屏蔽气；8—冷却水入口；9—冷却水出口；10—微波接头；11—电极尖头；12—等离子体炬；13—通过屏蔽窗口出射的发射；14—废气排放口

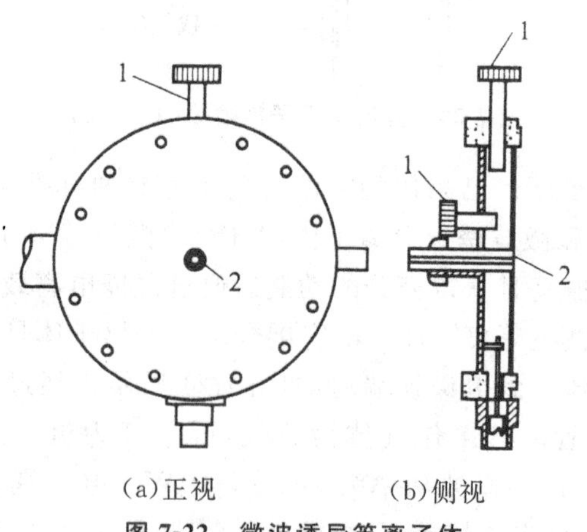

(a)正视　　(b)侧视

图 7-22　微波诱导等离子体

1—调谐杆；2—石英管

对于 He MIP 来说，由于在满足等离子体能稳定维持的氦气流速下，气动雾化器不能工作，所以难以将溶液样品直接雾化引入 He MIP 中。对于 Ar MIP 来说，可以采用气动雾化法并除去溶剂的方法引入 Ar 等离子体，如图 7-23 所示为一种带有去溶剂系统的雾化器。

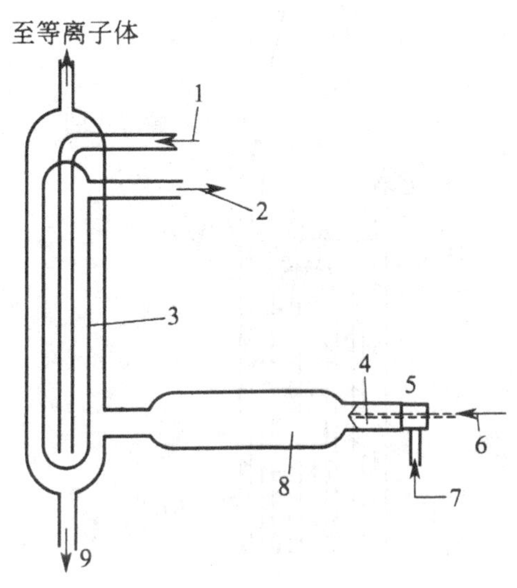

图 7-23 一种带有去溶剂系统的雾化器

1—冷却水；2—冷却水出口；3—冷凝器；4—毛细管；5—雾化器；6—样品；7—雾化器气体；8—加热雾化腔；9—废液

电热蒸发法(ETV)是将液体或固体微量样品转变成干气溶胶并引入微波等离子体的最常用方法之一，该方法采用金属丝或金属舟等作为电热原子化器，在电加热下使样品去溶、蒸发和原子化，再进入等离子体(图 7-24)。

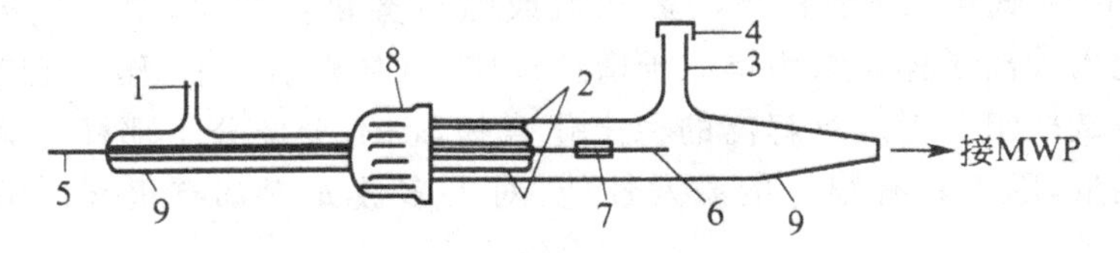

图 7-24 小型 ETV 进样器件

1—气体入口；2—气体出口；3—进样口；4—塞子；5—钨棒；6—钨丝；7—瓷套管；8—螺旋连接帽；9—硼硅玻璃管

③电感耦合等离子体。电感耦合等离子体(ICP)是当前发射光谱分析中发展迅速，优点突出的一种新型光源。由高频发生器、同轴的三重石英管和进样系统三部分组成。感应线圈一般是由圆形或方形铜管绕制的 2～5 匝水冷线圈。作为发射光谱分析激发光源的电感耦合等离子体焰炬装置如图 7-25 所示。

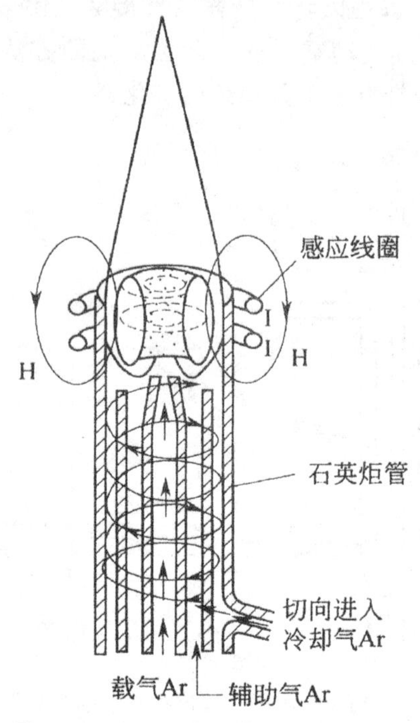

图 7-25　电感耦合等离子体焰炬装置

等离子体炬管为三层同心石英管。氩气冷却气从外管切向通入，使等离子体与外层石英管内壁间隔一定距离以免烧毁石英管。切向进气的离心作用在炬管中心产生一个低气压通道以便进样。中层石英管的出口部分一般制成喇叭形，通入氩气以维持等离子体的稳定。内层石英管内径为1～2 mm。试样气溶胶由气动雾化器或超声雾化器产生，由载气携带从内管进入等离子体。氩为单原子惰性气体，自身光谱简单，作为工作气体不会与试样组分形成难解离的稳定化合物，也不会像分子那样因解离而消耗能量，因而具有很好的激发性能，对大多数元素都有很高的分析灵敏度。

当有高频电流通过线圈时，产生轴向磁场，用高频点火装置产生火花以触发少量气体电离，形成的离子与电子在电磁场作用下，与其他原子碰撞并使之电离，形成更多的离子和电子，当离子和电子累积到使气体的电导率足够大时，在垂直于磁场方向的截面上就会感应出涡流，强大的涡流产生高热将气体加热，瞬间使气体形成最高温度可达 10 000 K 左右的等离子焰炬。当载气携带试样气溶胶通过等离子体时，可被加热至 6 000～7 000 K，从而进行原子化并被激发产生发射光谱。

电感耦合等离子体焰炬可分为焰心、内焰和尾焰三个区域。

a. 焰心区。焰心区呈白色、不透明，温度高达 10 000 K。试样气溶胶通过这一区域时被预热、挥发溶剂和蒸发溶质。这一区域又称为预热区，有很强的连续背景辐射。

b. 内焰区。内焰区位于焰心区上方，在感应线圈以上 10～20 mm，略带淡蓝色，呈半透明状，温度为 6 000～8 000 K，是被测物原子化、激发、电离与辐射的主要区域。这一区域又称为测光区。

c. 尾焰区。尾焰区在内焰区上方，无色透明，温度在 6 000 K 以下，只能激发低能级的谱线。

电感耦合等离子体的温度分布如图 7-26 所示。样品气溶胶在高温焰心区经历了较长时间（约 2 ms）的预热，在测光区的平均停留时间约为 1 ms，比在电弧、电火花光源中平均停留时间（10^{-3}～10^{-2} ms）长得多，因而可以使试样得到充分的原子化，甚至能破坏解离能大于 7 eV 的分子键，如 U—O、Th—O 键等，从而有效地消除了基体的化学干扰，大大地扩展了对被测试样的适应能力，甚至可以用一条工作曲线测定不同基体试样中的同一元素。

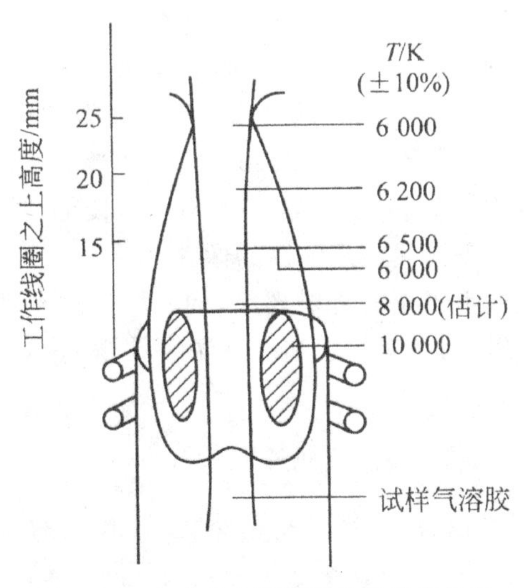

图 7-26　电感耦合等离子体的温度分布

电感耦合等离子体的电子密度很高，电离干扰一般可以忽略不计。应用电感耦合等离子体可以同时测定的元素达 70 多种。电感耦合等离子体以耦合方式从高频发生器获得能量，不使用电极，避免了电极对试样的污染。经过中央通道的气溶胶借助于对流、传导和辐射而间接地加热，试样成分的变化对电感耦合等离子体的影响很小，因此电感耦合等离子体具有良好的稳定性。

(6)辉光

辉光是一种在很低气压下的放电现象。有气体放电管、格里姆放电管及空心阴极放电管多种形式，其中空心阴极放电管应用比较多。一般是将样品放在空心阴极的空腔里或以样品作为阴极，放电时利用气体离子轰击阴极使样品溅射出来进入放电区域而被激发。

辉光光源的激发能力很强，可以激发一些常规方法很难激发的元素，如部分非金属元素、卤素和一些气体。产生谱线强度大，背景小，检出限低，稳定性好，分析的准确度高。但设备复杂，进样不便，操作烦琐。它主要用于超纯物质中杂质分析及难激发元素、气体样品、同位素的分析及谱线超精细结构研究。

2. 分光系统

分光系统的作用是将由激发光源发出的含有不同波长的复合光分解成按波序排列的单色光。常用的分光系统有棱镜分光系统、光栅分光系统和滤光片。

(1)棱镜分光系统

棱镜分光系统的示意图如图 7-27 所示，Q 为光源，K_{I}、K_{II}、K_{III} 为照明透镜，三个透镜组成了照明系统，将光源发出的光有效、均匀地照射到狭缝 S 上，然后准光镜 L_1 把由狭缝射出的光变成平行光束，投射到棱镜 P 上，不同波长的光由成像物镜 L_2 分别聚焦在面 FF′上，便得到按波长顺序展开的光谱。所获得的每一条谱线都是狭缝的像。

棱镜对光的色散基于光的折射现象，构成棱镜的光学材料对不同波长的光具有不同的折射率，在紫外区和可见光区，折射率 n 与波长 λ 之间的关系可用科希公式来表示：

$$n=A+\frac{B}{\lambda^2}+\frac{C}{\lambda^4}+\cdots \tag{7-9}$$

从式(7-9)可以看出，波长短的折射率大，波长长的光折射率小。因此平行光经过棱镜色散后，按波长顺序被分解成不同波长的光。

棱镜光谱是零级光谱，可用色散率、分辨率来表征棱镜分光系统的光学特性。

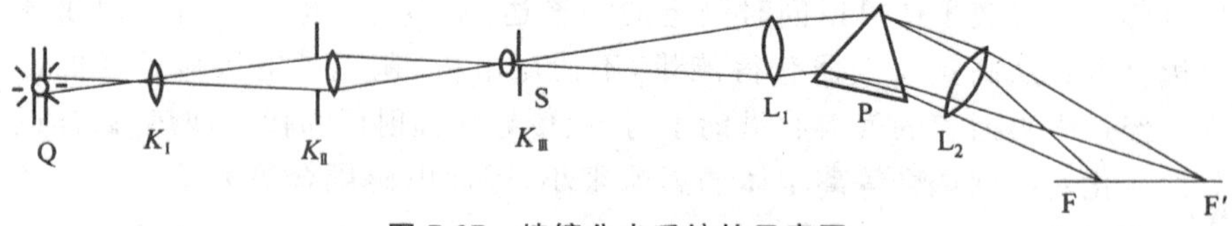

图 7-27 棱镜分光系统的示意图

(2)光栅分光系统

光栅分光系统采用光栅作为分光器件,光栅利用多狭缝干涉和单狭缝衍射的联合作用,将复合光色散为单色光;多狭缝干涉决定谱线的位置,单狭缝衍射决定谱线的强度分布。目前原子发射光谱仪中采用的光栅分光系统有三种类型:平面反射光栅、凹面光栅和中阶梯光栅。

平面反射光栅的分光系统主要应用于单道仪器,每次只能选择一条光谱线作为分析线,检测一种元素,示意图如图 7-28 所示。

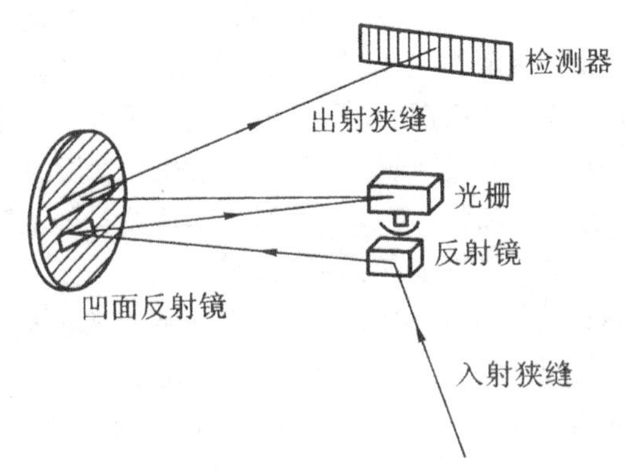

图 7-28　平面发射光栅分光系统的示意图

凹面光栅的分光系统使发射光谱实现多道多元素同时检测,如图 7-29 所示。

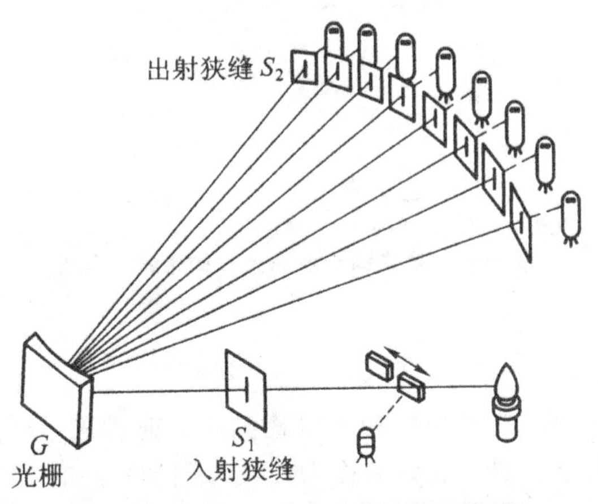

图 7-29　凹面光栅分光系统的示意图

光栅分光系统的光学特性通常用色散率、分辨率来表征。

(3)滤光片

滤光片有吸收型和干涉型两类,前者比后者便宜,只用于可见光,后者则可在紫外、可见甚至红外光谱范围内使用，而且分光效果要比前者好得多。

①吸收滤光片。吸收滤光片的有效带宽在80～260 μm，性能特征都明显的差于干涉滤光片，但对于许多实际应用，已经完全适用了。吸收滤光片已经被广泛用于可见光区域的波长选择。

②干涉滤光片。干涉滤光片是利用光的干涉原理和薄膜技术来改变光的光谱成分的滤光片。由一透明介质（通常为氟化钙或氟化镁）和将其夹在中间的、内表面涂有半透明金属膜的两片玻璃片组成，要精心控制透明介质的厚度，透过辐射的波长由它决定。当一束准直辐射垂直地射到滤光片上时，一部分将透过第一层金属膜而其余的则被反射。当透过部分照到第二层金属膜时，会发生同样的情况，如果在第二次作用时所反射的部分具有合适的波长，它就可在第一层内表面与新进入的相同波长的光在相同的相位反射，使该波长的光获得加强干涉，而大部分其他波长的光则由于相位不同而发生相消干涉，从而获得较窄的辐射通带。

吸收滤光片的有效带宽在80～260 μm，性能特征都明显的差于干涉滤光片，但对于许多实际应用，已经完全适用了。吸收滤光片已经被广泛用于可见光区域的波长选择。如图7-30所示为吸收和干涉滤光片的带宽示意图。

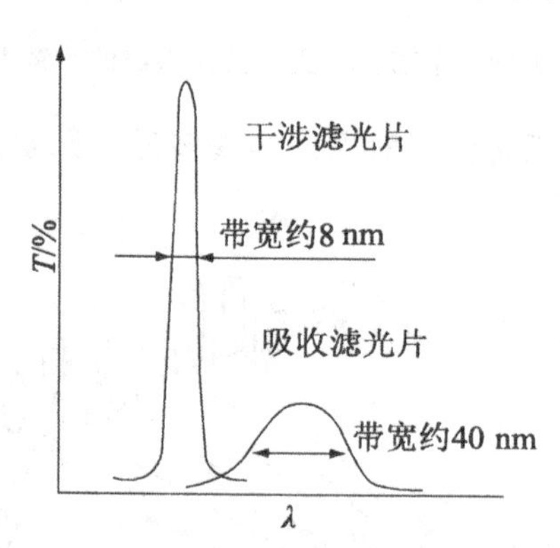

图7-30　吸收和干涉滤光片的带宽示意图

3. 检测系统

检测系统常用的有照相法和光电检测法。前者采用感光板，后者以光电倍增管或电荷耦合器件（CCD）作为接收与记录光谱的主要器件。

（1）感光板

用感光板来接收与记录光谱的方法称为照相法，采用照相法记录光谱的原子发射光谱仪称为分光系统。感光板由照相乳剂均匀地涂布在玻璃板上而成。感光板上的照相乳剂感光后变黑的黑度，用测微光度计测量以确定谱线的强度。感光板的特性常用反衬度、灵敏度与分辨能力表征。

(2)光电倍增管

用光电倍增管来接收和记录谱线的方法称为光电直读法。光电倍增管既是光电转换元件,又是电流放大元件,其工作原理如图 7-31 所示。

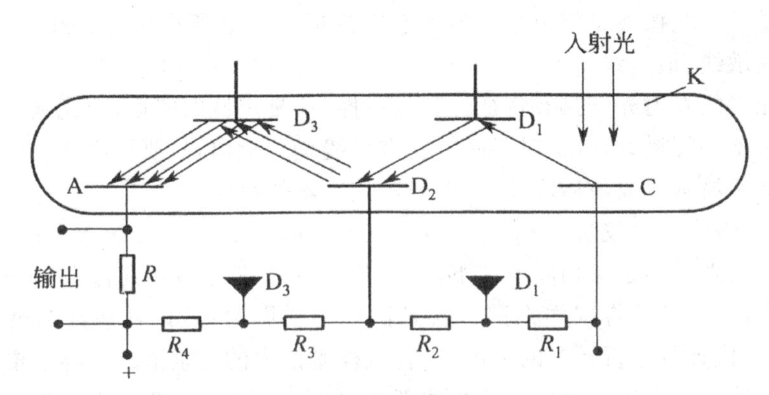

图 7-31　光电倍增管的工作原理

光电倍增管的外壳由玻璃或石英制成,内部抽真空,阴极涂有能发射电子的光敏物质,如 Sb-Cs 或 Ag-Cs 等,在阴极 C 和阳极 A 间装有一系列次级电子发射极,即电子倍增极 D_1、D_2 等。阴极 C 和阳极 A 之间加有约 1 000 V 的直流电压,当辐射光子撞击光阴极 C 时发射光电子,该光电子被电场加速落在第一倍增极 D_1 上,撞击出更多的二次电子,以此类推,阳极最后收集到阳极 A 的电子数将是阴极发出的电子数的 10^5～10^8 倍。

(3)电荷耦合器件

电荷耦合器件(CCD)是一种新型固体多道光学检测器件,它是在大规模硅集成电路工艺基础上研制而成的模拟集成电路芯片。由于其输入面空域上逐点紧密排布着对光信号敏感的像元,因此它对光信号的积分与感光板的情形颇相似。但是,它可以借助必要的光学和电路系统,将光谱信息进行光电转换、储存和传输,在其输出端产生波长-强度二维信号,信号经放大和计算机处理后在末端显示器上同步显示出人眼可见的图谱,无须感光板那样的冲洗和测量黑度的过程。

7.2.3　原子发射光谱法的应用

1. 定性分析

元素的原子结构不同,在光源的激发作用下,试样中每种元素都发射自己的特征光谱。

复杂元素的谱线可能多达数千条，检测时只能选择其中的几条特征谱线，称其为分析线。当试样的浓度逐渐减小时，谱线强度减小直至消失，最后消失的谱线称为最后线。每种元素都有一条或几条最强的谱线，也即产生最强谱线的能级间的跃迁最易发生，这样的谱线称为灵敏线，最后线也是最灵敏线。共振线是指由第一激发态跃迁回到基态所产生的谱线，通常也是最灵敏线、最后线。

元素的发射光谱具有特征性和唯一性，这是定性的依据，但元素一般都有许多条特征谱线，分析时不必将所有谱线全部检出，只要检出该元素的两条以上的灵敏线或最后线，就可以确定该元素的存在。

(1)铁光谱比较法

标准光谱图是在相同条件下，将试样与铁标准样品并列摄谱于同一光谱感光板上，然后将试样光谱与铁光谱标准谱图对照，以铁谱线为波长标尺，逐一检查待分析元素的灵敏线，若试样光谱中的元素谱线与标准谱图中标明的某一元素谱线出现的波长位置相同时，即为该元素谱线。判断某一元素是否存在，必须由其灵敏线来决定。铁光谱比较法可同时进行多元素定性鉴定。对于复杂组分的样品，进行全定性测定时应用铁光谱比较法更为简便准确。

如图 7-32 所示为铁标准谱。

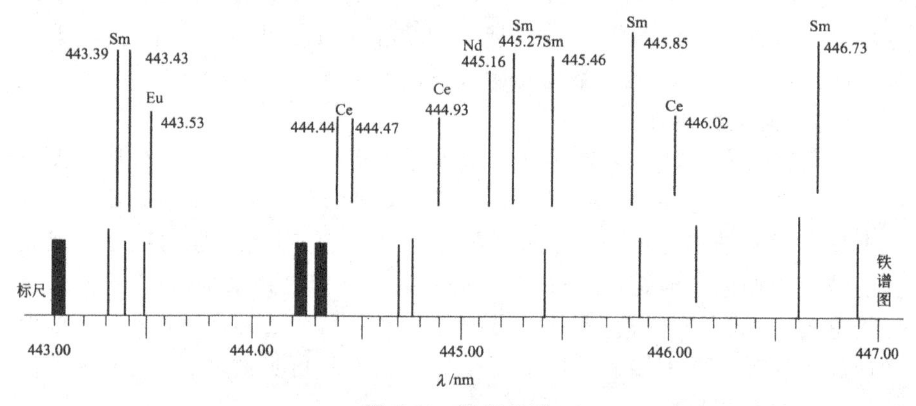

图 7-32 铁标准谱

(2)标准试样光谱比较法

若只需检定少数几种元素，且这几种元素的纯物质比较容易得到，可以采用标准试样光谱比较法。将待测元素的纯物质或纯化合物与试样在相同条件下同时并列摄谱于同一感光板上，然后在映谱仪上进行光谱比较，如试样光谱中出现与纯物质光谱相同波长的特征谱线，则表明样品中有与纯物质相同的元素存在。

(3)波长测定法

当试样的光谱中有些谱线在元素标准谱图上并没有标出时，无法利用铁光谱比较法来进行定性分析，此时可采取波长测定法。如果待测元素的谱线(λ_x)处于铁谱中两条已知波长的谱线(λ_1、λ_2)之间(图 7-33)，且这些谱线的波长又很接近，则可认为谱线之间距离与波长差成正比，即

$$\frac{\lambda_2-\lambda_1}{l_1}=\frac{\lambda_x-\lambda_1}{l_2}$$

$$\lambda_x=\lambda_1+\frac{(\lambda_2-\lambda_1)l_2}{l_1}$$

利用比长仪测得 λ_1、λ_2，则可求得 λ_x，根据计算出的波长，通过谱线波长表来确定该元素的种类。

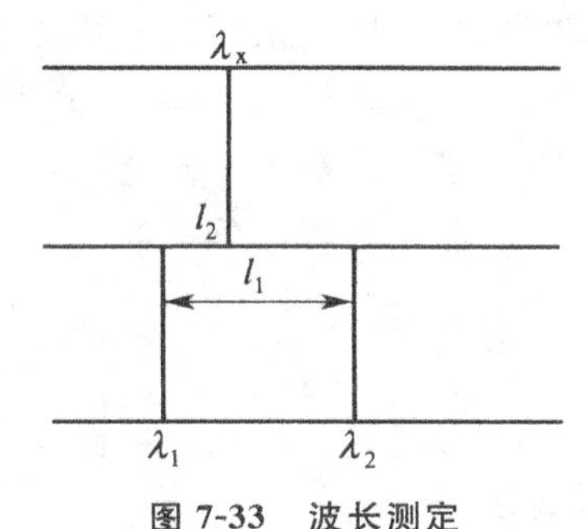

图 7-33　波长测定

2. 半定量分析

当分析准确度要求不高，又要求简便快速时，可在进行光谱定性分析的同时指出所含元素的大致含量，即进行半定量分析。常用的方法主要有以下几种。

(1)谱线强度比较法

光谱半定量分析常采用摄谱法中比较黑度法，这个方法须配制一个基体与试样组成近似的被测元素的标准系列。在相同条件下，在同一块感光板上标准系列与试样并列摄谱，然后在映谱仪上用目视法直接比较试样与标准系列中被测元素分析线的黑度。黑度若相同，则可做出试样中被测元素的含量与标准样品中某一个被测元素含量近似相等的判断。

(2)谱线呈现法

谱线呈现法是利用某元素出现谱线数目的多少来估计元素含量。当试样中某元素含量较低时，仅出现少数灵敏线，随着该元素含量的增加，谱线的强度逐渐增强，而且谱线的数目也相应增多，一些次灵敏线与较弱的谱线将相继出现。于是可预先配制一系列浓度不同的标准样品，在一定条件下摄谱，然后根据不同浓度下所出现的分析元素的谱线及强度情况列出一张谱线出现与含量的关系表。以后就根据某一谱线是否出现来估计试样中该元素的大致含量。该法的优点是简便快速，但其准确度受试样组成与分析条件的影响较大。

(3)均称线对法

对试样进行摄谱，得到的光谱中既有基体元素的谱线，也有待测元素的

谱线，基体元素为主要成分，其谱线强度变化很小，而对于待测元素的某一谱线而言，元素含量不同，谱线强度也不同，在此谱线旁边可以找到强度和它相等或接近的基体元素谱线。将这些谱线组成线对，就可以作为确定这个元素含量的标志。这种线对中的基体线和待测元素线应是均称线对，所谓“均称线对”是指两条谱线的激发电位及电离电位分别几乎相等，这样当光源的激发条件有波动时，分析线和基体线的强度随着同时变化，不至于引起估计错误。对于不同金属或合金，分析其中的不同元素时，所用的均称线对可以在一些看谱分析的书中查到。

3. 定量分析

光谱定量分析就是根据样品中被测元素的谱线强度来确定该元素的准确含量。

元素的谱线强度与元素含量的关系是光谱定量分析的依据。各种元素的特征谱线强度与其浓度之间，在一定条件下都存在确定关系，即赛伯-罗马金公式。

$$I=ac^{b}$$

对上式取对数，得

$$\lg I=b\lg c+\lg a \tag{7-10}$$

这就是光谱定量分析的基本关系式。

自吸常数 b 随试样浓度 c 增加而减小，当试样浓度很小时，自吸消失，$b=1$。以 $\lg I$ 对 $\lg c$ 作图，在一定的浓度范围内为直线。在光谱分析中，试样的蒸发和激发条件、组成、稳定性等都会影响谱线的强度，要完全控制这些条件困难较大，故用测量谱线绝对强度的方法来进行定量分析难以获得准确的结果，实际工作中一般采用以下几种方法。

(1)内标法

内标法由盖拉赫提出，此方法克服了工作条件不稳定等因素的影响，使光谱分析可以进行比较准确的定量计算。方法原理是：首先在被测元素的谱线中选一条分析线，其强度为 I_1，然后在内标元素的谱线中选一条与分析线匀称的谱线作为内标线，其强度为 I_2，这两条谱线组成分析线对。在选择适当实验条件后，分析线与内标线的强度比不受工作条件变化的影响，只随样品中元素含量不同而变化。根据式(7-10)，分析线与内标线强度分别为

$$I_1=a_1c_1^{b_1},I_2=a_2c_2^{b_2}$$

分析线对比值 R 为

$$R=\frac{I_1}{I_2}=\frac{a_1}{a_2}\times\frac{c_1^{b_1}}{c_2^{b_2}}$$

由于样品中内标元素浓度是一定的，所以 $c_2^{b_2}$ 可认为是常数，令

$$A=\frac{a_1}{a_2}\times\frac{1}{c_2^{b_2}}$$

则有

$$R=Ac^b$$

$$\lg R=b\lg c+\lg A \tag{7-11}$$

式(7-11)即为内标法定量的基本关系式。以 $\lg R$ 对应 $\lg c$ 作图，绘制标准曲线，在相同条件下，测定试样中待测元素的 $\lg R$，在标准曲线上即可求得未知试样的 $\lg c$。

内标元素与分析线对的选择：内标元素可以选择基体元素，或另外加入，其含量固定；内标元素与待测元素具有相近的蒸发特性；分析线对应匹配，同为原子线或离子线，且激发电位相近，形成“匀称线对”；强度相差不大，无相邻谱线干扰，无自吸或自吸小。

(2)标准曲线法

标准曲线法也称为三标样法。在确定的分析条件下，用 3 个或 3 个以上含有不同浓度被测元素的标准样品与试样在相同的条件下激发光谱，以分析线强度 I 或内标分析线对强度比 R 或 $\lg R$ 对浓度 c 或 $\lg c$ 作校准曲线。再由校准曲线求得试样被测元素含量。

标准曲线法是光谱定量分析的基本方法，应用广泛，特别适用于成批样品的分析。

标准试样不得少于 3 个。为了减少误差，提高测量的精度和准确度，每个标样及分析试样一般应平行摄谱 3 次，取其平均值。

(3)标准加入法

当测定低含量元素，且找不到合适的基体来配制标准试样时，一般采用标准加入法。设试样中被测元素含量为 c_x，在几份试样中分别加入不同浓度 c_1、c_2、c_3…的被测元素；在同一实验条件下，激发光谱，然后测量试样与不同加入量样品分析线对的强度比 R。当被测元素浓度较低时，自吸系数 $b=1$，分析线对强度 R 正比于 c，R-c 图为一条直线，将直线外推，与横坐标相交的截距的绝对值即为试样中待测元素含量 c_x。如图 7-34 所示。

标准加入法可用来检查基体的纯度，估计系统误差、提高测定灵敏度等。可以较好地消除因为基体组成不同给测定带来的影响，得到较为准确的分析结果。但在应用标准加入法时应特别注意加入的分析元素应与原试样中该元素的化合物状态一致或十分接近，同时分析线应无自吸收现象，才能保证测定准确，否则将会产生较大的误差。

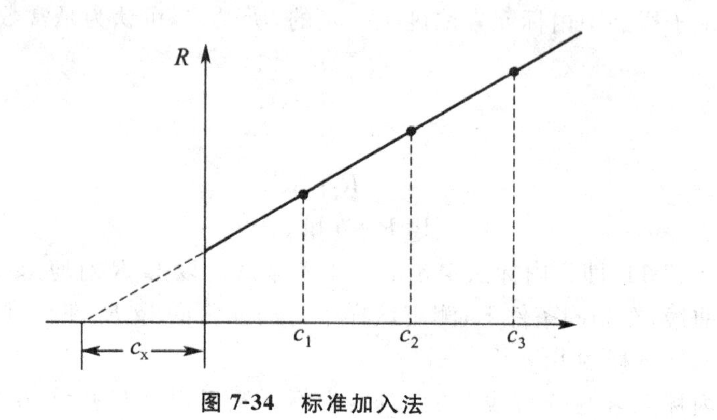

图 7-34　标准加入法

第 8 章　分子光谱分析法

8.1　紫外-可见分光光度法

紫外-可见分光光度法属于分子吸收光谱分析法。它是根据物质分子对紫外、可见光区辐射的吸收特性，对物质的组成进行定性、定量及结构分析的方法。

8.1.1　紫外-可见分光光度法的原理

1. 紫外-可见吸收光谱的产生机理

紫外-可见吸收光谱是一种分子吸收光谱。它是由于分子中价电子的跃迁而产生的。在不同波长下测定物质对光吸收的程度(吸光度)，以波长为横坐标，以吸光度为纵坐标所绘制的曲线，称为吸收曲线，又称为吸收光谱。测定的波长范围在紫外-可见区，称为紫外-可见光谱，简称紫外光谱。如图 8-1 所示。吸收曲线的峰称为吸收峰，它所对应的波长为最大吸收波长，常用 λ_{max} 表示。曲线的谷所对应的波长称为最小吸收波长，常用 λ_{min} 表示。在吸收曲线上短波长端底只能呈现较强吸收但又不成峰形的部分，称为末端吸收。在峰旁边有一个小的曲折，形状像肩的部位，称为肩峰，其对应的波长用 λ_{sh} 表示。某些物质的吸收光谱上可出现几个吸收峰。不同的物质有不同的吸收峰。同一物质的吸收光谱有相同的 λ_{max}、λ_{min}、λ_{sh}；而且同一物质相同浓度的吸收曲线应相互重合。因此，吸收光谱上的 λ_{max}、λ_{min}、λ_{sh} 及整个吸收光谱的形状取决于物质的分子结构，可作定性依据。

当采用不同的坐标时，吸收光谱的形状会发生改变，但其光谱特征仍然保留，紫外吸收光谱常用吸光度 A 为纵坐标；有时也用透光率(T)或吸光系数(E)为纵坐标。但只有以吸光度为纵坐标时，吸收曲线上各点的高度与浓度之间才呈现正比关系。当吸收光谱以吸光系数或其对数为纵坐标时，光谱曲线与浓度无关，如图 8-2 所示。

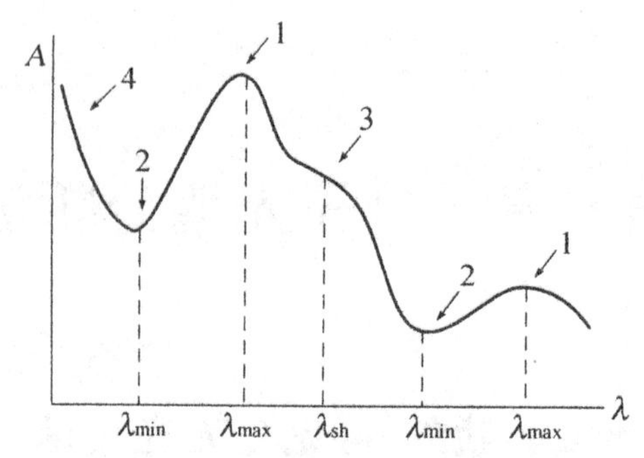

图 8-1　紫外-可见吸收光谱的示意图

1—吸收峰；2—谷；3—肩峰；4—末端吸收

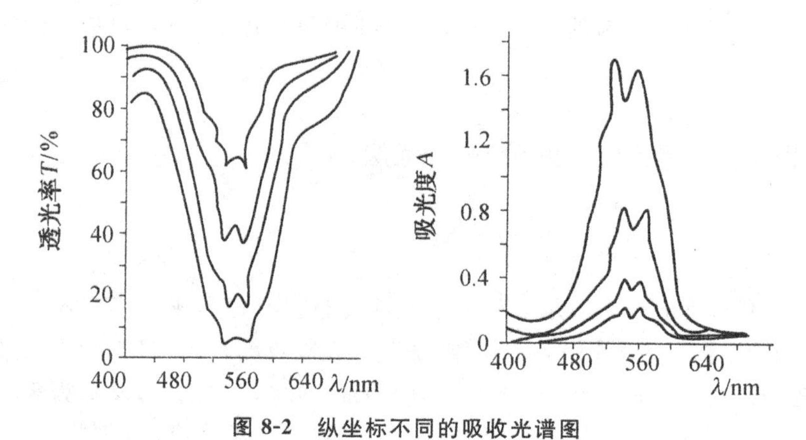

图 8-2　纵坐标不同的吸收光谱图

$KMnO_4$ 溶液的 4 种浓度：5 ng/L、10 ng/L、20 ng/L、40 ng/L，1 cm 厚

(1)分子轨道的类型

分子轨道最常见的有 π 轨道、σ 轨道和 n 轨道。

①π 轨道。分子 π 轨道的电子云分布不呈圆柱形对称，但有一对称面，在此平面上电子云密度等于零，而对称面的上、下部空间则是电子云分布的主要区域。反键 π^* 分子轨道的电子云分布也有一对称面，但 2 个原子的电子云互相分离。处于成键 π 轨道上的电子称为成键 π 电子，处于反键 π^* 轨道上的电子称为反键 π^* 电子。

②σ 轨道。成键 σ 轨道的电子云分布呈圆柱形对称，电子云密集于两原子核之间；而反键 σ^* 分子轨道的电子云在原子核之间的分布比较稀疏。处于成键 σ 轨道上的电子称为成键 σ 电子，处于反键 σ^* 轨道上的电子称为反键 σ^* 电子。

③n 轨道。含有氧、氮、硫等原子的有机化合物分子中，还存在未参与

成键的电子对，常称为孤对电子，孤对电子是非键电子，简称为 n 电子。例如，甲醇分子中的氧原子，其外层有 6 个电子，其中 2 个电子分别与碳原子和氢原子形成 2 个 σ 键，其余 4 个电子并未参与成键，仍处于原子轨道上，称为 n 电子。而含有 n 电子的原子轨道称为 n 轨道。

(2)电子跃迁的类型

根据分子轨道理论的计算结果，分子轨道能级的能量以反键 σ^* 轨道最高，成键 σ 轨道最低，而 n 轨道的能量介于成键轨道与反键轨道之间。

分子中能产生跃迁的电子一般处于能量较低的成键 σ 轨道、成键 π 轨道及 n 轨道上。当电子受到紫外-可见光作用而吸收光辐射能量后，电子将从成键轨道跃迁到反键轨道上，或从 n 轨道跃迁到反键轨道上。电子跃迁方式如图 8-3 所示。

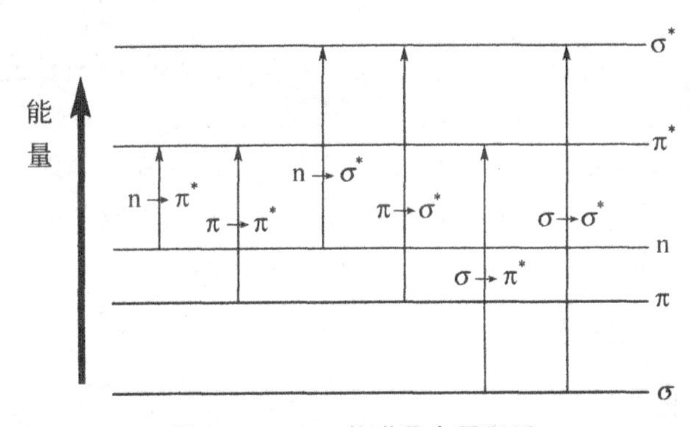

图 8-3　σ、π、n 轨道及电子跃迁

从图 8-3 中可见，分子轨道能级的高低顺序是：$\sigma<\pi<n<\pi^*<\sigma^*$；分子轨道间可能的跃迁有：$\sigma\rightarrow\sigma^*$、$\sigma\rightarrow\pi^*$、$\pi\rightarrow\sigma^*$、$n\rightarrow\sigma^*$、$\pi\rightarrow\pi^*$、$n\rightarrow\pi^*$ 六种。但由于与 σ 成键和反键轨道有关的四种跃迁：$\sigma\rightarrow\sigma^*$、$\sigma\rightarrow\pi^*$、$\pi\rightarrow\sigma^*$ 和 $n\rightarrow\sigma^*$ 所产生的吸收谱多位于真空紫外区(0～200 nm)，而 $n\rightarrow\pi^*$ 和 $\pi\rightarrow\pi^*$ 两种跃迁的能量相对较小，相应波长多出现在紫外-可见光区。

电子跃迁类型与分子结构及其存在的基团有密切的联系，因此可以根据分子结构来预测可能产生的电子跃迁；也可以根据紫外吸收带的波长及电子跃迁类型来判断化合物分子中可能存在的吸收基团。

(3)发色基团与助色基团

发色基团也称为生色基团。凡是能导致化合物在紫外及可见光区产生吸收的基团，不论是否显出颜色都称为发色基团。有机化合物分子中，能在紫外-可见光区产生吸收的典型发色基团有羰基、硝基、羧基、酯基、偶氮基及芳香体系等：这些发色基团的结构特征是都含有 π 电子。当这些基团在分子内独立存在，与其他基团或系统没有共轭或没有其他复杂因素影响时，它们将在紫外区产生特征的吸收谱带。孤立的碳碳双键或三键其 λ_{max} 值虽然落在近紫外区之外，但已接近一般仪器可能测量的范围，具有“末端吸收”，所以也可以视为发色基团。不同的分子内孤立地存在相同的这类生色基时，它们的吸收峰将有相近的 λ_{max} 和相近的 ε_{max}。若化合物中有几个发色基团互相共轭，则各个发色基团所产生的吸收带将消失，出现新的共轭吸收带，其波长将比单个发色基团的吸收波长长，吸收强度也将显著增强。

助色基团是指它们孤立地存在于分子中时，在紫外-可见光区内不一定产生吸收。但当它与发色基团相连时能使发色基团的吸收谱带明显地发生改变。助色基团通常都含有 n 电子。当助色基团与发色基团相连时，由于 n 电子与 π 电子的 p-π 共轭效应导致 $\pi \rightarrow \pi^*$ 跃迁能量降低，发色基团的吸收波长发生较大的变化。常见的助色基团有—OH、—Cl、$—NH_2$、$—NO_2$、—SH等。

由于取代基作用或溶剂效应导致发色基团的吸收峰向长波长移动的现象称为红移。与此相反，由于取代基作用或溶剂效应等原因导致发色基团的吸收峰向短波长方向的移动称为紫移或蓝移。与吸收带波长红移及蓝移相似，由于取代基作用或溶剂效应等原因的影响，使吸收带的强度即摩尔吸光系数增大(或减小)的现象称为增色效应或减色效应。

2. 光吸收的基本定律

(1)朗伯-比尔定律

光的吸收基本定律，即朗伯-比尔定律是比色法和吸光光度法的基本定律，是吸收光谱分析法的定量依据。

朗伯发现一束平行的单色光通过浓度一定的溶液时，在入射光的波长、强度及溶液的温度等条件不变的情况下，溶液对光的吸收程度与溶液的液层厚度(L)成正比。其数学表达式为

$$A = K_1 L$$

比尔在朗伯定律的基础上研究了有色溶液的浓度与吸光度的关系，指出：当一束平行的单色光通过液层厚度一定的溶液时，在入射光的波长、强度及溶液的温度等条件不变的情况下，溶液对光的吸收程度与溶液的浓度(c)成正比。其数学表达式为

$$A = K_2 c$$

如果同时考虑溶液的浓度和液层的厚度对光的吸收的影响，当一束平行的单色光通过均匀、无散射现象的溶液时，一部分光被吸收，透过光强就要减弱。假设入射光强为 I_0，透过光强为 I_t，有色溶液浓度为 c，液层厚度为 L，如图 8-4 所示。实验证明，有色溶液对光的吸收程度，与该溶液的浓

度、液层厚度及入射光的强度有关。如果保持入射光强度、溶液温度等条件不变的情况下，溶液对光的吸收程度与溶液的浓度和液层的厚度的乘积成正比。这就是朗伯-比尔定律。

朗伯-比尔定律的数学表达式可表示为

$$A=\lg \frac{I_0}{I_t}=KcL$$

式中，K 为吸光系数，L/(mg · cm)或 L/(mol · cm)。

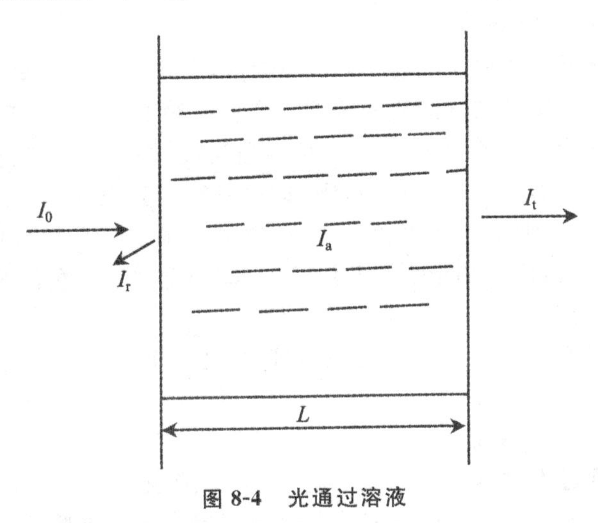

图 8-4　光通过溶液

A 为吸光度，表示溶液对光的吸收程度。吸光度具有加和性，即当某一波长的单色光通过这样一种多组分溶液时，由于各种吸光物质对光均有吸收作用，溶液的总吸光度应等于各吸光物质的吸光度之和。设体系中有 n 个组分，则在任一波长处的总吸光度 A 可表示为

$$A=A_1+A_2+\cdots+A_n$$

与吸光度相对应，透光度表示透射光强度 I_t 与 I_0 的比值，用以度量物质透光程度的大小，用 T 表示，即

$$T=\frac{I_t}{I_0}$$

很显然，吸光度 A 与透光度 T 的关系为

$$A=\lg \frac{I_0}{I_t}=\lg \frac{1}{T}=-\lg T$$

光线透过溶液的强度即透光率 T 和吸光度 A 可以通过专门的仪器检测。

(2)摩尔吸光系数

当浓度 c 为质量浓度，单位以 mg/L 表示，液层厚度 L 的单位以 cm 表示时，朗伯-比尔定律中的比例常数则称吸光系数，用 K 表示。其意义是：

浓度为 1 mg/L 的溶液，液层厚度为 1 cm 时在一定波长下测得的吸光度值，其单位是 L/(mg·cm)。

当浓度 c 为物质的量浓度，单位以 mol/L 表示，液层厚度 L 的单位以 cm 表示时，朗伯-比尔定律中的比例常数 K 就是摩尔吸光系数，用 ε 表示。这时朗伯-比尔定律的表达式为

$$A=\varepsilon cL$$

ε 的意义是：浓度为 1 mol/L 的溶液，液层厚度为 1 cm 时在一定波长下测得的吸光度值，其单位是 L/(mol·cm)。

摩尔吸光系数 ε 在一定条件下是一常数，它与入射光的波长、吸光物质的性质、溶剂、温度及仪器的质量等因素有关。它表示物质对某一特定波长的光的吸收能力。它的数值越大，表明有色溶液对光越容易吸收，测定的灵敏度就越高。一般 ε 值在 1 000 以上，即可进行吸光光度测定。因此，吸光系数是定性和定量的重要依据。但在实际工作中，不能直接取浓度为 1 mg/L 的有色溶液来测定 ε 值，而是测定适当低浓度有色溶液的吸光度，再计算求出 ε 值。

朗伯-比尔定律不仅适用于有色溶液，也适用于无色溶液及气体和固体的非散射均匀体系；不仅适用于可见光区的单色光，也适用于紫外和红外光区的单色光。但是，朗伯-比尔定律仅适用于单色光和一定范围的低浓度溶液。溶液浓度过大时，透光的性质发生变化，从而使溶液对光的吸光度与溶液浓度不成正比关系。波长较宽的混合光影响光的互补吸收，也会给测定带来误差。

吸光光度分析的灵敏度除了用 ε 值表征外，还常用桑德尔灵敏度 S 来表征。桑德尔灵敏度原指人眼对有色质点在单位截面积液柱内能够检出物质的最低量，以 $\mu g/cm^2$ 表示；后将此概念推广到光度仪器，规定为当仪器所能检测的最低吸光度 $A=0.001$ 时，单位截面积光程内所能检测出来的吸光物质的最低量，单位仍以 $\mu g/cm^2$ 表示。S 与 ε 及吸光物质摩尔质量的关系为

$$S=\frac{M}{\varepsilon}$$

这里的 ε 值是把待测组分看作完全转变成有色化合物而计算的。实际上，溶液中有色物质的浓度常因副反应和显色平衡等因素而改变，并不完全符合这种计量关系，因此所求得的摩尔吸光系数应为表观摩尔吸光系数。在实际工作中，由于在相同条件下测定吸光度，可不考虑这种情况。

3. 影响偏离光吸收定律的因素

定量分析时，通常液层厚度是相同的，按照比尔定律，浓度与吸光度之

间的关系应该是一条通过直角坐标原点的直线。但在实际工作中，常常会偏离线性而发生弯曲。若在弯曲部分进行定量，将产生较大的测定误差。

(1)吸收定律本身的局限性

事实上，朗伯-比尔定律对适用对象有限制只有在稀溶液中才能成立。由于在高浓度时(通常 $c>0.01$ mol/L)，吸收质点之间的平均距离缩小到一定程度，邻近质点彼此的电荷分布都会相互影响，此影响能改变它们对特定辐射的吸收能力，相互影响程度取决于 c，因此，此现象可导致 A 与 c 的线性关系发生偏差。

此外，$\varepsilon=\varepsilon_{真}\ n/(n^2+2)^2$，$n$ 为折射率，只有当 $c<0.01$ mol/L(低浓度)时，n 基本不变，才能用 ε 代替 $\varepsilon_{真}$。

(2)物理因素

朗伯-比尔定律只对一定波长的单色光才能成立，但实际上，即使质量较好的分光光度计所得的入射光，仍然具有一定波长范围的波带宽度。因此，吸光度与浓度并不完全呈直线关系，因而导致了对朗伯-比尔定律的偏离。所得入射光的波长范围越窄，即单色光越纯，则偏离越小；非吸收作用引起的对朗伯-比尔定律的偏离，主要有散射效应和荧光效应，一般情况下荧光效应对分光光度法产生的影响较小。

经实验研究，朗伯-比尔定律只适用于十分均匀的吸收体系。当待测液的体系不是很均匀时，入射光通过待测液后将产生光的散射而损失，导致吸收体系的透过率减小，造成实测吸光值增加。朗伯-比尔定律是建立在均匀、非散射的溶液这个基础上的。如果介质不均匀，呈胶体、乳浊、悬浮状态，则入射光除了被吸收外，还会有反射、散射的损失，因而实际测得的吸光度增大，导致对朗伯-比尔定律的偏离；当入射光通过待测液，若吸光物质分子吸收辐射能后所产生的激发态分子以发射辐射能的方式回到基态而发射荧光，则结果必然使待测液的透光率相对增大，造成实测吸光值减小。

(3)化学因素

溶质的酸效应、溶剂、离解作用等会引起朗伯-比尔定律的偏离。其中有色化合物的离解是偏离朗伯-比尔定律的主要化学因素。

①酸效应。如果待测组分包括在一种酸碱平衡体系中，溶液的酸度将会使得待测组分的存在形式发生变化，而导致对吸收定律的偏离。

②溶剂作用。溶剂对吸收光谱的影响是比较大的，溶剂不同时，物质的吸收光谱也不同。

③离解作用。在可见光区域的分析中常常是将待测组分同某种试剂反应生成有色配合物来进行测定的。有色配合物在水中不可避免地要发生离解，从而使得有色配合物的浓度要小于待测组分的浓度，导致对吸收定律的

偏离。特别是对于稀溶液而言，更是如此。

4. 吸光度的加和性

设某一波长(λ)的辐射通过几个相同厚度的不同溶液 $c_1, c_2, \cdots, c_n$，其透射光强度分别为 $I_1, I_2, \cdots, I_n$，根据吸光度定义，这一吸光系统的总吸光度为 $A = \lg\ (I_t/I_0)$，而各溶液的吸光度分别为 $A_1, A_2, \cdots, A_n$，则

$$A_1 + A_2 + \cdots + A_n = \lg \frac{I_0}{I_1} + \lg \frac{I_1}{I_2} + \cdots + \lg \frac{I_{n-1}}{I_n}$$

$$= \lg \frac{I_0}{I_n}$$

吸光度的总和为

$$A = \lg \frac{I_0}{I_n} = A_1 + A_2 + \cdots + A_n$$

即几个(同厚度)溶液的吸光度等于各分层吸光度之和。

如果溶液中同时含有 n 种吸光物质，只要各组分之间无相互作用(不因共存而改变本身的吸光特性)，则

$$A = \varepsilon_1 c_1 b_1 + \varepsilon_2 c_2 b_2 + \cdots + \varepsilon_n c_n b_n = A_1 + A_2 + \cdots + A_n$$

进行光度分析时，试剂或溶剂有吸收，可由所测的总吸光度 A 中扣除，即以试剂或溶剂为空白的依据。

8.1.2 紫外-可见分光光度计

紫外-可见分光光度计用于测量溶液的透光度或吸光度，其仪器种类、型号繁多，特别是近年来产生的仪器，多配有计算机系统，自动化程度较高，但各种仪器的基本组成不变，均是由图 8-5 所示的几部分构成。

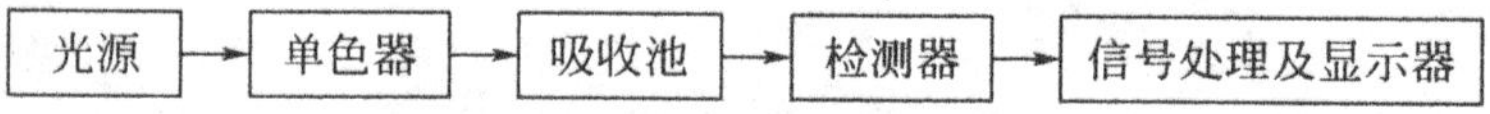

光源 → 单色器 → 吸收池 → 检测器 → 信号处理及显示器

图 8-5 紫外-可见分光光度计的组成

光源发射的光经单色器获得测定所需的单色光，再透过吸收池照射到检测器的感光元件(光电池或光电管)上，其所产生的光电流信号的大小与透射光的强度成正比，通过测量光电流强度即可得到溶液的透光度或吸光度。

1. 光源

光源的作用是提供强而稳定的可见或紫外连续入射光。一般分为可见光光源及紫外光源两类。

(1)可见光光源

最常用的可见光光源为钨丝灯。钨丝灯可发射波长为 320～2 500 nm 范围的连续光谱,其中最适宜的使用范围为 320～1 000 nm,除用作可见光源外,还可用作近红外光源。在可见光区内,钨丝灯的辐射强度与施加电压的 4 次方成正比,因此要严格稳定钨丝灯的电源电压。

卤钨灯的发光效率比钨灯高、寿命也长。在钨丝灯中加入适量卤素或卤化物可制成卤钨灯,例如,加入纯碘制成碘钨灯,溴钨灯是加入溴化氢而制得。新的分光光度计多采用碘钨灯。

(2)紫外光源

紫外光源多为气体放电光源,如氢、氘、氙放电灯及汞灯等。其中以氢灯及氘灯应用最广泛,其发射光谱的波长范围为 160～500 nm,最适宜的使用范围为 180～350 nm。氘灯发射的光强度比同样的氢灯大 3～5 倍。氢灯可分为高压氢灯和低压氢灯,后者较为常用。低压氢灯或氘灯的构造是:将一对电极密封在干燥的带石英窗的玻璃管内,抽真空后充入低压氢气或氘气。石英窗的使用是为了避免普通玻璃对紫外光的强烈吸收。

近年来,具有高强度和高单色性的激光已被开发用作紫外光源。已商品化的激光光源有氩离子激光器和可调谐染料激光器。

2. 单色器

单色器的作用是将来自光源的含有各种波长的复色光按波长顺序色散,并从中分离出所需波长的单色光。单色器由狭缝、准直镜及色散元件等组成,其原理如图 8-6 所示。来自光源并聚焦于进光狭缝的光,经准直镜变成平行光,投射于色散元件。色散元件使各种不同波长的平行光有不同的投射方向(或偏转角度)形成按波长顺序排列的光谱。再经过准直镜将色散后的平行光聚焦于出光狭缝上。转动色散元件的方位,可使所需波长的单色光从出光狭缝分出。

①准直镜是以狭缝为焦点的聚焦镜。其作用是将进入色散器的发散光变成平行光;又将色散后的单色平行光聚集于出光狭缝。

②常用的色散元件有棱镜和光栅。早期仪器多采用棱镜,现在多使用光栅。

③狭缝为光的进出口,包括进光狭缝和出光狭缝。进光狭缝起着限制杂散光进入的作用。狭缝宽度直接影响分光质量。狭缝过宽,单色光不纯,将使吸光度变值;狭缝太窄,则光通量小,将降低灵敏度。故测定时狭缝宽度要适当,一般以减小狭缝宽度至溶液的吸光度不再增加为宜。

一般廉价仪器多用固定宽度的狭缝,不能调节。精密仪器狭缝可调节。

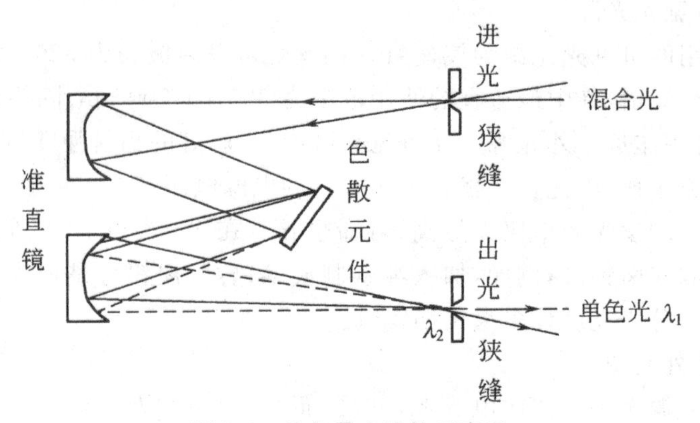

图 8-6 单色器光路的示意图

光栅分光的仪器多用单色光的谱带宽度来表示狭缝宽度，直接表达单色光的纯度。棱镜分光的仪器因色散不均匀，只能用狭缝的实际宽度一般为1～3 mm来表示，单色光的谱带宽度（即单色光的纯度）需经换算后才能得到。

3. 吸收池

吸收池也常称为比色皿，有各种规格和类型。用光学玻璃制成的吸收池，只能用于可见光区。用熔融石英（氧化硅）制的吸收池，适用于紫外光区，也可用于可见光区。盛空白溶液的吸收池与盛试样溶液的吸收池应互相匹配，即有相同的厚度与相同的透光性。在测定吸光系数或利用吸光系数进行定量测定时，还要求吸收池有准确的厚度（光程），或用同一只吸收池。吸收池的厚度即吸收光程，有1 cm、2 cm及3 cm等规格，可根据试样浓度大小和吸光度读数范围选择吸收池。两光面易损蚀，应注意保护。

4. 检测器

检测器用于检测光信号。利用光电效应将光强度信号转换成电信号的装置也叫作光电器件。用分光光度分析法可以得到一定强度的光信号，这个信号需要用一定的部件检测出来。检测时，需要将光信号转换成电信号才能测量得到。光检测系统的作用就是进行这个转换。常用的检测器主要有以下几种。

（1）光电池

光电池是用半导体材料制成的光电转换器，用得最多的是硒光电池。其结构和作用原理如图8-7所示。

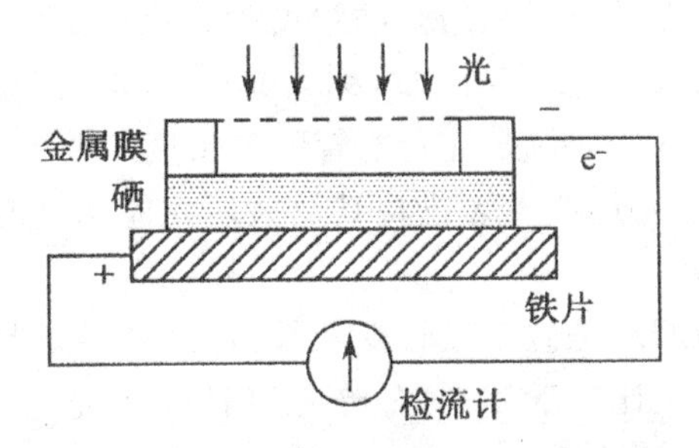

图 8-7　光电池的结构和作用原理

光电池表层是导电性能良好、可透过光的金属薄膜，中层是具有光电效应的半导体材料硒，底层是铁或铝片。表层为负极，底层为正极，与检流计组成回路。当外电路的电阻较小时，光电流与照射光强度成正比。

硒光电池具有较高的光电灵敏度，可产生 100～200 μA 电流，用普通检流计即可测量。硒光电池测量光的波长相应范围为 300～800 nm，但对波长为 500～600 nm 的光最灵敏。

(2)光电管

如图 8-8 所示，光电管是在抽成真空或充有惰性气体的玻璃或石英泡内装上两个电极构成，其中一个是阳极，它由一个镍环或镍片组成；另一个是阴极，它由一个金属片上涂一层光敏材料构成。

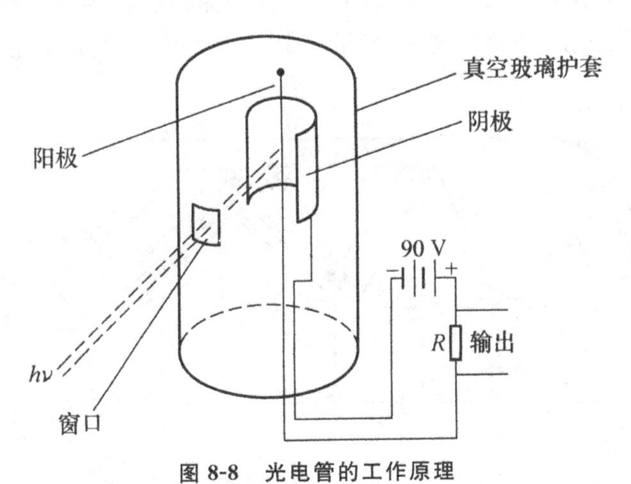

图 8-8　光电管的工作原理

当光照射到光敏材料上时，它能够放出电子；光电管将光强度信号转换成电信号的过程是这样的：当一定强度的光照射到阴极上时，光敏材料要放出电子，放出电子的多少与照射到它的光的强度大小成正比，而放出的电子在电场的作用下要流向阳极，从而造成在整个回路中有电流通过。而此电流的大小与照射到光敏材料上的光的强度的大小成正比。当管内抽成真空时，称为真空光电管；充一些气体时，称为充气光电管。真空光电管的灵敏度一般为 40～60 μA/流明；充气光电管的灵敏度还要大些。由于光电管产生的光电流很小，需要用放大装置将其放大后才能用微安表测量。

(3)光电二极管

光电二极管的原理是硅二极管受紫外、近红外辐射照射时，其导电性增强的大小与光强成正比。近年来，分光光度计使用光电二极管作检测器在增加，虽然其灵敏度还比不上光电倍增管，但它的稳定性更好，使用寿命更长，价格便宜，因而许多著名品牌的高档分光光度计都在使用它作检测器。

尤其值得注意的是，由于计算机技术的飞速发展，使用光电二极管的二极管阵列分光光度计有了很大的发展，二极管数目已达 1 024 个，在很大程度上提高了分辨率。这种新型分光光度计的特点是“后分光”，即氘灯发射的光经透镜聚焦后穿过样品吸收池，经全息光栅色散后被二极管阵列的各个二极管接收，信号由计算机进行处理和存储，因而扫描速度极快，约 10 ms 就可完成全波段扫描，绘出吸光度、波长和时间的三维立体色谱图，能最方便快速地得到任一波长的吸收数据，它最适宜用于动力学测定，也是高效液相色谱仪最理想的检测器。

(4)光电倍增管

光电倍增管的原理与光电管相似，结构上的差别是在光敏金属的阴极和阳极之间还有几个倍增级(一般是 9 个)。光电倍增管的原理与结构如图 8-9 所示。

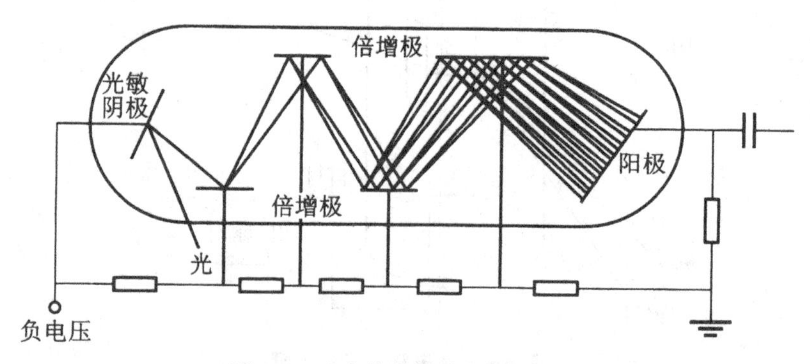

图 8-9 光电倍增管的原理与结构

光电倍增管的外壳由玻璃或石英制成，内部抽成真空，光阴极上涂有能发射电子的光敏物质，在阴极和阳极之间连有一系列次级电子发射极，即电子倍增极，阴极和阳极之间加以约 1 000 V 的直流电压，在每两个相邻电极之间有 50～100 V 的电位差。当光照射在阴极上时，光敏物质发射的电子，首先被电场加速，落在第 1 个倍增极上，并击出二次电子。这些二次电子又被电场加速，落在第 2 个倍增极上，击出更多的二次电子，以此类推，这个过程一直重复到第 9 个倍增极。从第 9 个倍增极发射出的电子已比第 1 个倍增极发射出的电子数大大增加，然后被阳极收集，产生较强的电流，再经放大，由此可见，光电倍增管检测器大大提高了仪器测量的灵敏度。

由于光电倍增管具有灵敏度高（电子放大系数可达 $10^8 \sim 10^9$），线性影响范围宽（光电流在 $10^{-8} \sim 10^{-3}$ A 范围内与光通量成正比），响应时间短（约 10^{-9} s）等，因此广泛用于光谱分析仪器中。

5. 信号处理及显示器

光电管输出的电信号很弱，需经过放大才能以某种方式将测量结果显示出来，信号处理过程也会包含一些数学运算，如对数函数、浓度因素等运算乃至微分积分等处理。需要仪器的自动化程度和测量精度较高。

近年来，分光光度计多采用屏幕显示，显示器可由电表指示、数字显示、荧光屏显示、结果打印及曲线扫描等。显示方式一般都有透光率与吸光度，有的还可转换成浓度、吸光系数等显示。

8.1.3　紫外-可见分光光度法的应用

1. 定性分析

利用紫外-可见吸收光谱进行化合物的定性鉴别，一般采用对比法。即将样品化合物的吸收光谱特征与标准化合物的吸收光谱进行对照比较；也可以利用文献所载的化合物标准谱图进行核对。如果吸收光谱完全相同，则两者可能是同一种化合物。但还需用其他光谱法进一步证实。因为紫外-可见吸收光谱一般反映的是部分结构单元的信息，即发色基团和助色基团的信息，只有一个或几个宽的吸收带。具有相同发色基团和助色基团的同系物的紫外-可见吸收光谱图类似。但是如两张紫外-可见吸收光谱有明显差别，则可以肯定不是同一种化合物。具体做法包括两种，一种是比较吸收光谱法，另一种方法是对比吸光度的比值。

(1)比较吸收光谱法

两个试样如果是同一化合物，其吸收光谱应完全一致。在鉴定时，为了消除溶剂效应，应将试样和标准样品以相同浓度配置在相同溶剂中，在相同条件下分别测定其吸收光谱，比较两光谱图是否一致。为了进一步确证，可再用其他溶剂分别测定，如吸收光谱仍然一致，则进一步肯定两者为同一物质。

也可将样品吸收光谱与标准光谱图相比较，这时制样条件及测定条件应与标准光谱图给出的条件尽量一致，目前常用的标准光谱图及电子光谱数据表有：

①1978 年出版的“Sadtler Standard Spectra (Ultraviolet)”。此谱图集共收集了 46 000 种化合物的紫外光谱。

②1951 年出版的“Ultraviolet Spectra of Aromatic Compounds”。此谱图集共收集了 579 种芳香化合物的紫外光谱。

③1976 年出版的“Handbook of Ultraviolet and Visible Absorption Spectra of Organic Compounds”。

④1987 年出版的“Organic Electronic Spectra Data”。这是一套由许多作者共同编写的大型手册性丛书。所收集的文献资料自 1946 年开始，目前还在继续编写。

(2)对比吸光度(或吸光系数)的比值

如果化合物有两个以上的吸收峰，可用在不同吸收峰处(或峰与谷)测得吸光度的比值作为鉴别的依据，因为用的是同一浓度溶液和同一厚度的吸收池，取吸光度比值也就是吸光系数的比值，从而消除浓度和厚度不准确所带来的影响。

例如，维生素 B_{12} 的吸收光谱有三个吸收峰，分别为 278 nm、361 nm、550 nm。作为鉴别的依据，361 nm 与 278 nm 吸光度的比值应为 1.70～1.88；361 nm 与 550 nm 的吸光度比值应为 3.15～3.45。

2. 定量分析

紫外-可见吸收光谱法是进行定量分析最有用的工具之一。该法不仅可以直接测定那些本身在紫外-可见光区有吸收的无机和有机化合物，而且还可以采用适当的试剂与吸收较小或非吸收物质反应生成对紫外和可见光区有强烈吸收的产物，即“显色反应”，从而对它们进行定量测定。例如，金属元素的分析。

(1)单组分的测定

根据朗伯-比尔定律，物质在一定波长处的吸光度与浓度之间有线性关系。因此，只要选择适合的波长测定溶液的吸光度，即可求出浓度。在紫外-可见吸收光谱法中，通常应以被测物质吸收光谱的最大吸收峰处的波长作为测定波长。如被测物有几个吸收峰，则选择不为共存物干扰，峰较高、较宽的吸收峰波长，以提高测定的灵敏度、选择性和准确度。此外，还要注意选用的溶剂应不干扰被测组分的测定。许多溶剂本身在紫外光区有吸收峰，只能在它吸收较弱的波段使用。选择溶剂时，组分的测定波长必须大于溶剂的极限波长。

①吸光系数法。吸光系数是物质的特性常数。只要测定条件不致引起对比尔定律的偏离，即可根据测得的吸光度 A，按朗伯-比尔定律求出浓度或含量。

$$c=\frac{A}{EL}$$

②标准曲线法。标准曲线法对仪器的要求不高，是分光光度法中简便易行的方法，尤其适合于大批量样品的定量分析。此法尤其适用于单色光不纯的仪器，因为虽然测得的吸光度值可以随所用仪器的不同而有相当的变化，但如果是同一台仪器，固定其工作状态和测定条件，则浓度与吸光度之间的关系仍可写成 $A=kc$，不过这里的 k 仅是一个比例常数，不能用作定性的依据，也不能互相通用。

测定时，将一系列浓度不同的标准溶液，在同一条件下分别测定吸光度，考查浓度与吸光度成直线关系的范围，然后以吸光度为纵坐标，浓度为横坐标，绘制 A-c 关系曲线，或叫作工作曲线。若符合朗伯-比尔定律，则会得到一条通过原点的直线。也可用直线回归的方法，求出回归的直线方程。再根据样品溶液所测得的吸光度，从标准曲线或从回归方程求得样品溶液的浓度。

③标准对比法。在相同的条件下，配制浓度为 c_s 的标准溶液和浓度为 c_x 的待测溶液，平行测定样品溶液和标准溶液的吸光度 A_x 和 A_s，根据朗伯-比尔定律：

$$A_x=kLc_x$$

$$A_s=kLc_s$$

由于标准溶液和待测溶液中的吸光物质是同一物质，因而在相同条件下，其吸光系数相等。如选择相同的比色皿，可得待测溶液的浓度：

$$c_x=\frac{A_x}{A_s}c_s$$

这种方法不需要测量吸光系数和样品池厚度，但必须有纯的或含量已知的标准物质用以配制标准溶液。

(2)多组分的测定

如果在一个待测溶液中需要同时测定两个以上组分的含量，就是多组同时测定。多组分同时测定的依据是吸光度的加和性。

如果混合物中a、b两个组分的吸收曲线互不重叠，则相当于两个单一组分，如图8-10(a)所示，则可用单一组分的测定方法分别测定a、b组分的含量。由于紫外吸收带很宽，所以对于多组分溶液，吸收带互不重叠的情况很少见。

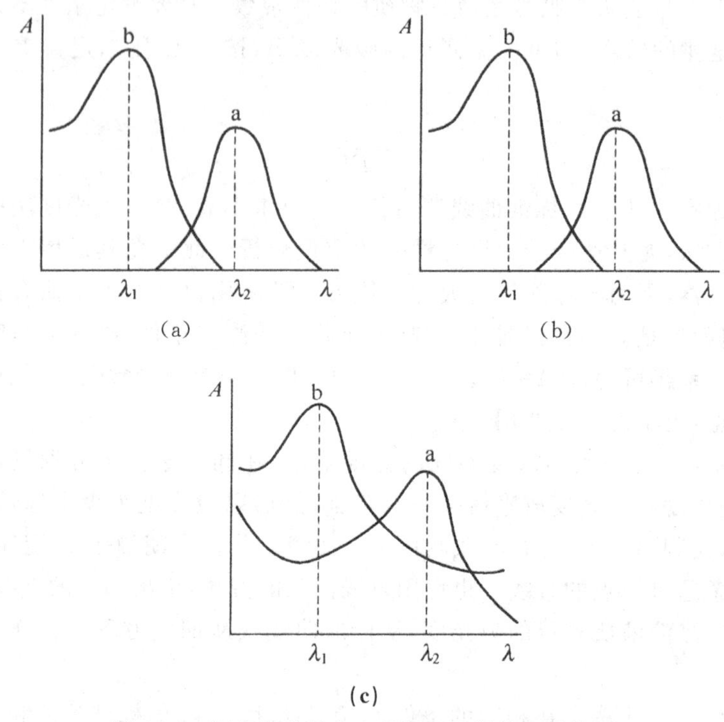

图 8-10　混合组分吸收光谱相互重叠的三种情况

如果 a、b 两组分吸收光谱部分重叠，如图 8-10(b)所示，则表明 a 组分对 b 组分的测定有影响，而 b 组分对 a 组分的测定没有干扰。

首先测定纯物质 a 和 b 分别在 λ_1、λ_2 处的吸光系数 $\varepsilon_{\lambda1}^{a}$、$\varepsilon_{\lambda2}^{a}$ 和 $\varepsilon_{\lambda1}^{b}$，再单独测量混合组分溶液在 λ_1 处的吸光度 $A_{\lambda1}^{a}$，求得组分 a 的浓度 c_a。然后在 λ_2 处测量混合溶液的吸光度 $A_{\lambda2}^{a+b}$，由 $A_{\lambda2}^{a+b}=A_{\lambda2}^{a}+A_{\lambda2}^{b}=\varepsilon_{\lambda2}^{a}lc_a+\varepsilon_{\lambda2}^{b}lc_b$，得

$$c_b=\frac{A_{\lambda2}^{a+b}-\varepsilon_{\lambda2}^{a}lc_a}{\varepsilon_{\lambda2}^{b}l}$$

①解线性方程组法。两组分在 λ_1、λ_2 处都有吸收，两组分彼此相互干扰，如图 8-10(c)所示。在这种情况下，需要首先测定纯物质 a 和 b 分别在 λ_1、λ_2 处的吸光系数 $\varepsilon_{\lambda1}^{a}$、$\varepsilon_{\lambda2}^{a}$ 和 $\varepsilon_{\lambda1}^{b}$、$\varepsilon_{\lambda2}^{b}$，再分别测定混合组分溶液在 λ_1、λ_2 处的吸光度 $A_{\lambda1}^{a+b}$，$A_{\lambda2}^{a+b}$，然后列出联立方程：

$$\begin{cases}A_{\lambda1}^{a+b}=A_{\lambda1}^{a}+A_{\lambda1}^{b}=\varepsilon_{\lambda1}^{a}lc_a+\varepsilon_{\lambda1}^{b}lc_b\\A_{\lambda2}^{a+b}=A_{\lambda2}^{a}+A_{\lambda2}^{b}=\varepsilon_{\lambda2}^{a}lc_a+\varepsilon_{\lambda2}^{b}lc_b\end{cases}$$

从而求得 a、b 的浓度为

$$\begin{cases} c_a=\dfrac{\varepsilon_{\lambda2}^{b}A_{\lambda1}^{a+b}-\varepsilon_{\lambda1}^{b}A_{\lambda2}^{a+b}}{(\varepsilon_{\lambda1}^{a}\varepsilon_{\lambda2}^{b}-\varepsilon_{\lambda2}^{a}\varepsilon_{\lambda1}^{b})l} \\ c_b=\dfrac{\varepsilon_{\lambda2}^{a}A_{\lambda1}^{a+b}-\varepsilon_{\lambda1}^{a}A_{\lambda2}^{a+b}}{(\varepsilon_{\lambda1}^{a}\varepsilon_{\lambda2}^{b}-\varepsilon_{\lambda2}^{a}\varepsilon_{\lambda1}^{b})l} \end{cases}$$

如果有 n 个组分的光谱相互干扰，就必须在 n 个波长处分别测得试样溶液吸光度的加和值，以及该波长下 n 个纯物质的摩尔吸光系数，然后解 n 元一次方程组，进而求出各组分的浓度，这种方法叫作解方程组法。

②系数倍率法。在混合物的吸收光谱中，并非干扰组分的吸收光谱中都能找到等吸收波长。如图 8-11 中的几种光谱组合情况，因干扰组分等吸收点无法找到，而不能用等吸收双波长消去法测定。而系数倍率法不仅可以克服波长选择上的上述限制，而且能方便地任意选择最有利的波长组合，即对待测组分吸光度差值大的波长进行测定，从而扩大了双波长分光光度法的应用范围。

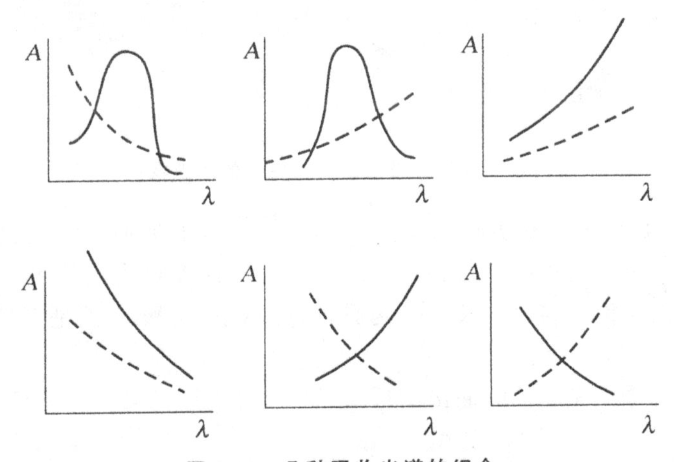

图 8-11　几种吸收光谱的组合

系数倍率法的基本原理如下：在双波长分光光度计中装置了系数倍率器，当两束单色光 λ_1 和 λ_2 分别通过吸收池到达光电倍增管，其信号经过对数转换器转换成吸光度 A_1 和 A_2，再经系数倍率器加以放大，得到差示信号 ΔA。

$$\begin{aligned}\Delta A &= A_2-A_1\\ &=K(A_{x2}+A_{y2})-(A_{x1}+A_{y1})\\ &=(K\varepsilon_{x2}-\varepsilon_{x1})c_x\end{aligned}$$

也就是说，样品溶液的吸光度差值 ΔA 与被测组分浓度 c_x 成正比关系，而与干扰组分的浓度无关。由于干扰组分和待测组分的吸光度信号放大了 K 倍，因而测得的 ΔA 值也增大，使测得的灵敏度提高。但噪音也随之放大,从而给测定带来不利,故 K 值一般以 5～7 倍为限。

③等吸收波长消去法。对于多组分样品,还有等吸收波长消去法。假设试样中含有 A、B 两组分,若要测定 B 组分,A 组分有干扰,采用双波长法进行 B 组分测量时方法如下:为了消除 A 组分的吸收干扰,一般首先选择待测组分 B 的最大吸收波长 λ_2 为测量波长,然后用作图法选择参比波长 λ_1,做法如图 8-12 所示。

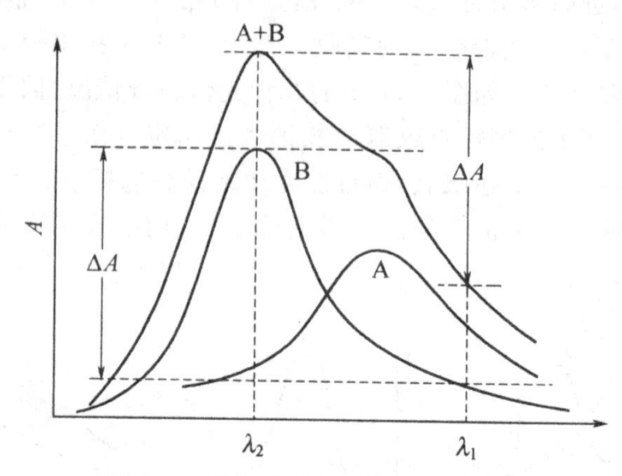

图 8-12　等吸收波长消去法的示意图

在 λ_2 处作一波长为横轴的垂直线,交于组分 B 吸收曲线的另一点,再从这点作一条平行于波长轴的直线,交于组分 B 吸收曲线的另一点,该点所对应的波长称为参比波长 λ_1。可见,组分 A 在 λ_2 和 λ_1 处是等吸收点,即 $A_{\lambda2}^{A}=A_{\lambda1}^{A}$。

双波长分光光度计的输出信号为 ΔA,则

$$\begin{aligned}\Delta A &= A_{\lambda2}-A_{\lambda1}\\ &=(A_{\lambda2}^{A}+A_{\lambda2}^{B})-(A_{\lambda1}^{A}+A_{\lambda1}^{B})\\ &=A_{\lambda2}^{B}-A_{\lambda1}^{B}\\ &=(\varepsilon_{\lambda2}^{B}-\varepsilon_{\lambda1}^{B})Lc_{B}\end{aligned}$$

由此可见,输出信号 ΔA 与干扰组分 A 无关,它只正比于待测组分 B 的浓度,及消除的了 A 的干扰。

④差示分光光度法。吸光度 A 在 0.2～0.8 范围内误差最小。超出此范围,如高浓度或低浓度溶液,其吸光度测定误差较大。尤其是高浓度溶液,更适合用差示法。一般分光光度法测定选用试剂空白或溶液空白作为参比,差示法则选用一已知浓度的溶液作参比。该法的实质是相当于透光率标度放大。

差示分光光度法与一般分光光度法区别仅仅在于它采用一个已知浓度

与试液浓度相近的标准溶液作参比来测定试液的吸光度，其测定过程与一般分光光度法相同，如图 8-13 所示。然而正是由于使用了这种参比溶液，才大大提高了测定的准确度，使其可用于测定过高或过低含量的组分。

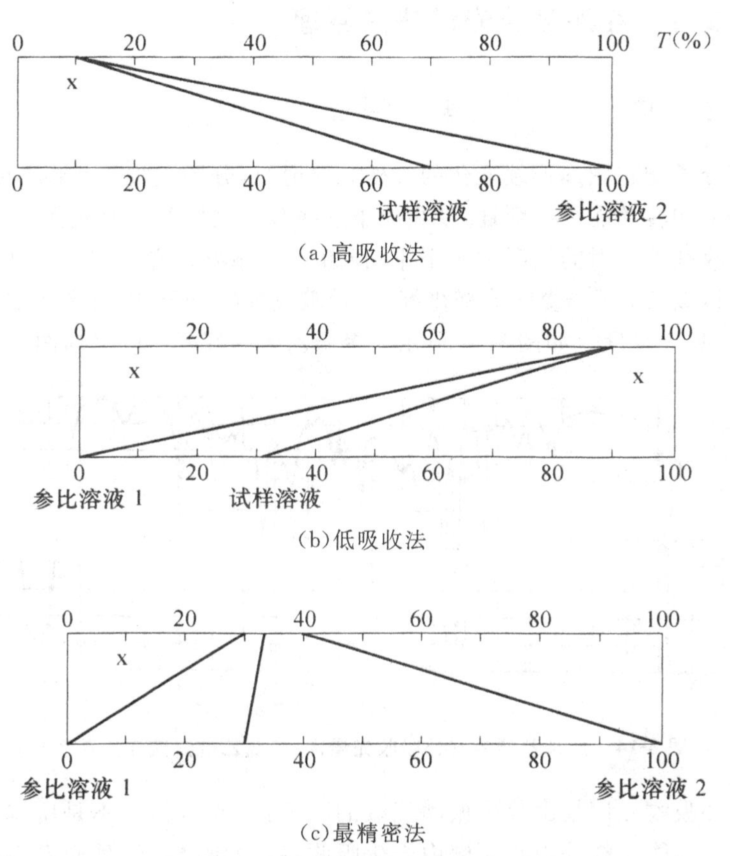

图 8-13 差示分光光度法测量的示意图

由实验测得的吸光度用式(8-1)计算。

$$\Delta A = A_s - A_x = \varepsilon b \Delta c \tag{8-1}$$

差示分光光度法常用工作曲线法来定量。以标准溶液的浓度为横坐标，以相对吸光度为纵坐标作工作曲线。测试样时，再以 c_s 为参比溶液，测得相对吸光度 ΔA，即可从曲线上找出试样的浓度 c_x。

8.2 红外吸收光谱法

红外光谱法(IR)是利用分子与红外辐射的作用，使分子产生振动和转动能级的跃迁所得到的吸收光谱，属于分子光谱与振转光谱的范畴。红外光谱法已成为分子结构鉴定的重要手段。

8.2.1 红外吸收光谱法的原理

1. 红外吸收光谱的产生

当分子受到频率连续变化的红外光照射时，分子吸收某些频率的辐射，引起振动和转动能级的跃迁，使相应于这些吸收区域的透射光强度减弱，将分子吸收红外辐射的情况记录下来，便得到红外吸收光谱图。红外吸收光谱图多以波长 λ 或波数 σ 为横坐标，表示吸收峰的位置；以透光率 T 为纵坐标，表示吸收强度。如图 8-14 所示为聚苯乙烯的红外吸收光谱图。

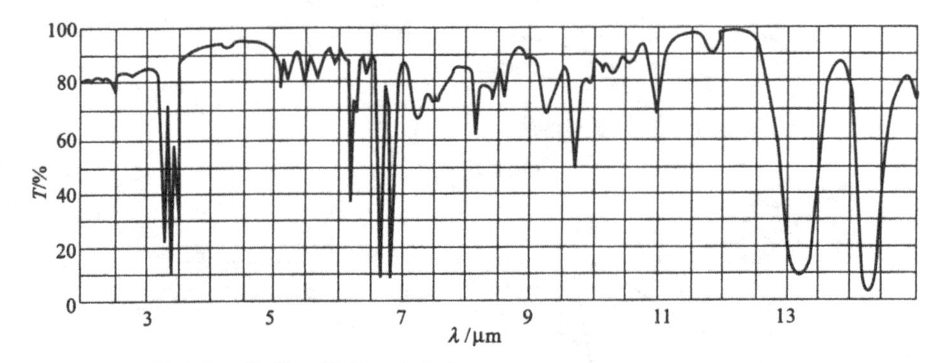

图 8-14 聚苯乙烯的红外吸收光谱图(二氯乙烷溶液流延薄膜)

红外吸收光谱是由分子振动能级的跃迁而产生，但并不是所有的振动能级跃迁都能在红外吸收光谱中产生吸收峰，物质吸收红外光发生振动和转动能级跃迁必须满足两个条件：

①红外辐射光量子具有的能量等于分子振动能级的能量差。

②分子振动时，偶极矩的大小或方向必须有一定的变化，即具有偶极矩变化的分子振动是红外活性振动，否则是非红外活性振动。

由上述可见，当一定频率的红外光照射分子时，如果分子中某个基团的振动频率和它一样，二者就会产生共振，此时光的能量通过分子偶极矩的变化传递给分子，这个基团就会吸收该频率的红外光而发生振动能级跃迁，产生红外吸收峰。

2. 双原子分子的振动

分子是由各种原子以化学键相互联结而成。如果用不同质量的小球代表原子，以不同硬度的弹簧代表各种化学键，它们以一定的次序相互联结，就成为分子的近似机械模型，这样就可以根据力学定理来处理分子的振动。

由经典力学或量子力学均可推出双原子分子振动频率的计算公式为

$$\nu=\frac{1}{2\pi}\sqrt{\frac{k}{\mu}}$$

用波数作单位时

$$\sigma=\frac{1}{2\pi c}\sqrt{\frac{k}{\mu}}\ (\mathrm{cm}^{-1}) \tag{8-2}$$

式中，k 为键的力常数，N/m；μ 为折合质量，kg，$\mu=\frac{m_1m_2}{m_1+m_2}$，其中 m_1、m_2 分别为两个原子的质量；c 为光速，3×10^8 m/s。

如果力常数 k 单位用 N/cm，折合质量 μ 以相对原子质量 M 代替原子质量 m，则式(8-2)可写成

$$\sigma=1\ 307\sqrt{k\left(\frac{1}{M_1}+\frac{1}{M_2}\right)}\ (\mathrm{cm}^{-1}) \tag{8-3}$$

根据式(8-3)可以计算出基频吸收峰的位置。

由此式可见，影响基本振动频率的直接因素是原子质量和化学键的力常数。由于各种有机化合物的结构不同，它们的原子质量和化学键的力常数各不相同，就会出现不同的吸收频率，因此各有其特征的红外吸收光谱。

3. 多原子分子的振动

(1)振动类型

双原子分子的振动只有伸缩振动一种类型，而对于多原子分子，其振动类型有伸缩振动和变形振动两类。伸缩振动是指原子沿键轴方向来回运动，键长变化而键角不变的振动，用符号 ν 表示。伸缩振动有对称伸缩振动(ν_s)和不对称伸缩振动(ν_{as})两种形式。变形振动又称为弯曲振动，是指原子垂直于价键方向的振动，键长不变而键角变化的振动，用符号 δ 表示。变形振动有面内变形振动和面外变形振动。分子振动的各种形式可以亚甲基为例说明，如图 8-15 所示。

(2)振动数目

振动数目称为振动自由度，每个振动自由度相应于红外光谱的一个基频吸收峰。一个原子在空间的位置需要 3 个坐标或自由度(x，y，z)来确定，对于含有 N 个原子的分子，则需要 $3N$ 个坐标或自由度。这 $3N$ 个自由度包括整个分子分别沿 x、y、z 轴方向的 3 个平动自由度和整个分子绕 x、

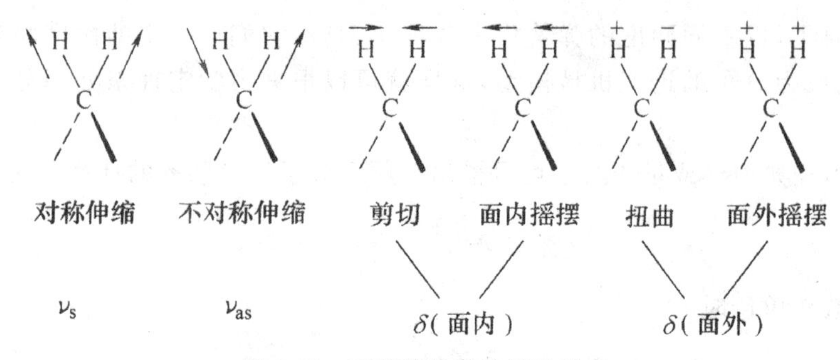

图 8-15 亚甲基的各种振动形式

+—运动方向垂直纸面向内；——运动方向垂直纸面向外

y、z 轴方向的转动自由度，平动自由度和转动自由度都不是分子的振动自由度，因此

$$振动自由度=3N-平动自由度-转动自由度$$

对于线性分子和非线性分子的转动如图 8-16 所示。可以看出，线性分子绕 y 轴和 z 轴的转动，引起原子的位置改变，但是其绕 x 轴的转动，原子的位置并没有改变，不能形成转动自由度。所以，线性分子的振动自由度为 $3N-3-2=3N-5$。非线性分子绕三个坐标轴的转动都使原子的位置发生了改变，其振动自由度为 $3N-3-3=3N-6$。

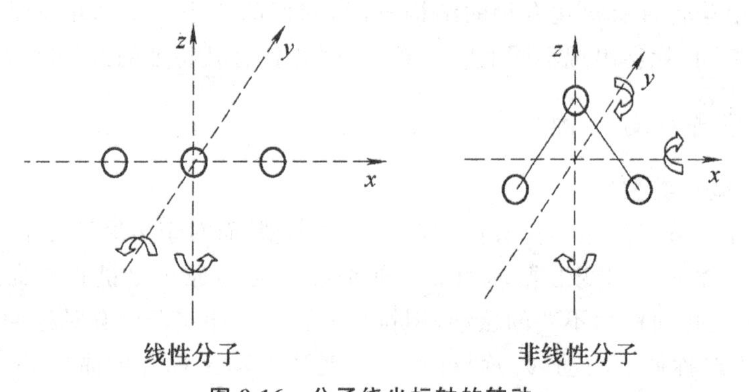

图 8-16 分子绕坐标轴的转动

从理论上讲，计算得到的一个振动自由度应对应一个红外基频吸收峰。但是，在实际上，常出现红外图谱的基频吸收峰的数目小于理论计算的分子自由度的情况。

分子吸收红外辐射由基态振动能级($\nu=0$)向第一振动激发态($\nu=1$)跃迁产生的基频吸收峰，其数目等于计算得到的振动自由度。但是有时测得的红外光谱峰的数目比振动自由度多，这是由于红外光谱吸收峰除了基频峰外，还有泛频峰存在，泛频峰是倍频峰、和频峰和差频峰的总称。

①倍频峰。由基态振动能级($\nu=0$)跃迁到第二振动激发态($\nu=2$)产生的二倍频峰和由基态振动能级($\nu=0$)跃迁到第三振动激发态($\nu=3$)产生的三倍频峰。三倍频峰以上,因跃迁概率很小,一般都很弱,常常观测不到。

②和频峰。红外光谱中,由于多原子分子中各种振动形式的能级之间存在可能的相互作用,如果吸收的红外辐射频率为两个相互作用基频之和,就会产生和频峰。

③差频峰。如果吸收的红外辐射频率为两个相互作用基频之差,就会产生差频峰。

实际测得的基频吸收峰的数目比计算的振动自由度少的原因如下:

①具有相同波数的振动所对应的吸收峰发生了简并。

②振动过程中分子的瞬间偶极矩不发生变化,无红外活性。

③仪器的分辨率和灵敏度不够高,对一些波数接近或强度很弱的吸收峰,仪器无法将之分开或检出。

④仪器波长范围不够,有些吸收峰超出了仪器的测量范围。

4. 红外吸收峰强度

红外吸收峰的强度一般按摩尔吸收系数 κ 的大小划分为很强(vs)、强(s)、中(m)、弱(w)、很弱(vw)等,具体见表 8-1。由表可知,红外吸收光谱的 ε 要远远低于紫外-可见吸收光谱的 κ,说明与紫外-可见光谱法相比,红外吸收光谱法的灵敏度较低。

表 8-1　吸收峰强度

峰强度	vs	s	m	w	ws
κ/[L/(mol·cm)]	>200	200～75	75～25	25～5	<5

红外吸收峰的强度主要取决于振动能级跃迁的概率和振动过程中偶极矩变化的大小,影响红外吸收峰强度的因素主要有跃迁的类型、基团的极性、被测物的浓度、分子振动时的偶极矩等。

(1)跃迁的类型

振动能级跃迁的概率与振动能级跃迁的类型有关。因此,振动能级跃迁的类型影响红外吸收峰的强度。一般规律是:由 $\nu=0\rightarrow\nu=1$ 产生的基频峰较强,而由 $\nu=0\rightarrow\nu=2$ 或 $\nu=0\rightarrow\nu=3$ 产生的倍频峰较弱;不对称伸缩振动对应的吸收峰的强度大于对称伸缩振动对应的吸收峰的强度;伸缩振动对应的吸收峰的强度大于变形振动所对应的吸收峰的强度。

(2)基团的极性

一般说来，振动能级跃迁过程中偶极矩变化的大小与跃迁基团的极性有关，基团极性大，偶极矩变化就大，因此极性较强基团吸收峰的强度大于极性较弱基团的吸收峰的强度，如 C=O 和 C=C，与 C=O 对应的吸收峰的强度明显大于与 C=C 对应的吸收峰的强度。

(3)被测物的浓度

吸收峰的强度还与样品中被测物的浓度有关，浓度越大，吸收峰的强度越大。

(4)分子振动时的偶极矩

根据量子力学理论，红外吸收峰的强度与分子振动时偶极矩变化的平方成正比。因此，振动偶极矩变化越大，吸收强度越强。例如，同是不饱和双键的 C=O 基和 C=C 基。前者吸收是非常强的，常常是红外光谱中最强的吸收带，而后者的吸收则较弱，甚至在红外光谱中时而出现，时而不出现。这是因为 C=O 基中氧的电负性大，在伸缩振动时偶极矩变化很大，因而使 C=O 基跃迁概率大；而 C=C 双键在伸缩振动时，偶极矩变化很小。一般极性较强的分子或基团吸收强度都比较大；反之，则弱。例如，C=C、C≡N、C—C、C—H 等化学键的振动吸收强度都较弱；而 C=O、Si—O、C—Cl、C—F 等的振动，其吸收强度就很强。

值得指出的是，即使强极性基团的红外振动吸收带，其强度也要比紫外-可见光区最强的电子跃迁小 2～3 个数量级。

8.2.2 红外吸收光谱仪

红外吸收光谱仪由辐射源、吸收池、单色器、检测器及记录仪等主要部件组成，从分光系统可分为固定波长滤光片、光栅色散、傅里叶变换、声光可调滤光器和阵列检测五种类型。下面主要介绍光栅色散型红外吸收光谱仪和傅里叶变换红外吸收光谱仪两种。

1. 光栅色散型红外吸收光谱仪

光栅色散型红外吸收光谱仪最常见的是双光束自动扫描仪，其结构如图 8-17 所示。

光栅色散型红外吸收光谱仪的主要结构与紫外-可见分光光度计相似，但各部件的结构、所用材料及性能等与紫外-可见分光光度计不同，由于红外线与紫外-可见光性质不同，红外吸收光谱仪与可见-紫外分光光度计在光源、透光材料及检测器等方面也有很大差异。

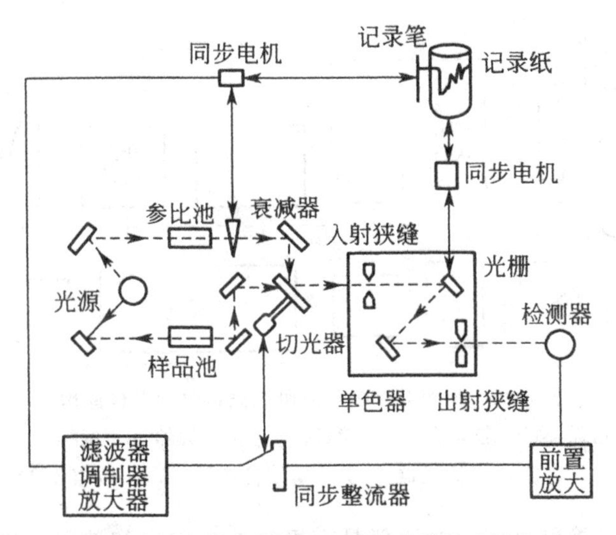

图 8-17　光栅色散型双光束红外吸收光谱仪

由光源发射出的红外线经铝镜反射后得到两束强度相等的平行光，分别通过样品池和参比池。然后由切光器交替地通过入射狭缝进入单色器，在单色器中，连续的辐射光被光栅(或棱镜)色散后，经准直镜、出射狭缝，再交替地到达检测器。扫描电机控制光栅的转动感角度，使色散光按照频率或者波数由高到低通过出射狭缝，聚焦在检测器上。如果样品对某一波长的红外线没有吸收，两束光强度相同，检测器上就没有信号输出；如果样品有吸收，样品光束被减弱，两束光强度不等，则样品的吸收破坏两束光的平衡，检测器就有信号输出，这种信号经放大后被记录到与频率或者波数同步转动的记录纸上，就得到物质的红外吸收光谱图。

光栅色散型红外吸收光谱仪完成一次样品的测定需要时间较长，约为 10 min，另外，其仪器的分辨率也较低，并不适合与光栅色谱等其他分析仪器联用。

2. 傅里叶变换红外吸收光谱仪

傅里叶变换红外吸收光谱仪是 20 世纪 70 年代出现了一种新型的红外吸收光谱仪。它没有单色器，主要由光源、迈克尔逊干涉仪、检测器和计算机等组成。傅里叶变换红外吸收光谱仪与光栅色散型红外吸收光谱仪的工作原理有很大的不同。如图 8-18 所示，光源发出的红外辐射，经干涉仪转变成干涉光，通过试样后得到含试样结构信息的干涉图，由计算机采集，经过快速傅里叶变换得到透光率或吸光度随波数或频率变化的红外吸收光谱图。

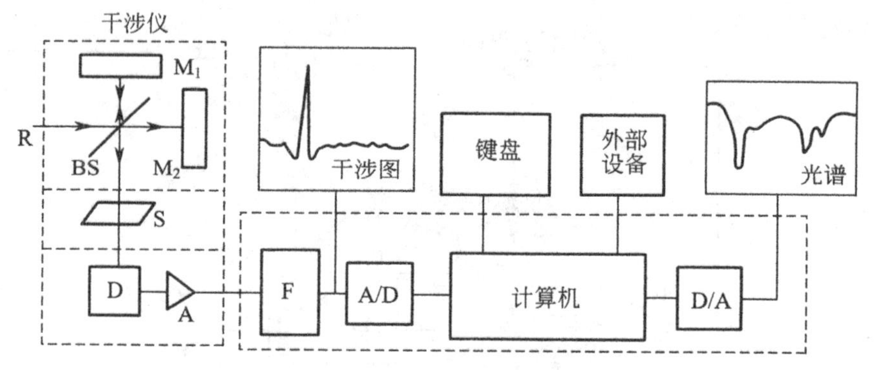

图 8-18 傅里叶变换红外吸收光谱仪的工作原理

R—红外光源；M_1—定镜；M_2—动镜；BS—光束分裂器；S—试样；D—检测器；A—放大器；F—滤光器；A/D—模数转换器；D/A—数模转换器

傅里叶变换红外吸收光谱仪具有极高的分辨率和波数精度，扫描速度快，光谱范围宽，灵敏度高，操作方便，因而得到迅速的发展和应用，已有逐渐取代光栅色散型红外吸收光谱仪的趋势。

8.2.3 红外吸收光谱法的应用

1. 定性分析

(1)已知物的鉴定

对于结构简单的化合物可将试样的谱图与标准的谱图进行对照，或者与文献上的谱图进行对照。若两张谱图各吸收峰的位置和形状完全相同，峰的相对强度一样，则可认为样品与该种标准物为同一化合物。若两张谱图不一样，或峰位不一致，则说明两者不是同一种化合物，或样品中可能含有杂质。

在操作过程中需要注意的是，试样与标准物要在相同的条件下完成测定，如处理方式、测定所用的仪器试剂以及测定的条件等。若测定的条件不同，测定结果也可能会大打折扣。若采用计算机谱图检索，则采用相似度来判别。使用文献上的谱图时应当注意试样的物态、结晶状态、溶剂、测定条件以及所用仪器类型均应与标准谱图相同。

(2)未知物的结构鉴定

红外吸收光谱是确定未知物结构的重要手段。在定性分析过程中，首先要获得清晰可靠的图谱，然后就是对谱图做出正确的解析。所谓谱图的解析，就是根据实验所测绘的红外光谱图的吸收峰位置、强度和形状，利用基团振动频率与分子结构的关系来确定吸收带的归属，确认分子中所含的基团或化学键，进而推定分子的结构。简单地说，就是根据红外光谱所提供的信息，正确地把化合物的结构“翻译”出来。图谱解析通常经过以下几个步骤。

①收集、了解样品的有关数据及资料。如对样品的来源、制备过程、外观、纯度、经元素分析后确定的化学式以及诸如熔点、沸点、溶解性质、折射率等物理性质做较为全面透彻的了解，以便对样品有个初步的认识或判断，有助于缩小化合物的范围。

②计算未知物的不饱和度。由元素分析结果或质谱分析数据可确定分子式，并求出不饱和度 U。

$$U=1+n_4+\frac{n_3-n_1}{2}$$

式中，n_4、n_3 和 n_1 分别为四价（如 C、Si）、三价（如 N、P）和一价（如 H、F、Cl、Br、I）原子的数目。二价原子如 S、O 等不参加计算。如果计算 $U=0$，表示分子是饱和的，应为链状烃及不含双键的衍生物；$U=1$，可能有一个双键或一个脂环；$U=2$，可能有两个双键或两个脂环，也可能有一个三键；$U=4$，可能有一个苯环或一个吡啶环，以此类推。

(3)红外吸收光谱图的解析

光谱解析前应尽可能排除“假峰”，即克里式丁生效应、干涉条纹、外界气体、光学切换等因素和“鬼峰”（H_2O、CO_2、溴化钾中的杂质盐 KNO_3、K_2SO_4、残留 CCl_4、容器的萃取物等）的干扰。还要注意试样的晶型，并排除无机离子吸收峰的干扰。

红外吸收光谱图的解析应按照由简单到复杂的顺序。通常会采用四先四后的原则：先官能团区后指纹区；先强峰后弱峰；先否定后肯定；先粗查再细找。图谱解析一般先从基团频率区的最强谱带入手，推测未知物可能含有的基团，判断不可能含有的基团。再从指纹区的谱带来进一步验证，找出可能含有基团的相关峰，用一组相关峰来确认一个基团的存在。对于简单化合物，确认几个基团之后，便可初步确定分子结构，然后查对标准谱图核实。

2. 定量分析

气体、液体和固体样品都可用红外吸收光谱法进行定量分析，红外光谱法定量分析是依据朗伯-比尔定律，通过对特征吸收谱带强度的测量来求出组分含量。与紫外吸光度的测量相比，红外吸光度测量的偏差较大，这是由于其更易发生对比尔定律偏离的缘故。因为红外吸收的谱带较窄，而红外检测器的灵敏度较低，测量时需增大狭缝，结果使测量的单色性变差，因此测量吸光度时就会发生对吸收定律的偏离。另一个原因是由于红外光谱测量中一般不使用参比试样，因此无法抵消参比池窗面上的反射、溶剂的吸收和散射，以及样品池窗的吸收和散射所造成的光强度的损失。

在红外光谱定量测定中，通常应在谱图中选取待测组分强度较大、干扰较小的吸收峰作为测定的对象，然后用基线法来求其吸光度，它的原理如图8-19所示。

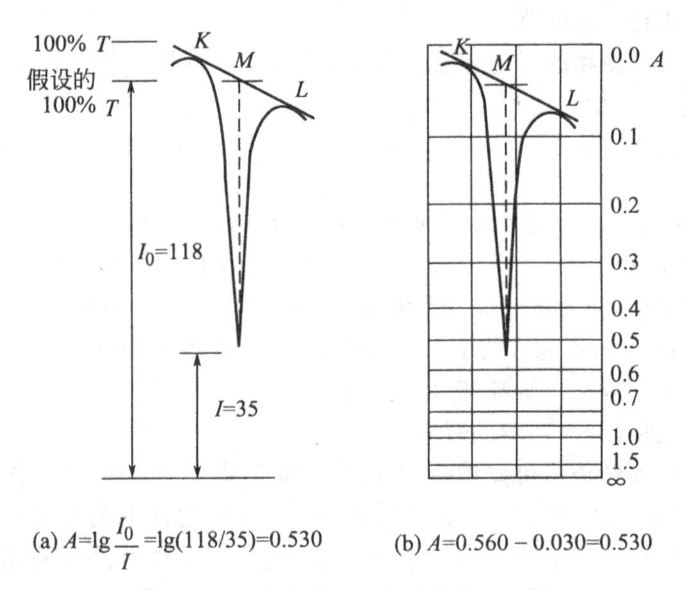

(a) $A=\lg\frac{I_0}{I}=\lg(118/35)=0.530$　　(b) $A=0.560-0.030=0.530$

图 8-19　红外光谱吸光度的基线法测量

测量时，不用参比，并假定溶剂在试样吸收峰两肩部的吸光度是保持不变的。在透光度线性坐标的图谱上选择一个适当的被测物质的吸收谱带。在这个谱带的波长范围内，溶剂及试样中其他组分应该没有吸收谱带与其重叠，也就是背景吸收是常数或呈线性变化。画一条与吸收谱带两肩相切的线 KL 作为基线，峰值波长处的垂线和这一基线相交于 M 点。

令 M 点处的透光度值为 I_0，峰值处的透光度值为 I，则这一波长处的吸光度为

$$A=\lg\frac{I_0}{I}$$

定量分析方法可以采用标准曲线法、比例法、差示法、解联立方程法等。

(1)标准曲线法

在固定液层厚度及入射光的波长和强度的情况下，测定一系列不同浓度标准溶液的吸光度，以对应分析谱带的吸光度为纵坐标，标准溶液浓度为

横坐标作图，得到一条通过原点的直线，该直线为标准曲线。在相同条件下测得试液的吸光度，从标准曲线上可查得试液的浓度。

(2)比例法

标准曲线法的样品和标准溶液都使用相同厚度的液体吸收池，且其厚度可准确测定。当其厚度不定或不易准确测定时，可采用比例法。它的优点在于不必考虑样品厚度对测量的影响，这在高分子物质的定量分析上应用较普遍。

比例法主要用于分析二元混合物中两个组分的相对含量。对于二元体系，若两组分定量谱带不重叠，则

$$R=\frac{A_1}{A_2}=\frac{a_1bc_1}{a_2bc_2}=\frac{a_1c_1}{a_2c_2}=K\frac{c_1}{c_2}$$

因 $c_1+c_2=1$，故

$$c_1=\frac{R}{K+R},c_2=\frac{K}{K+R}$$

式中，$K=a_1/a_2$，是两组分在各自分析波数处的吸收系数之比，可由标准样品测得；R 是被测样品二组分定量谱带峰值吸光度的比值，由此可计算出两组分的相对含量 c_1 和 c_2。

(3)差示法

该法可用于测量样品中的微量杂质，例如，有两组分 A 和 B 的混合物，微量组分 A 的谱带被主要组分 B 的谱带严重干扰或完全掩蔽，可用差示法来测量微量组分 A。很多红外光谱仪中都配有能进行差谱的计算机软件功能，对差谱前的光谱采用累加平均处理技术，对计算机差谱后所得的差谱图采用平滑处理和纵坐标扩展，可以得到十分优良的差谱图。

(4)解联立方程法

在处理二元或三元混合体系时，由于吸收谱带之间相互重叠，特别是在使用极性溶剂时所产生的溶剂效应，使选择孤立的吸收谱带有困难，此时可采用解联立方程的方法求出各个组分的浓度。

第9章 色谱分析法

9.1 气相色谱法

气相色谱法(GC)是一种以气体为流动相的柱色谱分离分析方法,它又可分为气-固色谱法和气-液色谱法。它的原理简单,操作方便。在全部色谱分析的对象中,约20%的物质可用气相色谱法分析。气相色谱法具有分离效率高、灵敏度高、分析速度快及应用范围广等特点。

9.1.1 气相色谱法的分离原理

气相色谱的流动相一般为惰性气体,气-固色谱法中的固定相通常为表面积大且具有一定活性的吸附剂。当多组分的混合物样品进入色谱柱后,由于吸附剂对每个组分的吸附力不同,一段时间后,各组分在色谱柱中的运行速度也就不同。吸附力弱的组分容易被解吸下来,最先离开色谱柱进入检测器,而吸附力最强的组分最不容易被解吸下来,因此最后离开色谱柱。各组分在色谱柱中彼此分离,顺序进入检测器中被检测、记录下来。

气-液色谱中,以均匀涂在载体表面的液膜为固定相,这种液膜对各种有机物都具有一定的溶解度。当样品被载气带入柱中到达固定相表面时,就会溶解在固定相中。当样品中含有多个组分时,由于它们在固定相中的溶解度不同,一段时间后,各组分在柱中的运行速度也就不同。溶解度小的组分先离开色谱柱,溶解度大的组分后离开色谱柱。这样,各组分在色谱柱中彼此分离,再顺序进入检测器中被检测、记录下来。

9.1.2 气相色谱仪

气相色谱仪通常由载气源、进样器、色谱柱与柱温箱、检测器和数据处理系统构成,如图9-1所示。进样器、柱温箱和检测器分别具有温控装置,可达到各自的设定温度。最简单的数据处理系统是记录仪,现代数据处理系统是由计算机和专用色谱软件组成的工作站，它不仅能存储各种色谱数据，计算测定结果，打印图谱及报告，还能控制色谱仪的各种实验条件。

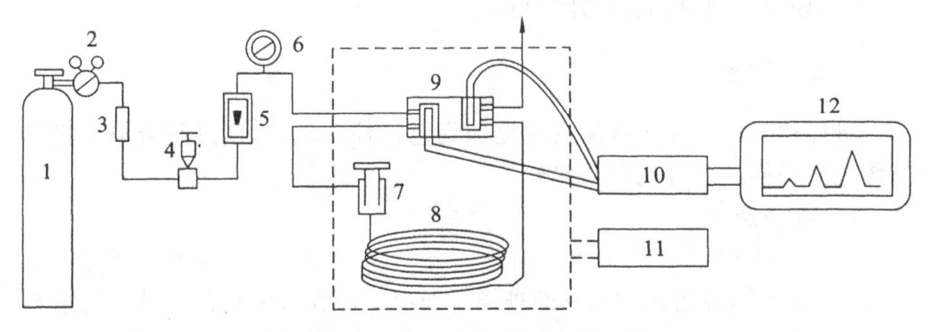

图 9-1　气相色谱仪的示意图

1—载气瓶；2—压力调节器；3—净化器；4—稳压阀；5—转子流量计；
6—压表；7—进样器(汽化室)；8—色谱柱；9—检测器；
10—放大器；11—温控系统；12—记录仪

待气相色谱仪达到设定的条件并稳定后，即可进样。样品溶液用微量注射器吸取，注入进样器。样品蒸气被载气带入色谱柱进行分离，分开后的各组分经过检测器产生相应的信号，再放空。信号放大后被存储或绘图，得到以时间为横坐标、信号为纵坐标的气相色谱图。

根据各部分的功能，气相色谱仪可分为气路系统、进样系统、分离系统、温度控制系统、检测系统和记录系统等六大系统。组分能否分离，色谱柱是关键；分离后的组分能否产生信号则取决于检测器的性能和种类，它是色谱仪的“眼睛”。所以分离系统和检测系统是核心。

1. 气路系统

气路系统是一个载气连续运行、管路密闭的系统。载气的纯度、流速对检测器的灵敏度、色谱柱的分离效能均有很大影响。气路系统包括气源、气体净化、气体流速控制和测量。其作用是将载气及辅助气进行稳压、稳流和净化，以提供稳定而可调节的气流以保证气相色谱仪的正常运转。

氮气、氢气、氦气和氩气等为常用的载气，实际应用中载气的选择主要根据检测器的特性来决定。这些气体一般由高压钢瓶供给，纯度要求在99.99%以上。市售的钢瓶气如纯氮、纯氢等往往含有水分等其他杂质，需要纯化。常用的纯化方法是使载气通过一个装有净化剂的净化器来提高气体的纯度。硅胶、分子筛的作用是除去载气中的水分，活性炭吸附载气中的烃类等大分子有机物。

载气流速的稳定性、准确性同样对测定结果有影响。载气流速范围常选在 30～100 mL/min 之间，流速稳定度要求小于 1%，用气流调节阀来控制流速，如稳压阀、稳流阀、针形阀等。

2. 进样系统

进样就是把试样快速而定量地加到色谱柱上端，以便进行分离。进样系统包括进样器和气化室两部分。

(1)进样器

液体试样用微量注射器进样。对于气态试样，除了可用注射器(如50，100 mL)外，还可用六通阀的进样。如图 9-2 所示为旋转六通阀的示意图。当阀处于位置(a)时，流动相直接引入柱中，试样环管 ACB 充有试样。把阀转过 45°处于位置(b)时，则使流动相通过试样环管携带试样进入柱中。该法进样重现性较好，体积相对误差较小，使用时可将六通阀接入图 9-2 所示的连接管处。

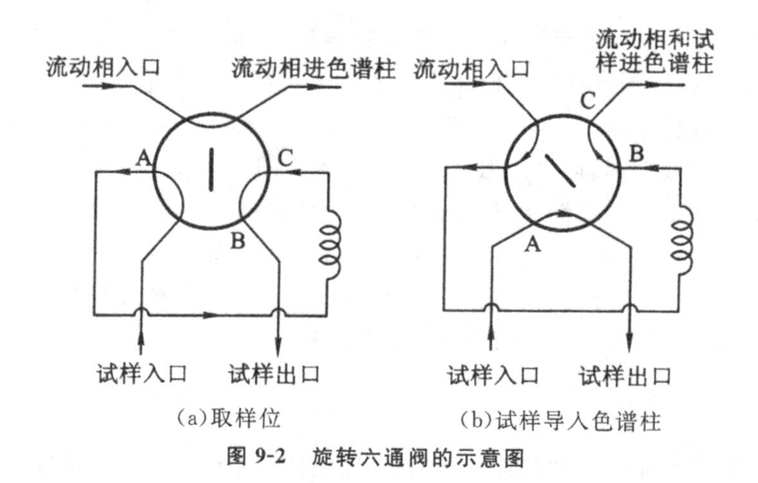

图 9-2 旋转六通阀的示意图

(2)气化室

气化室的作用是将液体试样迅速、完全气化。对气化室的要求是密封性好、体积小、热容量大、对试样无催化效应。简单的气化室就是一段金属管，外套加热块。设计良好的气化室，管内衬有玻璃管。气化室的进样口用硅橡胶垫片密封，由散热式压盖压紧(图 9-3)。

3. 分离系统

分离系统主要由色谱柱构成，是气相色谱仪的心脏。分离系统的功能是使试样在色谱柱内运行的同时得到分离。试样中各组分分离的关键，主要取决于色谱柱的效能和选择性。色谱柱中的固定相是色谱分离的关键部分。

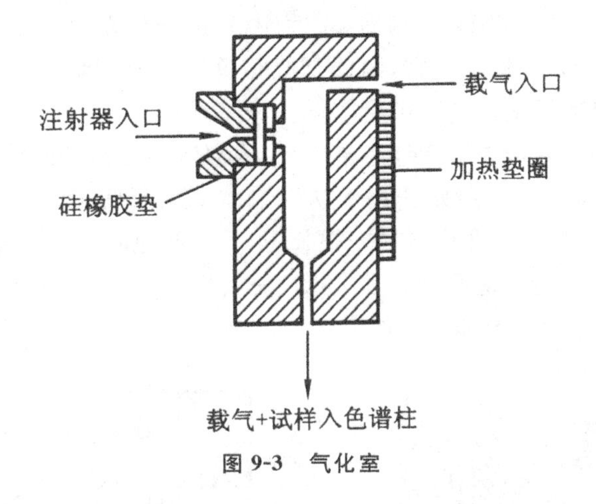

图 9-3 气化室

4. 温度控制系统

色谱柱恒温箱、气化室和检测器都需要加热和控温。因各部分要求的温度不同,故需要三套温控装置。通常情况下,气化室温度比色谱柱恒温箱温度高 10～30℃,以保证试样能瞬间气化;检测器温度与色谱柱恒温箱温度相同或稍高于后者,以免试样组分在检测室内冷凝。

气相色谱操作的最重要的参数之一是柱温,它与柱效和分离度都直接相关。良好的柱温控制对毛细管色谱柱更为重要,毛细管色谱柱的柱径细,对温度变化更为敏感。操作时根据被测试样的具体情况设定柱温。最高柱温应低于固定液最高使用温度 20～50℃,以防固定液流失。

恒温操作常用于一个或几个组分的分析。分析周期内柱温保持在某一恒定温度。在保证被测组分充分分离的前提下,尽量设定较高柱温,以缩短分析时间。

程序升温用于组分沸点范围很宽的试样。所谓程序升温,是指每一个分析周期内柱温连续由低温向高温有规律地变化。柱温变化可根据试样具体情况设计,可以是线性的变化,也可是非线性的变化。

5. 检测系统

检测器可将各分离组分及其浓度的变化以易于测量的电信号显示出来,从而进行定性、定量分析。实际上,检测器是与色谱柱联用的测试装置。色谱柱只进行分离,如果不进行检测就达不到分析的目的,所以检测器在色谱分析中占有重要地位。

(1)热导池检测器

热导池检测器(TCD)结构简单、性能稳定、线性范围宽,对无机物及有机物均有响应,而且价格便宜,因此是气相色谱中应用最广泛、最成熟的一种检测器。其主要缺点是灵敏度较低。

热导池由池体和热敏元件组成,可分为双臂热导池和四臂热导池两种,分别如图 9-4(a)和(b)所示。在不锈钢池体上钻有两个或四个大小相同、形状完全对称的孔道,孔内各装一根长短、粗细和电阻值完全相同的金属丝作热敏元件。为提高检测器的灵敏度,一般选用电阻率高、电阻温度系数(即温度每变化 1℃,导体电阻的变化值)大的钨丝、铼钨丝作热敏元件。

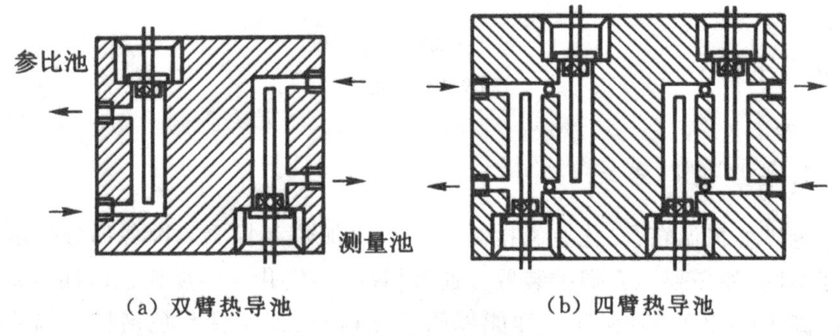

(a) 双臂热导池　　(b) 四臂热导池

图 9-4　热导池的示意图

用两根金属丝作热敏元件的称为双臂热导池,一臂为参比池,另一臂为测量池,此两臂由两个等值的固定电阻组成电桥。用四根金属丝作热敏元件的称为四臂热导池,其中两臂是参比池,另两臂是测量池,四臂组成电桥。

热导池检测器的工作原理如图 9-5 所示。

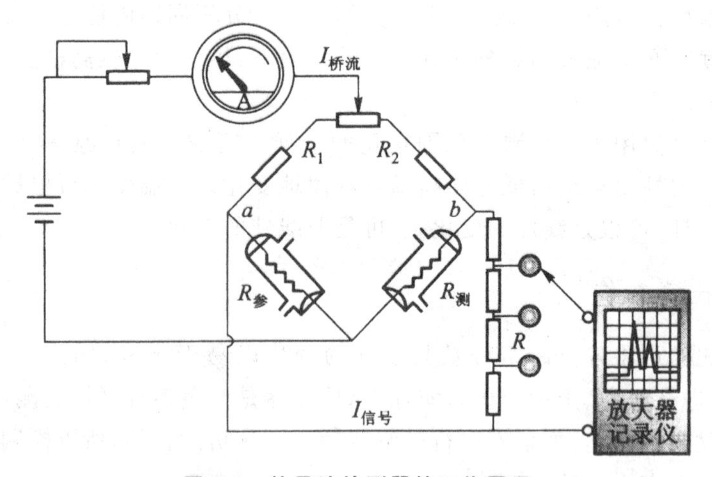

图 9-5　热导池检测器的工作原理

进样前，钨丝通电，加热与散热达到平衡后，两臂电阻值为 $R_{参}=R_{测}$，$R_1=R_2$，则

$$R_{参}R_2=R_{测}R_1$$

此时桥路中无电压信号输出，记录仪走直线（基线）。

进样后，载气携带试样组分流过测量池（臂），而此时参考池（臂）流过的仍是纯载气，试样组分使测量池（臂）的温度改变，引起电阻的变化，测量池（臂）和参考池（臂）的电阻值不等，产生电阻差，$R_{参}\neq R_{测}$，则

$$R_{参}R_2\neq R_{测}R_1$$

这时电桥失去平衡，两端存在着电势差，有电压信号输出。信号与组分浓度相关。记录仪记录下组分浓度随时间变化的峰状图形。

(2)氢火焰离子化检测器

氢火焰离子化检测器（FID）简称氢焰检测器。它具有灵敏度高、死体积小、响应快、线性范围宽、稳定性好、定量准确、结构不复杂等优点。它的灵敏度一般较热导池检测器高出近 3 个数量级，能够检测 μg/mL 级的痕量物质，是目前常用的检测器之一。但它仅对有机物有响应，而对无机物、永久性气体和水等基本上无响应，所以很适合于水中和大气中痕量有机物的分析。

氢焰检测器主要部件是离子室，一般用不锈钢制成。在离子室的下部，有气体入口、火焰喷嘴、一对电极——发射极（阴极）和收集极（阳极）和外罩。氢焰检测器的结构如图 9-6 所示。

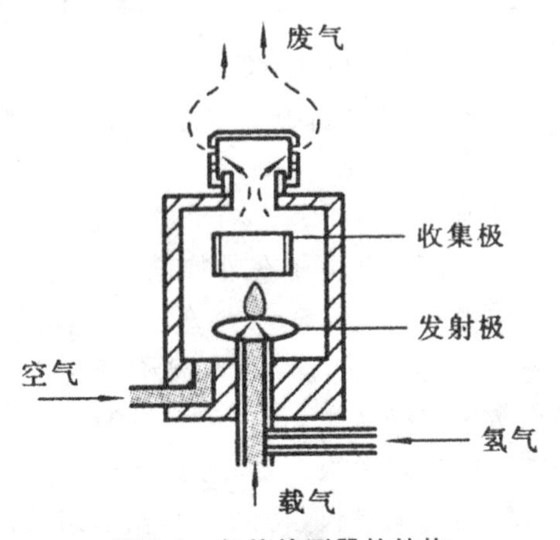

图 9-6　氢焰检测器的结构

在发射极和收集极之间加有一定的直流电压（100～300 V）构成一个外加电场。氢焰检测器需要用到三种气体：N_2 作为载气携带试样组分；H_2 作为燃气；空气作为助燃气。使用时需要调整三者的比例关系，使检测器灵

敏度达到最佳。

氢焰检测器的工作原理如图 9-7 所示。其中，A 区为预热区，B 区为点燃火焰，C 区为热裂解区(温度最高)；D 区为反应区。

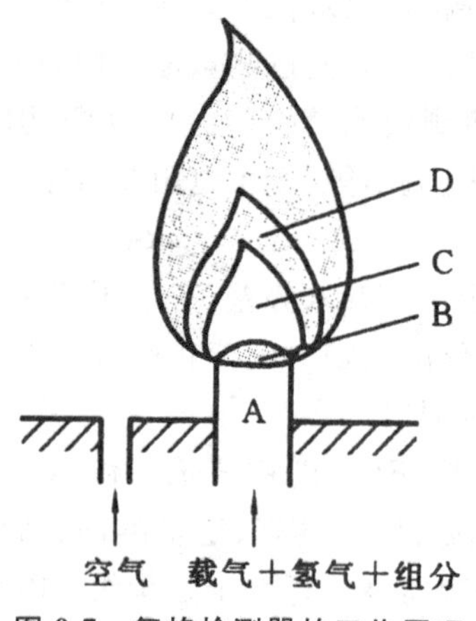

图 9-7　氢焰检测器的工作原理

检测器工作步骤如下所示。

①当含有机物 C_nH_m 的载气由喷嘴喷出进入火焰时，在 C 区发生裂解反应产生自由基，反应式如下：

$$C_nH_m \longrightarrow \cdot CH$$

②产生的自由基在 D 区火焰中与外面扩散进来的激发态原子氧或分子氧发生反应，反应式如下：

$$\cdot CH + O \longrightarrow CHO^+ + e^-$$

③生成的正离子 CHO^+ 与火焰中大量水分子碰撞而发生分子离子反应，反应式如下：

$$CHO^+ + H_2O \longrightarrow H_3O^+ + CO$$

④化学电离产生的正离子和电子在外加恒定直流电场的作用下分别向两极定向运动而产生微电流($10^{-16} \sim 10^{-14}$ A)。

⑤在一定范围内，微电流的大小与进入离子室的被测组分质量成正比，所以氢焰检测器是质量型检测器。

⑥组分在氢焰中的电离效率很低，大约五十万分之一的碳原子被电离。

⑦离子电流信号输出到记录仪，得到峰面积与组分质量成正比的色谱流出曲线。

(3)火焰光度检测器

火焰光度检测器是对含硫、磷的有机化合物具有高度选择性和高灵敏度的检测器，因此也叫作硫磷检测器。它是根据含硫、含磷化合物在富氢-空气火焰中燃烧时，将发射出不同波长的特征辐射(图 9-8)的原理设计而成。

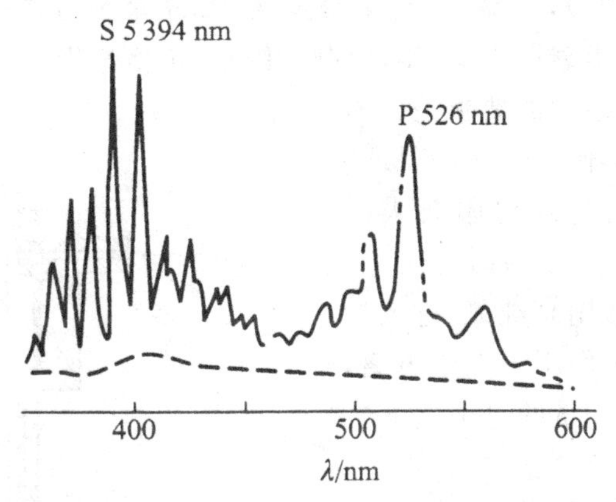

图 9-8　硫、磷化合物的特征发射光谱

火焰光度检测器实际上就是一台简单的火焰发射光度计。由火焰喷嘴、滤光片和光电倍增管三部分组成(图 9-9)。

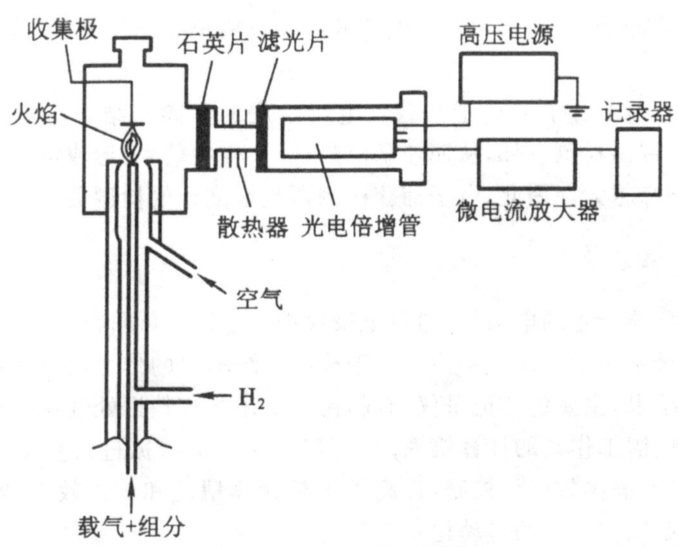

图 9-9　火焰光度检测器

(4)电子捕获检测器

电子捕获检测器(ECD)在应用上是仅次于热导池和氢火焰的检测器。它只对具有电负性的物质有响应，如含有卤素、硫、磷、氮的物质有响应，且电负性越强，检测器灵敏度越高。其最小检测浓度可达 10^{-14} g/mL。

在检测器的池体内(图 9-10)，装有一个圆筒状的 β 射线放射源作为负极，以一个不锈钢棒作为正极，在两极施加直流电或脉冲电压。通常用氚

(^{3}H)或镍的同位素^{63}Ni作为放射源。前者灵敏度高,安全易制备,但使用温度较低(<190℃),寿命较短,半衰期为12.5年。后者可在较高的温度(350℃)下使用,半衰期为85年,但制备困难,价格昂贵。

对该检测器结构的要求是气密性好,保证安全;绝缘性好,两极之间和电极对地的绝缘电阻要大于500 MΩ;池体积小,响应时间快。

当载气(通常用高纯氮)进入检测室,在β射线的作用下发生电离,产生正离子和低能量的电子:

$$N_2 \longrightarrow N_2^{+} + e^{-}$$

生成的正离子和电子在电场作用下分别向两极运动,形成恒定的电流,称为基流。当含电负性强的元素的物质AB进入检测器时,就会捕获这些低能电子,产生带负电荷的分子或离子并释放出能量:

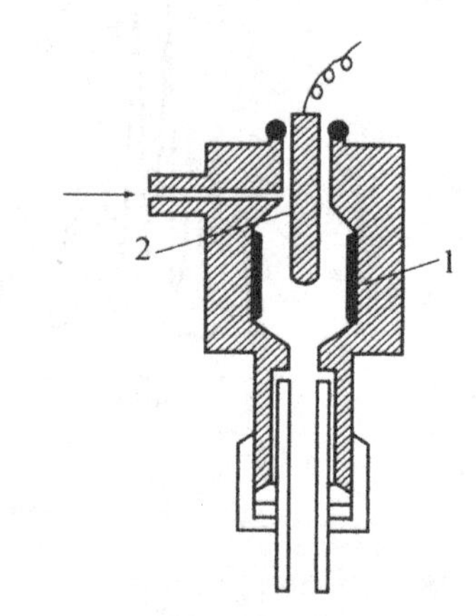

图 9-10 电子捕获检测器的结构示意图

$$AB + e^{-} \longrightarrow AB^{-} + e$$

带负电荷的分子或离子和载气电离生成的正离子结合生成中性化合物,被载气带出检测室外,从而使基流降低,产生负信号,形成倒峰。组分浓度越高,倒峰越大。因此,电子捕获检测器是浓度型的检测器。

6. 记录系统

由检测器产生的电信号,通过记录仪进行记录,以便得到一张永久的色谱图。记录系统的作用是采集并处理检测系统输出的信号以及显示和记录色谱分析结果,主要包括记录仪,有的色谱仪还配有数据处理器。现代色谱仪多采用色谱工作站的计算机系统,不仅可对色谱数据进行自动处理和记录,还可对色谱参数进行控制,提高了定量计算精度和工作效率,实现了色谱分析数据操作处理的自动化。

9.1.3 气相色谱法的应用

1. 在药物分析方面的应用

许多中西成药在提纯浓缩后可以在衍生化后进行分析,主要有镇定催眠药物、兴奋剂、抗生素等。如图9-11所示为某镇定剂的分析色谱图。

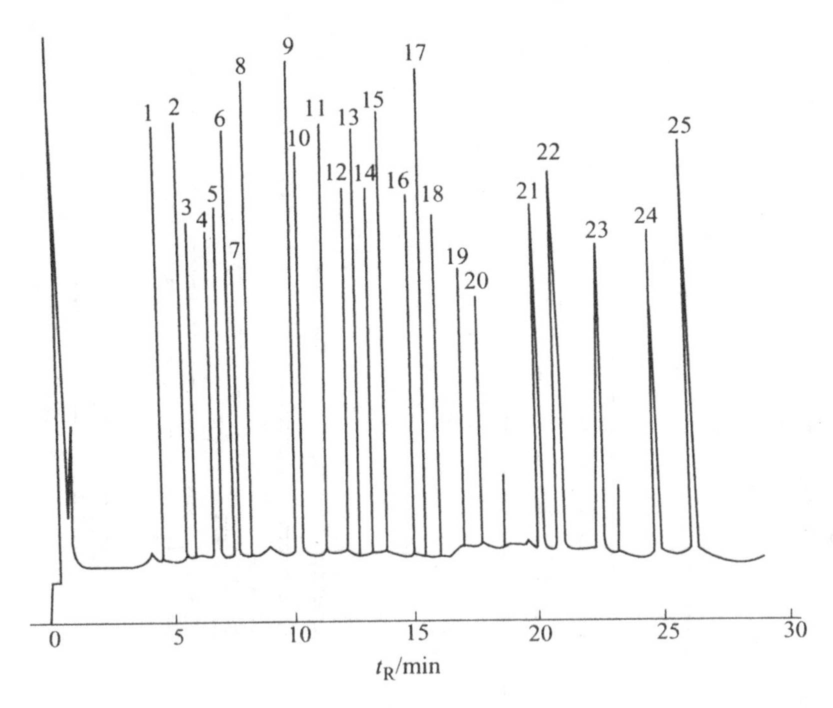

图 9-11　某镇定剂的分析色谱图

色谱峰：1—巴比妥；2—二丙烯巴比妥；3—阿普巴比妥；4—异戊巴比妥；5—戊巴比妥；6—司可巴比妥；7—眠尔通；8—导眠能；9—苯巴比妥；10—环巴比妥；11—美道明；12—安眠酮；13—丙咪嗪；14—异丙嗪；15—丙基解痉素（内标）；16—舒宁；17—安定；18—氯丙嗪；19—3－羟基安定；20—三氟拉嗪；21—氟安定；22—硝基安定；23—利眠宁；24—三唑安定；25—佳静安定

色谱柱：SE-54

2. 在食品卫生方面的应用

气相色谱可用于测定食品中的各种组分、食品添加剂以及食品中的污染物，尤其是农药残留。如图 9-12 所示为有机氯农药色谱图。

3. 在环境保护方面的应用

气相色谱法能够测定大气污染物中卤化物、硫化物、氮化物、芳香烃化合物和水中的可溶性气体、农药、酚类、多卤联苯等。如图 9-13 所示为水中常见有机溶剂的分离分析色谱图。

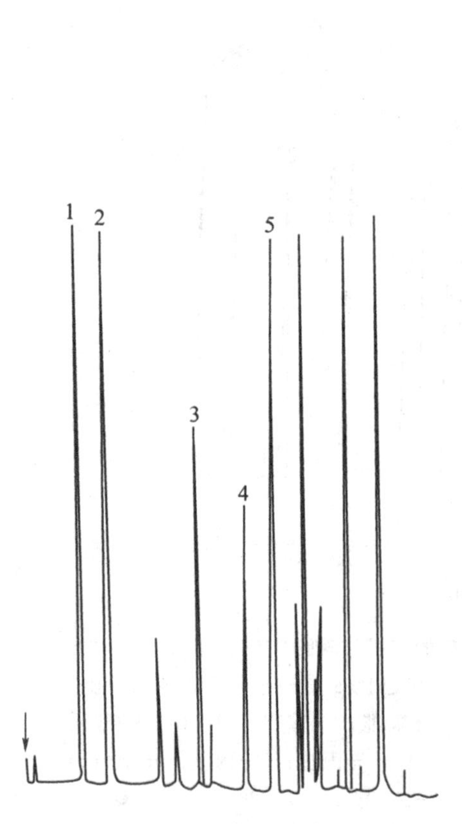

图 9-12　有机氯农药色谱图

色谱峰：1—林丹；2—环氧七氯；3—艾氏剂；4—狄氏剂；5—p'，p'-滴滴涕

色谱柱：SE-52

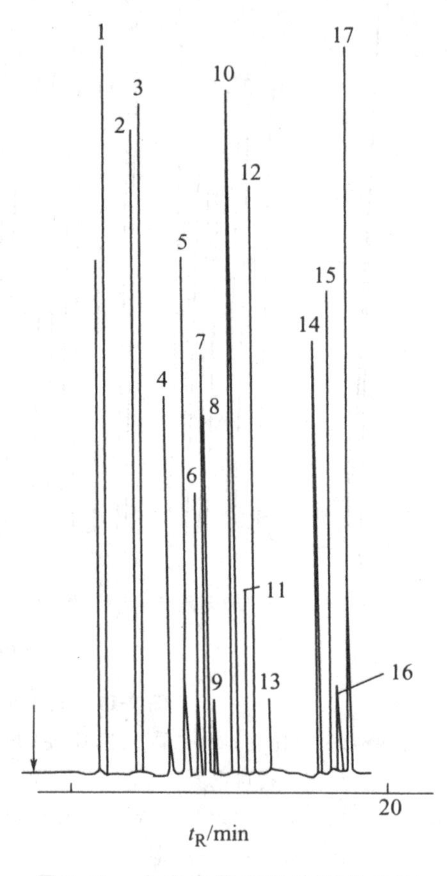

图 9-13　水中常见有机溶剂的分离分析色谱图

色谱峰：1—乙腈；2—甲基乙基酮；3—仲丁醇；4—1，2-二氯乙烷；5—苯；6—1，1-二氯丙烷；7—1，2-二氯丙烷；8—2，3-二氯丙烷；9—氯甲代氧丙环；10—甲基异丁基酮；11—反-1，3-二氯丙烷；12—甲苯；13—未定；14—对二甲苯；15—1，2，3-三氯丙烷；16—2，3-二氯取代的醇；17—乙基戊基酮

色谱柱：CP-Sil 5CB

4. 在石油化工方面的应用

石油化工产品包括各种烃类物质、汽油、柴油、重油与蜡等。早期，气相色谱法的目的之一便是快速有效地分析石油化工产品。如图 9-14 所示为 C_1～C_5 烃类物质的分离分析色谱图。

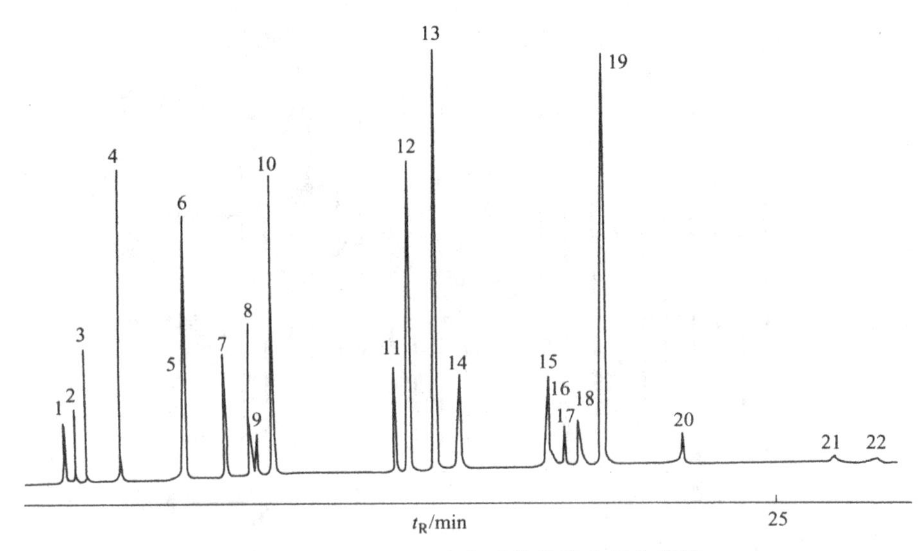

图 9-14　C_1～C_5 烃类物质的分离分析色谱图

色谱峰：1—甲烷；2—乙烷；3—乙烯；4—丙烷；5—环丙烷；6—丙烯；7—乙炔；8—异丁烷；9—丙二烯；10—正丁烷；11—反-2-丁烯；12—1-丁烯；13—异丁烯；14—顺-2-丁烯；15—异戊烷；16—1，2-丁二烯；17—丙炔；18—正戊烷；19—1，3-丁二烯；20—3-甲基-1-丁烯；21—乙烯基乙炔；22—乙基乙炔

色谱柱：Al_2O_3/KCl PLOT 柱

9.2　高效液相色谱法

高效液相色谱法（HPLC）在经典液相色谱法的基础上，引入气相色谱法的理论，在技术上使用高压泵、高效固定相以及高灵敏检测器，使之发展为具有高效、高速、高灵敏度的液相色谱法，也称为现代液相色谱法。

9.2.1　高效液相色谱法的分离原理

与气相色谱一样，高效液相色谱分离系统也由两相（固定相和流动相）

组成。高效液相色谱的固定相可以是吸附剂、化学键合固定相(或在惰性载体表面涂上一层液膜)、离子交换树脂或多孔性凝胶;流动相是各种溶剂。被分离混合物由流动相液体推动进入色谱柱。根据各组分在固定相及流动相中的吸附能力、分配系数、离子交换作用或分子尺寸大小的差异进行分离,如图 9-15 所示。

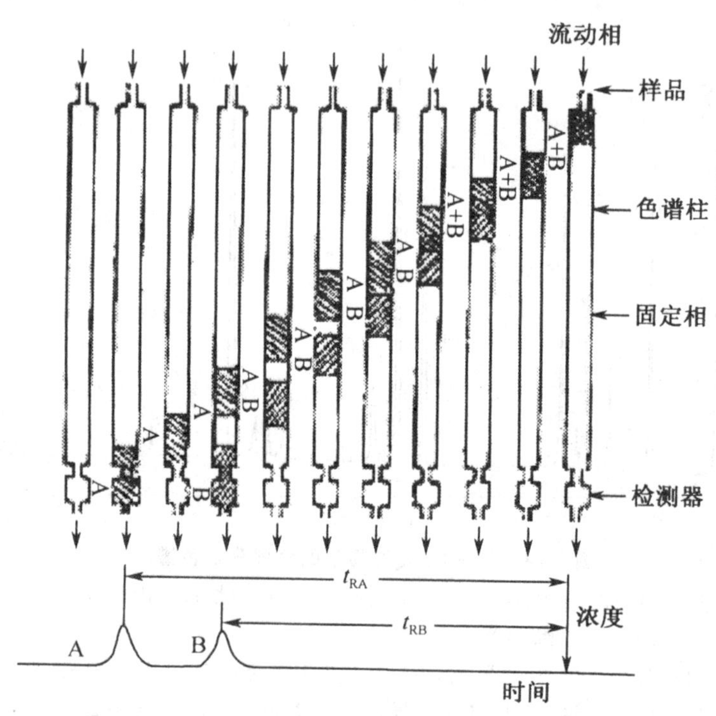

图 9-15　高效液相色谱法的分离原理

色谱分离的实质是样品分子(以下称溶质)与溶剂(即流动相或洗脱液)以及固定相分子间的作用,作用力的大小,决定色谱过程的保留行为。不同组分在两相间的吸附、分配、离子交换、亲和力或分子尺寸等性质存在微小差别,经过连续多次在两相间的质量交换,这种性质微小差别被叠加、放大,最终得到分离,因此不同组分性质上的微小差别是色谱分离的根本,即必要条件;而性质上微小差别的组分之所以能得以分离是因为它们在两相之间进行了上千次甚至上百万次的质量交换,这是色谱分离的充分条件。

依据分离原理不同,高效液相色谱法可分为 10 余种,主要有液-固吸附色谱法、液-液分配色谱法、化学键合相色谱法、离子交换色谱法、离子对色谱法、离子色谱法、空间排阻色谱法、亲和色谱法等。

1. 液-固吸附色谱法

液-固吸附色谱法是以固体吸附剂为固定相的一种吸附色谱法，该法是利用不同性质分子在固定相上吸附能力的差异而分离的，分离过程是一个吸附—解吸附的平衡过程。常用的吸附剂为硅胶或氧化铝，粒度为5～10 μm。适用于分离分子量为200～1 000的组分，大多数用于非离子型化合物。液-固吸附色谱传质快，装柱容易，重现性好，不足之处是试样容量小，需配置高灵敏度的检测器。在不同溶质分子间、同一溶质分子中不同官能团之间以及溶质分子和流动相分子之间都存在固定相活性吸附中心上的竞争吸附。由于这些竞争作用，形成了不同溶质在吸附剂表面的吸附、解吸平衡，这就是液-固吸附色谱法的选择性吸附分离原理。固定相表面发生的竞争吸附可用下式表示：

$$X_m + nM_s \underset{\text{解吸}}{\overset{\text{吸附}}{\rightleftharpoons}} X_s + nM_m$$

式中，X_m 和 X_s 分别表示在流动相和吸附剂表面上的溶质分子；M_m 和 M_s 分别表示在流动相中和在吸附剂上被吸附的流动相分子；n 表示被溶质分子取代的流动相分子的数目。

达到平衡时，吸附平衡常数 K_a 为

$$K_a = \frac{[X_s][M_m]^n}{[X_m][M_s]^n}$$

K_a 值越大表示组分在吸附剂上保留越强，就越难洗脱。试样中各组分据此得以分离。K_a 值可通过吸附等温线数据求出。吸附剂吸附试样组分的能力主要取决于吸附剂的比表面积和理化性质、试样的组成和结构以及洗脱液的性质等。当组分与吸附剂的性质相似时易被吸附；当组分分子结构与吸附剂表面活性中心的刚性几何结构相适应时易被吸附；不同的官能团具有不同的吸附能力。因此，液-固吸附色谱法适用于分离极性不同的化合物、异构体和进行族分离，但不适用于分离含水化合物和离子型化合物，离子型化合物易产生拖尾。

2. 液-液分配色谱法

根据被分离的组分在流动相和固定相中溶解度不同而分离。在液-液分配色谱中，固定相是通过化学键合的方式固定在基质上。分离过程是一个分配平衡过程。不同组分的分配系数不同，是液-液分配色谱中组分能被分离的根本原因。

液-液分配色谱法按固定相和流动相的相对极性，可分为正相分配色谱

法和反相分配色谱法。

(1)正相分配色谱法

采用极性固定相(如聚乙二醇、氨基与腈基键合相);流动相为相对非极性的疏水性溶剂(烷烃类如正己烷、环己烷),常加入异丙醇、乙醇、三氯甲烷等以调节组分的保留时间。一般用于分离中等极性和极性较强的化合物(如酚类、胺类、羰基类及氨基酸类等),极性小的组分先流出,极性大的后流出。

(2)反相分配色谱法

通常用非极性固定相,流动相为水或缓冲液,常加入甲醇、乙腈、异丙醇、四氢呋喃等与水互溶的有机溶剂以调节保留时间。通常适用分离非极性和极性较弱的化合物,极性大的组分先流出,极性小的后流出。

在液-液分配色谱中,流动相和固定相都是液体,作为固定相的液体键合在很细的惰性载体上,可用于极性、非极性、水溶性、油溶性、离子型和非离子型等各种类型的分离分析。

液-液分配色谱的分离原理也是根据物质在两种互不相溶液体中溶解度的不同,具有不同的分配系数。所不同的是液-液色谱分配是在柱中进行的,这种分配平衡可反复多次进行,造成各组分的差速迁移,提高了分离效率,从而能分离各种复杂组分。

3. 化学键合相色谱法

化学键合相色谱法(CBPC)是在液-液分配色谱法的基础上发展起来的液相色谱法。由于液-液分配色谱法是采用物理浸渍法将固定液涂渍在担体表面,分离时载体表面的固定液易发生流失,从而导致柱效和分离选择性下降。因此,为了解决固定液的流失问题,将各种不同的有机基团通过化学反应键合到载体表面的游离羟基上,而生成化学键合固定相,并进而发展成CBPC法。由于它代替了固定液的机械涂渍,因此对液相色谱法的迅速发展起着重大作用,可以认为,它的出现是液相色谱法的一个重大突破。

化学键合固定相对各种极性溶剂均有良好的化学稳定性和热稳定性。由化学键合法制备的色谱柱柱效高、使用寿命长、重现性好,几乎对各种非极性、极性或离子型化合物都有良好的选择性,并可用于梯度洗脱操作,并已逐渐取代液-液分配色谱。

在正相键合相色谱法中,共价结合到载体上的基团都是极性基团,流动相溶剂是与吸附色谱中的流动相很相似的非极性溶剂。正相键合相色谱法的分离机理属于分配色谱。

在反相键合相色谱法中,一般采用非极性键合固定相,采用强极性的溶剂为流动相。其分离机理可用疏溶剂理论来解释。该理论认为，键合在硅胶表面的非极性基团有较强的疏水特性。当用极性溶剂作为流动相来分离含有极性官能团的有机化合物时，有机物分子的非极性部分与固定相表面上的疏水基团会产生缔合作用，使它保留在固定相中；该有机物分子的极性部分受到极性流动相的作用，促使它离开固定相，并减小其保留作用。这两种作用力之差决定了被分离物在色谱中的保留行为。不同溶质分子这种能力之间的差异导致各组分流出色谱柱的速度不一致，从而使各组分得以充分分离。

4. 离子交换色谱法

离子交换色谱法是利用离子交换原理和液相色谱技术的结合来测定溶液中阳离子和阴离子的一种分离分析方法。凡在溶液中能够电离的物质，通常都可用离子交换色谱法进行分离。它不仅适用于无机离子混合物的分离，而且适用于有机物的分离，例如，氨基酸、核酸、蛋白质等生物大分子。因此应用范围较广。

离子交换色谱法的原理是利用不同待测离子对固定相亲和力的差别来实现分离的。其固定相采用离子交换树脂，树脂上分布有固定的带电荷基团和游离的平衡离子。当被分析物质电离后，产生的离子可与树脂上可游离的平衡离子进行可逆交换，其交换反应通式如下：

阳离子交换：

$$R—SO_3^- H^+ + M^+ \rightleftharpoons R—SO_3^- M^+ + H^+$$

阴离子交换：

$$R—NR_3^+ Cl^- + X^- \rightleftharpoons R—NR_3^+ X^- + Cl^-$$

一般形式：

$$R—A + B \rightleftharpoons R—B + A$$

达到平衡时，以浓度表示的平衡常数为

$$K_{A/B} = \frac{[B]_r [A]}{[B][A]_r}$$

式中，$K_{A/B}$ 又叫作离子交换反应的选择系数，$[A]_r$、$[B]_r$ 分别代表树脂相中洗脱剂离子(A)和试样离子(B)的平衡浓度，[A]、[B]代表它们在溶液中的平衡浓度。离子交换反应的选择性系数 $K_{A/B}$ 表示试样离子 B 对于 A 型树脂亲和力的大小，$K_{A/B}$ 越大，说明 B 离子交换能力越大，越易保留而难于洗脱。一般来说，B 离子电荷越大，水合离子半径越小，$K_{A/B}$ 就越大。

对于典型的磺酸型阳离子交换树脂，一般离子的 $K_{A/B}$ 按以下顺序：

$$Cs^+ > Rb^+ > K^+ > NH_4^+ > Na^+ > H^+ > Li^+$$

二价离子的顺序为

$$Ba^{2+}>Pb^{2+}>Sr^{2+}>Ca^{2+}>Cu^{2+},Zn^{2+}>Mg^{2+}$$

对于季铵型强碱阴离子交换树脂，各阴离子选择顺序为

$$ClO_4^->I^->SCN^->NO_3^->CN^->Cl^->BrO_3^->$$
$$OH^->HCO_3^->H_2PO_4^->IO_3^->CH_3COO^->F^-$$

离子交换分离模式使液相色谱的应用领域进一步扩展，但以高分子树脂为基体的柱填料不耐高压，无机离子的保留时间较长，需要用浓度较大的淋洗液洗脱，检测灵敏度受到限制。针对离子化合物的分离，特别是阴离子分离，于20世纪70年代中期发展起来了离子色谱技术，该技术与离子交换色谱的区别是其采用了特制的，具有较低交换容量的离子交换树脂作为柱填料，并采用淋洗液本底电导抑制技术和电导检测器，是测定混合阴离子的有效方法。

5. 离子对色谱

离子对色谱是将一种（或多种）与溶质分子电荷相反的离子加到流动相或固定相中，使其与溶质离子结合形成离子对化合物，从而控制溶质离子的保留行为，在色谱分离过程中，流动相中待分离的有机离子 X^+（也可以是带负电荷的离子）与固定相或流动相中带相反电荷的对离子 Y^- 结合，形成离子对化合物 XY，然后在两相间进行分配。

$$\underset{\text{水相}}{X^+}+\underset{\text{水相}}{Y^-}\overset{K_{XY}}{\rightleftharpoons}\underset{\text{有机相}}{XY}$$

K_{XY}是其平衡常数，有

$$K_{XY}=\frac{[XY]}{[X^+][Y^-]}$$

根据定义，溶质的分配系数 D_x 为

$$D_x=\frac{[XY]}{[X^+]}=K_{XY}[Y^-]$$

这表明，分配系数与水相中对离子 Y^- 的浓度和 K_{XY}有关。离子对色谱法根据流动相和固定相的性质可分为正相离子对色谱法和反相离子对色谱法。在反相离子对色谱法（它是一种最为常用的离子对色谱法）中，采用非极性的疏水固定相（如十八烷基键合相），含有对离子 Y^- 的甲醇-水（或乙腈-水）溶液作为极性流动相。试样离子 X^+ 进入柱内后，与对离子 Y^- 生成疏水性离子对 XY，后者在疏水性固定相表面分配或吸附，对离子可在较大范围内改变分离的选择性。离子对色谱法，特别是反相离子对色谱法解决了以往难分离混合物的分离问题，诸如酸、碱和离子、非离子的混合物，特别

是对一些生化样品的分离。另外，还可借助离子对的生成给样品引入紫外吸收或发荧光的基团，以提高检测的灵敏度。

6. 离子色谱法

离子色谱法用离子交换树脂为固定相，电解质溶液为流动相。通常以电导检测器为通用检测器，为消除流动相中强电解质背景离子对电导检测器的干扰，设置了抑制柱。如图9-16所示为典型的双柱型离子色谱仪的流程示意图。样品组分在分离柱和抑制柱上的反应原理与离子交换色谱法相同。

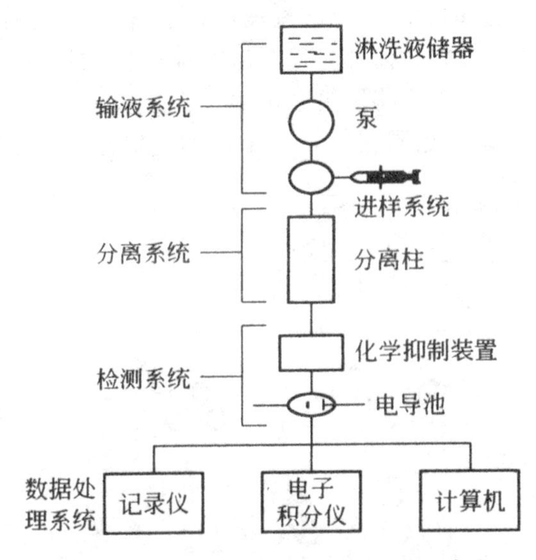

图9-16 双柱型离子色谱仪的流程示意图

离子型化合物的阴离子分析长期以来缺乏快速灵敏的方法。离子色谱法是目前唯一能获得快速、灵敏、准确和多组分分析效果的方法，因而受到广泛重视并得到迅速的发展。检测手段已扩展到电导检测器之外的其他类型的检测器，如电化学检测器、紫外光度检测器等。可分析的离子正在增多，从无机和有机阴离子到金属阳离子，从有机阳离子到糖类、氨基酸等都可以通过离子色谱法分析。

7. 空间排阻色谱法

溶质分子在多孔填料表面上受到的排斥作用称为排阻。空间排阻色谱法(SEC)的固定相是化学惰性的多孔性物质(凝胶)。根据所用流动相的不同，凝胶色谱可分为两类：用水溶液作流动相的称为凝胶过滤色谱；用有机溶剂作流动相的称为凝胶渗透色谱。

空间排阻色谱法的分离机理与其他色谱法完全不同，更类似于分子筛的作用，但凝胶的孔径比分子筛要大得多，一般为数纳米到数百纳米。在排阻色谱中，组分和流动相、固定相之间没有力的作用，分离只与凝胶的孔径分布和溶质的流体力学体积或分子大小有关。当被分离混合物随流动相通过凝胶色谱柱时，大于凝胶孔径的组分大分子，因不能渗入孔内而被流动相携带着沿凝胶颗粒间隙最先淋洗出色谱柱；组分的中等体积分子能渗透到某些孔隙，但不能进入另一些更小的孔隙，它们以中等速度淋洗出色谱柱；小体积的组分分子可以进入所有孔隙，因而被最后淋洗出色谱柱，由此实现分子大小不同的组分的分离。分离过程示意于图 9-17。因此，分子大小不同，渗透到固定相凝胶颗粒内部的程度和比例不同，被滞留在柱中的程度不同，保留值不同。洗脱次序将取决于相对分子质量的大小，相对分子质量大的先洗脱。分子的形状也同相对分子质量一样，对保留值有重要的作用。

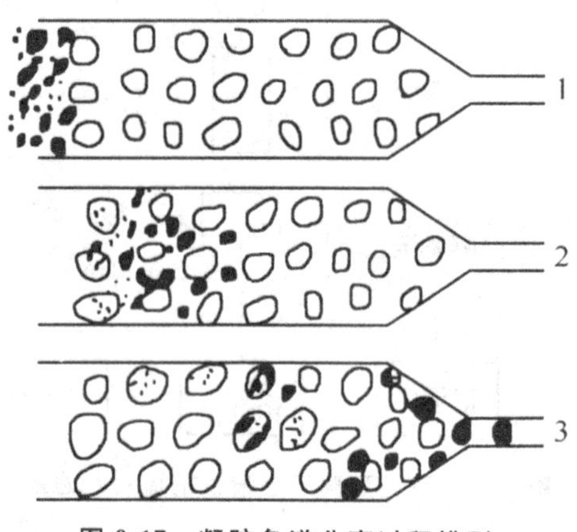

图 9-17　凝胶色谱分离过程模型

图 9-18 所示为空间排阻色谱法的分离原理示意图。图中下部分为各具有不同相对分子质量聚合物标准样品的洗脱曲线。上部分表示洗脱体积和聚合物相对分子质量之间的关系(即校正曲线)。由图 9-18 可见，凝胶有一个排斥极限(A 点)，凡是比 A 点相应的相对分子质量大的分子，均被排斥于所有的胶孔之外，因而将以一个单一的谱峰 C 出现，在保留体积 V_0 时一起被洗脱，显然，V_0 是柱中凝胶填料颗粒之间的体积。另一方面，凝胶还有一个全渗透极限(B 点)，凡是比 B 点相应的相对分子质量小的分子都可完全渗入凝胶孔穴中。同理，这些化合物也将以一个单一的谱峰 F 出现，在保留体积 V_M 时被洗脱。可预期，相对分子质量介于上述两个极限之间的化合物，将按相对分子质量降低的次序被洗脱。通常将 $A<V_0<B$ 这一范围称为分级范围，当

化合物的分子大小不同而又在此分级范围内时，它们就可得到分离。

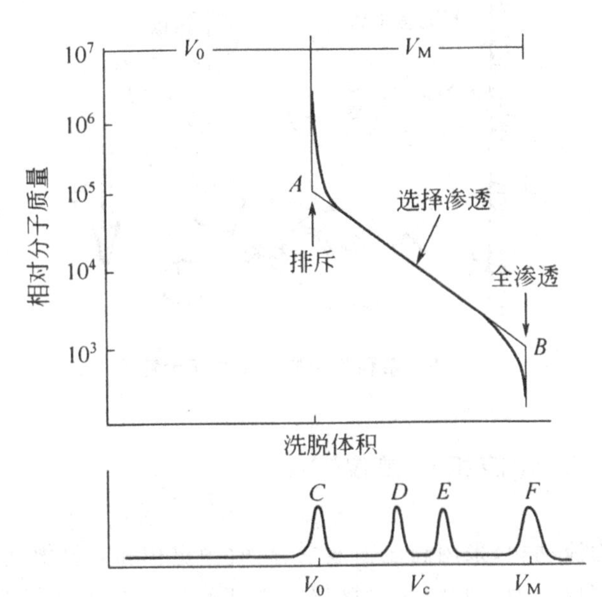

图 9-18　空间排阻色谱法的分离原理示意图

空间排阻色谱法是高效液相色谱中最易操作的一种技术，不必用梯度淋洗，出峰快，峰形窄，可采用灵敏度较低的检测器、柱寿命长。它可以分离相对分子质量 100 至 8×10^5 的任何类型化合物，只要能溶于流动相即可，其缺点是不能分辨分子大小相近的化合物，相对分子质量差别必须大于 10％或相对分子质量相差 40 以上才能得以分离。

8. 亲和色谱法

亲和色谱法是利用生物大分子和固定相表面存在某种特异性亲和力，进行选择性分离的一种方法。它通常是在载体（无机或有机填料）的表面先键合一种具有一般反应性能的所谓间隔臂（如环氧、联氨等）；随后连接上配基（如酶、抗原或激素等）。这种固载化的配基只能和具有亲和力特性吸附的生物大分子相互作用而被保留，没有这种作用的分子不被保留。如图 9-19 所示为亲和色谱的分离原理示意图。

许多生物大分子化合物具有这种亲和特性。例如，抗原与抗体、酶与底物、激素与受体、RNA 与和它互补的 DNA 等。当含有亲和物的复杂混合试样随流动相经过固定相时，亲和物与配基先结合，而与其他组分分离：此时，其他组分先流出色谱柱；然后通过改变流动相的 pH 和组成，以降低亲和物与配基的结合力，将保留在柱上的大分子以纯品形态洗脱下来。

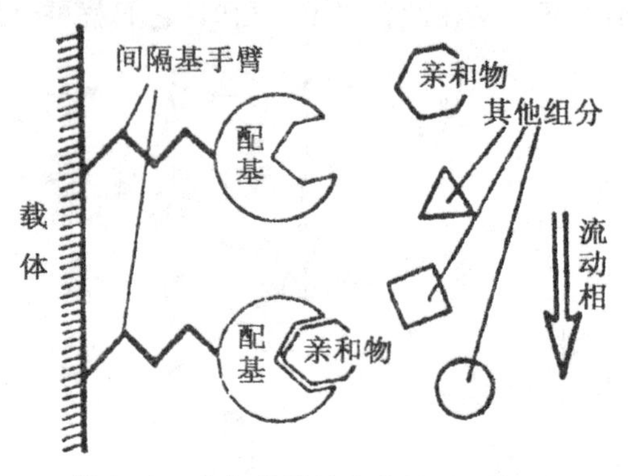

图 9-19　亲和色谱的分离原理示意图

9.2.2　高效液相色谱仪

以液体为流动相,采用高压输液泵、高效固定相和高灵敏度检测器等装置的液相色谱仪称为高效液相色谱仪。现代高效液相色谱仪的种类很多,根据其功能不同,可分为分析型、制备型和专用型。无论高效液相色谱仪在复杂程度以及各种部件的功能上有多大的差别,就其基本原理而言是相同的,一般由五部分组成,分别是高压输液系统、进样系统、分离系统、检测系统以及数据处理系统。如图 9-20 所示为高效液相色谱仪的仪器结构图。

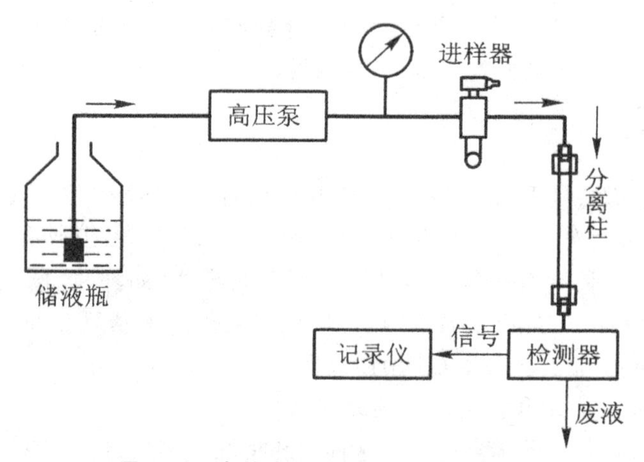

图 9-20　高效液相色谱仪的仪器结构图

1. 高压输液系统

高压输液系统由储液槽、高压输液泵、过滤器、梯度洗脱装置等组成,其核心部件是高压输液泵，其作用是将流动相以稳定的流速或压力输送到色谱分离系统。高压输液泵应具备较高的压力，且输出流量精度要高，并有较大的调节范围，一般分析型仪器流量为 0.1～10 mL/min。制备型为 50～100 mL/min；流量应稳定，因为它不仅影响柱效，而且直接影响到峰面积的重现性，从而影响定量分析的精度以及分辨率和保留值；高压泵输出压力还应平稳无脉动，否则会使检测器噪声加大，最小检测限变坏。此外，还应具备耐酸、耐碱、耐缓冲液腐蚀、死体积小、容易清洗、更换溶剂方便等特点。

常用的高压泵分为恒压泵和恒流泵两种。

①恒压泵。恒压泵输出的压力恒定，如气动放大泵，具有一定压力的气体作用在一个大面积活塞上，大面积活塞又驱动一个小面积活塞，小面积活塞承受的压力是大面积活塞的几十倍，从而得到压力恒定的流出液。缺点是泵腔体积大，且流量随外界阻力而改变，不适于梯度洗脱，它也已经逐渐被恒流泵所取代。

②恒流泵。恒流泵输出的流量恒定，如往复柱塞泵、螺旋传动注射泵等。往复柱塞泵与恒压泵的不同之处在于，往复塞泵用电驱动活塞，当活塞迅速向上运动时，由于减压使入口止逆阀开启，出口止逆阀关闭，储液槽中的流动相便被吸入泵内。当活塞反向运动时，入口止逆阀关闭，出口止逆阀开启，泵内流动相被压入柱内，然后又开始下一个循环。使用这种泵时一定要利用脉动阻尼器，将产生的脉动除去。若采用双活塞泵，使双活塞在相移 180°下工作，可使脉动互相抵消，减小噪声。往复柱塞泵的流量与外界阻力无关，体积小，很利于梯度洗脱。

螺旋传动注射泵是用电力以很慢的恒定速率驱动活塞，使流动相连续输出。当活塞到达末端时，输出中止，然后由另一个吸入冲程使溶剂重新充满，又开始新一轮的输出。输出时间的长短决定于泵腔体积及其输出流量。

储液槽用来盛放流动相。流动相必须很纯，储液槽材料要耐腐蚀。通常采用 1～2 L 的大容量玻璃瓶，也可使用不锈钢制成。储液槽应配有溶剂过滤器，以防止微小的机械杂质进入流动相，导致加工精度非常高的高压输液泵等仪器的部件损坏。

在分离过程中通过逐渐改变流动相的组成增加洗脱能力的方法称为梯度洗脱。通过梯度装置将两种或三种、四种溶剂按一定比例混合进行二元或三元、四元梯度洗脱。梯度洗脱一般采用低压梯度，低压梯度采用低压混合设计，只需一个高压泵。在常压下，将两种或两种以上溶剂按一定比例混合后，再由高压泵输出，梯度改变可呈线性、指数型或阶梯型。梯度脱洗装置的脱洗技术可以改进复杂样品的分离，改善峰形，减少拖尾，缩短分析时间，并且能降低最小检测量和提高分离精度。

2.进样系统

通常高效液相色谱多采用六通阀进样。先由注射器将样品常压下注入样品环。然后切换阀门到进样位置,由高压泵输送的流动相将样品送入色谱柱。样品环的容积是固定的,因此进样重复性好。有进样阀和自动进样装置两种,一般高效液相色谱分析常用六通进样阀,大数量试样的常规分析往往需要自动进样装置。

通过六通进样阀进样时,先使阀处于装样位置,用微量注射器将试样注入储样管。进样时,转动阀芯(由手柄操作)至进样位置,储样管内的试样由流动相带入色谱柱。进样体积是由储样管的容积严格控制的,因此进样量准确,重复性好。为了确保进样的准确度,装样时微量注射器取的试样必须大于储样管的容积。

六通阀的进样方式有部分装液法和完全装液法两种。用部分装液法进样时,进样量应不大于定量环体积的50%(最多75%),并要求每次进样体积准确、相同。此法进样的准确度和重复性决定于注射器取样的熟练程度,而且易产生由进样引起的峰展宽。用完全装液法进样时,进样量应不小于定量环体积的5～10倍(最少3倍),这样才能完全置换定量环内的流动相,消除管壁效应,确保进样的准确度及重复性。

通常使用耐高压的六通阀进样装置,其结构如图9-21所示。

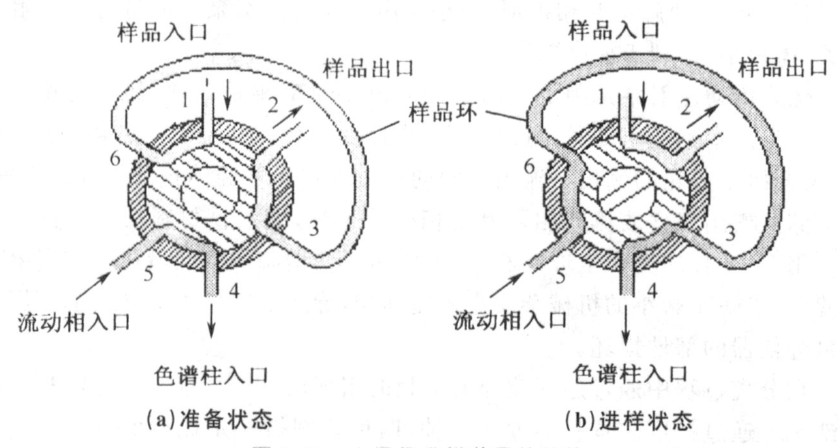

图9-21 六通阀进样装置的结构

有各种形式的自动进样装置,可处理的试样数也不等。程序控制依次进样,同时还能用溶剂清洗进样器。有的自动进样装置还带有温度控制系统,适用于需低温保存的试样。

3. 分离系统

色谱分离系统主要指色谱柱，是色谱系统的心脏，样品在此完成分离。色谱分离系统包括色谱柱、恒温装置和连接阀三部分。分离系统性能的好坏是色谱分析的关键。对色谱柱的要求是柱效高、选择性好、分析速度快。

色谱柱由柱管和固定相组成。因为色谱柱要耐高温以及耐流动相和样品的腐蚀，所以柱管材料通常为不锈钢，按用途可将色谱柱分为分析型和制备型两类。其中分析柱又可分为常量柱、半微量柱和毛细管柱。常量柱柱长为 10～30 cm，内径为 2～4.6 mm；半微量柱柱长为 10～20 cm，内径为 1～1.5 mm；毛细管柱柱长为 3～10 cm，内径为 0.05～1 mm；实验室制备柱柱长为 10～30 cm，内径为 20～40 mm。

高效液相色谱技术的装柱是一项需要技巧的工作，对色谱分离效果影响较大。根据固定相微粒的大小，填充色谱柱的方法有干法和湿法两种。如果微粒直径大于 20 μm 的可用干法填充，方法与气相色谱法相同；微粒直径在 10 μm 以下的，则只能用湿法装柱，即先将填料配成悬浮液存于容器中，然后在高压泵的作用下压入色谱柱。

在进样器和色谱柱之间还可以连接预柱或保护柱，这样可以防止来自流动相或样品中不溶性微粒堵塞色谱柱，同时预柱还能提高色谱柱寿命，但是会增加峰的保留时间，降低保留值较小组分的分离效率。

4. 检测系统

在液相色谱中，有两种基本类型的检测器：一类是溶质性检测器，它仅对被分离组分的物理或化学特性有响应，属于这类检测器的有紫外、荧光、电化学检测器等；另一类是总体检测器，它对试样和洗脱液总的物理或化学性质有响应，属于这类检测器的有示差折光、电导检测器及蒸发光散射检测器等。现将常用的检测器介绍如下。

(1)紫外吸收检测器

紫外吸收检测器是目前应用最广的液相色谱检测器，对大部分有机化合物有响应，已成为高效液相色谱的标准配置。紫外吸收检测器具有灵敏度高，线性范围宽，死体积小，波长可选，易于操作等特点。

如图 9-22 所示为紫外-可见吸收检测器的光路结构示意图，它主要由光源、光栅、波长狭缝、吸收池和光电转换器件组成。光栅主要将混合光源分解为不同波长的单色光，经聚焦透过吸收池，然后被光敏元件测量出吸光度的变化。

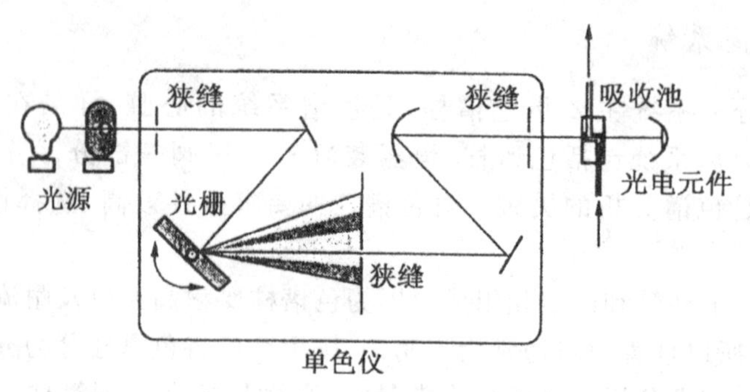

图 9-22 紫外-可见吸收检测器的光路结构示意图

(2)荧光检测器

荧光检测器属于高灵敏度、高选择性的检测器,仅对某些具有荧光特性的物质有响应,如多环芳烃、维生素 B、黄曲霉素、卟啉类化合物、农药、药物、氨基酸、甾类化合物等。其基本原理是在一定条件下,荧光强度与流动相中的物质浓度成正比。典型荧光检测器的光路,如图 9-23 所示。为避免光源对荧光检测产生干扰,光电倍增管与光源成 90°角。荧光检测器具有较高的灵敏度,比紫外检测器的灵敏度高 2～3 个数量级,检出限可达 10^{-12} g/mL。但线性范围仅为 10^3,且适用范围较窄。该检测器对流动相脉冲不敏感,常用于梯度洗脱。

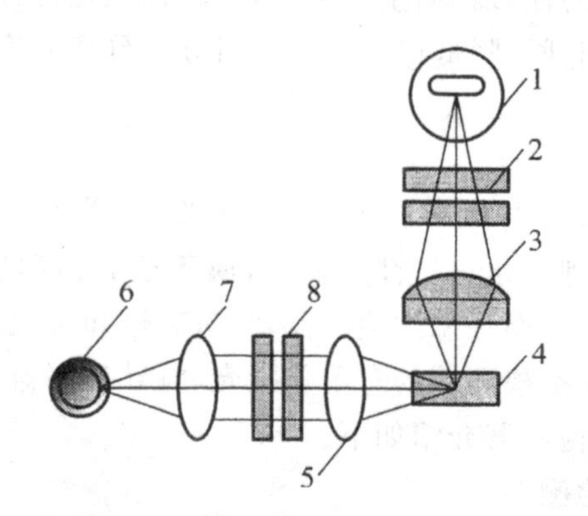

图 9-23 典型荧光检测器的光路

1—光电倍增管;2—发射滤光片;3—透镜;4—样品流通池;
5—透镜;6—光源;7—透镜;8—激发滤光片

(3)电化学检测器

电化学检测器是根据电化学分析方法而设计的。电化学检测器主要有两种类型:一是根据溶液的导电性质,通过测定离子溶液电导率的大小来测量离子浓度;二是根据化合物在电解池中工作电极上所发生的氧化-还原反应，通过电位、电流和电量的测量，确定化合物在溶液中的浓度。电导检测器属电化学检测器，是离子色谱法中使用最广泛的检测器。

电导检测器是根据被测组分被淋洗下来后，流动相电导率发生变化的原理而设计的。它只适用于水溶性流动相中离子型化合物的检测，也是一种选择性检测器。其缺点是灵敏度不高，对温度敏感，需配以好的控温系统，且不适于梯度淋洗。

如图 9-24 所示为电导检测器的结构示意图。电导池内的检测探头由一对平行的铂电极（表面镀铂黑以增加其表面积）组成，将两电极构成电桥的一个测量臂。如图 9-25 所示为电导检测器的检测线路图。电桥可用直流电源，也可用高频交流电源。电导检测器的响应受温度的影响较大，因此要求严格控制温度。一般在电导池内放置热敏电阻器进行监测。

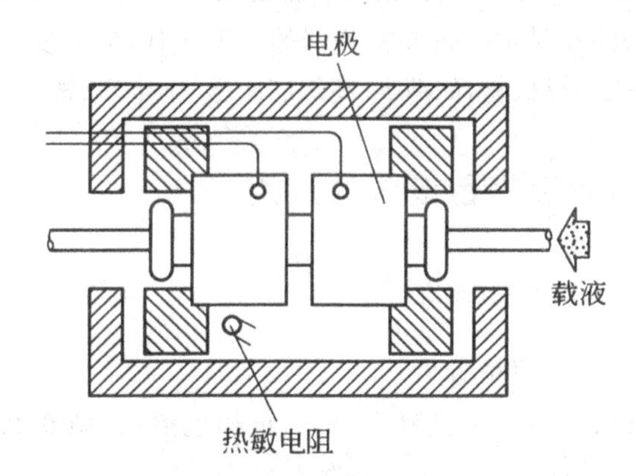

图 9-24　电导检测器的结构示意图

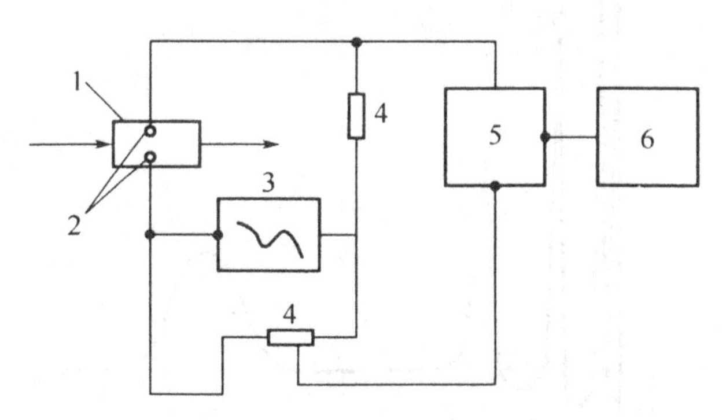

图 9-25　电导检测器的检测线路图

1—检测器池体；2—电极；3—电源；4—电阻；5—相敏检波器；6—记录仪

(4)示差折光检测器

示差折光检测器是依据不同的溶液对不同的光有不同的折射率，通过连续测量溶液折射率的变化，便可知组分的含量。溶液的折射率等于纯溶剂和溶质的折射率乘以各自的质量分数之和。示差折光检测器为通用性检测器，凡是流动相折射率不同的组分均可检验，且操作简单。但这种检测器的灵敏度较低，对温度敏感，不能用于梯度洗脱。

(5)极谱检测器

极谱检测器是基于被测组分可在电极上发生电氧化还原反应而设计的一种检测器，属于电化学检测器。可用于测定具有极性活性的物质，如药物、维生素、有机酸、苯胺类等。它的优点是灵敏度高，可作为痕量分析，其缺点是不具有通用性，是一种选择性检测器。

(6)蒸发光散射检测器

20 世纪 90 年代研制的新型通用型检测器。蒸发光散射检测器适用于挥发性低于流动相的任何样品组分，仅要求流动相中不可以含有缓冲盐。通常认为，蒸发光散射检测器是示差折光检测器的新型替代品，主要用于测定不产生荧光又无紫外吸收的有机物，如糖类、高级脂肪酸、维生素、磷脂、甘油三酯等。

9.2.3 高效液相色谱法的应用

1. 在环境监测方面的应用

(1)有机氯农药残留量分析

环境中有机氯农药残留量分析，采用正相色谱法(图 9-26)。

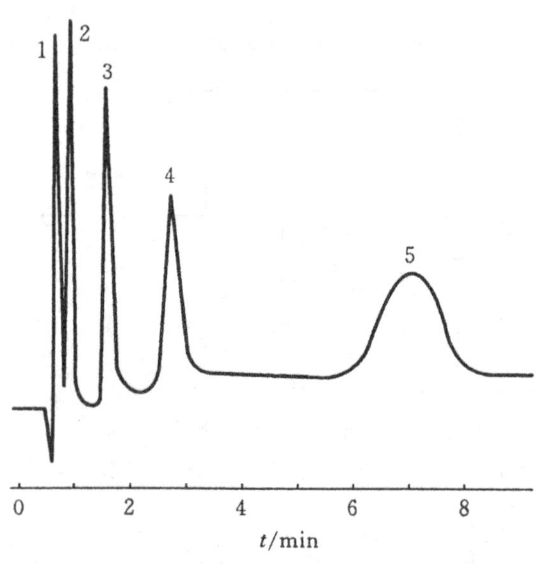

图 9-26 正相色谱法分析环境中有机氯农药残留量

1—艾氏剂；2—p,p'-DDT；3—o,p'-DDT；4—γ-六六六；5—恩氏剂

固定相：薄壳型硅胶 CorasilⅡ(37～50 μm)。

流动相：正己烷。

流速：1.5 mL/min。

色谱柱：50 cm±2.5 mm(内径)。

检测器：示差折光检测器。

可对水果、蔬菜中的农药残余量进行分析。

(2)致癌物质稠环芳烃的分析

致癌物质稠环芳烃的分析，采用反相色谱法(图 9-27)。

固定相：十八烷基硅烷化键合相。

流动相：20%甲醇-水～100%甲醇。

线性梯度洗脱：2%/min。

流速：1 mL/min。

柱温：50℃。

柱压：700 kPa。

检测器：紫外检测器。

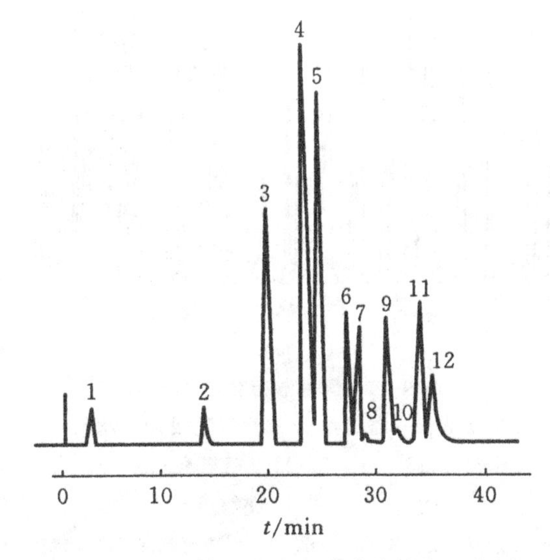

图 9-27　反相色谱法分析致癌物质稠环芳烃

1—苯；2—萘；3—联苯；4—菲；5—蒽；6—荧蒽；7—芘；

8,9,10—未知；11—苯并(e)芘；12—苯并(a)芘

2. 在分析方面的应用

在高效液相色谱中，由于反相键合相色谱的突出特点而应用最为广泛，这主要表现在以下几个方面。

①通过改变流动相组成,容易调节 k 和 α,能分离非离子化合物、离子化合物、可解离化合物及生物大分子等。

②以水作为流动相主体,甲醇为有机改性剂,保留时间随溶质的疏水性增加而延长,易于估计洗脱顺序。

③色谱柱平衡快,适宜梯度洗脱。

如图 9-28 所示为 33 种氨基酸的分析结果,分析条件如下:

固定相:75 mm ×4.6 mm 十八烷基键合相。

颗粒直径:3 μm。

流动相流速:50 mL/min。

组成为 Na_2HPO_4(pH 7.2)、CH_3OH 和四氢呋喃水溶液,梯度洗脱。为了提高灵敏度,通过衍生化使氨基酸与邻苯二醛反应,生成荧光衍生物后,用荧光检测器检测。

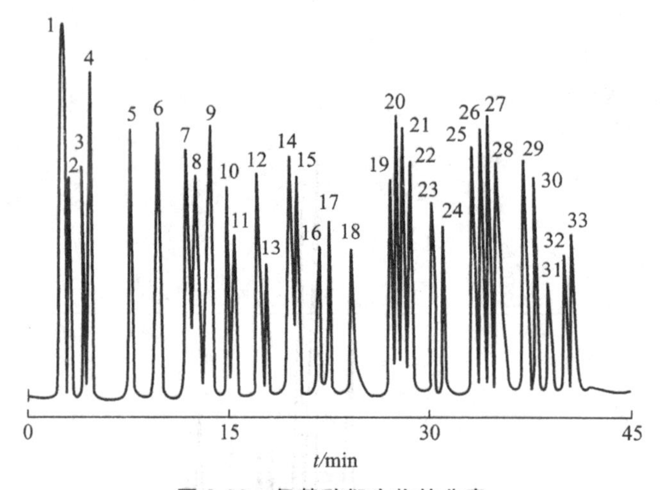

图 9-28 氨基酸衍生物的分离

1—丙氨酸;4—天冬氨酸;5—谷氨酸;7—天冬酰胺;9—丝氨酸;10—谷氨酰胺;11—组氨酸;14—甘氨酸;15—苏氨酸;17—精氨酸;18—β-丙氨酸;19—丙氨酸;21—酪氨酸;25—色氨酸;26—甲硫氨酸;27—缬氨酸;28—苯丙氨酸;29—异亮氨酸;30—亮氨酸;31—羟赖氨酸;33—赖氨酸

3. 在制备方面的应用

在大多数情况下,需要制备少量高纯度的试样。色谱法是获得少量高纯物质的最有效途径。由于液相色谱不但具有高分离能力,适用对象广,检测器不破坏试样,分离后组分易收集及组分与溶剂易分离等特点,在少量高纯物质制备中,色谱法起着更大的作用。

制备型液相色谱的结构与分析型基本一样，但制备型的色谱柱通常要大，以获得相对较多的纯品。采用较大的制备柱后，泵流量和进样量相应扩大。柱后需要配置馏分收集器。

(1)色谱柱的柱容量

当分离柱一定时，可否增加进样量来提高一次制备量，提高制备效率呢？这取决于分离柱的柱容量及所要求分离产品的纯度。色谱柱的柱容量对分析柱和制备柱有不同的含义。对于分析柱来说，柱容量为不影响柱效时的最大进样量，而对制备柱则为不影响收集物纯度时的最大进样量。色谱操作时，若超载，即进样量超过柱容量，则柱效迅速下降，峰变宽。对于易分离组分，超载可提高制备效率，但以柱效下降一半或容量因子降低 10%为宜。

(2)制备方法

在液相制备色谱收集组分时，当制备的组分为可获得良好分离的主峰时，操作时可超载提高效率。当制备的组分为两主成分之间的小组分时，如图 9-29 所示，可先超载，分离切分使待分离组分成为主成分后，再次分离制备。

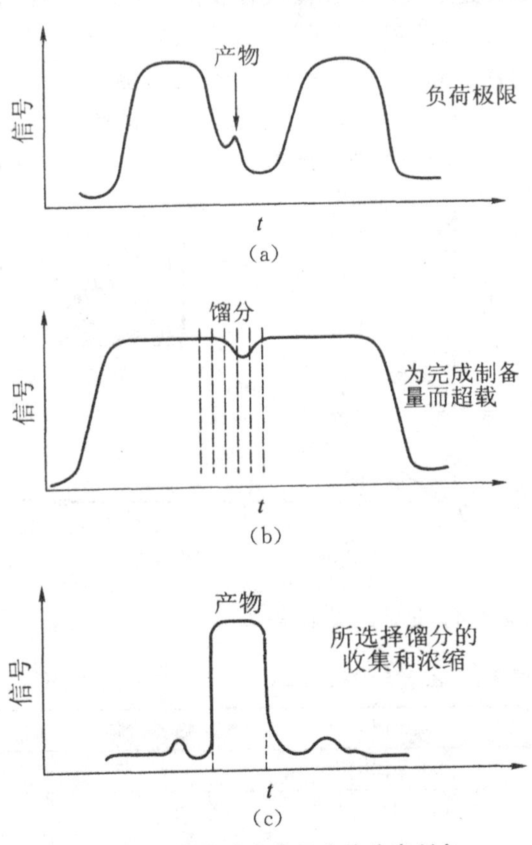

图 9-29 微量或痕量组分的分离制备

9.3 超临界流体色谱法

超临界流体色谱(SFC)是以超临界流体作为流动相的一种色谱分离方法。超临界流体色谱是在 20 世纪 60 年代提出的，但一直发展缓慢。20 世纪 80 年代，由于毛细管超临界流体色谱的出现和优异的性能，使其得到了快速发展。

9.3.1 超临界流体色谱法的分离原理

物质的超临界状态是指在高于临界压力与临界温度时物质的一种存在状态(位于图 9-30 中高于临界压力和温度的区域)，其性质介于液体和气体之间，具有气体的低黏度、液体的高密度。虽然超临界流体的性质介于液体和气体之间，但毛细管超临界流体色谱具有液相色谱和气相色谱所不具有的优点。与气相色谱相比可处理高沸点、不挥发试样；与高效液相色谱相比则流速快，具有更高的柱效和分离效率及多样化的检测方式。另外，由于超临界流体的流动阻力要比液体小得多，故在超临界流体色谱中常使用毛细管柱，对高沸点、大分子试样的分离效率大大提高，这在液相色谱是难以实现的。

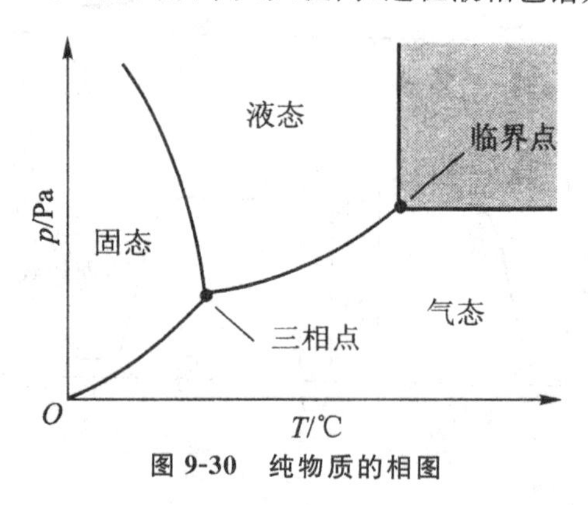

图 9-30 纯物质的相图

三种色谱流动相性质对比见表 9-1。

表 9-1 色谱流动相气体、超临界流体和液体的性质

性质	气体	超临界流体	液体
密度/(g/cm^3)	$(0.6\sim2)\times10^{-3}$	$0.2\sim0.5$	$0.6\sim2$
黏度/[g/(cm·s)]	$(1\sim3)\times10^{-4}$	$(1\sim3)\times10^{-4}$	$(0.2\sim3)\times10^{-2}$
扩散系数/(cm^2/s)	$(1\sim4)\times10^{-1}$	$10^{-4}\sim10^{-3}$	$(0.2\sim2)\times10^{-5}$

SFC的超临界流体流动相有CO_2、N_2O、NH_3、C_4H_{10}、SF_6、Xe、CCl_2F_2、甲醇、乙醇、乙醚等。其中由于CO_2无色、无味、无毒、易得、对各类有机物溶解性好，在紫外光区无吸收，因此应用最为广泛，缺点是极性太弱，可加入少量甲醇等改性。

超临界流体色谱也可分为填充柱SFC和毛细管柱SFC。填充柱的固定相有固体吸附剂（硅胶）或键合到载体（硅胶或毛细管壁）上的高聚物，也可使用液相色谱的柱填料。毛细管柱SFC必须使用特制柱（耐超临界流体萃取），固定液键合交联在毛细管壁上。

超临界流体色谱的分离机理与气相色谱和液相色谱相同，但是在SFC中，压力变化对两相分配产生显著影响，这是由于分离柱两端的压力差较大（比毛细管色谱大30倍），在分离柱中的不同位置，组分的分配系数不是恒定的。超临界流体的密度随压力增加而增加，而密度增加则使组分在流动相中的浓度增加，分配系数变小，淋洗时间缩短，这种现象称为压力效应。例如，采用CO_2流动相，当压力由7.0×10^6 Pa增加到9.0×10^6 Pa时，则$C_{16}H_{34}$的保留时间由25 min缩短到5 min。在超临界色谱分析过程中，通常采用调节流动相的压力（程序升压），来调整组分的保留值，提高分离效果，如图9-31所示。

色谱柱：DB-1。

流动相：CO_2。

温度：90℃。

检测器：FID。

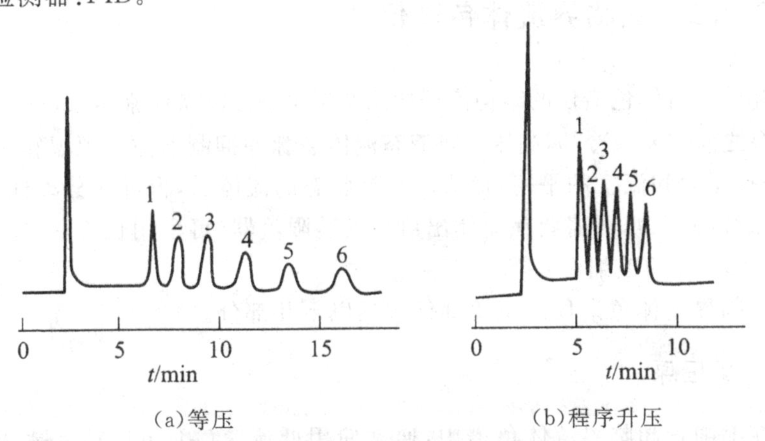

(a)等压　　(b)程序升压

图9-31　程序升压对SFC分离效果的影响

1—胆甾辛酸酯；2—胆甾辛癸酸酯；3—胆甾辛月桂酸酯；

4—胆甾十四酸酯；5—胆甾十六酸酯；6—胆甾十八酸酯

超临界流体的密度在临界压力处最大，超过该点影响小，当超过临界压力的 20%时，柱压降对分离的影响较小。

色谱理论对于超临界流体色谱依然适用，但与液相色谱相比，流速对柱效的影响要小。如图 9-32 所示，在线速度为 0.6 cm/s 时，SFC 的塔板高度比液相色谱的小 3 倍，也表明 SFC 中的峰宽将比 HPLC 中的低$\sqrt{3}$倍；SFC 中对应的最佳流速要比 HPLC 大 4 倍，即相同柱效下，SFC 的分析速度要比 HPLC 快得多。

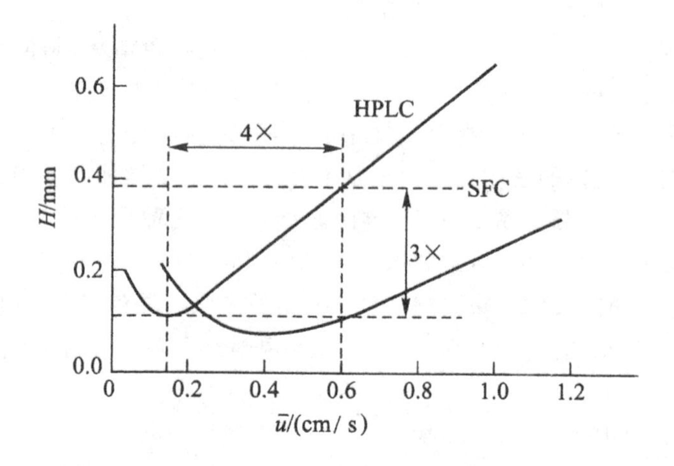

图 9-32　SFC 与 HPLC 中的流速与塔板高度关系对比

9.3.2　超临界流体色谱仪

超临界流体色谱仪的结构流程如图 9-33 所示，超临界流体（CO_2）在进入高压泵之前需要预冷却，高压泵将液态流体经脉冲抑制器注入恒温箱中的预柱，进行压力和温度的平衡，形成超临界状态的流体后，再进入分离柱，为保持柱系统的压力，还需要在流体出口处安装限流器（可采用长 2～10 cm，内径 5～10 μm 的毛细管）。

超临界流体色谱仪的主要部件包括以下几部分。

1. 高压泵

在毛细管超临界流体色谱中，通常使用低流速（μL/min）、无脉冲的注射泵；通过电子压力传感器和流量检测器，用计算机来控制流动相的密度和流量。

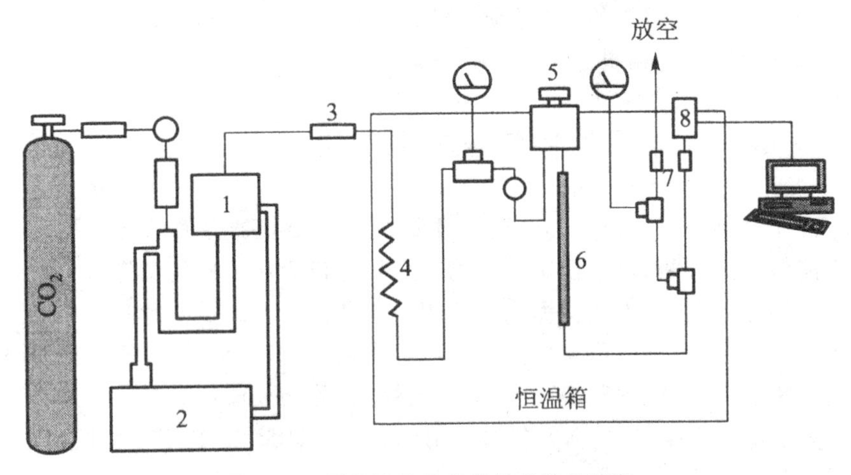

图 9-33　超临界流体色谱仪的结构流程

1—高压泵；2—冷冻装置；3—脉冲抑制器；4—预平衡柱；
5—进样口；6—分离柱；7—限流器；8—检测器(FID)

2. 固定相

在超临界流体色谱中，超临界流体对分离柱填料的萃取作用比较大，可以使用固体吸附剂(硅胶)作为填充柱填料，也可以采用液相色谱中的键合固定相。超临界流体色谱中所使用的毛细管柱内径为 50 μm 和 100 μm，长度为 10～25 m，内部涂渍的固定液必须进行交联形成高聚物，或键合到毛细管上。

3. 限流器

限流器用于让流体在其两端保持不同的相状态，并通过它实现相的瞬间转换。可采用长 2～10 cm，内径 5～10 μm 的毛细管作为限流器。限流器是位于检测器的前面还是后面需要根据检测器的特性决定。

4. 检测器

可采用液相色谱的检测器，也可采用气相色谱的检测器。在超临界流体色谱中，流体在进入检测器之前，如果将流动相的超临界状态转变为液态后，即可使用液相色谱的检测器，其中以紫外检测器应用较多。如果在检测器之前通过限流器将超临界状态的流动相转变为气体，即可使用气相色谱检测器，其中以氢火焰离子检测器应用较多。使用氢火焰离子检测器对相对分子质量小的化合物可得到很好的结果，对相对分子质量大的化合物常得不到单峰，而是一簇峰，如把检测器加热可使相对分子质量大于 2 000 的化合物获得满意的结果。

9.3.3 超临界流体色谱法的应用

由于超临界流体色谱的分离特性及在使用检测器方面的更大灵活性，使不能转化为气相、热不稳定化合物等气相色谱无法分析的试样，以及不具有任何活性官能团，无法检测也不便用液相色谱分析的试样，均可以方便地采用超临界色谱法分析，这类问题约占总分离问题的 25%，如天然物质、药物活性物质、食品、农药、表面活性剂、高聚物、炸药及原油等。

如图 9-34 所示为超临界色谱法用填充柱，采用程序升压分析低聚乙烯获得的色谱图。

分离柱：10×0.01 cm，5 μm 氧化铝正相填充柱。

流动相：CO_2。

压力：10 MPa 保持 7 min，然后在 25 min 内升至 3 MPa，保持 36 MPa 至结束。

柱温：100℃。

检测器：FID。

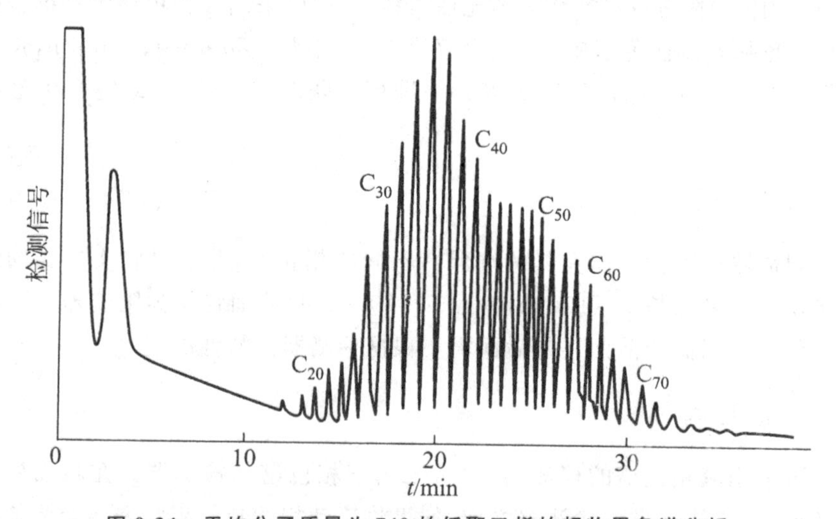

图 9-34 平均分子质量为 740 的低聚乙烯的超临界色谱分析

第10章　经典质谱技术

10.1　质谱及其基本原理

1. 概述

质谱(mass spectrum，MS)为化合物分子经电子流轰击或其他手段打掉一个或多个电子形成正电荷离子，有些在电子流轰击下进一步裂解为较小的碎片离子，将分解出的各种离子加速导入质量分离器，然后把质量与电荷的比值按照由小到大的顺序排列而成的图谱。质谱分析法已广泛应用于原子能、化工、冶金、石油、医药、食品等工业生产部门，农业科学研究部门以及核物理、有机化学、生物化学、地球化学、无机化学、临床化学、考古、环境监测、空间探索等科学技术领域。

质谱与紫外光谱、红外光谱和核磁共振图谱不同，与电磁辐射的吸收或发射没有关系，不属于光谱的范畴，它检测的是由化合物分子经离子化或裂解而产生的各种离子。质谱法具有其突出的特点，可以归结为以下几点：

①它是唯一可以确定分子式的方法。

②灵敏度高，绝对灵敏度为 $10^{-13} \sim 10^{-10}$ g，相对灵敏度为 $10^{-3} \sim 10^{-4}$。

③样品用量少，一般几微克甚至更少的样品都可以检测，检出极限可达 10^{-14} g。

④分析速度快，易于实现自动控制检测。

⑤提供的信息多，能提供准确的分子量、分子和官能团的元素组成、分子式以及分子结构等大量数据。

电子轰击质谱(electron impact ionization mass spectrum，EI-MS)是最早发展起来的质谱技术之一，已经成为有机分析中最经典的质谱技术，如在有机化学、石油化学、环境化学等学科中都是重要的分析手段之一。EI-MS 作为经典的质谱技术，经过大量的实践积累了丰富的经验，为依据质谱分析来推断化合物的结构奠定了基础。

2. 基本原理

下面以双聚焦质谱仪(图 10-1)为例说明质谱仪的工作原理。有机化合物首先在离子源中气化变成气态,其分子受到高能电子轰击,失去 1 个电子形成分子离子。一般情况下,轰击电子的能量为 10～15 eV 时即可使样品分子电离成分子离子,当轰击电子的能量达到 70 eV 的电子时,多余的能量会使分子离子裂解或重排,形成碎片离子,其中有些碎片离子还可以再裂解,形成质量更小的碎片离子,所有这些离子一般都只带有一个正电荷。

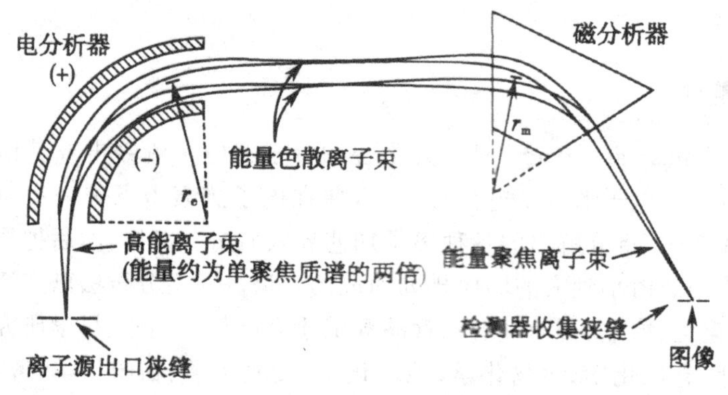

图 10-1　Nier-Johnson 双聚焦质谱仪原理图

在离子源中形成的离子受离子排斥电极的作用,经离子源出口狭缝离开离子化室,形成离子束,进入加速电场,电场的电势能就转化为离子的动能,使之加速。则这一所带正电荷为 z、质量为 m 的离子的动能为

$$\frac{1}{2}mv^2 = zV \tag{10-1}$$

式中,v 为离子的运动速度;V 为加速电场电压。由于绝大多数离子都带一个电荷,在测试过程中加速电场的电压 V 又保持不变,所以各种离子在加速电场中的电势能 zV 是一个定值,由式(10-1)可以看出,各种离子因质量不同而在固定的加速电场中获得的运动速度则不同,运动速度的平方与其质量成反比,即其质量越大,其运动速度就越小;反之,质量越小,其运动速度就越大。

由于加速电场的场强通常达 6 000～8 000 eV,各种离子获得的动能很大,可以认为,这时各种带单位正电荷的离子都具有近似相同的动能。

经加速后的离子进入电分析器,这时带电离子受垂直于运动方向的电场作用而发生偏转,偏转的离心力与静电力平衡,稳态时有

$$zE = \frac{mv^2}{r_e} = \frac{2}{r_e} \cdot \frac{1}{2}mv^2$$

式中，E 为电场强度；r_e 为离子在电场中的运动轨道半径。

在离子经电分析器偏转后聚焦的位置设置一个狭缝装置，则通过该狭缝的离子（r_e，E 相同）具有非常相近的动能。因此，电分析器的作用是消除了由于初始条件有微小差别而导致的动能差别，选择出一束由不同的 m 和 v 组成的、具有几乎完全相同动能的离子。

通过狭缝后，这束动能相同的离子进入扇形磁分析器。在磁分析器中，离子的运动方向与磁场的磁力线方向垂直，离子受到一个洛伦兹力的作用，而使之在磁场中发生偏转，做弧形运动，这种运动的离心力为 mv^2/r_m，向心力为 Bzv，两者相等，则有

$$\frac{mv^2}{r_m}=Bzv$$

$$v=\frac{Bzr_m}{m} \tag{10-2}$$

式中，B 为扇形磁场的磁场强度；r_m 为离子在磁场中做弧形运动的轨道半径。将式(10-2)代入式(10-1)中，消去速度 v，得简化式：

$$m/z=\frac{B^2r_m^2}{2V} \tag{10-3}$$

式(10-3)表达了质谱的基本原理，其左端为离子的质量与其所带的电荷之比，即质荷比(m/z)，在质谱图中，以横坐标来表示，各种离子的谱线顺序就是按离子的质荷比由小到大的顺序分布的。

根据式(10-3)分析，质谱仪的各种参数之间存在着以下关系。

(1)m/z 与 r_m 之间的关系

式(10-3)表明，磁场对不同质荷比的离子具有色散作用。即当保持加速电压 V 和磁场强度 B 不变时，质荷比(m/z)不同的离子在磁场中偏转的弧度半径 r_m 不一样，离子的质荷比越大，其轨道半径就越大；反之，其质荷比越小，轨道半径就越小。如在离子的聚焦位置上放置一块感光板，则质荷比相同的离子则会聚集在感光板的同一点上，质荷比不同的离子按照其质量的大小在感光板上依次排列起来。这就是质谱仪可以分析各种离子的原理。

(2)m/z 与 B 之间的关系

式(10-3)中，如果保持加速电场的电压 V 和离子在磁场中偏转的轨道半径 r_m 不变，则离子的 m/z 与磁场强度(B)成正比，因此，通过改变磁场强度，可以使不同 m/z 的离子都射向一个固定的收集狭缝，这就是设计质谱仪的原理之一。在质谱仪中，收集狭缝的位置保持不变，由小到大（或由大到小）改变磁场强度，不同质量的离子也由小到大（或由大到小）依次穿过收集狭缝，被检测器记录下来，通过的每种离子都会被记录形成一条谱线（或

称之为离子峰),谱线的高度与形成该谱线的离子数量成正比。运行轨道半径小于或大于固定轨道半径的离子就不能通过狭缝而被记录。

(3)m/z 与 V 之间的关系

式(10-3)中,如果磁场强度和离子在磁场中的轨道半径保持不变,加速电压越高,仪器测得的离子质量范围就越小,同时,由于离子在加速之前动能较小且运动无序,电压加速越高,离子获得的动能就越大,离子束的动能差别和角偏离就越小,离子束的色散和聚焦作用就越强,且到达检测器的时间就越短,其分辨率和灵敏度就越高;反之,加速电压越低,测得的离子质量范围就越大,其分辨率和灵敏度就越低。因此,现代仪器充分利用 B 和 H 的关系,通过提高磁场的强度或改变磁场的参数,可以达到既能满足一定的离子质量测定范围,又可以任意改变加速电压,并获得较高的分辨率。

从以上三个方面的分析可以看出,式(10-3)所表达的各种参数之间的关系在质谱仪设计工作中具有重要的作用。

实际上,其他质谱仪也与双聚焦质谱仪具有类似的设计原理。如在单聚焦质谱仪中,通过改变电分析器的电场强度(电分析器质谱仪)或者改变扇形磁分析器的磁场强度(磁分析器质谱仪),使不同质荷比的离子分开,以达到检测目的。

10.2 质谱中有机分子裂解

有机化合物分子在离子源中受高能电子轰击而电离成分子离子。掌握离子的裂解规律,有助于分析质谱给出的分子离子和碎片离子,推测化合物的结构。

开裂的表示方法一般有三种。

1. 均裂

σ 键裂开后,每一个原子带走一个电子,用单箭头“⌒”表示一个电子的转移过程,有时也可以省去一个单箭头。例如,

$$X—\overset{+\cdot}{Y} \longrightarrow \dot{X} + \overset{+}{Y} \quad 或 \quad X—\overset{+\cdot}{Y} \longrightarrow \dot{X} + \overset{+}{Y}$$

$$R_1—CH_2 \cdot\cdot CH_2—\overset{+\cdot}{O}—R_2 \longrightarrow R_1—\dot{C}H_2 + CH_2=\overset{+}{O}—R_2$$

2. 异裂

σ 键裂开后，两个电子均被其中的一个原子带走，用双箭头"⌒"表示两个电子的转移过程。例如，

$$X-\overset{+\cdot}{Y} \longrightarrow \overset{+}{X} + \dot{Y}$$

$$R_1-CH_2\cdot\cdot\overset{+\cdot}{O}-CH_2-R_2 \longrightarrow R_1-\overset{+}{C}H_2 + \dot{O}-CH_2-R_2$$

3. 半异裂

已电离的 σ 键中仅剩一个电子，裂解时唯一的一个电子被其中的一个原子带走，用单箭头"⌒"表示。例如，

$$X+\cdot Y \longrightarrow \overset{+}{X} + \dot{Y}$$

$$R_1-CH_2 + \cdot CH_2-R_2 \longrightarrow R_1-\overset{+}{C}H_2 + \dot{C}H_2-R_2$$

10.3　主要离子峰类型

在质谱中，由化合物裂解而来的各种离子基本都能观察到，当然这些离子峰需要具有一定的丰度。在质谱图中，观察到的离子峰主要有分子离子峰和碎片离子峰，有时也能见到亚稳离子峰。

10.3.1　分子离子峰

质谱中，分子离子是最具有价值的结构信息，可以用于确定化合物的分子量和分子式，在化合物的结构鉴定中具有重要的作用。在电子轰击质谱中，一般小分子化合物都能得到它的分子离子峰，但当化合物热稳定性差，或极性大不易气化，或醇羟基较多时，其分子离子峰较弱或不出现。

1. 分子离子峰的形成

在电子轰击质谱(EI-MS)中，双电荷、多电荷的离子峰很少，一般为单电荷离子，因此，通常情况下质谱中离子的质荷比在数值上就等于该离子的质量。分子离子是样品分子在电离室中受电子轰击后失去一个电子，且不

再裂解所形成的。分子离子是质谱图中最重要的离子。通过分子离子峰的确定可得到化合物的相对分子质量，其相对丰度与分子的稳定性相关，由此可以推测化合物的类型。如用电子轰击有机化合物(M)，使其产生离子的反应如下：

$$M + e^- \longrightarrow M^{+\cdot} + 2e^-$$

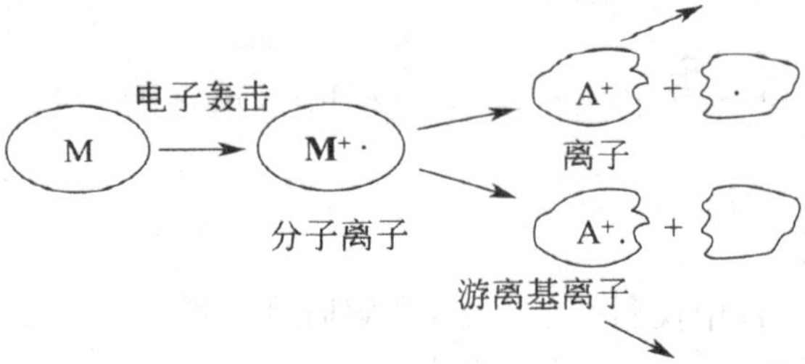

M —电子轰击→ $M^{+\cdot}$（分子离子）→ A^+ + ·（离子）；→ $A^{+\cdot}$ + （游离基离子）

分子离子是样品分子(所有电子都成对)失去一个电子而产生的，所以是一个自由基离子，其中有一个未成对的孤电子，离子中电子的总数是奇数，因此分子离子表示为 $M^{\dot{+}}$ 。

有机化合物中各原子的价电子有形成 σ 键的 σ 电子，形成 π 键的 π 电子以及未共用电子对的 n 电子。这些电子在受电子流轰击后失去的难易不同。在书写有机化合物的分子离子时，应注意电荷的位置与其化学结构有密切的关系。通常 n 电子的能量高于 π 电子，π 电子的能量又高于 σ 电子。一般分子中含杂原子，如 O、N、S 等。当样品分子发生电离时，能量最高的 n 电子最容易失去电子而带正电荷，其次是 π 电子，再次为 σ 电子，即由易到难失去电子的顺序为 n 电子＞π 电子＞σ 电子，可表示为

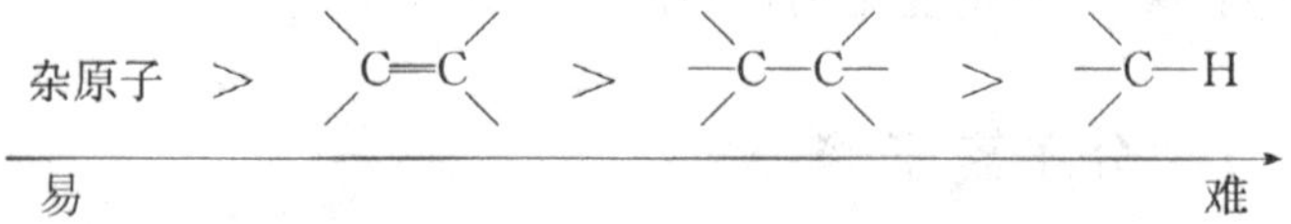

杂原子 ＞ C=C ＞ —C—C— ＞ —C—H

易 ⟶ 难

了解这一次序有助于准确地标出化合物分子形成分子离子后正电荷的位置。但一般情况下也可将分子用方括号括起来，将电荷写在右上角，而不标明其电荷位置。对于某些有机化合物，可以直接把电荷标在分子离子结构中的某个位置上，如下所示。

n 电子：

$$R_1-\ddot{N}H-R_2 \xrightarrow{-e} R_1-\overset{+\cdot}{N}H-R_2$$

π 键电子：

$$R_1HC::CHR_2 \xrightarrow{-e} R_1HC\overset{+}{:}CHR_2$$

σ 键电子：

$$R_1H_2C:CH_2R_2 \xrightarrow{-e} R_1H_2C\overset{+}{\cdot}CH_2R_2$$

当一些化合物难以确定哪一个键丢失电子时，可采用下列表示方法。

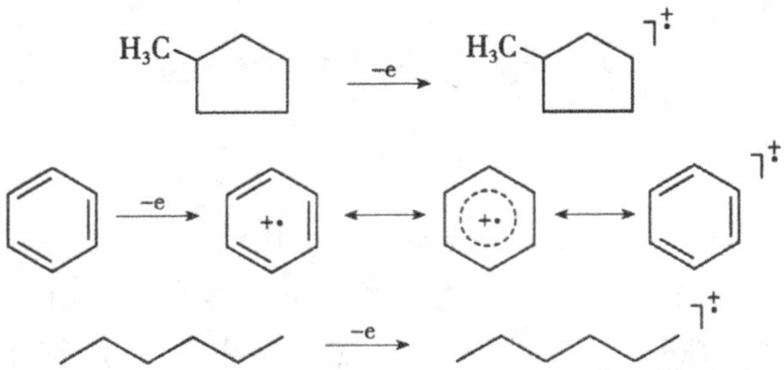

分子离子是分子失去一个电子所得到的离子，所以其 m/z 数值等于化合物的相对分子质量，是所有离子峰中 m/z 最大的（除了同位素离子峰外），所以若质谱图中有分子离子峰出现，必位于谱图的右端，这在谱图解析中具有特殊意义。同时分子离子必然符合“氮律”（即有机化合物分子中，若含有偶数个氮原子，则其分子量也为偶数；若含有奇数个氮原子，则分子量也为奇数）。质谱中，分子离子峰的强度和化合物的结构关系极大，它取决于分子离子与其裂解后所产生离子的相对稳定性。一般规律是，化合物链越长，分子离子峰越弱，酸类、醇类及高分支链的烃类分子的分子离子峰较弱甚至不出现。

共轭双键或环状结构的分子，分子离子峰较强。各类有机化合物分子离子的稳定性（即分子离子峰的强度）顺序如下所示：芳环＞共轭烯＞烯＞环状化合物＞酮＞不分支烃＞醚＞酯＞胺＞酸＞醇＞高分支烃。

2. 分子离于峰强度与分子结构的关系

分子离子峰的强度大小标志分子离子的稳定性。一般来说，相对强度超过 30%的峰为强峰，小于 10%的峰为弱峰。分子离子峰的强度与分子结构的关系如下：

①碳链越长，分子离子峰越弱。

②存在支链有利于分了离子裂解，分子离子峰越弱。

③饱和醇类及胺类化合物的分子离子峰弱。

④有共振结构的分子离子稳定，分子离子峰强。

⑤环状化合物分子一般分子离子峰较强。

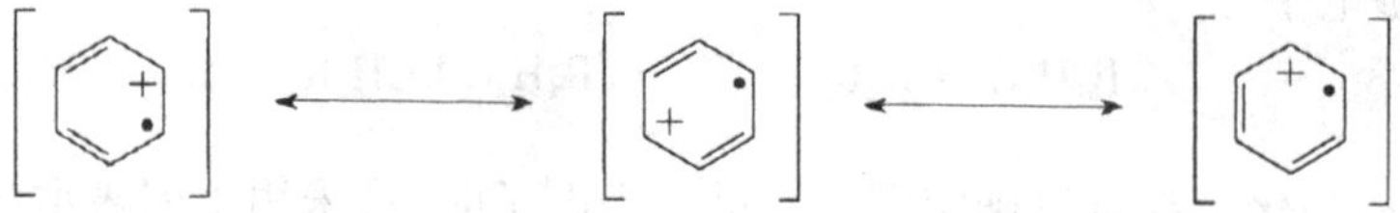

各类有机化合物分子离子在质谱中表现的稳定性次序一般为：芳香环＞共轭烯＞烯＞环状化合物＞羰基化合物＞醚＞酯＞胺＞高度分支的烃类。

3. 分子离子峰的判断识别

在 EI-MS 谱中，分子离子峰一般为质荷比最大的离子峰，但实际上，质荷比最大的离子峰不一定是分子离子峰。主要有几个方面的原因：①样品难以气化、热稳定性差，或在电离时易脱去水等中性小分子气致使质谱中没有分子离子峰；②分子离子极不稳定，都进一步裂解成碎片离子；③存在比样品分子量更大的杂质分子离子峰；④有同位素存在时，最大的峰不是分子离子峰；⑤样品有时以(M＋1)峰或(M－1)峰的形式存在；⑥分子离子有时捕获一个 H 出现 M＋1 峰，捕获两个 H 出现 M＋2 峰等。

为此必须对分子离子峰加以准确的判断，才能正确地确定化合物的相对分子质量。

最大质量数离子峰是否是分子离子峰，要看它是否符合分子离子峰的特征。例如，分子离子峰必须是图谱中质量数最大的离子峰，即为谱中最右端的离子峰(同位素离子峰例外)；必须是奇电子离子等。此外，识别分子离子峰还可以参考如下方法。

(1)应符合质荷比的奇偶规律(或称为氮数规则)

只由 C、H、O 组成的化合物，其分子离子峰的质荷比一定是偶数。在含氮的有机化合物中氮原子的个数为奇数时，其分子离子峰的质荷比一定为奇数；氮原子的个数为偶数时，其分子离子峰的质荷比一定为偶数。

为什么会存在这一规律呢？其原因在于：在有机化合物中，除氮元素(^{14}N 的价键数为 3)外，其他所有常见元素最大丰度同位素原子的质量数和价键数均同为偶数(如^{12}C 和^{28}Si 的价键数为 4，^{16}O 和^{32}S 的价键数为 2)或者同为奇数(^{1}H、^{19}F、^{35}Cl 和^{79}Br 价键数为 1，^{31}P 的价键数为 3)。

根据氮规则，如果知道化合物不含氮原子或含偶数个氮原子，其质谱中最大质量数的离子质量应为偶数，若为奇数时，则该离子不是分子离子；同样，在含有奇数个(一个或多个)氮原子时，其质谱中最大质量数的离子质量应为奇数，若为偶数时，则该离子不是分子离子。

(2)分子离子峰与碎片离子峰之间有一定的质量差

通常在分子离子峰的左侧 3～14 个质量单位处不应该有碎片离子峰出

现。如果有其他峰在 3～14 个质量单位处，则该峰不是分子离子峰。

与其左侧的离子峰之间应有合理的中性碎片（自由基或小分子）丢失，这是判断该离子峰是否是分子离子峰的最重要依据。在离子的裂解过程中，失去的中性碎片在质量上有一定的规律性，如失去 H(M-1)、CH_3(M-15)、H_2O(M-18)碎片等。质量数在 M-3 至 M-13 之间和 M-20 至 M-25 之间都没有合理的中性碎片可解释，因为有机分子中不含这些质量数的基团。当发现质谱中最大质量数的离子峰与其左侧的离子峰之间存在上述不合理的质量差时，说明该最大质量数的离子不是分子离子。

表 10-1 列出从有机化合物中易于裂解出的自由基（附有黑点的）和中性分子的质量差，这对判断质量差是否合理和解析裂解过程具有重要的参考价值。

表 10-1　一些常见的游离基和中性分子的质量数

质量数	自由基或中性分子	质量数	自由基或中性分子
15	$\cdot CH_3$	45	$CH_3CHOH\cdot$，$CH_3CH_2O\cdot$
17	$\cdot OH$	46	CH_3CH_2OH，NO_2，$(H_2O+CH_2=CH_2)$
18	H_2O	47	$CH_3S\cdot$
20	HF	48	CH_3SH
26	$CH\equiv CH$，$\cdot C\equiv N$	49	$\cdot CH_2Cl$
27	$CH_2=CH\cdot$，$HC\equiv N$	50	CF_2
28	$CH_2=CH_2$，CO	54	$CH_2=CH-CH=CH_2$
29	$CH_3CH_2\cdot$，$\cdot CHO$	55	$\cdot CH=CHCH_2CH_3$
30	$NH_3CH_2\cdot$，CH_2O，NO	56	$CH_2=CHCH_2CH_3$
31	$\cdot OCH_3$，$\cdot CH_2OH$，CH_3NH_2	57	$\cdot C_4H_9$
32	CH_3OH	59	$CH_3O\dot{C}-O$，CH_3CONH_2
33	$HS\cdot$，$(\cdot CH_3+H_2O)$	60	C_3H_7OH
34	H_2S	61	$CH_3CH_2S\cdot$
35	$Cl\cdot$	62	$(H_2S+CH_2=CH_2)$
36	HCl	64	CH_3CH_2Cl
40	$CH_3C\equiv CH$	68	$CH_2=C(CH_3)-CH=CH_2$

续表

质量数	自由基或中性分子	质量数	自由基或中性分子
41	CH_2CHCH_3，$CH_2=C=O$	71	$\cdot C_5H_{11}$
43	$C_3H_7\cdot$，$CH_3CO\cdot$，$CH_2=CH—O\cdot$	73	$CH_3CH_2O\dot{C}=O$
44	$CH_2=CHOH$，CO_2		

(3)分子离子峰与$[M+1]^+$峰或$[M-1]^+$峰的判别

有些化合物在质谱中的分子离子峰较弱或不出现，而是以$[M+1]^+$峰或$[M-1]^+$峰的形式出现，有时甚至很强。如果能正确地判断$[M+1]^+$峰或$[M-1]^+$峰，其结果如同获得分子离子峰一样，也可用来确定化合物的分子量。一般情况下，醚、酯、胺、酰胺、氨基酸酯、腈、胺醇等化合物易生成较强的$[M+1]^+$峰；醛和醇等化合物易生成较强的$[M-1]^+$峰。$[M+1]^+$峰和$[M-1]^+$峰不遵守以上氮数规则。

质谱中$[M+1]^+$峰或$[M-1]^+$峰往往也是质荷比最大的离子峰，容易与分子离子峰相混淆，与分子离子峰的区别主要有以下几点：

①$[M+1]^+$峰或$[M-1]^+$峰均为偶电子数。

②应用氮规则判断时，正好与分子离子峰的特点相反，即当化合物不含氮或者含有偶数个氮原子时，其$[M+1]^+$峰或$[M-1]^+$峰的质量数为奇数；当化合物含有奇数个氮原子时，其$[M+1]^+$峰或$[M-1]^+$峰的质量数为偶数。

③在质谱中，与其左侧碎片离子峰的质量数之差，对于$[M+1]^+$峰或$[M-1]^+$峰来说，需要减去1或加上1才能解释其所丢失碎片的合理性。

(4)通过实验方法的改进来判别分子离子峰

如果经判断没有分子离子峰或分子离子峰不能确定，则需要采取其他方法得到分子离子峰，常用的方法如下所示。

①制备适当的衍生物。将衍生物质谱与原化合物质谱进行比较，从相应的质量变化，确定原化合物的分子离子峰。

②考虑离子化的方法。对EI源，可逐步降低电子流能量，使裂解逐渐减小，碎片逐渐减少，相对强度增加的便是分子离子峰。若换成CI源、FI源，尤其是FD源，可使分子离子峰出现或明显加强，如图10-2所示。

下面通过一些例子，熟悉对分子离子峰的判断。

【例10-1】 如图10-3所示。根据氮律，不含N，或含偶数N；最高质量数100 u；(100－85)＝15，属合理中性碎片丢失，因此，$M^{+\cdot}$可能为100。

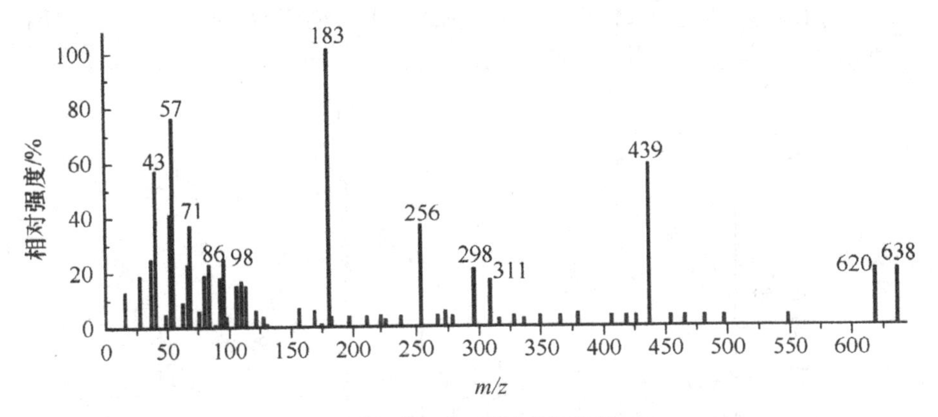

(a)电子轰击(EI源)离子化法

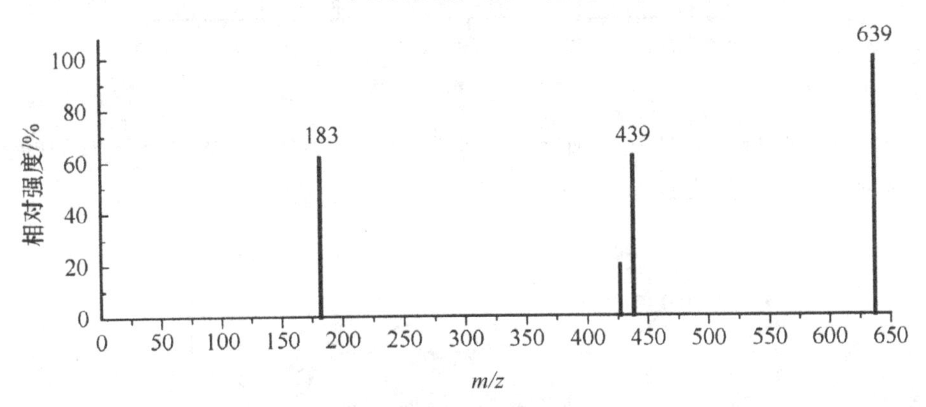

(b)场解吸(FD源)离子化法

图 10-2　甘油三月桂酸酯的质谱图

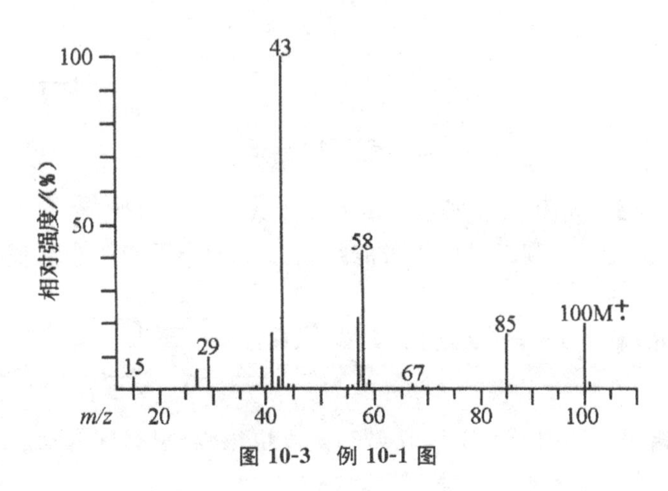

图 10-3　例 10-1 图

【例 10-2】 如图 10-4 所示。最大质量数 113，含奇数 N；(113－98)＝15，合理中性碎片；因此，m/z 113 可能是 $M^{+\cdot}$。

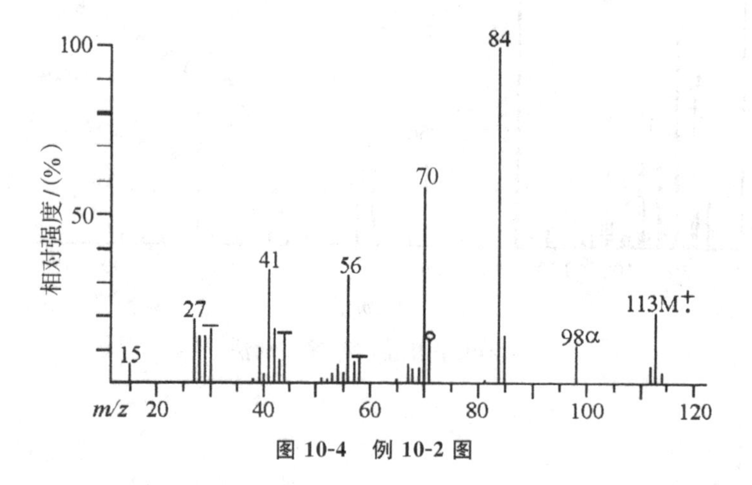

图 10-4 例 10-2 图

【例 10-3】 如图 10-5 所示。最高质量 m/z 为 96，但从 $M^{+\cdot}$ 区域的峰形看，应该含 Br，选择 m/z 94 处为 $M^{+\cdot}$。

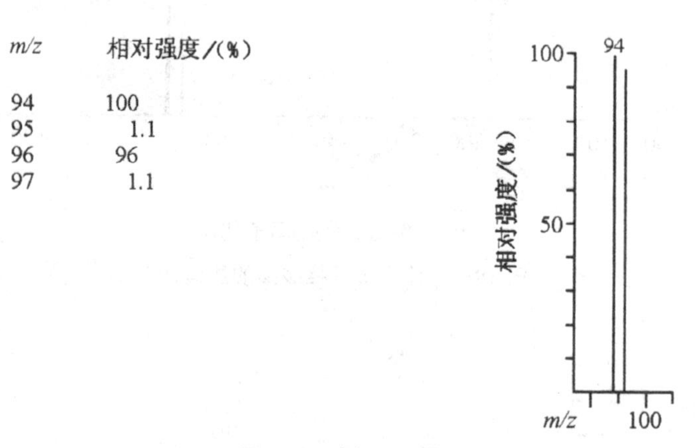

m/z	相对强度/(%)
94	100
95	1.1
96	96
97	1.1

图 10-5 例 10-3 图

【例 10-4】 如图 10-6 所示。最大质量数 m/z 为 115，而 115－101＝14(不合理)，据此可以判断，$M^{+\cdot}$ 不可能是 m/z 115(分子离子未出现)。

【例 10-5】 图 10-7 是结构为 的化合物的质谱图。图中最大质量值 473，丰度也很强，根据判据没发现明显不符合，但实际上 m/z 473 不是 $M^{+\cdot}$。

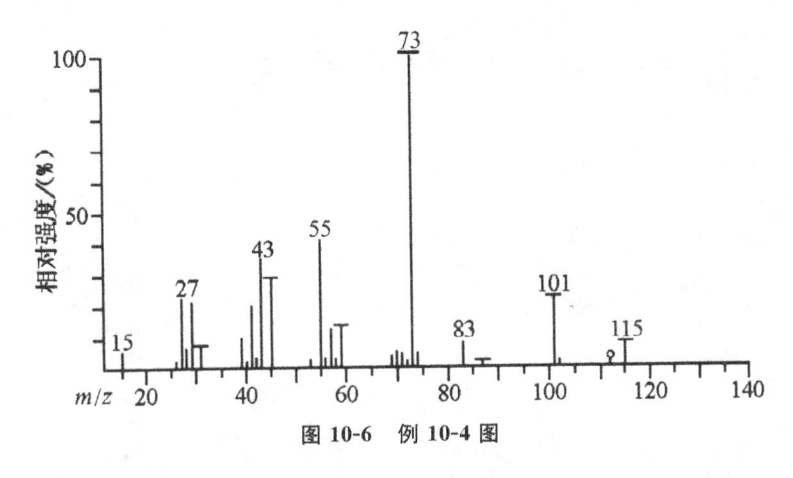

图 10-6　例 10-4 图

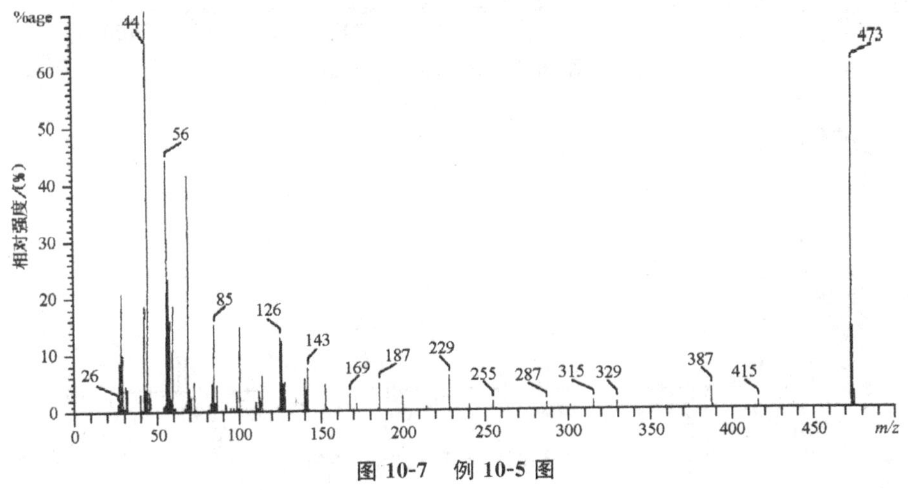

图 10-7　例 10-5 图

4. 分子离子峰的相对丰度

在质谱中，分子离子峰的相对丰度与化合物结构密切相关，有些化合物形成的分子离子峰稳定性较强，则其丰度就较强；有些化合物的分子离子峰稳定性较差，易发生进一步的裂解，则其分子离子的相对丰度就较弱。

①具有 π 电子系统的化合物，如芳香类化合物、共轭多烯类化合物等，其分子离子的相对丰度较大。对于这些化合物，受电子轰击时，易丢失一个 π 键电子，所形成的正电荷能被其共轭系统所分散，从而提高了其分子离子的稳定性。如甲苯的分子离子相对丰度为 78.0%，苄基离子与䓬鎓离子之间是相互转化的，从而增加了其分子离子的稳定性，其质谱如图 10-8 和图 10-9 所示。

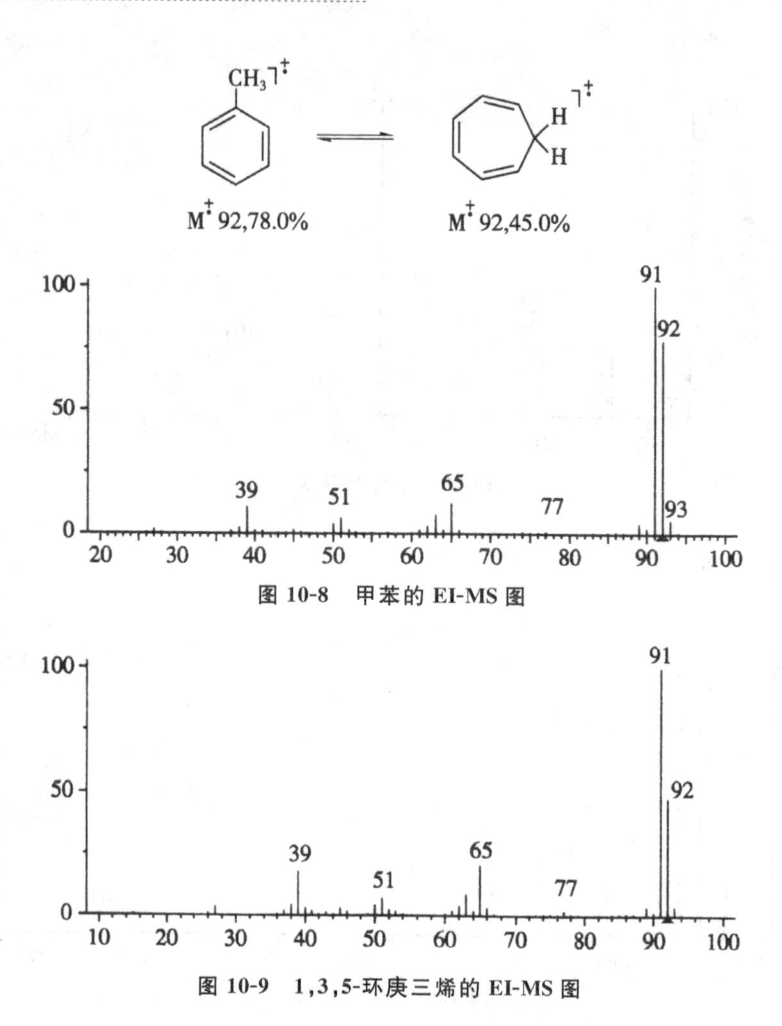

图 10-8　甲苯的 EI-MS 图

图 10-9　1,3,5-环庚三烯的 EI-MS 图

②具有环状或多环类结构的化合物也具有较大相对丰度的分子离子峰。这是因为环状化合物需要经过两次或更多次的裂解才能由分子离子分解成碎片离子。

③当化合物中存在某些容易失去的基团,或者失去某些基团所得到的离子更稳定时,其分子离子峰的相对丰度就较小。如某些醇类和卤代烃类化合物。

④当分子中的烃基具有高度分支时,其分子离子峰的相对丰度也变小。因为它们裂解所形成的正碳离子较稳定,其稳定性大小为:叔正碳离子＞仲正碳离子＞伯正碳离子。分支越多,化合物的分子离子就越容易裂解成稳定性更好的碎片离子,分子离子峰就越弱。

综上所述,在有机化合物的质谱中,可以将分子离子峰的强度与其结构之间的关系简单进行总结:

①芳香类化合物＞共轭多烯＞脂环化合物＞短直链化合物＞某些含硫

化合物。这些化合物均能给出较显著的分子离子峰。

②直链的酮、醛、酸、酯、酰胺、醚、卤化物等通常显示分子离子峰。

③脂肪族且分子量较大的醇、胺、亚硝酸酯、硝酸酯等化合物及高分支链的化合物没有分子离子峰。

以上只是对一般情况的概括，而并非所有的化合物都符合如上规律。由于化合物结构复杂多样，官能团的种类、数量、位置等变化较多，其质谱裂解也比较复杂，因此，有相当一部分不符合上述三点总结的例外者。

10.3.2　同位素离子峰

许多元素具有两种或两种以上同位素的存在，除 P、F、I 外，C、H、O、N、S、Cl、Br 等都有同位素。我们把同位素在自然界中的相对含量称为丰度。

许多元素在自然界中都有一定的丰度即自然丰度，表 10-2 列出这些常见元素的天然同位素丰度。这些元素形成化合物以后，其同位素就以一定的丰度出现在化合物中，因而在质谱中会出现由不同质量的同位素形成的峰，称为同位素离子峰。同位素峰的强度比与同位素的丰度比是相当的。

表 10-2　常见元素的相对同位素丰度

元素	丰度					
碳	^{12}C	100	^{13}C	1.03		
氢	^{1}H	100	^{2}H	0.016		
氮	^{14}N	100	^{15}N	0.38		
氧	^{16}O	100	^{17}O	0.04	^{18}O	0.20
氟	^{19}F	100				
硅	^{28}Si	100	^{29}Si	5.10	^{30}Si	3.35
磷	^{31}P	100				
硫	^{32}S	100	^{33}S	0.78	^{34}S	4.40
氯	^{35}Cl	100			^{37}Cl	32.5
溴	^{79}Br	100			^{81}Br	98.0
碘	^{127}I	100				

同位素离子峰的强度与组成该离子的各同位素的丰度有关，可以通过各同位素的丰度估算分子离子峰和其他同位素离子峰的相对强度。对于仅含 C、H、N、O 的有机化合物 $C_wH_xN_yO_z$ 来说，最大丰度的分子离子峰与其

他同位素离子峰的强度比为

$$\frac{M+1}{M}=1.08w+0.02x+0.37y+0.04z$$

$$\frac{M+2}{M}=\frac{(1.08w+0.02x)^2}{200}+0.20z$$

需要注意的是，在同位素丰度表中，H、S、Cl、Br 四个元素的重质量同位素丰度比较大，它们是：^{13}C 为 1.08（^{12}C 为 100），^{33}S 为 0.78、^{34}S 为 4.40（^{32}S 为 100），^{37}Cl 为 32.5（^{35}Cl 为 100），^{81}Br 为 98（^{79}Br 为 100）。因此含 S、Cl、Br 的化合物的分子离子或碎片离子，其 $(M+2)^+$ 峰强度较大，所以根据 M 和 $(M+2)^+$ 两个峰的强度比易于判断化合物中是否含有这些元素。

对于仅含有 C、H、O（甚至是 N）的化合物，可以从（M+1）与 M 的丰度比来估算化合物分子中的碳原子数：

$$n_C \approx \frac{M+1}{M}\times 100/1.08$$

例如，某仅含 C、H、O 的化合物，在质谱图中，$\frac{M+1}{M}$ 为 24%，则 $n_C \approx \frac{24}{1.08} \approx 22$。

Cl 有 ^{35}Cl、^{37}Cl 两种同位素，丰度比为 100∶32.5≈3∶1，Br 有 ^{79}Br、^{81}Br，丰度比为 100∶98≈1∶1，（F、I 为单一同位素），Cl、Br 的同位素质量差均为 2 个质量单位，所以含有多个 Cl、Br 原子的分子，拥有 M、M+2、M+4、M+6…同位素离子峰。对于分子只含一种卤原子时，其同位素离子峰的强度比等于二项式 $(a+b)^n$ 展开式各项值之比（n 为分子中同种卤原子的个数，a 为轻质量同位素的丰度比，b 为重质量同位素的丰度比）。

如分子中含有 3 个 Cl 原子的分子（RCl_3）：$(3+1)^3=3^3+3\times3^2\times1+3\times3\times1^2+1^3=27+27+9+1$。即 M∶(M+2)∶(M+4)∶(M+6)=27∶27∶9∶1。

如分子中含有 3 个 Br 原子的分子（RBr_3）：$(1+1)^3=1^3+3\times1^2\times1+3\times1\times1^2+1^3=1+3+3+1$。即 M∶(M+2)∶(M+4)∶(M+6)=1∶3∶3∶1。

10.3.3 碎片离子峰

1. σ 键的裂解

σ 键的裂解是饱和烷烃类化合物唯一的裂解方式。烷烃类化合物中不含有 O、N、卤素等杂原子，也不含有 π 键时，只能发生 σ 键的裂解。例如，

$$RCH_2-CH_2 \wr CH_2 \wr CH_2- \wr -CH_3 \longrightarrow \begin{cases} RCH_2-CH_2-CH_2-\overset{+}{C}H_2 + \dot{C}H_3 & m/z\ M-15 \\ RCH_2-CH_2-\overset{+}{C}H_2 + \dot{C}H_2CH_3 & m/z\ M-29 \\ RCH_2-\overset{+}{C}H_2 + \dot{C}H_2CH_2CH_3 & m/z\ M-43 \end{cases}$$

在烷烃的质谱中常见到由分子离子峰失去如 $\cdot CH_3$，$\cdot CH_2CH_3$，$\cdot CH_2CH_2CH_3$ 等不同质量的自由基所形成的一系列偶数电子碎片离子峰，这些离子均是由分子中的 σ 键裂解而成的。反过来，分析这些碎片离子或者形成这些碎片离子所丢失的碎片，可以确定分子中所存在的烷基结构。

2. α 裂解

在奇电子离子中，定域的自由基位置（即游离基中心）由于有强烈的电子配对倾向，它可提供孤电子与毗邻（α 位）的原子形成新的键，导致 α 原子另一端的键裂解。这种裂解通常称为 α 裂解。该键裂解时，两个碎片各得一个电子，因此是均裂。用"⌒ ⌒"表示，也产生一个偶电子离子和一个自由基。其通式可表示为

$$AB—C—D^{+\cdot} \longrightarrow AB\cdot + C{=}D^+$$

α 裂解经常发生在以下几种情况中。

（1）烯烃

电离时失去一个 π 电子，则 π 键上的自由基中心引发 α 裂解。如果是端烯则发生烯丙基裂解，形成稳定的典型烯丙基离子（$m/z=41$）。

$$R—CH_2—CH{=}CH_2 \xrightarrow{-e^-} R—CH_2—\dot{C}H—\overset{+}{C}H_2 \longrightarrow R\cdot + CH_2{=}CH—\overset{+}{C}H_2 (m/z=41)$$

（2）烷基苯的苄基裂解

所产生的苄基离子立即重排为典型的鎓离子 $C_7H_7^+$（$m/z=91$），而且进一步丢失 C_2H_2 而产生 $C_5H_5^+$。

$$C_6H_5CH_2—R \xrightarrow{-e^-} [C_6H_5CH_2—R]^{+\cdot} \xrightarrow{\alpha, -R\cdot} C_6H_5{=}CH_2^{+} \longrightarrow C_7H_7^+\ (m/z=91) \xrightarrow{-CH{\equiv}CH} C_5H_5^+\ (m/z=65)$$

(3)含饱和官能团的化合物

如胺、醇、醚、硫醇、硫醚、卤代物等。电离后构成杂原子上的自由基中心,引发了 α 裂解。

胺：$R—CH_2—\dot{N}^{+}R'_2 \xrightarrow{\alpha} R\cdot + CH_2═\overset{+}{N}R'_2$

醇：$R—CH(R')—\overset{+\cdot}{O}H \xrightarrow{\alpha} R\cdot + HC(R')═\overset{+}{O}H$

醚：$R—CH_2—\overset{\cdot +}{O}—R' \xrightarrow{\alpha} R\cdot + H_2C═\overset{+}{O}—R'$

卤代物：$H_3C—CH_2—\overset{\cdot +}{Br} \xrightarrow{\alpha} CH_3\cdot + H_2C═\overset{+}{Br}$

(4)含不饱和官能团的化合物

如酮、酸、酯、酰胺、醛等也发生 α 裂解。

$$R—C(═\overset{+\cdot}{O})—R' \xrightarrow{\alpha} R—C≡\overset{+}{O} + R'\cdot$$

(R′：烷基、—OH、—OR、—NR_2、—H)

3. *i* 裂解

i 裂解也称为诱导裂解,是由电荷引发的一种裂解,也是质谱中碎片离子形成的一种最重要的机制。对于某些含有杂原子的离子,其所带的电荷也可以引发化学键的裂解,且以异裂的方式进行,两个电子同时转移到同一个带正电荷的碎片上,导致正电荷的位置发生迁移,该裂解过程称为 *i* 裂解。*i* 裂解过程的电子转移以双箭头"⌒"表示。一般来说,发生 *i* 裂解的易难顺序为:卤素>O,S≫N,C,即含卤素的化合物易进行 *i* 裂解。

i 裂解和 α 裂解在同一个母体离子的裂解时可以同时发生,具体以哪一种裂解为主则主要取决于裂解所产生离子碎片结构的稳定性。根据以上两种裂解发生的难易程度可得:一般含氮原子结构的进行 α 裂解,含卤素结构的则多进行 *i* 裂解。

含 O、S、N 的化合物：

$$RCH_2—\overset{+\cdot}{Y}—R \xrightarrow{i} R\overset{+}{C}H_2 + \dot{Y}—R$$

例如，

$$CH_3CH_2-\overset{+\cdot}{O}-CH_3 \xrightarrow{i} CH_3\overset{+}{C}H_2 + \dot{O}CH_3$$

m/z 60,25.8%　　*m/z* 29,49.2%

含卤素的化合物：

$$RCH_2-\overset{+\cdot}{Y} \xrightarrow{i} R\overset{+}{C}H_2 + \dot{Y}$$

例如，

$$CH_3CH_2-\overset{+\cdot}{I} \xrightarrow{i} CH_3\overset{+}{C}H_2 + I^{\cdot}$$

m/z 156,100%　　*m/z* 29,90%

含羰基的化合物：

$$R_1R_2C=\overset{+\cdot}{Y} \left(\longrightarrow R_1R_2\overset{+}{C}-\dot{Y}\right) \xrightarrow{i} R_1^+ + R_2-\dot{C}=Y$$

例如，

$$CH_3CH_2-\underset{}{C}(=\overset{+\cdot}{O})-CH_3 \xrightarrow{i} CH_3\overset{+}{C}H_2 + \dot{O}=C-CH_3$$

m/z 72,25%　　*m/z* 29,17.5%

$$CH_3CH_2-C\equiv\overset{+}{O} \xrightarrow{i} CH_3\overset{+}{C}H_2 + CO$$

10.3.4　重排离子峰

1. 自由基中心引发的重排

自由基中心引发的重排是质谱中最重要的一种重排。自由基引发的重排一般包括氢原子重排和置换反应等。在重排过程中，氢原子或者基团的位置发生迁移，同时自由基中心的位置也发生变化。

(1)麦氏重排

麦氏重排是一种最常见的由自由基引发的氢原子重排。产生麦氏重排的条件是，与化合物中 C=X(X 为 O、N、S、C)基团相连的键上需要有三个以上的碳原子，而且在 y 碳上要有 H，即 y-H。y-H 可以通过六元环空间排列的过渡态，向缺电子的原子转移，然后引起一系列的一个电子的转移，并脱离一个中性分子。在醛、酮、酯、酸、烯烃、炔、腈、芳香族化合物等的质谱上，都可找到由这种重排产生的离子峰。

麦氏重排，通式为

$$(\gamma)W-Y(\beta)-Z(\alpha)-C=X^{+\cdot}\ (H) \longrightarrow \longrightarrow W=Y + \cdot Z-C=X^{+}-H$$

例如，2-戊酮 $m/z=58$ 的峰就来自麦氏重排。

$$CH_3CH_2CH_2COCH_3^{+\cdot} \longrightarrow CH_2=CH_2 + H_2\dot{C}-C(=\overset{+}{O}H)-CH_3$$

m/z：58

麦氏重排使其具有 y-H 甲基酮的特征峰。

如图 10-10 所示为对-甲氧基苯丁酸的质谱图。$m/z=134$ 是电荷转移的麦氏重排产物，其过程如下：

MeO ... $\xrightarrow{\gamma\text{-H}}$ MeO ... $\xrightarrow{i}$ MeO ...

m/z 134

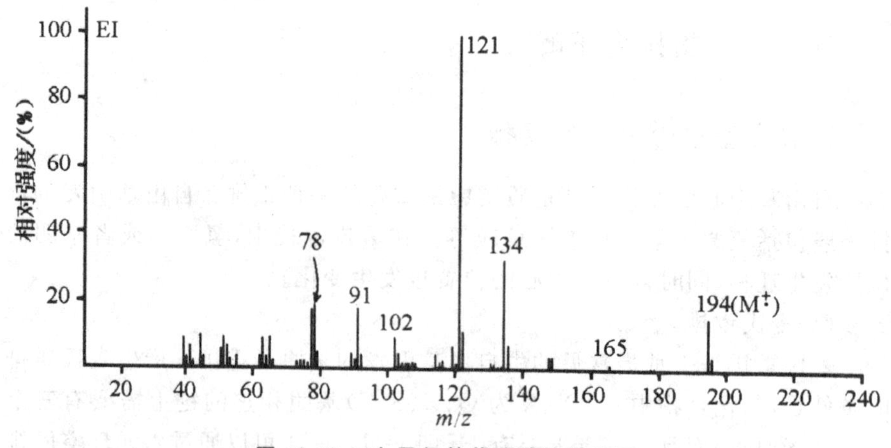

图 10-10 对-甲氧基苯丁酸的质谱图

分子中存在 π 系(双键、苯等),又能形成六元环过渡态的化合物都能发生麦氏重排(图 10-11～图 10-16)。

麦氏重排是较常见的重排离子峰,在结构分析上很有意义,因为重排后的离子都是奇电子离子,如果谱图上有奇电子离子的峰,而又不是分子离子,说明分子在裂解中发生重排或消去反应。

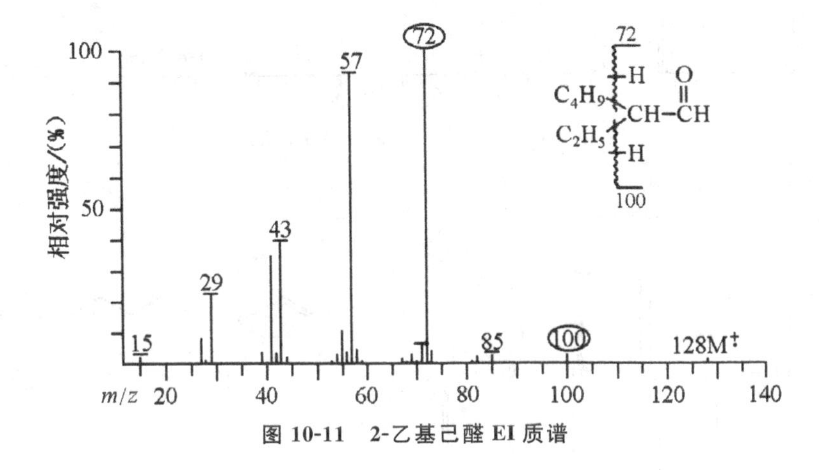

图 10-11　2-乙基己醛 EI 质谱

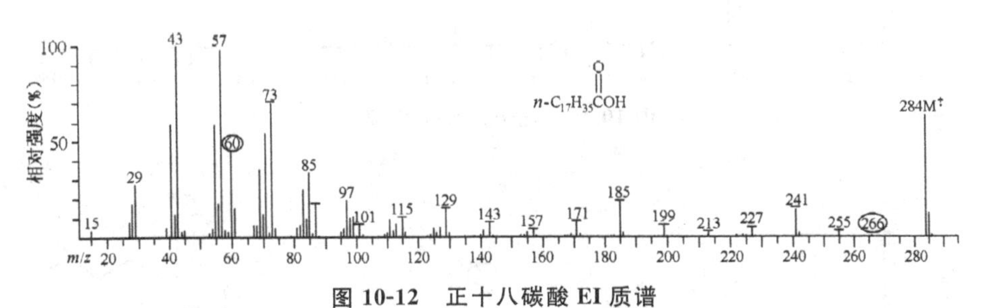

图 10-12　正十八碳酸 EI 质谱

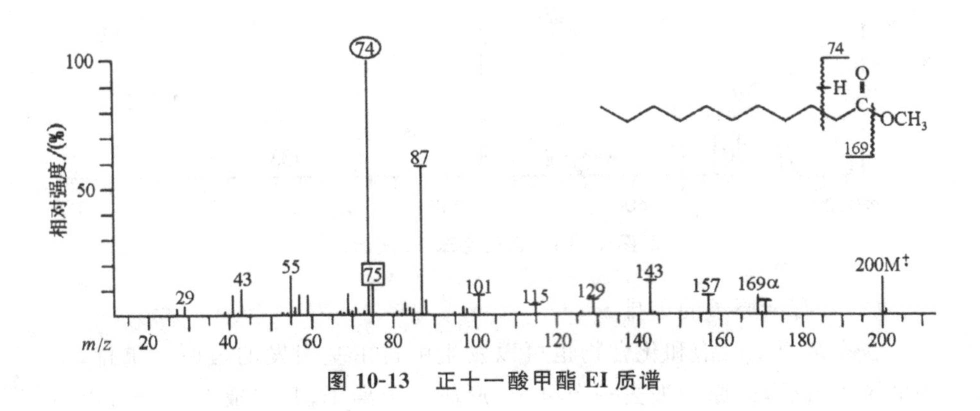

图 10-13　正十一酸甲酯 EI 质谱

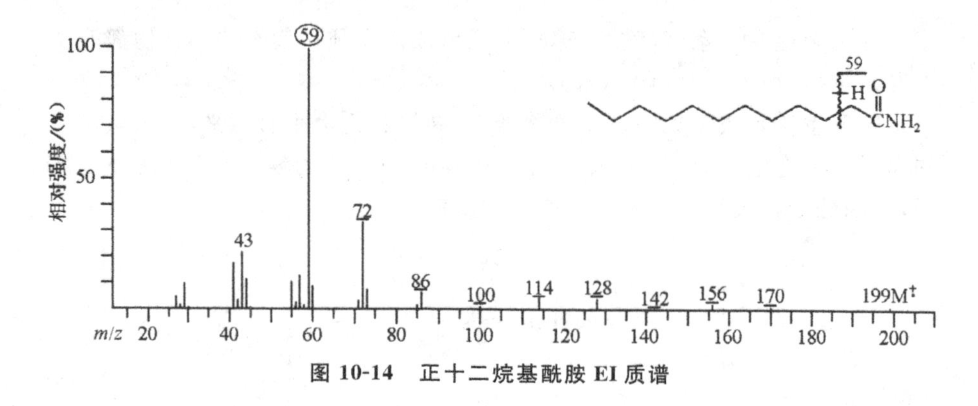

图 10-14　正十二烷基酰胺 EI 质谱

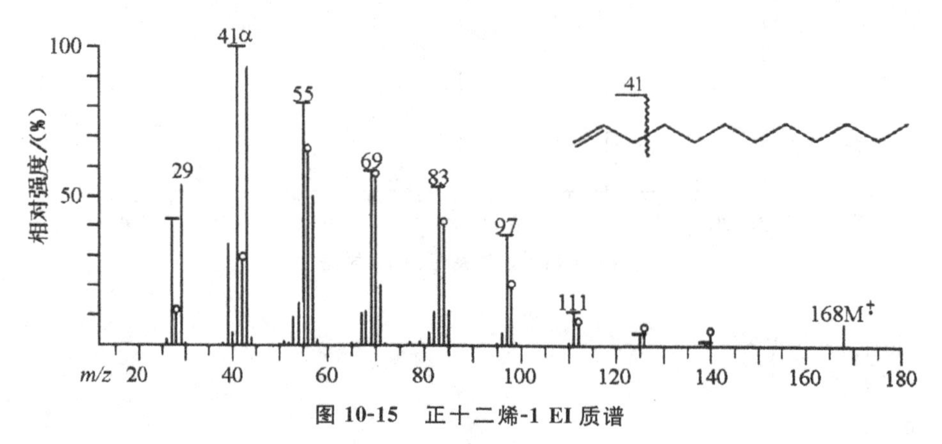

图 10-15　正十二烯-1 EI 质谱

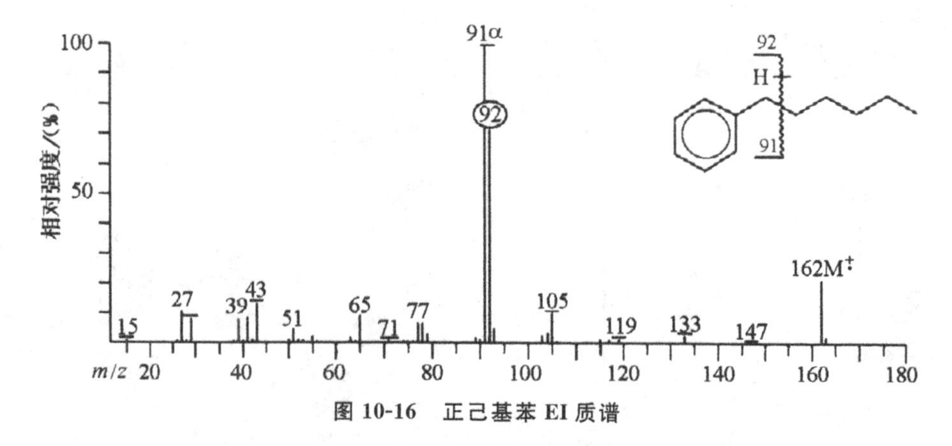

图 10-16　正己基苯 EI 质谱

(2)含有杂原子的重排

含有杂原子的饱和化合物也可以发生由自由基引发的氢原子重排,受到电子轰击后,杂原子失去一个电子,形成分子离子,其未成对电子可以与分子内空间距离较近的氢形成一个新键,并引起这个氢原有的键裂解。

第一步发生重排的氢原子可以是任意位置上的，只要该氢原子在空间距离上与自由基中心最近，即中间过渡态不一定是六元环，也可以是五元环、四元环或三元环等；第二步反应可以是 α 裂解，也可以是 i 裂解，脱去的杂原子碎片是中性小分子，因为该杂原子的电负性较强，接受电子的倾向强，对电荷的争夺力弱，这使得电荷的转移容易发生。一般情况下，脱去的碎片有：H_2O、C_2H_4、CH_3OH、H_2S、HCl 和 HBr 等。

按照杂原子的不同，该类重排可分为不同的类型。

①醇类化合物。在含有氧原子的醇类化合物质谱中，经常见到因脱水重排而生成的碎片离子峰（M-18 等）。有时，生成的碎片离子还可以进一步发生 i 裂解，产生次级碎片离子，如正庚醇的质谱（图 10-17）。

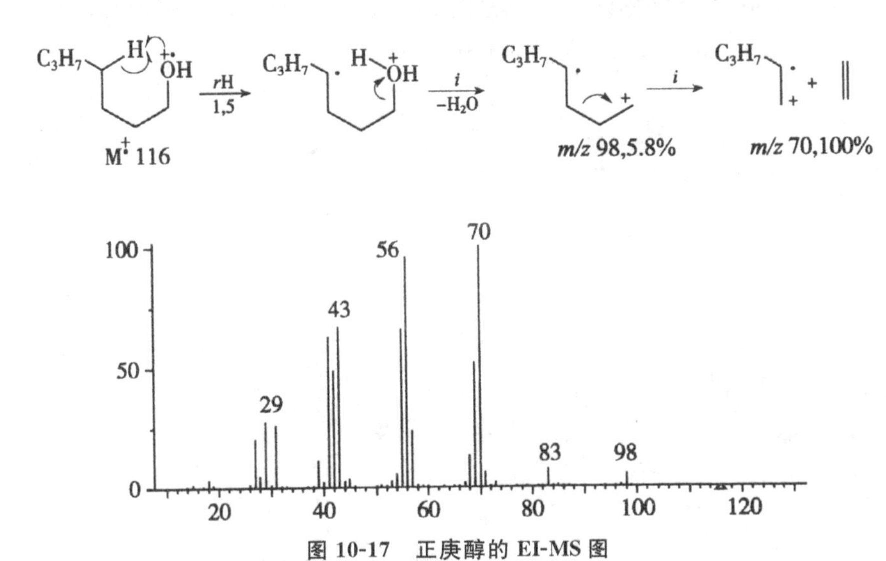

图 10-17　正庚醇的 EI-MS 图

对于醇类化合物，尤其对于含羟基较多的醇类化合物，热稳定性较差，一般电子轰击前就已脱水，这样的脱水一般为 1，2 位脱水，生成烯烃后再在电子轰击下进行电离。对于热稳定性较好的醇类化合物，受电子轰击后，易生成脱水离子。因此，醇类化合物的分子离子峰一般较弱，有的甚至不出现分子离子峰。对于多元醇类化合物，有时可以观察到连续的脱水离子碎片。

②含氮原子的化合物。对于含有氮原子的胺类化合物，经重排后，常发生 α 裂解，电荷保留在含氮结构碎片中，如 N-正丁基乙酰胺的质谱（图 10-18）。

H　$\overset{+\cdot}{N}HC_4H_9$　$\xrightarrow[1,3]{rH}$　H—$\overset{+}{N}HC_4H_9$　$\xrightarrow{\alpha}$　$H_2\overset{+\cdot}{N}C_4H_9$ + $H_2C=C=O$

H_2C—═O　　　$H_2\dot{C}$—═O

$M^{+\cdot}$ 115，10.8%　　　　m/z 73，20.7%

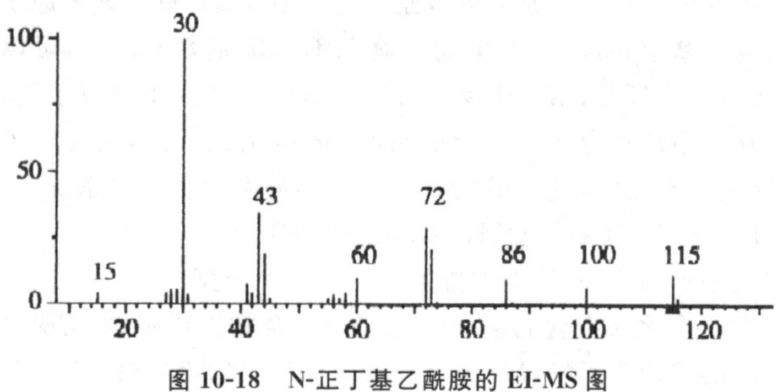

图 10-18　N-正丁基乙酰胺的 EI-MS 图

③含氯原子的化合物。与醇类化合物类似，链状的卤代烃易发生脱去卤化氢的重排，如 1-氯己烷的质谱(图 10-19)。

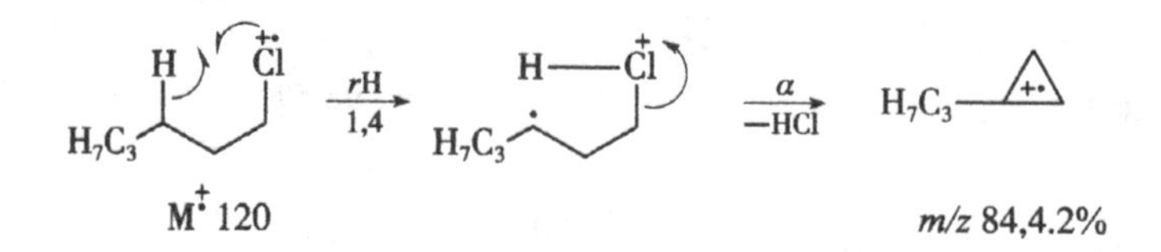

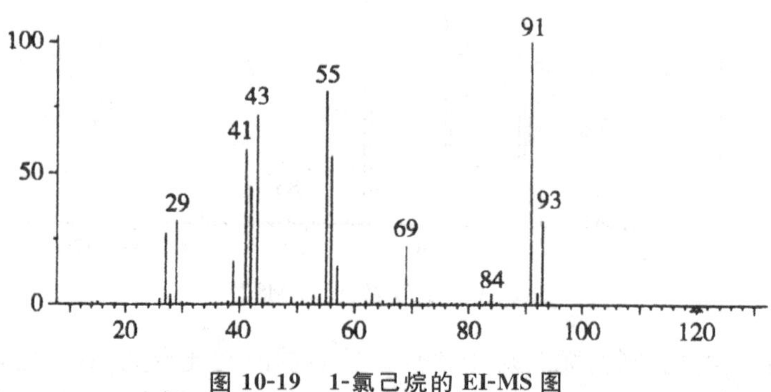

图 10-19　1-氯己烷的 EI-MS 图

(3)置换反应

置换反应由游离基引发，但重排的不是氢原子，而是一个基团。最引人注目的例子是长链正氯代烷烃或者正溴代烷烃，形成一个五元环产物强度很大，往往是基峰；六元环产物丰度 5%～20%(图 10-20，图 10-21)。

Cl　$\xrightarrow{-e}$　R　Cl　$\xrightarrow{rd}$　Cl　+　R·

m/z 91/93
(100%)

R　Cl$^{\bullet+}$　$\xrightarrow{rd}$　Cl^{+}　+ R·

m/z 105/107

Br　$\xrightarrow{-e}$　R　Br$^{\bullet+}$　$\xrightarrow{rd}$　Br^{+}　+ R·

m/z 135/137

R　Br$^{\bullet+}$　$\xrightarrow{rd}$　Br^{+}　+ R·

m/z 149/151

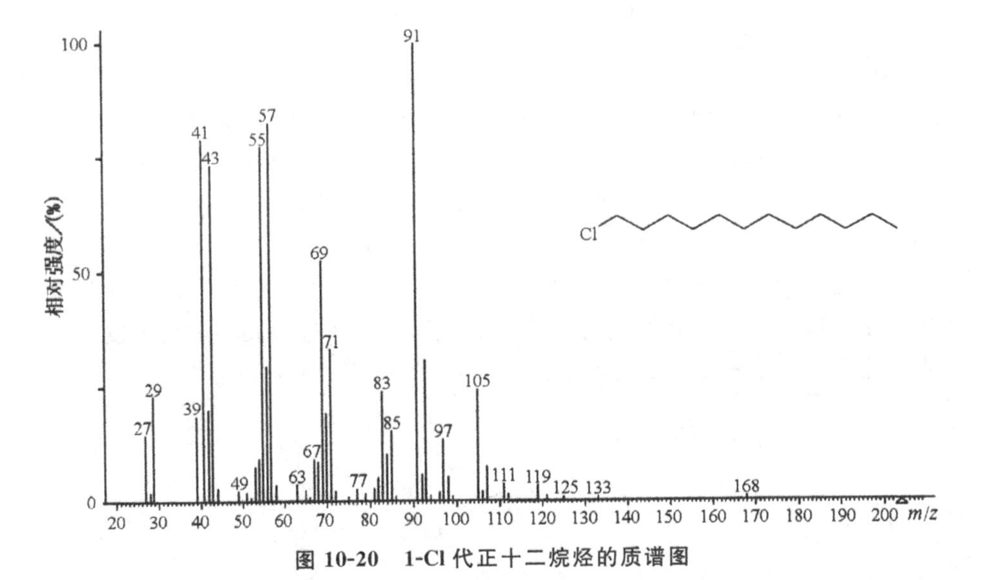

图 10-20　1-Cl 代正十二烷烃的质谱图

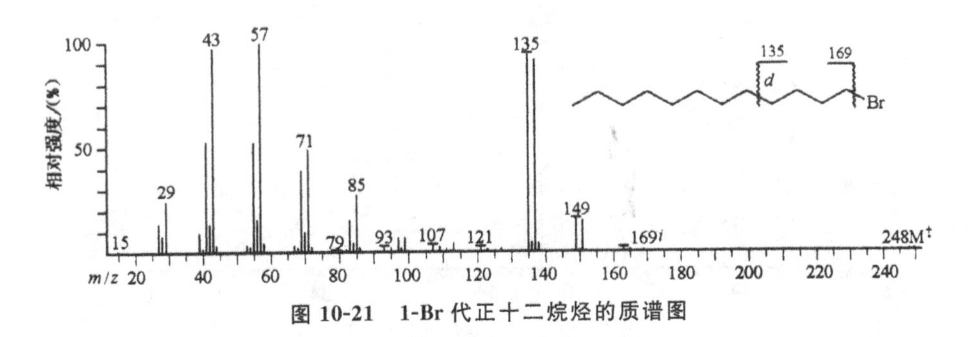

图 10-21　1-Br 代正十二烷烃的质谱图

置换反应还可以在下列化合物中发生：

R　N　$\xrightarrow{rd}$　N⊕　O　+ R·

MeOCO　H　O　O　$\xrightarrow{rH}$　MeOCO　CH_2　+　O　O　$\xrightarrow{rd}$　+　O　O　+ MeOCO·

C_2H_5　O　OCH_3　$\xrightarrow{rd}$　O^+　OCH_3　+ C_2H_5·

(4)其他重排

双重重排是同时发生几个键的裂解，并有两个 H 原子从脱去的碎片上移到新生成的碎片离子上。在质谱图上有时会出现比单纯开裂产生的离子多两个质量单位的离子峰，这就是因为发生了上述重排反应，脱去基团上有两个 H 原子转移到这个离子上的缘故。

容易发生这类重排的化合物有：乙醇以上的酯和碳酸酯或相邻的两个碳原子上有适当的取代基的化合物。如二醇可以通过四元环过渡态发生双重重排开裂，在 $m/z=33$ 处出现强峰，如 1-氯己烷的质谱（图 10-22）。

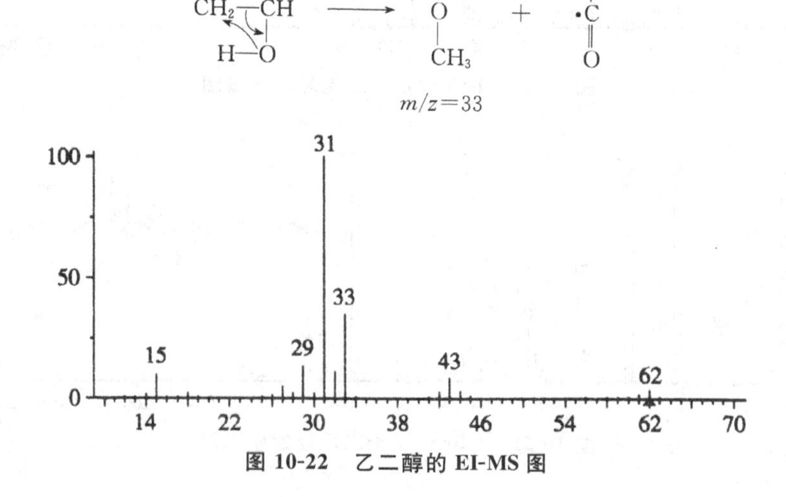

图 10-22 乙二醇的 EI-MS 图

在某些特定情况下，也可以发生七元环过渡态的氢重排。

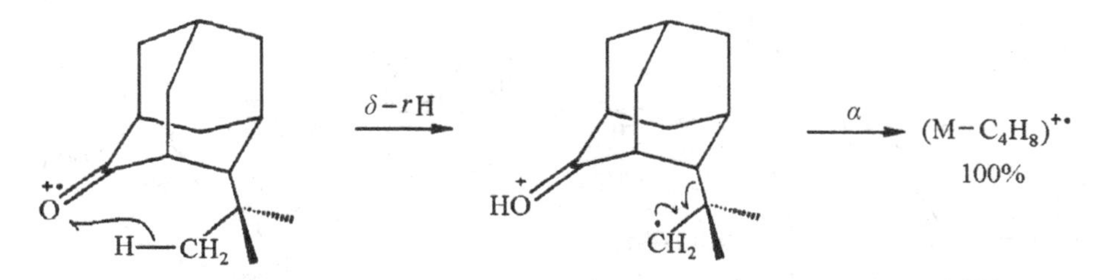

以上即为 δ-H 经过七元环过渡态，重排到羰基氧上，通过 α 碎裂，丢失一个中性异丁烷分子，形成一个 $(M-C_4H_8)^{+\cdot}$ 电子离子，相对丰度为 100%，成为基峰。

有研究人员对长链脂肪酸酯的质谱进行了极其深入细致的研究，发现除了普通的碎裂行为外，还出现很强的很有特征的偶电子离子系列。例如，硬脂酸甲酸的质谱图（图 10-23）中，每相差 56 u 就出现一个峰，其强度比邻近的其他峰强，其质荷比由小至大依次是 87，143，199，255 等。

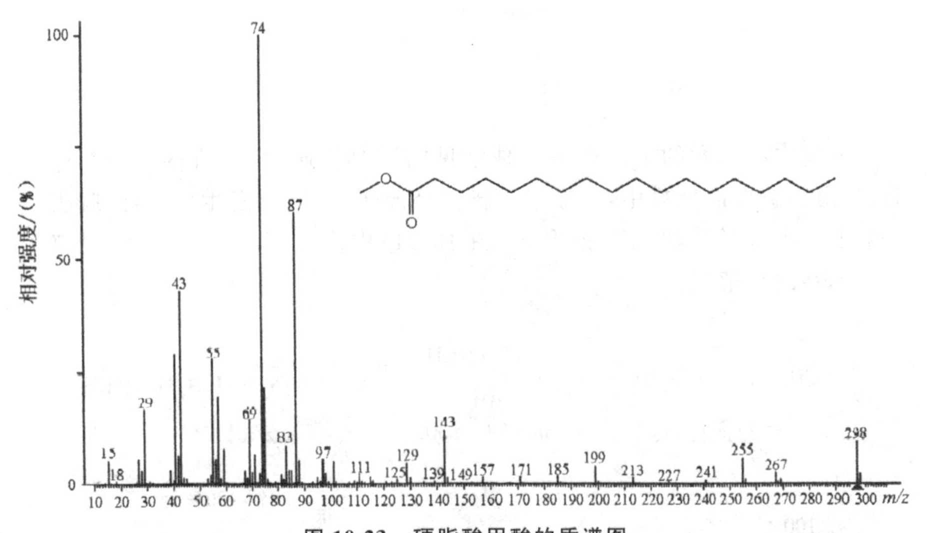

图 10-23　硬脂酸甲酸的质谱图

它们的形成机理如下：经过八元环过渡态，氢重排到羰基氧上，2-位上的氢经过六元环过渡态重排到 6-位碳上，然后 α 碎裂，形成一个偶电子离子 m/z 87；m/z 199 峰是经过八元环过渡态，氢重排到羰基氧上后，10-位上氢转移到 6-位碳上，然后 α 碎裂形成的；经历了八元环过渡态，然后就进行 α 碎裂，丢失 $C_{11}H_{23}\cdot$ 游离基，形成 m/z 143 峰；由硬脂酸甲酯的分子离子 $M^{+\cdot}$ 进行置换反应（rd 反应），7-位上的氢重排到 4-位上，然后 7-位置换到

1-位上，并丢失 $C_3H_7\cdot$ 游离基，形成 m/z 255 峰。

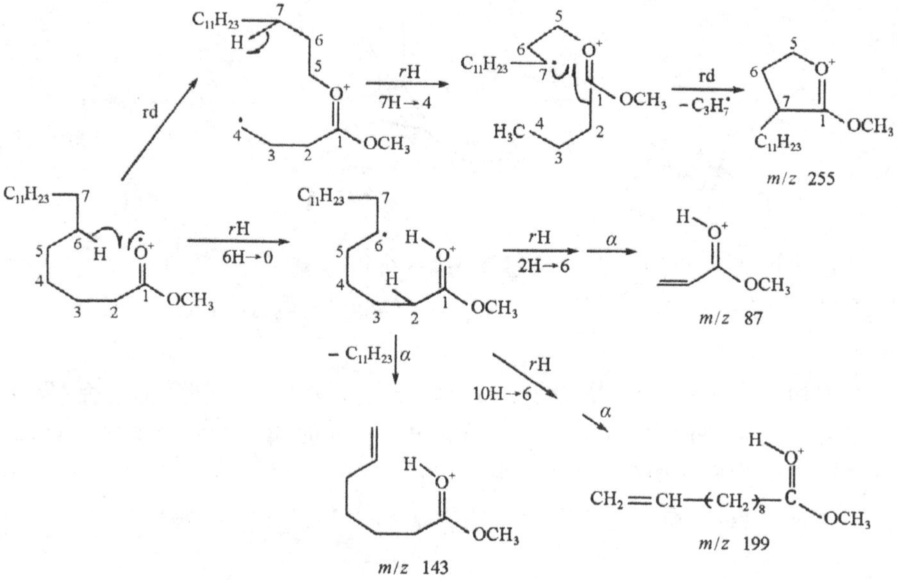

2. 电荷中心引发的重排

电荷中心引发的重排也是一种常见的重排。通常，电荷存在于杂原子上，在由其引发的重排中，氢原子重排到杂原子上，同时发生 i 裂解，脱去了一个中性小分子。如二乙胺质谱(图 10-24)中由离子 $m/z=58$ 生成离子 $m/z=30$ 的裂解过程：

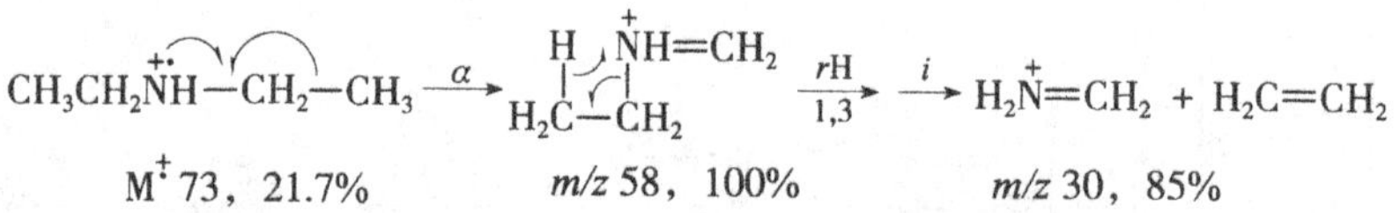

$$CH_3CH_2\overset{+\cdot}{N}H-CH_2-CH_3 \xrightarrow{\alpha} H_2C-CH_2(H)\overset{+}{N}H=CH_2 \xrightarrow[1,3]{rH} \xrightarrow{i} H_2\overset{+}{N}=CH_2 + H_2C=CH_2$$

$M^{+\cdot}$ 73，21.7%　　m/z 58，100%　　m/z 30，85%

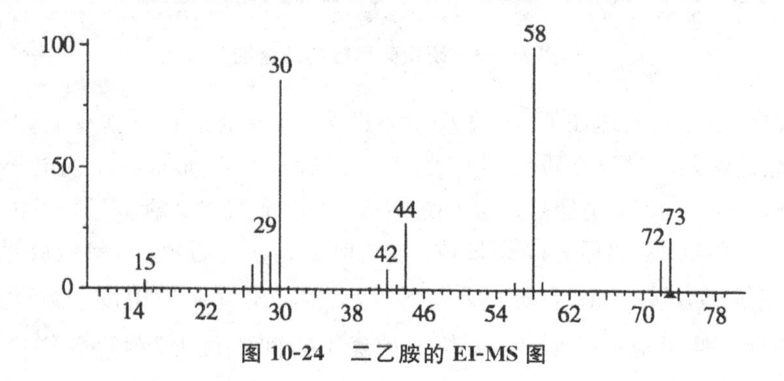

图 10-24　二乙胺的 EI-MS 图

在 N-正丁基乙酰胺的质谱(图 10-8)中,基峰 $m/z=30$ 碎片离子的生成过程中也存在电荷引发的氢重排,例如,

$$\underset{M^{+\cdot}\ 115,\ 10.8\%}{H_2C(H)-C(=O)-\overset{+\cdot}{N}H-CH_2-C_3H_7} \xrightarrow{\alpha} H_2C(H)-C(=O)-\overset{+}{N}H=CH_2 \xrightarrow[1,3]{rH} \xrightarrow{i} \underset{m/z\ 30,100\%}{H_2\overset{+}{N}=CH_2} + H_2C=C=O$$

10.3.5　亚稳离子峰

在质谱图上有时会出现一些不同寻常的离子峰,这类峰的特点是丰度低、宽度大(有时能跨几个质量数),而且质荷比往往不是整数。这类离子峰称为亚稳离子峰。

1. 亚稳离子

亚稳离子是碎片离子脱离电离室后在飞行过程中发生开裂而生成的低质量离子。离子流从在电离室中形成到被检测器检测到,所用的时间约 10×10^{-6} s。

从稳定性的观点出发,一般把离子流中的离子分为三类:

①稳定离子,寿命$\geqslant100\times10^{-6}$ s,分子离子、碎片离子属于此类。

②不稳定离子。寿命$<1\times10^{-6}$ s,即形成不到 1×10^{-6} s 即发生分解。

③亚稳离子。寿命在$(1\times10^{-6})\sim(10\times10^{-6})$ s,这种离子在没有到达检测器之前的飞行途中就可能发生再分裂。所以亚稳离子不是在电离室中形成的,而是在加速之后,在飞行途中裂解的。中途裂解的原因尚不明了。可能是自身不稳定,内能较高或相互发生碰撞等原因。

飞行途中发生裂解的母离子称为亚稳离子,由母离子发生裂解形成的为子离子,此过程称为亚稳跃迁。所以质谱图中记录的其实是子离子的质谱图,能量与它的母离子不同,尽管如此,人们还是称质谱图中记录到的为亚稳离子。

2. 亚稳离子峰的形成及表示方式

在离子源中生成质量为 m_1 的离子,当被引出离子源后,在离子源和质量分析器入口之间的无场区飞行漂移时,由于碰撞等原因很容易进一步分裂失去中性碎片而形成质量为 m_2 的子离子,由于它的一部分动能被中性碎片夺走,这种 m_2 离子的动能要比在离子源直接产生的 m_2 小得多,所以

前者在磁场中的偏转要比后者大得多，此时记录到的质荷比要比后者小，这种峰称为亚稳态离子峰。亚稳态离子峰将不出现在 $m/z=m_2$ 处，而是出现在 $m/z=m^*$ 处，m^* 由下式计算：

$$m^*=m_2^2/m_1$$

m^* 一般不为整数，且峰形宽而矮小，在质谱图中容易被识别。通过对 m^* 峰的观察和测量，可找到相关母离子的质量 m_1 与子离子的质量 m_2，从而确定裂解途径。如在十六烷质谱中发现有几个亚稳离子峰，其质荷比分别为32.8，29.5，28.8，25.7和21.7，其中 $29.5\approx 41^2/57$，则表示存在如下分裂：

$$\underset{m/z\ 57}{C_4H_9^+}\longrightarrow \underset{m/z\ 41}{C_3H_5^+}+CH_4$$

3. 亚稳离子峰的应用

亚稳离子峰的识别，可以帮助人们判断 $m_1^+\rightarrow m_2^+$ 的开裂过程。有时也可以根据图中 m^* 找到 m_1 和 m_2。但由于并非所有的开裂过程都出现亚稳离子，因而没有亚稳离子出现，并不意着开裂过程 $m_1^+\rightarrow m_2^+$ 不存在。

例如，$C_6H_5-\overset{O}{\overset{\|}{C}}-CH_3$ 在乙酰苯的质谱图中存在 $m/z=120(100)$ $(C_6H_5COCH_3)^+$ 的峰；$m/z=105(C_6H_5CO)^+$ 的峰；$m/z=77(C_6H_5)^+$ 的峰。$m/z=77$ 的离子 $(C_6H_5)^+$ 的形成有两种可能：

过程一：

$$\underset{m/z=120}{\left[C_6H_5-\overset{O}{\overset{\|}{C}}-CH_3\right]^{+\cdot}}\longrightarrow \underset{m/z=105}{\left[C_6H_5-\overset{O}{\overset{\|}{C}}-\right]^{+}}+\cdot CH_3$$

$$\downarrow$$

$$\underset{m/z=77}{C_6H_5^+ + CO}$$

过程二：

$$\underset{m/z=120}{\left[C_6H_5-\overset{O}{\overset{\|}{C}}-CH_3\right]^{+\cdot}}\longrightarrow \underset{m/z=77}{C_6H_5^+}+\cdot\overset{O}{\overset{\|}{C}}-CH_3$$

在质谱图上有亚稳离子 m^*，其 $m/z=56.47$。根据 $m^*=\frac{(m_2)^2}{m_1}=\frac{77^2}{105}$，而不等于 $\frac{77^2}{120}$，因此开裂按照过程一进行。

测量亚稳离子得到的信息，将为质谱碎裂途径、离子形成过程以至化合物结构及离子结构的确定，提供可靠的、准确的实验证据。现举例说明，它在化合物结构鉴定中及离子结构确定中所发挥的作用。

【例 10-6】 某未知化合物的质谱图展示在图 10-25。

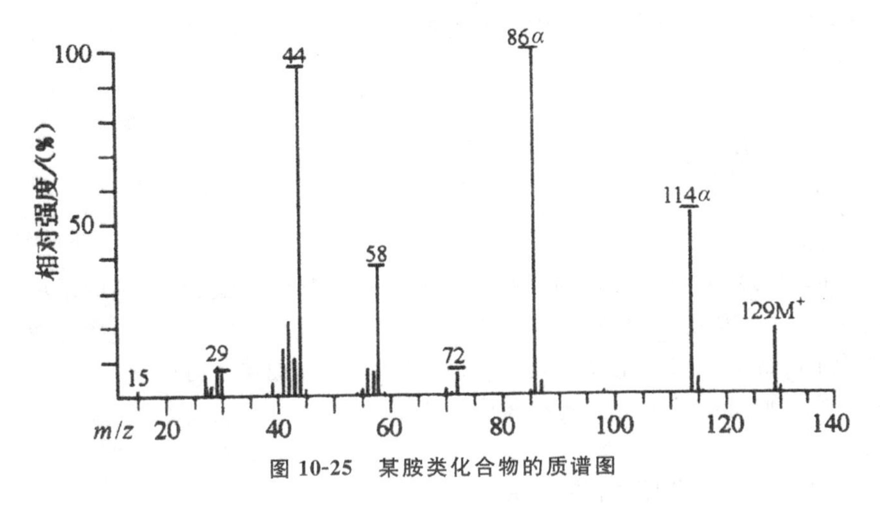

图 10-25　某胺类化合物的质谱图

按照这张质谱图，可推导出下列两种可能的结构：

(a) $n\text{-}C_4H_9-N(CH_3)-CH(CH_3)_2$

(b) $C_2H_5-N(CH_3)-CH(CH_3)CH_2CH_2CH_3$

那么，哪种结构是正确的呢？

解：首先写出它们的碎裂途径[结构(a)]：

$$CH_2{=}\overset{+}{N}(CH_3)-CH(CH_3)_2 \xleftarrow[-C_3H_7]{\alpha} C_4H_9-N(CH_3)-CH(CH_3)_2 \xrightarrow[-CH_3]{\alpha} C_4H_9-\overset{+}{N}(CH_3){=}CH-CH_3$$

m/z 86 $\xrightarrow{rH,\ -C_3H_6}$ $CH_2{=}\overset{+}{N}H(CH_3)$　m/z 44

m/z 114 $\xrightarrow{rH,\ -C_4H_8}$ $HN(CH_3){=}CH-CH_3$　m/z 58

化合物(b)的碎裂途径如下：

$$m/z\ 114\quad C_2H_5-\overset{+}{N}(CH_3)=CH-C_3H_7 \xrightarrow[-C_2H_4]{rH} H\overset{+}{N}(CH_3)=CH-C_3H_7\quad m/z\ 86$$

$$\alpha \uparrow -CH_3$$

$$m/z\ 86\quad C_2H_5-\overset{+}{N}(CH_3)=CH(CH_3) \xleftarrow[-C_3H_7\cdot]{\alpha} CH_3CH_2-\overset{+\cdot}{N}(CH_3)-CH(CH_3)-C_3H_7 \xrightarrow[-CH_3\cdot]{\alpha} CH_2=\overset{+}{N}(CH_3)-CH(CH_3)-C_3H_7\quad m/z\ 114$$

$$rH \downarrow -C_2H_4 \qquad\qquad rH \downarrow -C_5H_{10}$$

$$m/z\ 58\quad H\overset{+}{N}(CH_3)=CH(CH_3) \qquad\qquad CH_2=\overset{+}{N}H(CH_3)\quad m/z\ 44$$

现在选择 m/z 114 作为先前(母)离子,做 MIKES 实验,得到的子离子是 m/z 58。因此,排除了未知物是(b)式的可能性。因为结构(b)产生两种结构不同的 m/z 114 的离子,各自又可产生二次离子,分别是 m/z 86,m/z 44。这样便可确定未知物的结构应该是(a)式。

10.3.6 多电荷离子峰

在离子化过程中,有些化合物分子可以失去两个或两个以上的电子,形成多电荷离子。这种离子将在质荷比为 m/nz 处出现(m 为该离子的质量,n 为所带电荷的数目,z 为一个电荷)。当化合物为具有 π 电子的芳烃、杂环或高度共轭的不饱和化合物时,能够从分子中失去 2 个电子,形成双电荷离子,因此,双电荷离子也是这类化合物的质谱特征。

对于双电荷离子,如果它的质量数为奇数,它的质荷比就为非整数,在质谱中易于识别;如果它的质量数为偶数,它的质荷比就为整数,在质谱中难于识别,但它的同位素峰(M+1)的质荷比却为非整数,可用于帮助识别这种离子。

10.4 质谱定性分析及谱图解析

质谱图可提供有关分子结构的许多信息,因而定性能力强是质谱分析的重要特点。以下简要讨论质谱在这方面的主要作用。

10.4.1 相对分子质量的测定

因为质谱图中分子离子峰的质荷比在数值上就等于该化合物的相对分

子质量，从分子离子峰可以准确地测定该物质的相对分子质量，这是质谱分析的独特优点。但由于存在同位素等原因，在质谱中最高质荷比的离子峰不一定是分子离子峰。因此，在解释质谱时首先要确定分子离子峰，一般确认分子离子峰的方法在前面已经进行了分析，这里不再赘述。

10.4.2　确定化合物的分子式

1. 由同位素离子峰确定分子式

同位素离子峰的强度比在推断化合物分子式时很有用处。

例如，某一化合物，其 M，M+1，M+2 峰的相对强度为

荷质比	强度比
150(M)	100
151(M+1)	10.2
152(M+2)	0.88

试推断其分子式。

根据(M+2)/M=0.88%，对照表 10-2 可知分子中不含有 S 及卤素。因为$^{34}S/^{32}S=4.40\%$，$^{37}Cl/^{35}Cl=32.5$，$^{81}Br/^{79}Br=98.0\%$。

在贝农表中，相对分子质量为 150 的分子式共有 29 个。其中，(M+1)/M 的百分比在 9～11 之间的分子式有 7 个，即

分子式	M+1	M+2
$C_7H_{10}N_2$	9.25	0.38
$C_8H_8NO_2$	9.23	0.78
$C_8H_{10}N_2O$	9.61	0.61
$C_8H_{12}N_3$	9.98	0.45
$C_9H_{10}O_2$	9.96	0.84
$C_9H_{12}NO$	10.34	0.86
$C_9H_{14}N_2$	10.71	0.25

根据氮数规则，表中 $C_8H_8NO_2$、$C_8H_{12}N_3$、$C_9H_{12}NO$ 三个化合物可立即排除。剩下的四个分子式中只有 $C_9H_{10}O_2$ 的 M+1 和 M+2 的相对强度比与实测值接近。所以该化合物的分子式是 $C_9H_{10}O_2$。

2. 通过高分辨质谱仪推断分子式

高分辨质谱仪可以精确确定有机物的相对分子质量，由于元素的相对原子质量都是相对^{12}C而定的，因此都不是整数。如$^{1}H=1.0078$，$^{14}N=14.0031$，$^{16}O=15.9949$。由此可以通过相对分子质量精确计算值与仪器分析值对照来推断分子式。

以C_5H_6、C_4H_2O、$C_5H_2N_2$三个化合物为例。三者在低分辨质谱仪中都是在荷质比=66处出峰，在高分辨质谱仪上就可以加以区分：C_5H_6在66.0466处出峰，C_4H_2O与$C_5H_2N_2$分别在66.0105和66.0218处出峰。

3. 低分辨统计法确定分子式

利用分子离子区域同位素强度的统计分布确定分子式。

利用低分辨统计法的前提条件有两个：

①保证在EI条件下，电子轰击能量70 eV，适当温度等标准状态下测定质谱图。

②保证扣除本底的干扰，准确地测定各同位素峰的强度值，采集过程中，严格控制基峰强度不允许超过极限值。

统计法的依据建立在对一种化学纯净的分子而言，在低分辨质谱的分子离子区域，测量的强度关系相应于各种同位素组成的分子数目的相对关系，对于大群分子，由不同的同位素组成的各种分子数目间的关系，应该严格符合统计规律。按机率的乘法定律及机率的加法定律，推导出统计规律的一般表达式：

$$\frac{n!}{(n-K)!\ K!}a^{n-K}b^{K}$$

其中，n为某种元素的数目(C)；K为同一种元素的同位素的数目(^{13}C)；a为重同位素(天然丰度大，如^{12}C、^{16}O、^{35}Cl等)的强度，用100%或1表示；b为同位素(如^{13}C、^{37}Cl等)的相对强度。

下面以具体实例说明它的应用。

【例10-7】 求$C_{10}H_{14}O$分子离子区域中，$M^{+\cdot}:(M+1)^{+}:(M+2)^{+}$。

解：

$M^{+\cdot}$　　$C_{10}H_{14}O$

$(M+1)^{+}$　　$^{12}C_9{}^{13}C_1H_{14}O$：$\frac{10!}{9!\ \times 1!}\times 1^9\times 0.011^1=0.11(11\%)$

$(M+2)^{+}$　　$^{12}C_8{}^{13}C_2H_{14}{}^{16}O$：$\frac{10!}{8!\ \times 2!}\times 1^8\times 0.011^2=0.0054(0.54\%)$

$^{12}C_{10}H_{14}{}^{18}O$：0.2%

那么，$M^{+\cdot}:(M+1)^{+}:(M+2)^{+}=100:11:0.74$。

【例 10-8】 求 $C_{26}H_{20}N_2O_2$ 的分子离子区域中，$M^{+\cdot}:(M+1)^{+}:(M+2)^{+}$。

解：

$M^{+\cdot}$　　$C_{26}H_{20}N_2O_2$

$(M+1)^{+}$

$$\left.\begin{array}{l} {}^{12}C_{25}{}^{13}C_1H_{20}N_2O_2:\dfrac{26!}{25!\times1!}\times1^{25}\times0.011=28.6\% \\ {}^{12}C_{26}H_{20}{}^{14}N_1\cdot{}^{15}N_1O_2:\dfrac{2!}{1!\times1!}\times1\times0.037=0.74\% \\ {}^{12}C_{26}H_{20}{}^{14}N_2{}^{16}O_1{}^{17}O_1:\dfrac{2!}{1!\times1!}\times0.0004=0.08\% \end{array}\right\}29.42\%$$

$(M+2)^{+}$

$$\left.\begin{array}{l} {}^{12}C_{24}{}^{13}C_2H_{20}N_2O_2:\dfrac{26!}{24!\times2!}\times1^{24}\times0.011^2=4.0\% \\ {}^{12}C_{26}H_{20}N_2{}^{16}O_1{}^{18}O_1:\dfrac{2!}{1!\times1!}\times1\times0.002=0.4\% \end{array}\right\}4.4\%$$

那么，$M^{+\cdot}:(M+1)^{+}:(M+2)^{+}=100:29.42:4.4$。

10.4.3　质谱解析与分子结构的确定

在一定的实验条件下，各种分子都有自己特征的裂解模式和途径，产生各具特征的离子峰，包括其分子离子峰、同位素离子峰及各种碎片离子峰。根据这些峰的质量及强度信息，可以推断化合物的结构。如果从单一的质谱信息还不足以确定化合物的结构或需进一步确证的话，可借助于其他的手段，如红外光谱法、核磁共振波谱法、紫外-可见吸收光谱法等。

质谱图的解释，一般要经历以下几个步骤。

①由质谱的高质量端确定分子离子峰，求出相对分子质量，初步判断化合物类型及是否含有 Cl、Br、S 等元素。

②根据分子离子峰的高分辨数据，给出化合物的组成式。

③由组成式计算化合物的不饱和度，即确定化合物中环和双键的数目。计算方法为不饱和度 $\Omega=\text{四价原子数}-\dfrac{\text{一价原子数}}{2}+\dfrac{\text{三价原子数}}{2}+1$。

④研究高质量端的分子离子峰及其与碎片离子峰的质量差值，推断其裂解方式及可能脱去的碎片自由基或中性分子，在这里尤其要注意那些奇

电子离子，这些离子一定符合“氮律”，因为它们的出现，如果不是分子离子峰，就意味着发生重排或消去反应，这对推断结构很有帮助。

⑤研究低质量端离子峰，寻找不同化合物裂解后生成的特征离子和特征离子系列。例如，正构烷烃的特征离子系列为 m/z 15、29、43、57、71 等，烷基苯的特征离子系列为 m/z 39、65、77、91 等。根据特征离子系列可以推测化合物类型。

⑥若有亚稳离子峰存在，可利用 $m^{*}=m_2^2/m_1$ 的关系式，找到 m_1 和 m_2，并推断 $m_1 \rightarrow m_2$ 的裂解过程。

⑦通过上述各方面的研究，提出化合物的结构单元。再根据化合物的相对分子质量、分子式、样品来源、物理化学性质等，提出一种或几种最可能的结构。必要时，可根据红外和核磁数据得出最后结果。

⑧验证所得结果。

【例 10-9】 某未知物的质谱图如图 10-26 所示，试推测其化学结构。

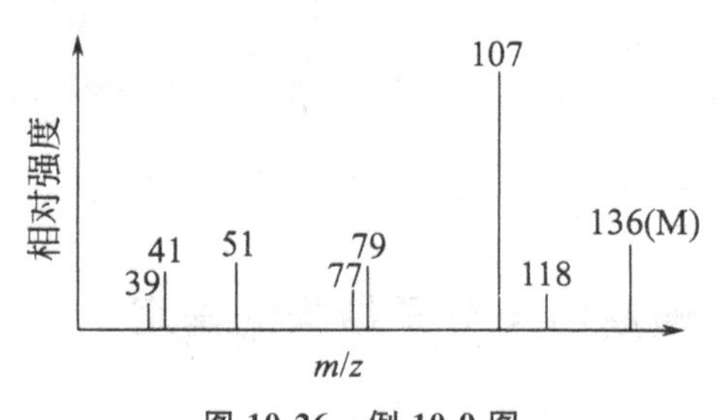

图 10-26 例 10-9 图

解：(1)计算化合物的不饱和度 Ω=4。

(2)质谱中有 m/z 77，51，39 的系列峰，可确定为单取代苯环。

(3)M-29 的离子峰(m/z 107)为基峰，由于化合物中不再有不饱和双峰，所以不会有醛基，此峰指示有乙基存在。

(4)M-18 的离子峰(m/z 118)，分子中又含有一个氧，故此化合物为醇。

(5)除去—OH、—C_2H_5、—C_6H_5 的质量外，尚余质量为 136－(77＋17＋29)＝13，应该是 $-\overset{|}{\underset{|}{C}}H$ 基团。

综上所述，推测此化合物的结构可能为 $C_6H_5-CH(OH)-C_2H_5$。

10.5　质谱定量分析

质谱定量分析可以进行纯物质或混合物中单组分或多组分的定量分析。任何定量方法(绝对定量或相对定量)一般都需要在限定的仪器操作条件下,获得被测组分的单位物质量(质量、体积或浓度等)与检测器的响应值的比例关系,即灵敏度系数(或称校正因子)才能进行定量计算。

质谱的定量方法很多,使用的仪器、进样方式也不一样。在此仅以简单的气体混合物分析为例说明直接采用质谱定量的方法。这一方法在石油组成定量分析中发挥了重要作用并得到发展。至今许多在线过程控制分析中仍在广泛使用。

进行混合物定量分析的重要依据如下:

①化合物的质谱具有重复性,混合物中各个化合物的质谱具有线性叠加性(即不同化合物产生的相同质量离子的强度是可以叠加的)。

②在给定条件下,由各组分的纯物质测得的灵敏度(定义为单位物质量的质谱峰响应值,单位可以是压强、体积、质量等)和质谱峰的相对丰度,在混合物测定中保持恒定。

③任一组分的质谱峰强度和该组分在混合物中的分压强成正比。

如图 10-27 所示为质谱图叠加示例,其中(a)~(c)分别为 CH_4、N_2、CO_2 的质谱图,(d)为混合物的质谱图(黑色标出相同质量的叠加)。在混合物定量分析中,定量离子的选择很重要。一般选择化合物的分子离子峰、基峰或特征质量峰,并且尽量不受其他组分干扰。当组分较少,各组分的质谱图比较简单,质量没有相互重叠的情况下,为了获得较高的信噪比,可选取化合物的分子离子峰或者基峰(如甲烷选 m/z 16,CO_2 选 m/z 44,N_2 选 m/z 28),若质量重叠,则选择特征离子[如 N_2 和 CO 分子离子都是 m/z 28(基峰),此时 N_2 选 m/z 14,CO 选 m/z 12]。在测得各组分的灵敏度系数后,定量计算方法比较简单。计算公式如下:

$$X_i = S_i \times I_i \text{ 或 } X_i\% = (S_i \times I_i)/\sum(S_i \times I_i)$$

式中,X_i 为 i 组分含量;S_i 为 i 组分的灵敏度系数;I_i 为 i 组分的质谱峰强度。

表 10-3 所示是用该方法测定甲烷、一氧化碳、氮气混合气体的数据和分析实例。

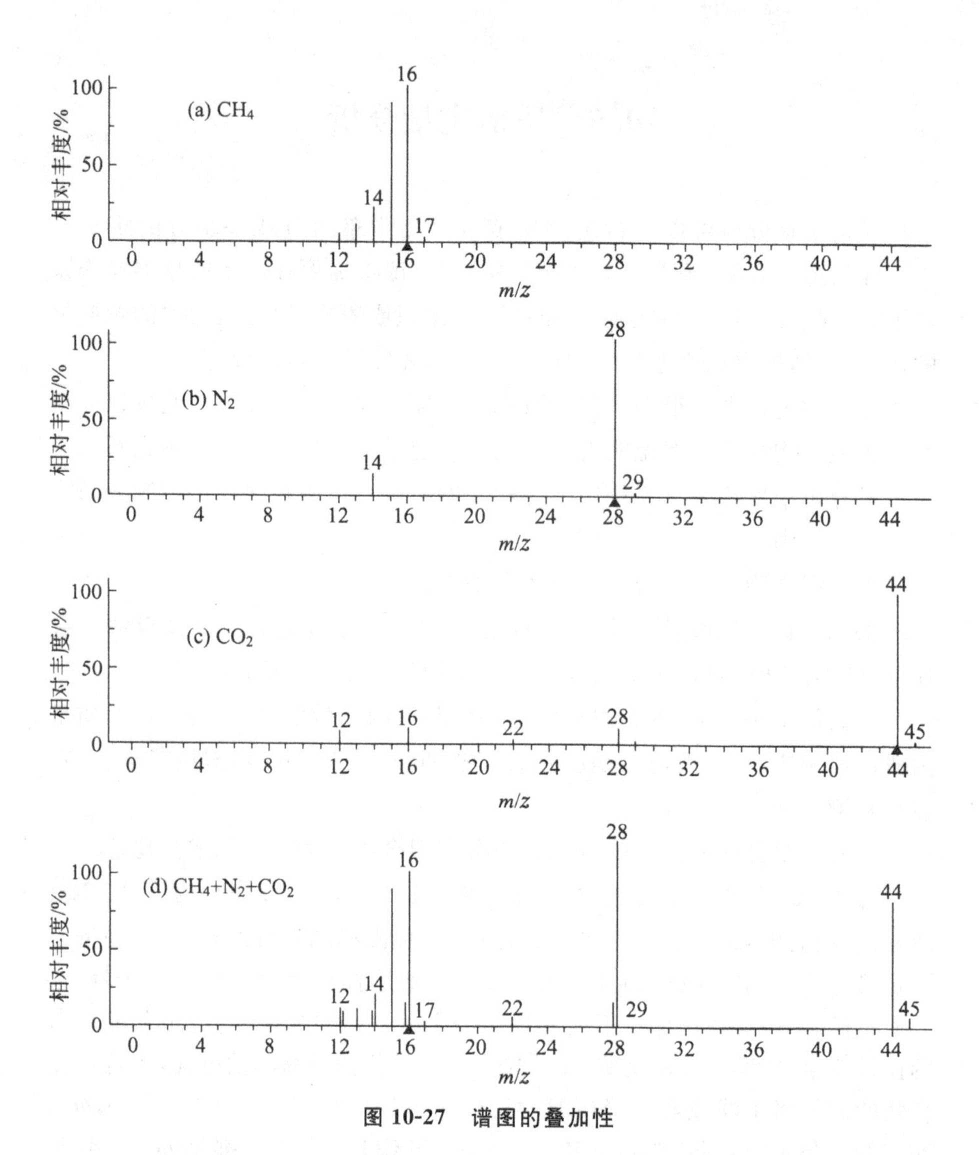

图 10-27 谱图的叠加性

表 10-3 甲烷、一氧化碳、氮气混合物中各组分含量的分析

化合物	m/z	I_i	S_i	X_i	X_i/%
甲烷	16	3 400	1 000	34	49.5
一氧化碳	12	4 700	262	18	24.3
氮气	14	3 280	274	12	16.2

对一个多组分的混合物，如果各组分的质谱图中，离子质量都相互重叠，不能有唯一的质量峰代表某一化合物的情况下，利用质谱图的可叠加性，采用矩阵法，选择两个或多个特征质量峰，作定量离子，定量计算公式如下：

$$S_{11}X_1+S_{12}X_2+S_{13}X_3+\cdots+S_{1n}X_n+=P_1$$

$$S_{21}X_1+S_{22}X_2+S_{23}X_3+\cdots+S_{2n}X_n+=P_2$$

$$S_{31}X_1+S_{32}X_2+S_{33}X_3+\cdots+S_{3n}X_n+=P_3$$

$$\vdots$$

$$S_{m1}X_1+S_{m2}X_2+S_{m3}X_3+\cdots+S_{mn}X_n+=P_m$$

式中，X_n 为组分 n 的含量；P_m 为混合物质谱中，质量为 m 的离子峰强度；S_{mn} 为在质量数 m 处组分 n 的灵敏度系数。

解联立方程式，然后按 100％归一，即可得到各组分 $X_1, X_2, X_3, \cdots, X_n$ 的相对含量。

早期的质谱定量分析，主要应用于石油工业，例如，烷烃、芳香烃组分分析。但这些方法费时费力，对于复杂的有机混合物的定量分析单独使用质谱仪分析较困难，目前已大多采用 GC-MS 联用技术，由于计算机的高度发展，同时配有数据化学工作站，这些问题已迎刃而解。在 GC-MS 得到的质量色谱图上，峰面积与相应组分的含量成正比，若对某一组分进行定量测量，可以采用色谱分析法中的归一法、外标法、内标法等不同定量方法进行。

10.6　质谱解析程序

质谱中有机化合物的分子离子峰（或准分子离子峰）、碎片离子峰以及亚稳离子峰能够提供很多的结构信息，是其他波谱所不能提供的，在化合物的结构鉴定中具有很重要的作用。

10.6.1　解析程序

当我们得到一张未知化合物的质谱图时，可按照以下程序进行解析。

1. 对分子离子进行解析

①确认分子离子峰，并注意其相对丰度。

②确认是否含有氮原子。根据氮规则进行分析，如样品分子离子峰为奇数，则含奇数个氮原子；如为偶数，需要根据其他信息判断是否含有氮原子。

③注意 M＋1 和 M＋2 与 M 的比例，看有无 Cl、Br 等同位素原子。

④根据离子的质荷比，推断可能的分子式。

⑤根据分子式计算不饱和度。

2. 对碎片离子进行解析

①找出主要碎片离子峰，记录其质荷比及相对丰度。注意该区域一些弱的离子峰也可能提供重要的结构信息。

②从离子的质荷比看其分子脱掉何种碎片，判断脱去的自由基或小分子的可能结构，有助于分子结构的确定。

③根据 m/z 值看存在哪些重要离子。

④找出存在亚稳离子，利用 m^* 来确定 m_1 及 m_2，推断其开裂过程。

⑤由 m/z 值不同的碎片离子，判断开裂类型（注意 m/z 的奇偶）。

3. 列出部分结构单位

①根据上述分子离子、主要碎片离子以及离去碎片的结构分析，列出样品结构中可能存在的结构单元。

②将列出的结构单元与化合物分子式进行比较，计算剩余碎片的组成和不饱和度，推测剩余碎片的可能结构。

4. 认定结构

根据上述推出的结构单元以及剩余碎片提出可能的结构式，并根据其他条件排除不可能的结构，认定可能的结构。

10.6.2 应用实例

【例 10-10】 某化合物的质谱如图 10-28 所示，高分辨质谱给出其分子量为 88.052 3，红外光谱中在 1 736 cm^{-1} 处有一个很强的振动吸收峰，试推测其结构。

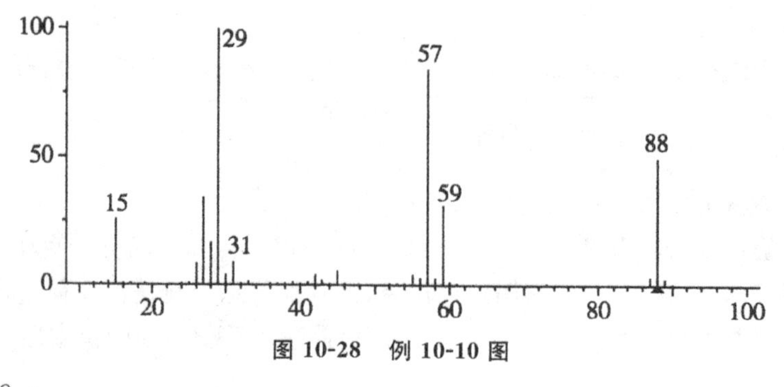

图 10-28 例 10-10 图

解析：

质谱图中分子离子峰区域的分子离子峰为 $m/z=88$，根据高分辨质谱给出的精确分子量 88.052 3，可推知其分子式为 $C_4H_8O_2$，不饱和度为 1。

红外光谱中，在 1 736 cm^{-1} 处有一个很强的振动吸收峰，说明该样品为酯类，则其结构可表示为 R—CO—OR′。

酯类化合物易发生 α 裂解。在离子碎片区域，$m/z=57$ 离子峰为丙酰基离子，示有 CH_3CH_2CO—，该离子容易再脱去一分子 CO，生成的乙基正离子 $m/z=29$ 为基峰。$m/z=59$ 峰则为—$COOCH_3$ 的离子碎片峰。

因此，该化合物的结构为

H_3C—CH_2—C(=O)—O—CH_3

该化合物的质谱裂解过程为

$CH_3\overset{+}{C}H_2$ (m/z 29) ←(−CO)— H_3C—CH_2—C≡$\overset{+}{O}$ (m/z 57) ←(−$CH_3\dot{O}$)— H_3C—CH_2—C(=$\overset{+\cdot}{O}$)—O—CH_3 ($M^{+\cdot}$ 88) —(−$\dot{C}_2H_5$)→ $\overset{+}{O}$≡C—O—CH_3 (m/z 59)

$M^{+\cdot}$ 88 → $\overset{+}{C}H_3$ (m/z 15)

第11章　质谱仪

11.1　概述

质谱是一种有效的分离与分析方法。1897年，英国物理学家Thomson设计了一个没有聚焦的抛物线质谱装置，这是世界上的第一台质谱仪，并利用它首次测定了电子的相对质量。后来，美国物理学家丹普斯特（A. J. Dempster）于1918年研制成了第一台单聚焦质谱仪——180°磁扇面方向聚焦质谱仪；阿斯顿（Aston）于1919年制成了速度聚焦质谱仪；J. Mattauch于1935年根据德国物理学家马陶赫（J. Mattauch）和赫佐格（K. HerZog）的双聚焦理论制成了双聚焦质谱仪，后来经改进发展成为被广泛应用的马陶赫-赫佐格型双聚焦质谱仪。作为现代物理与化学领域内一个极为重要的工具，质谱分析法早期主要用于测量某些同位素的相对丰度和原子质量，20世纪40年代起用于气体分析和化学元素稳定同位素分析，20世纪60年代出现了气相色谱-质谱联用仪，使气相色谱法的高效能分离混合物的特点与质谱法的高分辨率鉴定化合物的特点相结合，加上计算机的应用，这样就大大提高了质谱仪器的效能，为分析组成复杂的有机化合物混合物提供有力手段。在质谱仪的发展过程中，人们发明了多种离子源质谱仪。20世纪80年代以后出现的如快原子轰击电离源、基质辅助激光解吸电离源、电喷雾电离源、大气压化学电离源，以及随之而来的比较成熟的液相色谱-质谱联用仪、感应耦合等离子体质谱仪、傅里叶变换质谱仪等。

质谱仪的种类很多，常用的质谱仪按照分离带电粒子的方法可以分为三种类型：单聚焦质谱仪（图11-1）、双聚焦质谱仪、四极矩质谱仪等。按其用途的不同，可以分为有机质谱仪、无机质谱仪、同位素质谱仪、气体分析质谱仪等。

质谱仪一般都是由以下几个基本单元构成：进样系统、离子源、真空系统、质量分析器、离子检测器以及数据系统（图11-2）。

作为仪器的每一个基本组成单元，它们的结构、性能及功能都不一样。无论进样系统、离子源、质量分析器还是离子检测器，都有多种不同类型，真空系统和数据系统也可以有不同的配置,不同的组合方式和配置构成了不同类型的质谱仪器。

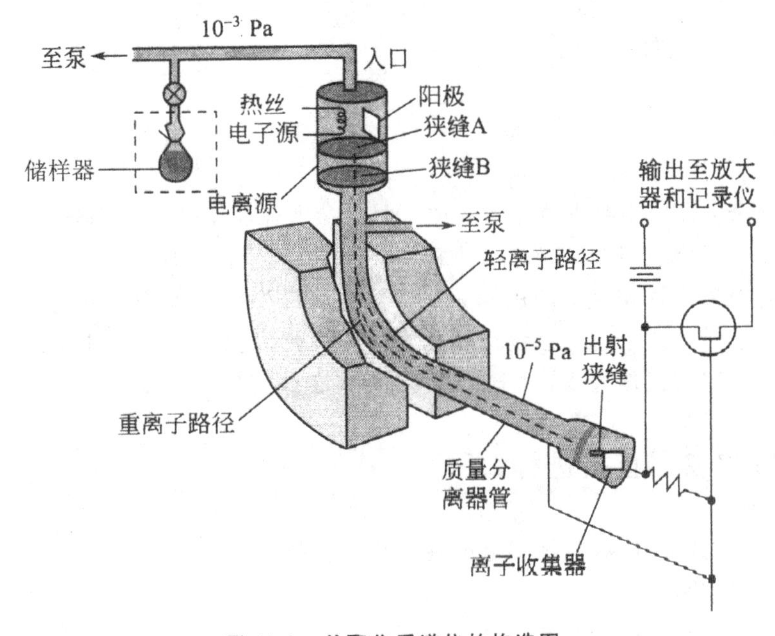

图 11-1 单聚焦质谱仪的构造图

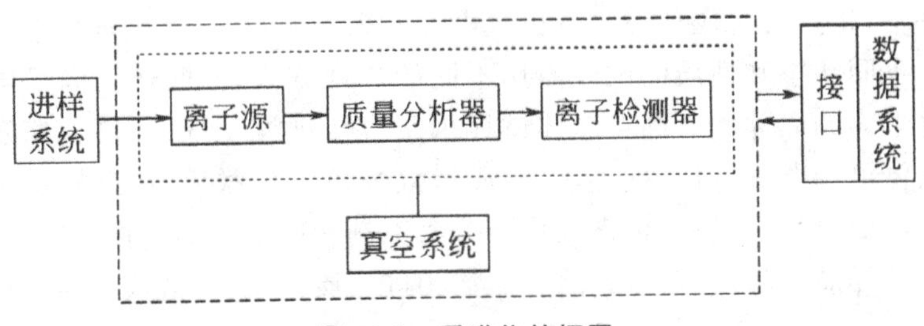

图 11-2 质谱仪的框图

11.2 进样系统

有机质谱仪的进样系统是根据不同性质的测试样品的要求设计的。对于易挥发的样品,可采用加热进样法进样。对于难挥发但可采用加热及抽真空的方法使其气化的样品,或者对于难挥发但可通过化学处理制成易挥发的衍生物的样品,也可以采用加热进样法进样。加热进样法需样品量约为1 mg。如测量葡萄糖的质谱时，可将其变为三甲醚的衍生物，便可采用加热法进行测定。对于不易挥发，且热稳定性差的样品，为了得到较多的质谱信息，往往采用直接进样法，以便于与相应的离子化方法配合。

一般有下面几个进样口。

11.2.1 隔膜进样口

这个进样口主要进液体与气体，例如，参考样品 PFK(perfluorokerosene，全氟煤油)是液体样品，由这个进样1：3进入离子源。所谓隔膜进样口，是由于它类似于气相色谱的进样1：3，其中用硅橡胶垫作为隔膜片，用微量注射器进样。这个进样系统可根据样品的需要，从进样1：3到离子源之间加热到一定的工作温度，对于 PFK，一般其工作温度为200℃。

11.2.2 直接进样口

主要用作固体和液体状态的纯有机化合物的进样。为了实现对样品气化速率的控制，进样杆装有冷却、加热温控装置。

探针进样适用于高沸点液体或固体，探针即不锈钢杆带一小铂金坩埚，可调节加热温度使试样气化。质谱样品必须能气化。进样时，需要在高真空条件下，将处于常压环境的分析试样导入离子源，并且不破坏仪器的真空状态。不同状态和性质的试样需用不同的进样方式，同时还要满足电离方式的要求。如固体和高沸点液体试样采用直接进样系统；气体或挥发性液体和固体可用贮罐进样器引入。当质谱仪与色谱仪联用时，进样系统则由它们的界面/接口代替。色谱仪作为分离工具和质谱仪的进样系统，由色谱柱流出的样品，经过接口装置除去流动相进入质谱仪，质谱仪相当于色谱的检测系统。

如图11-3所示的直接探头进样杆可用于电子轰击电离源(EI)和化学电离源(CI)。

而快速原子轰击电离源(FAB)和场解吸电离源(FD)所用的进样杆，其探头顶端是探头支架，末端装有千分尺调节器，可控制进样杆的伸展距离。FAB探头支架是个金属靶，上面涂有甘油等底物，再将试样涂在靶上，当样品受到带有高能量的氩(Ar)原子轰击后就发生电离。FD探头支架装有经过高温电加热活化或用苯甲腈活化处理过的直径为10 μm的钨丝，样品可用适当溶剂溶解后涂渍在钨丝的小毛刺上，最后在强电场作用下直接从钨丝上解吸并被电离。

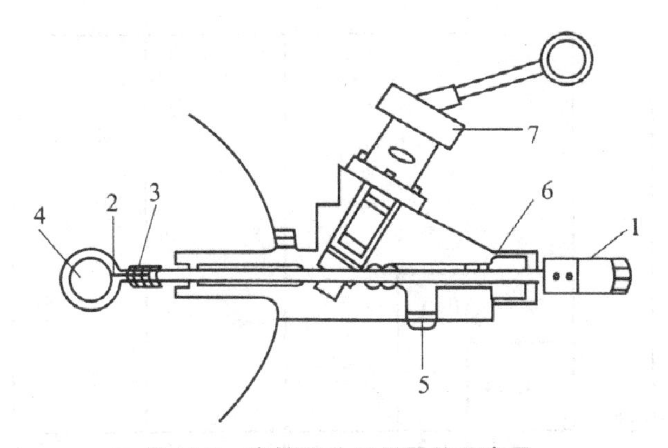

图 11-3　直接探头进样器的示意图

1—直接进样杆；2—样品杯；3—加热器；4—电离室；
5—接真空泵；6—真空闭锁装置；7—隔断阀

11.2.3　FI/FD,FAB 进样口

FI、FD、FAB 三种不同的离子化方法，其结构类似于直接进样口；不同之处是探针不同，FI、FD 的探针是活化丝，FAB 的探针是不锈钢靶。另外，这个进样系统不加热。

11.2.4　色谱进样口

气相色谱进样口，指的是气相色谱与质谱的连接口，当色谱柱为填充柱时，色谱仪与质谱仪之间用分子分离器连接；当色谱柱是毛细管柱时，可直接连接。因此，气体色谱的进样口有两个。

11.3　离子源

离子源又称为电离和加速系统，由电离室和加速电场组成。样品分子在电离室中被电离，离子出电离室即被一个加速电场加速，获得高动能，进入质量分析器。离子源的性能决定了离子化效率，很大程度上决定了质谱仪的灵敏度，是质谱仪的核心部分。

每种离子化技术都有其适用范围和特点，因此在选择一种技术之前要考虑被分析物的相对分子质量是否适用于该技术(图 11-4)。

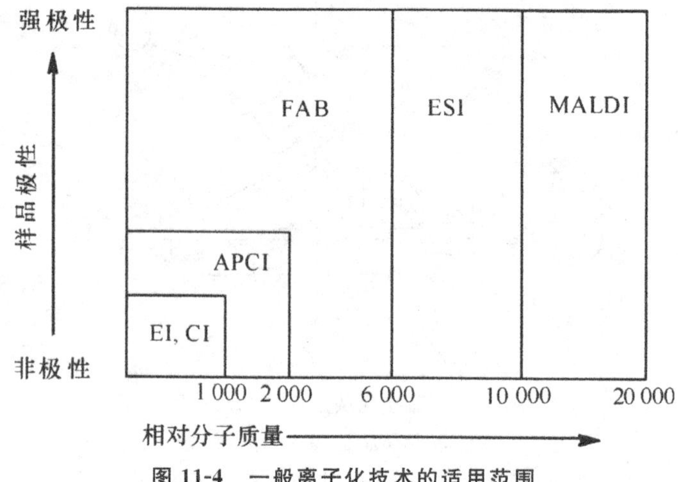

图 11-4　一般离子化技术的适用范围

常用的离子化方法包括电子轰击电离、化学电离、快原子轰击电离、电喷雾电离、大气压化学电离、大气压光电离、激光解吸电离、场致电离、场解吸电离等。

11.3.1　电子轰击电离源

电子轰击电离源(EI)是有机质谱仪中应用最为广泛的离子源,它主要用于易挥发有机样品的电离。如图 11-5 所示为电子轰击电离源的示意图。

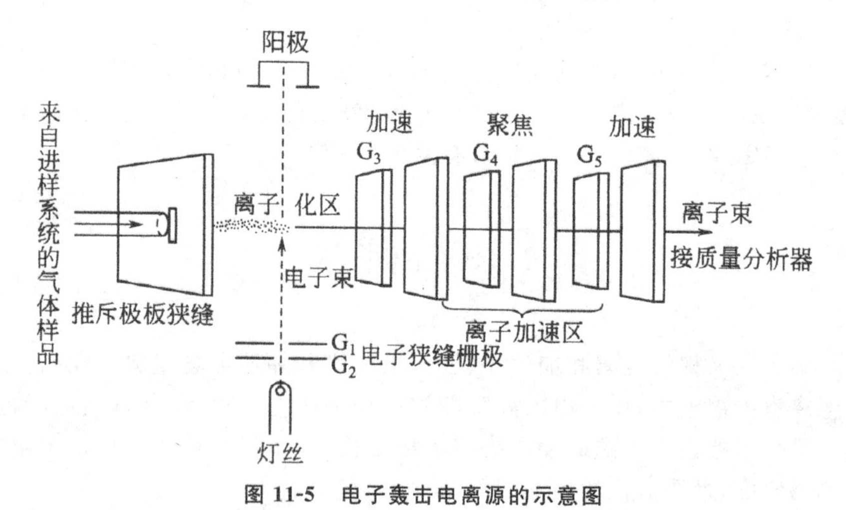

图 11-5　电子轰击电离源的示意图

由 GC 或直接进样杆进入的样品,以气体形式进入离子源,由灯丝发出的电子与样品分子发生碰撞使样品分子电离。一般情况下，灯丝与阳极之间的电压为 70 eV，所有的标准质谱图都是在 70 eV 下做出的。在 70 eV 电子碰撞作用下，有机物分子可能失去电子形成正离子(分子离子)：

$$M+e^{-} \rightleftharpoons M^{+}+2e^{-}$$

分子离子继续受到电子的轰击，可能会发生化学键的裂解或引起重排瞬间裂解成多种碎片离子(正离子)，这些碎片离子对于有机化合物的结构鉴定具有重要的意义。对于一些不稳定的化合物，在 70 eV 的电子轰击下很难得到分子离子。为了得到相对分子质量，可以采用 10～20 eV 的电子能量，不过此时仪器灵敏度将大大降低，需要加大样品的进样量。而且，得到的质谱图不再是标准质谱图。

电子轰击电离源具有如下特点：

优点是：①采用相同能量的电子轰击时，形成的分子离子和碎片离子重现性好，便于规律总结、图谱比较以及利用计算机进行谱库检索；②产生较多与结构密切相关的碎片离子，对推测化合物的结构很有帮助。

缺点是：①当样品分子稳定性不好时，分子离子峰较低或难以获得，但可以通过降低轰击电子的能量，如采用 10～15 eV 的电子轰击，以增加分子离子峰的相对丰度；②当样品分子不能气化或热不稳定时，用电子轰击电离的方法也无法获得分子离子峰，可采用其他软电离的方法获得分子离子峰。

为了解决这类有机物的质谱分析，发展了一些软电离技术，如化学电离源、场致电离源、场解吸电离源、快原子轰击电离源等。

11.3.2　化学电离源

化学电离源(CI)是通过离子与分子的反应而使样品离子化的。它与电子轰击电离源较为相似，是在其基础上设计的一种电离源，如图 11-6 所示。采用 EI 和 CI 离子化方法的前提是样品必须处于气态，因此主要用于气相色谱-质谱联用仪，适用于易气化的有机物样品分析。

相比电子轰击电离源，化学电离源增加了甲烷气体作为电离缓冲介质，甲烷气体吸收高能电子束的能量后，通过烷类离子作用到样品分子上。具体过程是在系统抽真空之后，先充入大量甲烷气体(100～1 000 Pa)，与少量样品分子混合，电子束与甲烷气体作用概率大，得到稳定的烷类离子产物 CH_5^+、$C_2H_5^+$，但能量较低，与样品分子结合后，经过一系列反应即可得到样品离子，用于后续实验。因此多用于不稳定的样品分子。

化学电离由于采用 CI 源离子化而得到的分子离子上的过剩能量要小于 EI 源。所以 CI 源离子化产生的分子离子较稳定，碎片离子则较少，因此

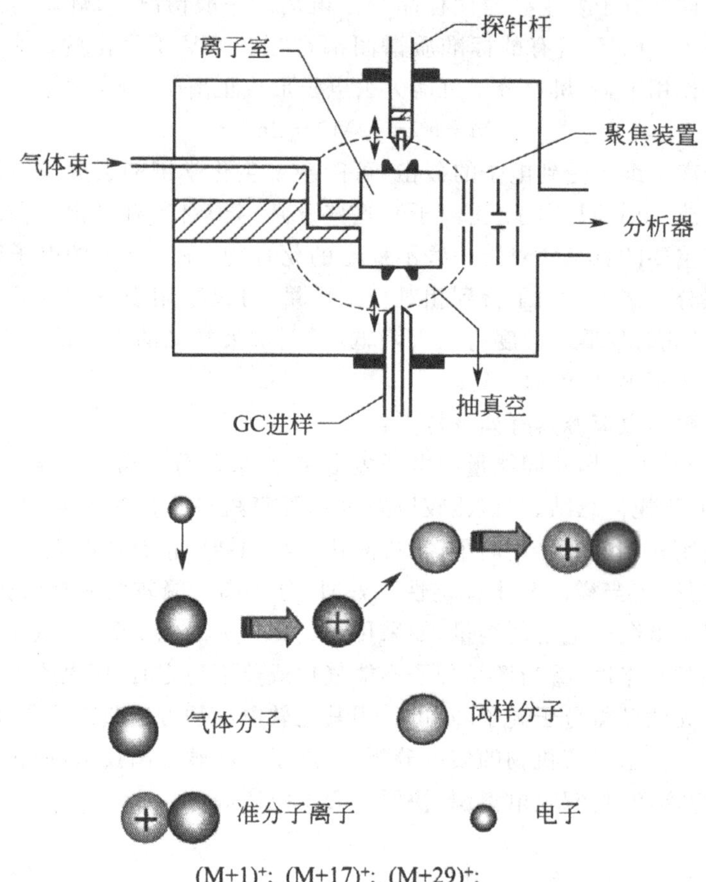

图 11-6 化学电离源的结构和电离类型

得到的结构信息较 EI 源要少。

11.3.3 快原子轰击电离源

快原子轰击电离源(FAB)拓宽了有机质谱的应用范围,使得一些难挥发和热不稳定的化合物能够用质谱检测。如今,快原子轰击质谱成为特色有机质谱之一。

快原子轰击电离源是一种软电离技术。它是将惰性气体原子(如氙)经强电场加速后,轰击被分析溶液中的基质(最通常的是丙三醇、硫代甘油、硝基苄醇或三乙醇胺),一般氙原子的能量范围是 6～9 keV(580～870 kJ/mol)。轰击后,使能量从氙原子转移到基质,导致分子间键的裂解、样品解吸附(通常作为离子)到气相中。如图 11-7 所示为快原子轰击电离源的原理图。

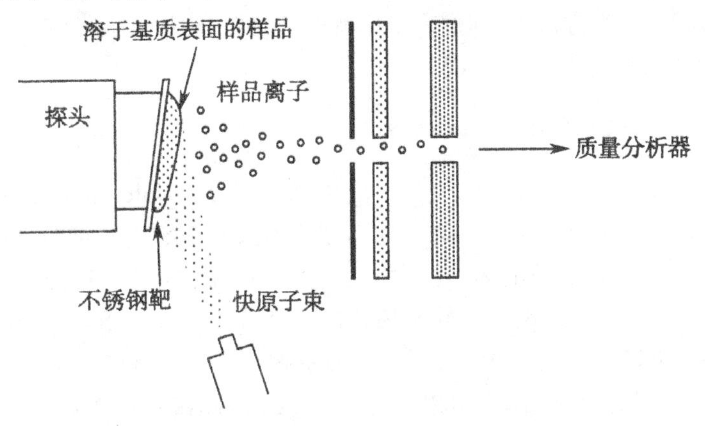

图 11-7　快原子轰击电离源的基本原理

快原子轰击质谱中,样品溶于基质中成半流动状态,可以长时间产生稳定的样品分子离子流,装置简单,易于操作。由于快原子轰击电离源的电离过程中不必加热气化,因此特别适用于分子量大、难挥发或热不稳定的极性样品分析。

快原子轰击质谱产生的主要是准分子离子,碎片离子较少。常见的离子有$[M+H]^+$(正离子方式)或$[M-H]^-$(负离子方式)。此外,还会生成加合离子,如$[M+Na]^+$、$[M+K]^+$等。如果样品滴在 Ag 靶上,还能看到$[M+Ag]^+$。用甘油作为基质时,生成的离子中还会有样品分子和甘油生成的加合离子。由于基质的存在,FAB-MS 中的基质会产生背景峰,而且对离子源也会产生污染。随着 ESI-MS 和 MALDI-MS 技术的成熟与普及,FAB-MS 的应用已大大减少,但在特定的研究领域,如有机金属化合物与有机盐类的表征上,FAB-MS 还是非常有效的。

快原子轰击质谱具有以下特点:

优点是:①常温电离样品,适合于极性的非挥发性化合物、热不稳定化合物及分子量大的化合物;②样品制备过程简单;③有正负离子检测两种模式,负离子检测方式可增加一些化合物的灵敏度;④薄层色谱展开后的样品斑点可直接用 FAB-MS 测定,方便给出结构信息;⑤产生单电荷离子峰,谱图简单,容易识别。

缺点是:①离子源原子束分散;②灵敏度偏低。

11.3.4　大气压电离源

大气压电离源(API),顾名思义,是在大气压而非高(如 EI)或低(如 CI)

真空环境中实现的一类电离技术。它主要是应用于高效液相色谱(HPLC)和质谱联机时的电离方法,试样的离子化在处于大气压下的离子化室中进行。

下面介绍三种常见的 API 源。

1. 电喷雾电离源

电喷雾电离源(ESI)方法的主要开拓者是 M. Dole 和 J. B. Fenn 及 Alcksandrov、R. D. Smith 等人。ESI 是在解决 LC-MS 接口难题,以及寻找大极性和离子化合物的电离方法中发展起来的。ESI 于 20 世纪 90 年代得到普及,如今已成为最重要的软电离技术。其特殊意义在于,不仅用于小分子分析,还与 MALDI 共同促进了 MS 在生物大分子领域的广泛应用。

ESI 源的几何构造在待测物的去溶剂、电离、传输和检测过程中起着关键作用。如图 11-8 所示为两种结构的 ESI 源。

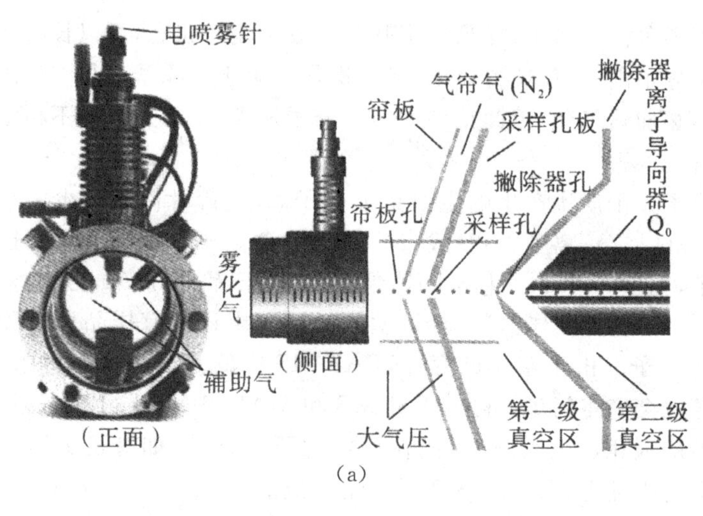

(a)

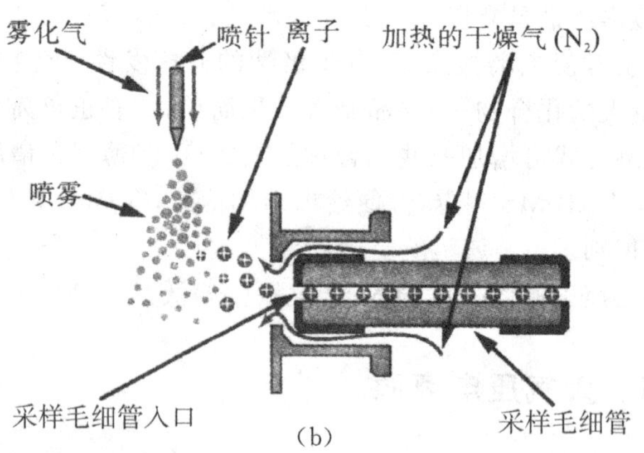

(b)

图 11-8　两种结构的 ESI 源[图(a)、(b)分别引自 AB Sciex 和 Agilent 公司]

ESI 的工作原理是:样品溶液从毛细管流出时,在电场及辅助气流的作用下喷成雾状的带电微液滴(图 11-9);在加热的气体作用下,液滴中溶剂被蒸发,使液滴直径逐渐变小,因而表面电荷密度增加,当达到雷利限度时,即表面电荷产生的库仑推斥力与液滴表面张力大致相等,则会发生"库仑爆炸",把液滴炸碎,产生带电的更小微滴;这些液滴中溶剂再蒸发,此过程不断重复,直到液滴变得足够小,表面电荷形成的电场足够强,最终把样品离子从液滴中解吸出来,形成的样品离子通过锥孔、聚焦透镜进入质谱仪分析器后被检测(图 11-10)。

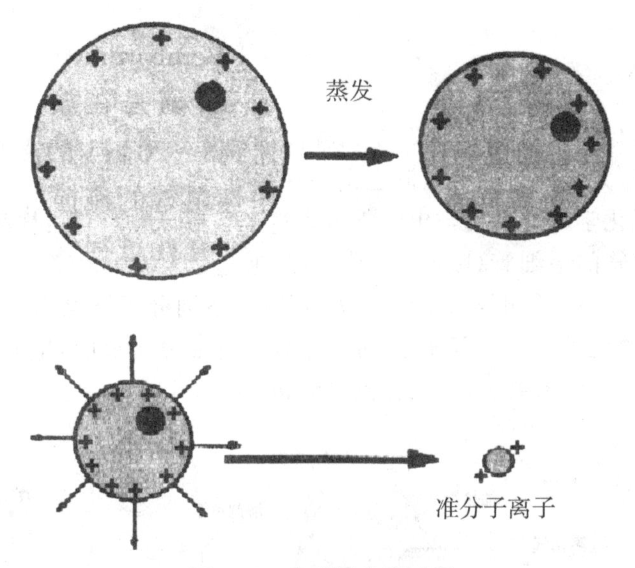

图 11-9　电喷雾电离过程

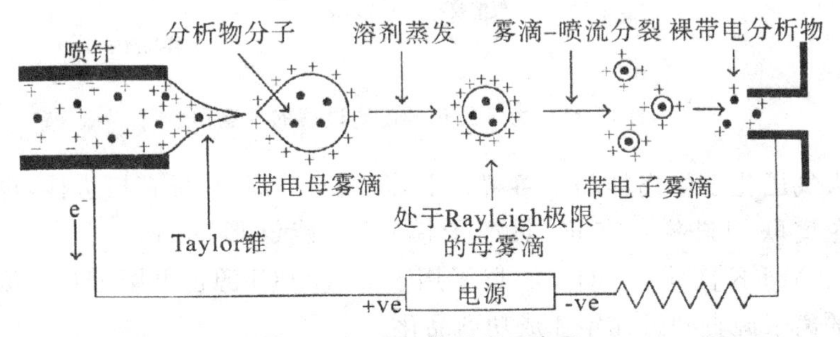

图 11-10　ESI 的过程示意图

多肽、蛋白质等生物分子,有多个可质子化的基团,而且彼此相距较远,在 ESI 的环境中能形成多质子化分子(多电荷离子),这是 ESI 最为独特之处,质量数在数十 ku 的分子可含有多达 20 多个质子,因此离子的质荷比往往落在 3 000 以下，这就为仪器制造提供方便，就有可能用低价的四极杆质谱仪分析的分子量达 150～200 ku。ESI 质谱的灵敏度大致是在 fmol～pmol 水平。

适用范围：多肽、蛋白质、糖蛋白、核酸、络合物及其他多聚物的分析。

LC/ESl-MS 已商品化，完全达到实用阶段，毛细管电泳/ESI 质谱（CE/ESI-MS）联用有广泛的应用前景。ESI 质谱用于蛋白质一级结构的分析已比较成熟；对非共价键相互作用，生物体中分子识别机制，新药筛选方面的研究提供快速的分析手段；用质谱法研究生物分子时，ESI 电离将发挥着重要的作用。

2. 大气压化学电离源

大气压化学电离源（APCI）是指样品的离子化在处于大气压下的离子化室中进行，大气压化学电离源也是一种软电离技术。

大气压化学电离过程与电喷雾电离过程相似，原理如下：样品溶液由具有雾化气套管的毛细管（喷雾针）端流出，通过加热管（300℃以上）时被气化。在加热管端进行电晕（corona）尖端放电，溶剂分子被电离，形成等离子体，与前述的化学电离过程相似，等离子体与样品分子反应，生成$[M+H]^+$或$[M-H]^-$准分子离子，进入检测器分析（图 11-11）。

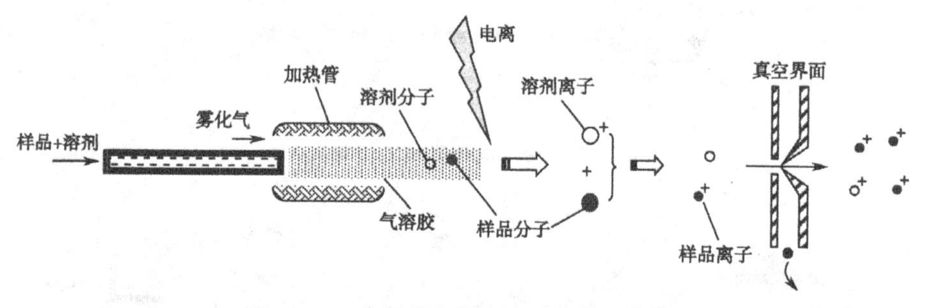

图 11-11　大气压化学电离过程的示意图

大气压化学电离样品可溶解在甲醇、水等溶剂中，可直接进样，也可与液相色谱联用进样。在正、负离子模式下，能够形成$[M+H]^+$、$[M+Na]^+$、$[M+K]^+$、$[M-H]^-$。除了用于 LC，APCI 源也可用于 GC，但用于后者的离子源直到近几年才成功商品化。

APCI 的这种气相电离机制，决定其与液相电离的 ESI 存在一个显著差异，即很少生成多电荷离子。这是因为无论是从离子间静电斥力还是碰撞概率来看，两个及更多试剂离子在短时间内都难以与同一目标分子（尤其是小分子）发生离子/分子反应。因此，APCI 在大分子化合物的分析上应用有限，只适合分子质量小于 2 000 u 的化合物。

大气压化学电离具有以下特点：①电离过程在大气压力下进行，仪器维护方便简单；②可进行正离子模式和负离子模式检测；③准分子离子检测可增加灵敏度；④样品溶剂选择多，制备简单；⑤可与液相色谱联机，化合物的分离鉴定同时进行，简化和缩短分析过程，可用于定性分析和定量分析；⑥可以检测极性较弱的化合物。

3. 大气压光电离源

大气压光电离源（APPI）是 20 世纪末出现的 API 家族新成员。由于独特的原理及应用优势，日渐成为研究热点。那些通过 ESI、APCI 不易电离的弱、非极性有机物，受光子激发后可能电离，APPI 正是利用了这一性质。

APPI 源可由 APCI 源改造而成。如图 11-12，在 APCI 源基础上，以紫外（UV）光源代替电晕放电针。在低流速（100～200 μL/min）下，APPI 有更高的电离效率。光源发射的光子与目标分子相互作用导致光电离，典型反应如下：

$$M + h\nu \longrightarrow M^{+\cdot} + e^{-} \quad 光电离$$

$$M^{+\cdot} + S \longrightarrow [M+H]^{+} + [S-H]^{\cdot} \quad 质子转移$$

式中，M 代表目标分子；S 代表溶剂分子。除待测物外，流动相等溶剂也可能发生光电离，生成大量非期望的离子，增加检测噪声。因此，光子的能量应高于待测物的电离能而低于空气组分和常用溶剂的。常用的光源有氪灯（10.0 eV 和 10.6 eV，4∶1）、氩灯（11.7 eV）和氙灯（8.4 eV），实际应用时可根据流动相等的性质加以选择。

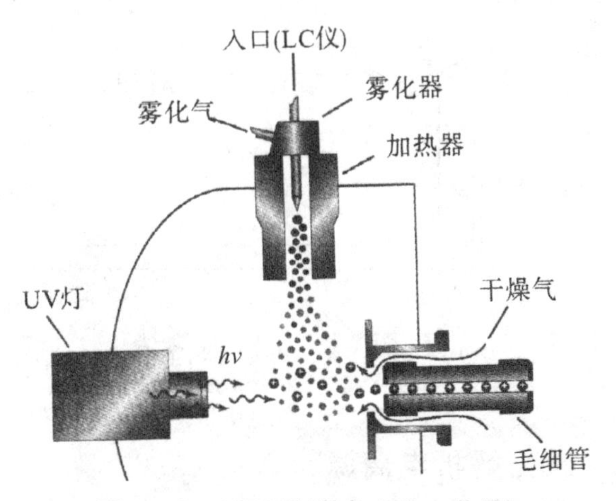

图 11-12　APPI 源（引自 Agilent 公司）

上述利用光子直接电离待测物的技术称“直接 APPI”。但在实际中，由于待测物和溶剂的光激发、光解离、辐射衰变、碰撞猝灭等过程会消耗大量光，所以直接电离的概率很低。

可通过加入一种或几种掺杂剂来提高电离效率，称为“掺杂剂辅助 APPI”。典型的掺杂剂参与的形成正离子的过程如下：

$$D + h\nu \longrightarrow D^{+\cdot} + e^- \quad \text{光电离}$$

$$D^{+\cdot} + M \longrightarrow M^{+\cdot} + D \quad \text{电荷转移}$$

$$D^{+\cdot} + S \longrightarrow [D-H]^{\cdot} + [S+H]^{+} \quad \text{反应物离子形成}$$

$$[S+H]^{+} + M \longrightarrow S + [M+H]^{+} \quad \text{质子转移}$$

式中，D 代表掺杂剂分子。掺杂剂光电离生成的反应物离子启动了一系列复杂的电离过程。作为掺杂剂，其电离能应低于光子能量，这样生成的光离子才具有高的复合能或低的质子亲和势。目前最常用的掺杂剂是丙酮和甲苯，苯、苯甲醚、六氟苯、四氢呋喃等亦见报道。

上述介绍的三种 API 技术——ESI、APCI、APPI，各有其适用范围（图 11-13）。虽然很难对此范围加以绝对定义，但 APPI 无疑对弱、非极性化合物的电离更具优势，且可用于 100 u 以下的化合物，这在不以水为流动相的反相 LC 和大部分正相 LC 中已得到证实。事实上，众多研究表明，APPI 与 ESI 更具互补性。总之，APPI 的出现扩大了 MS 的应用领域，该技术具有良好的发展前景。

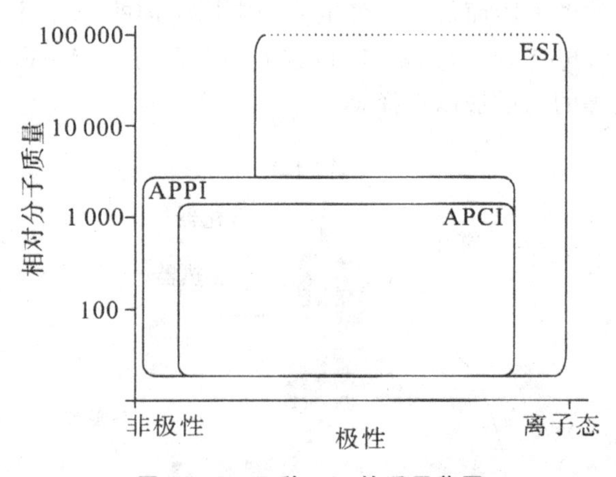

图 11-13　三种 API 的适用范围

11.3.5　激光解析电离源

追溯激光解吸电离的历史，我们知道，早在 20 世纪 60 年代，就用激光产生离子。当时称之为直接激光解吸法(LDI)。但样品直接用激光照射时，容易碎裂，很难得到分子量大于 1 000 u 的样品分子离子峰。长期以来发展甚慢。因此，用它来分析大分子有所突破是在 M. Karas 和 F. Hillenkamp 提出基质辅助的方法之后。

激光解吸电离源(LD)是一种结构简单、灵敏度很高的新电离源。它利用一定波长的脉冲式激光照射样品使样品电离，被分析的试样置于涂有基质的试样靶上，脉冲激光束经平面镜和透镜系统后照射到试样靶上，基质分子吸收激光能量，与试样分子一起蒸发到气相并使试样分子电离。激光电离源需要有合适的基质才能得到较好的离子产率。因此，这种电离源通常称为基质辅助激光解吸电离源(MALDI)。MALDI 在原理上与 FAB 相似，不同的是 MALDI 中能量则来自于激光光束。

MALDI 法可以使一些难于电离的试样电离，因此特别适用于一些生物大分子的场合(相对分子质量在 10 万这个级别)，如肽、蛋白质、核酸等。得到的质谱主要是分子离子，准分子离子、碎片离子和多电荷离子较少，可以得到精确的相对分子质量信息。MALDI 一般仅作为飞行时间分析器的离子源使用。

MALDI 的特点是准分子离子峰很强，几乎无碎片离子，因此可直接分析蛋白质酶解后产生的多肽混合物。另一特点是对样品中杂质的耐受量较大，当用液体色谱分离蛋白质时，往往把盐留在样品中，若这些盐的量在基质的 5%以下，可不影响蛋白离子的发射，因而往往可省去脱盐的步骤，大大缩短分析时间。

11.3.6　其他电离源

可用于 MS 的离子源种类很多，且新的电离技术层出不穷，无法一一介绍。其他一些经典的离子源还有场电离源和场解吸电离源等。

1. 场致电离源

场致电离源(FI)中，如图 11-14 所示，场发射极(阳极)与对应电极(阴极)之间施有高压(8～12 kV)，真空条件下，在高能电场的作用下，使气态样品分子离子化，吸到阳极上去。这样形成的分子离子的过剩能量较少，因此这种离子化法得到的分子离子较稳定，减少了进一步解离的概率，碎片离子较少。

可见，FI 是一种非常“软”的电离，适宜中性分子和离子化合物的电离。但 FI 要求液体和固体样品须先气化，不适用于难挥发、热不稳定的样品。

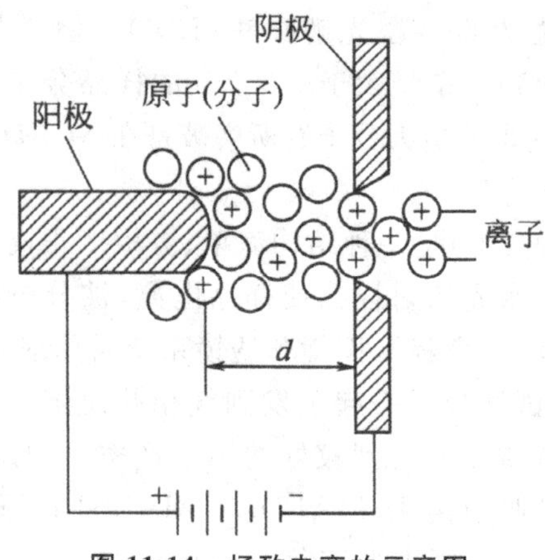

图 11-14　场致电离的示意图

2. 场解吸电离源

场解吸法(FD)是在 FI 的基础上发展出的一种方法。该法是将样品在阳极表面沉积成膜，然后将之放入场离子化源中，电子将从样品分子中移向阳极，同时又由于同性相斥，分子离子便从阳极解吸下来而进入加速室。这种离子化法所得到的分子离子很稳定。

FD 适宜于既不挥发且热稳定性差的样品。FD 原理与 FI 类似，但样品导入方式不同。FD 是将样品溶液直接涂敷在场发射极的表面，通过电流加热使样品解吸并在强电场中电离。近年来又出现了液体注入 FD 技术。

11.4　真空系统

真空系统为离子源和质量分析器提供所需要的真空环境。质谱仪的类型不同，对真空度的要求也不同。由于质谱仪检测的是具有一定动能的分子离子或碎片离子的离子流，为获得准确的离子信息，在从样品分子成为离子至离子被检测的整个过程中均应避免离子与气体分子间发生碰撞而造成能量的损失，因此，电离和加速系统、质量分析器、检测器均应处于高度真空的环境。

质谱仪对真空的要求与仪器类型、仪器部件和工作模式等有关。不同种类的离子源对真空度要求不同，例如，EI 源要求甚高真空($<10^{-4}$ Pa)，CI 源只要求中真空($10^{-1}\sim10^{2}$ Pa)，API 源则可在大气压下工作。同一类型的离子源经改进后也可适应不同的真空环境，例如，传统的 MALDI 源要

求中真空(10^2 Pa)，而 AP-MALDI 源则可在大气压下工作。不同的分析器对真空度的要求也不相同，例如，QIT 需要缓冲气，因此对真空度要求不高(10^{-1} Pa)，QMA 要求高真空(10^{-4}～10^{-3} Pa)，TOF 分析器要求甚高真空(10^{-7}～10^{-4} Pa)，Orbitrap 和 ICR-IT 要求超高真空(10^{-8}～10^{-7} Pa)。同一仪器中，不同部件(如离子源、离子光学系统、分析器、碰撞池)的真空度不同。不同工作模式下真空度也可能不同。

若真空度过低，则有以下危害：①大量氧气会烧坏离子源的灯丝；②会使本底增高，干扰质谱图；③干扰离子源中电子束的正常调节；④引起额外的离子-分子反应，改变裂解模型，使质谱解析复杂化；⑤用作加速离子的几千伏高压会引起放电等。

一般质谱仪用机械泵抽成真空，然后用高效率扩散泵连续地抽气以保持真空，现代质谱仪采用分子泵可获得更高的真空度。真空系统由抽气系统、真空阀、真空计、腔体、真空密封外壳等组成。抽气系统是整个真空系统的核心，一般由两级泵串联组成。第一级是机械泵(通常为 1～3 个)，有叶片泵、涡旋泵、罗茨泵、隔膜泵等类型。常用的叶片泵的抽速可达 50～500 L/min。第二级是高真空泵(通常为 2～3 个)，有涡轮分子泵、油扩散泵、低温泵等类型。常用的涡轮分子泵抽速为 50～500 L/s。机械泵的作用是提供高真空泵正常工作所需的前级真空(10^{-2}～1 Pa)，因此机械泵是真空泵的前级泵。高真空泵在前级真空的基础上再抽至仪器所需要的真空度。质谱仪的真空系统采用的是多级差动抽吸设计，即数个机械泵和高真空泵分别置于质谱仪中相互隔开的不同区域(即不同真空区，一般为三级或更多)，相邻区域通过小孔连通，存在一定压差。通过这种差动抽吸不仅可获得很高的真空度，而且可保证局部压强的波动不至于影响整个真空腔。

11.5　质量分析器

质量分析器是质谱仪最重要的部分，位于离子源和检测器之间，其作用是将不同质荷比的离子分开，以供检测器检测。

质量分析器的种类很多，常用的有单聚焦分析器、双聚焦分析器、四极杆分析器、飞行时间分析器、离子阱分析器、傅里叶变换离子回旋共振分析器等。不同类型的质谱仪具有不同的质量分析器，其工作原理、特点和适用范围也不一样。

11.5.1 单聚焦分析器

单聚焦分析器由加速器、磁铁、质量分析管、出射狭缝及真空系统组成。单聚焦分析器的优点是结构简单、操作方便。在单聚焦分析器中，离子源产生的离子在进入电场前，其初始能量不为零，而且由于最初试样分子动能的自然分布以及离子源内电场不均匀等原因，造成其初始能量各不相同，即使是 m/z 相同的离子，其初始能量也有差别，导致 m/z 相同的离子最后不能全部聚集在一起，所以单聚焦分析器的分辨率不高。这使得它不能满足有机物分析要求。

11.5.2 双聚焦分析器

双聚焦分析器是在单聚焦分析器的基础上发展起来的。为了解决离子能量分散问题、提高仪器的分辨率，高分辨质谱仪一般采用双聚焦分析器（图 11-15）。

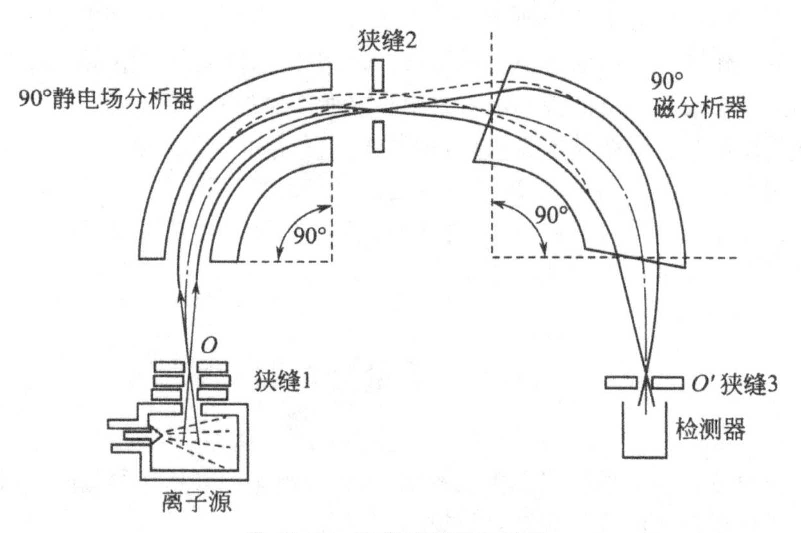

图 11-15　双聚焦质量分析器

为了消除离子能量分散对分辨率的影响，通常在扇形磁场前加一扇形电场，质量相同而能量不同的离子经过静电场后会彼此分开。只要是质量相同的离子，经过电场和磁场后可以汇聚在一起。另外，质量的离子会聚在另一点。改变离子加速电压可以实现质量扫描。这种由电场和磁场共同实现质量分离的分析器，同时具有方向聚焦和能量聚焦作用，就是双聚焦分析器。

双聚焦分析器的优点是大大提高了分辨率。缺点是扫描速度慢，操作、调整比较困难，而且仪器造价也比较昂贵。

11.5.3　四极杆分析器

四极杆分析器因由四根平行的棒状电极组成而得名。电极材料是镀金陶瓷或钼合金，截面为双曲面或圆形。两组电极间都施加有直流电压和叠加的交流电压，构成一个四极电场。如图 11-16 所示。

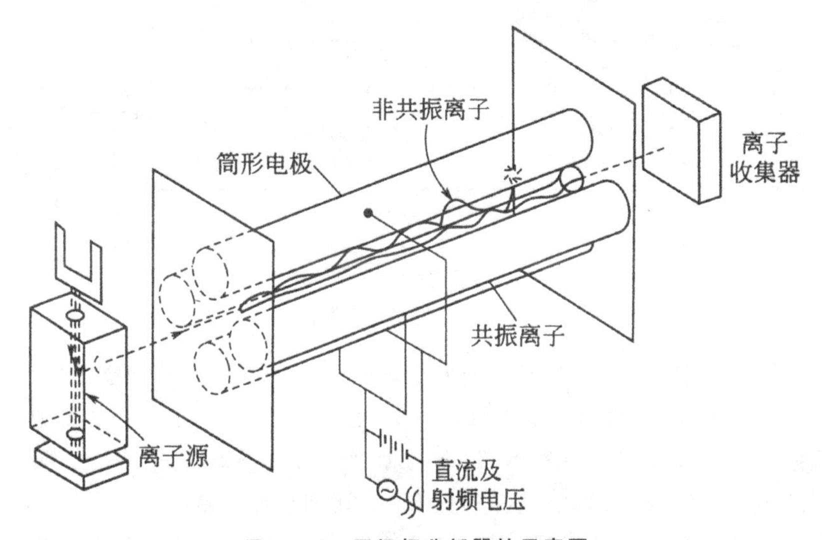

图 11-16　四极杆分析器的示意图

离子从离子源进入四极电场后，在场的作用下产生振动。当离子振幅是共振振幅时，可以通过四极电场到达检测器。如果交流射频电压频率恒定，在保持直流电压/射频电压大小比值不变的情况下，改变射频电压值，对应于一个射频电压值，只有某一种(或一定范围）质荷比的离子能够到达收集器并发出信号(这些离子称为共振离子)，其他离子在运动的过程中撞击在筒形电极上而被“过滤”掉，最后被真空泵抽走(称为非共振离子)，可实现不同离子质量的分离。

四极杆分析器具有对选择离子分析具有较高的灵敏度，体积小、重量轻，且操作方便等优点。另外，也可通过选择适当的离子通过四极电场，使干扰组分不被采集，消除组分间的干扰，适合于定量分析，但因这种扫描方式得到的质谱不是全谱，所以不能在质谱库检索进行定性分析。

11.5.4 飞行时间分析器

飞行时间分析器的核心部分是一个离子漂移管,进行质量分析的原理是用一个脉冲将离子源中的离子瞬间引出,经加速电压加速,使它们具有相同的动能而进入漂移管,质荷比最小的离子具有最快的速度因而首先到达检测器,而质荷比最大的离子则最后到达检测器。如图 11-17 所示为这种分析器的原理图。

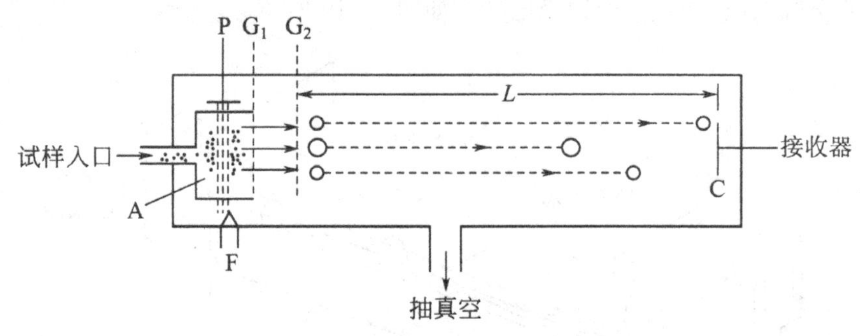

图 11-17 飞行时间质谱计

图 11-17 中,由阴极 F 发出的电子,受到电离室 A 上正电位的加速,进入并通过电离室 A 而到达电子收集极 P,电子在运动过程中碰撞 A 中的试样气体分子并使之电离。在栅极 G_1 上加上一个不大的负脉冲(−270 V),把正离子引出电离室 A,然后在栅极 G_2 上施加直流负高压 U(−2.8 kV),使离子加速而获得动能,以速率 v 飞跃长度为 L 的无电场又无磁场的漂移空间,最后到达离子接收器。同样,当脉冲电压为一定值时,离子向前运动的速率与离子的 m/z 有关,因此在漂移空间里,离子是以各种不同的速率在运动着,质量越小的离子,就越先落到接收器中。

忽略离子(质量为 m)的初始动能,可以认为离子动能为

$$\frac{1}{2}mv^2=zU$$

由此可写出离子速率为

$$v=\sqrt{\frac{2zU}{m}}$$

离子飞行长度为 L 的漂移空间所需时间 $t=\frac{L}{v}$,故可得

$$t=L\sqrt{\frac{m}{2zU}}$$

由此可见，在 L 和 U 等参数不变的条件下，离子由离子源到达接收器的飞行时间 t 和质荷比的平方根成正比。即对于能量相同的同价离子，离子质量越大，达到接收器所用的时间越长，质量越小，所用时间越短。根据这个原理，可以把不同质量的离子分开，适当增加漂移管的长度可以增加分辨率。

飞行时间分析器是一种质量范围宽、扫描速度快、既不需电场也不需磁场的分析器，但是存在分辨率低的缺点。目前，这种分析器已广泛应用于气相色谱-质谱联用仪、液相色谱-质谱联用仪和基质辅助激光解吸飞行时间质谱仪中。

11.5.5　离子阱分析器

离子阱质谱仪的原理也需要电场给予偏转能量。如图 11-18 所示为离子阱分析器的结构示意图，电场是由一个双曲面的中心环形电极和上下两个端帽电极组成的四极电场，直流电压和射频交变电压一般加在环电极上，端帽电极接地。质量扫描条件下，特定质荷比的离子在阱内以稳定的轨道振幅运动，在特定时间由引出电极拉出并被电子倍增器检测，不稳定离子由于振幅增大撞上电极而消失。

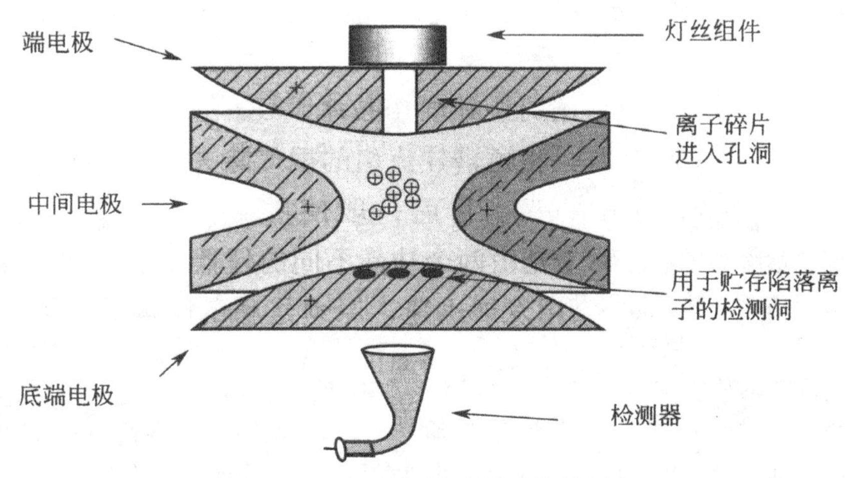

图 11-18　离子阱分析器的结构示意图

离子阱质谱仪结构简单，灵敏度较高，质量范围宽，检出限低，质量分辨能力强，这对多级串联质谱的实现非常有利，其缺点是质谱图与常规标准质谱图有所出入，不利于检索和比较，如使用外加离子源情况可得到改善。

11.5.6 傅里叶变换离子回旋共振分析器

傅里叶变换离子回旋共振分析器(FTICR)是由一对激发电极、一对检测电极和一对收集电极构成的池子,置于稳定的超导磁场中,磁场垂直于收集电极。它采用的是线性调频脉冲来激发离子,即在很短的时间内进行快速频率扫描,使很宽范围的质荷比的离子几乎同时受到激发。因而扫描速度和灵敏度比普通回旋共振分析器高得多。在一定强度的磁场中,离子做圆周运动,离子运行轨道受共振变换电场限制。当变换电场频率和回旋频率相同时,离子稳定加速,运动轨道半径越来越大,动能也越来越大。当电场消失时,沿轨道飞行的离子在电极上产生交变电流。对信号频率进行分析可得出离子质量。将时间与相应的频谱利用计算机经过傅里叶变换形成质谱。

傅里叶变换离子回旋共振质谱的特点如下:①具有超高分辨的性能;②具有高测量准确度;③可以实现时间串联 MS^n;④可以在池子内进行离子-分子反应,光解反应及诱导光发射等。

傅里叶变换离子回旋共振质谱仪是生物质谱实验室里最重要的工具,它在生物大分子的结构分析领域中占有最突出的地位。它对未知的生物分子的分析,是其他生物质谱不可替代的。

11.6 检测器和记录系统

检测器和记录系统是用以测量、记录离子流强度,从而得到质谱图的。检测器被喻为质谱仪的"眼睛"。其作用是收集离子以及采集、放大信号。相对于离子源和分析器,检测器受到的关注不多,发展较慢,缺乏革命性的突破口。

理想的检测器应当具有离子检测效率一致、噪声低或无、稳定性高、多种离子同时检测、宽质量范围响应、质量非依赖性响应、动态范围宽、响应快、恢复时间短、饱和度高等分析属性,以及寿命长、维护少、易更换和成本低等运行属性。实际上,目前没有哪种检测器能同时满足上述要求。

最早的质谱仪采用的是离子感光板,其起源可追溯到 Thomson 时代,不过现已几乎不用。现在常用的离子检测器有法拉第杯、电子倍增器、微通道板等,其他一些常见检测器还有闪烁计数器、照相底片、电流检测器、焦平面检测器等。不同类型的检测器检测原理不同。

11.6.1 法拉第杯

法拉第杯是一种简单的检测器，可直接测定电荷或电流，在 MS 早期曾大量应用。其结构如图 11-19 所示。法拉第杯与质谱仪的其他部分保持一定电位差以便捕获离子，当离子经过一个或多个抑制电极进入杯中时，将产生电流，经转换成电压后进行放大记录。

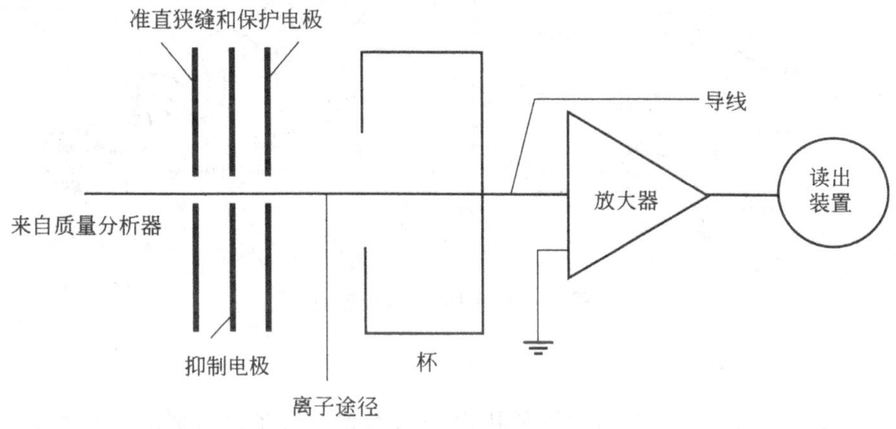

图 11-19 法拉第杯的结构原理图

法拉第杯响应慢、灵敏度低，但信号稳定、准确度高，配以合适的放大器可以检测约 10^{-15} A 的离子流。法拉第杯只适用于加速电压小于 1 kV 的质谱仪，因为更高的加速电压产生能量较大的离子流，这样离子流轰击入口狭缝或抑制电极时会产生大量二次电子甚至二次离子，从而影响信号检测。

11.6.2 电子倍增器

电子倍增器(EM)自 20 世纪 30 年代末一直沿用至今，具有灵敏度高、噪声低、响应快和线性范围宽等优点。按倍增极的结构不同，EM 可分为分立倍增极 EM(DDEM)和连续倍增极 EM(CDEM)。

1. DDEM

如图 11-20 所示为 DDEM 的示意图。具有较高动能的离子首先撞击置于 DDEM 前的转换倍增极，使之发射出多个次级粒子。针对正、负离子，转换倍增极分别采用不同的极性。正离子撞击负高压的转换倍增极，释放出若干负离子和电子；负离子撞击正高压的倍增极，释放出若干正离子。转换倍增极产生的正离子或电子撞击 DDEM 的第一级倍增极，发射出更多

(1～4 倍)的次级电子。由于各倍增极间存在持续升高的电势,每一级倍增极产生的次级电子被电场加速后撞向下一级倍增极(通常有 10～25 级)。此过程中,产生的次级电子就像滚雪球一样越来越多。这种级联效应产生的增益可达 10^4～10^8。最后一级倍增极产生的次级电子被收集器捕集。测量时可采用模拟计数和脉冲计数两种模式,后者的灵敏度更高。

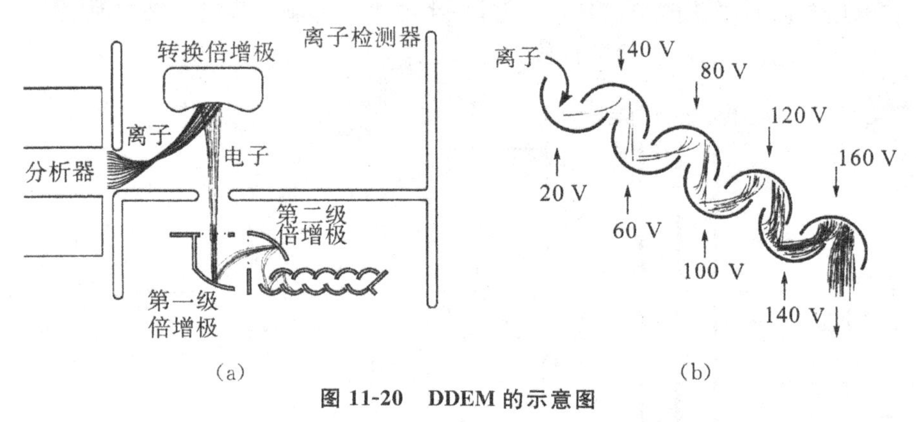

图 11-20　DDEM 的示意图

2. CDEM

现代质谱仪的检测器主要使用电子倍增器。电子倍增器的种类很多,其工作原理如图 11-21 所示。当离子束撞击阴极(铜铍合金或其他材料)C 的表面时,产生二次电子,然后用 D_1、D_2、D_3 等二次电极(通常为 15～18 级)使电子不断倍增(一个二次电子的数量倍增为 10^4～10^6 个二次电子)。最后为阳极 A 检测,可测出 10^{-17} A 的微弱电流,时间常数远小于 1 s,可灵敏、快速地进行检测。由于产生二次电子的数量与离子的质量与能量有关,即存在质量歧视效应,因此在进行定量分析时需加以校正。由电子倍增器输出的电流信号,经前置放大并转变为适合数字转换的电压,由计算机处理完成数据,并绘制成质谱图。

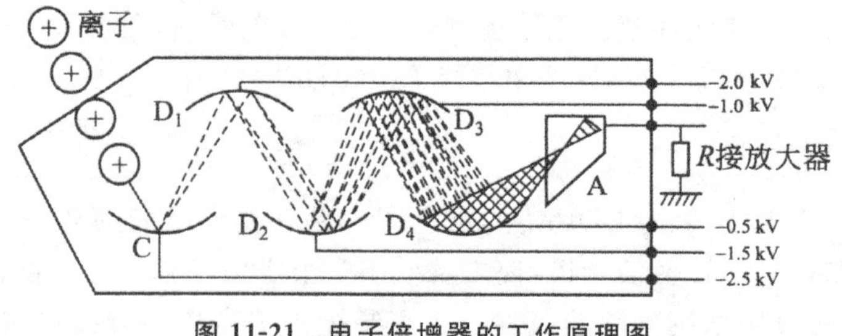

图 11-21　电子倍增器的工作原理图

近代质谱仪中常采用隧道电子倍增器,其工作原理与电子倍增器相似,因为体积小，多个隧道电子倍增器可以串列起来，用于同时检测多个 m/z 不同的离子，从而大大提高分析效率。质谱信号非常丰富，电子倍增器产生的信号可以通过一组具有不同灵敏度的检流计检出，再通过镜式记录仪（不是笔式记录仪）快速记录到光敏记录纸上。

11.6.3　微通道板

微通道板（MCP）是由数百万根平行的微型化 CEM（内径数十微米，长数毫米，以直管式为主）并联组成的二维阵列，呈薄片式蜂窝状结构（图 11-22），因此又称为 CEM 阵列。其基本原理与 CEM 相同。当离子束撞击多个 CEM 入口附近的内壁时，产生大量次级电子，经多次倍增获得较高的增益。通常将两块及以上的 MCP 串联使用，每块可使增益提高 $10^2 \sim 10^4$。由于 CEM 的增益主要取决于通道长度与内径之比（通常为 40～80），而与其绝对尺寸无关，因此通道内径可做得很小而无损增益。同时，由于次级电子在通道中的路径很短，因此 MCP 的响应快，电子脉冲宽度窄（约 1 ns），抖动小。加之检测面积大，因而非常适合 TOF 质谱仪。

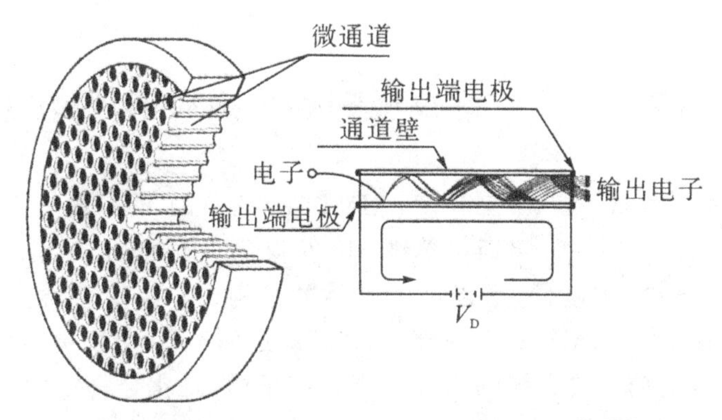

图 11-22　MCP（引自 Hamamatsu Photonic 公司）

11.6.4　记录仪

各种 m/z 的离子流，经检测器检测变成电信号，放大后由计算机采集和处理后，记录为质谱图或用示波器显示，该部件称为记录仪。质谱图是以质荷比（m/z）为横坐标，以各 m/z 离子的相对强度（也称为丰度）为纵坐标构成。一般把原始图上最强的离子峰定为基峰，并定其为相对强度 100%，其他离子峰以对基峰的相对百分值表示。因而，质谱图各离子峰为一些不同高度的直线条，每一条直线代表一个 m/z 离子的质谱峰。如图 11-23 所示为丙酸的质谱图(质谱数据还可以采用列表的形式，称为质谱表，表中两项为 m/z 及相对强度。质谱表可以准确地给出 m/z 精确值及相对强度，有助于进一步分析)。

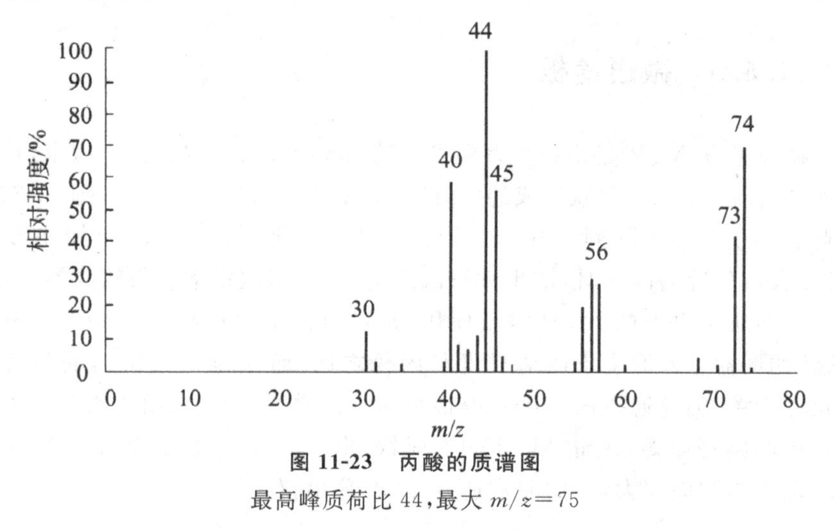

图 11-23　丙酸的质谱图

最高峰质荷比 44，最大 $m/z=75$

11.7　串联质谱仪(法)和多级质谱仪(法)

常见的一些离子源，如 ESI 源、APCI 源和 MALDI 源，易生成高丰度的加合离子、$[M-H]^-$ 等，可通过单级 MS 获得分子质量、元素组成信息。但由于碎片离子少，丰度低，难以推断具体的结构信息。串联质谱(Tandem Mass Spectrometer，MS/MS，MS^n)($n>2$)应运而生，可分别提供加合离子、$[M-H]^-$ 等的第一代和第($n-1$)代产物离子谱，是化合物结构解析、定性确证的有力工具。

何为 MS/MS? 就是以固定先驱离子扫描为例，化合物电离生成的加合离子、$[M-H]^-$ 等，被第一级 MS 筛选出来作为先驱离子，经解离或其他反应(如离子/分子反应)生成若干种第一代产物离子，然后用第二级 MS 对其进行分析。

何为 MS^n？就是从第一代产物离子中选取一种作先驱离子，再经历一次解离或其他反应，生成第二代产物离子，用第三级 MS 对其进行分析，此即为 MS^3。以此类推，第($n-1$)代产物离子用第 n 级 MS 进行分析，此即为 MS^n。

目前，商品化质谱仪可实现多达十余级的 MS^n。除了上述扫描模式，MS/MS 和 MS^n 还有固定产物离子扫描、中性丢失扫描、选择反应监测(又称为多反应监测)等三种基本模式。

串联质谱按实现形式分为:空间串联和时间串联。

1. 空间串联

空间串联在由碰撞池和两级相同或不同分析器组成的串联质谱仪上实现。其中由不同类型分析器构成的质谱仪称为杂交质谱仪。

空间串联的模式有:

①磁式质谱仪串联:EB,BE,BEB,BEBE(E-静电场,B-磁场)。

②三级四极质谱:QqQ(Q-四极杆)。

③混合型质谱:EBE-TOF,Q-TOF,BEQ。

空间串联是用第一级质谱选出要研究的离子,使其进入碰撞区与惰性气体碰撞,经过碰撞产生的产物由第二级质谱分析(图 11-24 及图 11-25)。

无论是上述哪一种串联方式,碰撞技术均为串联质谱的基础。

(1)碰撞诱导解吸(CID)

CID 是指具有一定动能的离子在碰撞区与其中性原子或分子发生非弹性碰撞。碰撞气通常是氦气、氩气、氮气及二氧化碳气等惰性气体,在碰撞过程中,离子部分动能转化为自身内能,导致离子分解。CID 过程有时也称为碰撞活化分解(Collision-Activation Dissociation,CAD)。

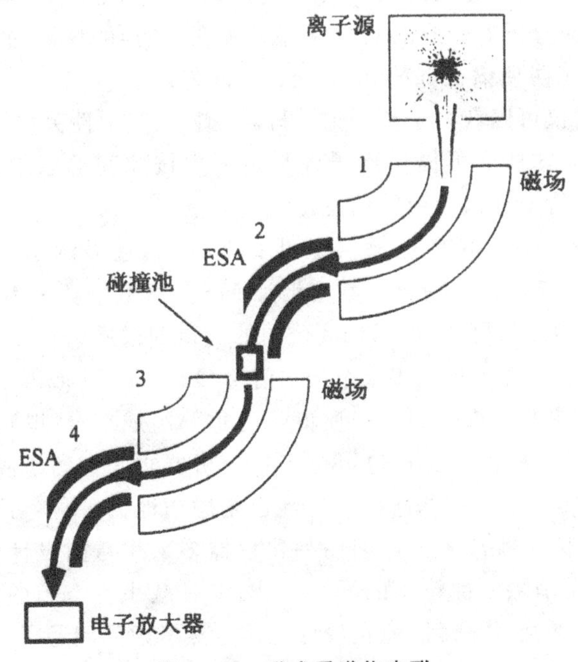

图 11-24　磁式质谱仪串联

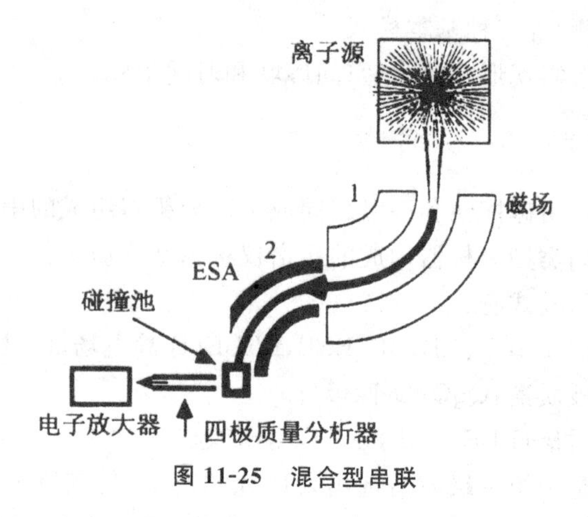

图 11-25　混合型串联

(2)表面诱导解吸(SID)

SID 是用固体表面作为碰撞靶,它传递给离子的能量分布较窄,易于控制转化的内能,适合于研究离子的表面化学反应及碎裂机理,它与 CID 互补。

2. 时间串联

时间串联在同一空间内按时间先后完成离子的选择、解离和产物离子分析,只需单级分析器构成的质谱仪即可实现,这样的仪器为 QIT、LIT 和 FT-ICR 等离子阱质谱仪(Orbitrap 质谱仪除外)。

串联质谱仪可以获得子离子谱、母离子谱、恒定中性丢失谱及多反应监测(MRM)等。这些谱可提供离子碎裂过程中彼此间的亲缘关系,对了解化合物的结构特征提供重要的信息。

QIT、LIT 和 FT-ICR 质谱仪也可实现 MS^n,且显然是更为理想的工具,因为通过不断增加分析器个数来增加 MS 的级数毕竟是不现实的,这样的商品化仪器也屈指可数,如 Extrel 公司的五重四极质谱仪以及 Thermo 公司的集三种分析器为一体的多级杂交质谱仪 Orbitrap Fusion™ Tribrid™。

碰撞池是串联质谱仪和多级质谱仪的重要组成部分,既可位于离子源加速区和第一级分析器之间,也可位于各分析器之间。离子阱分析器也可兼作碰撞池。ICP-MS 中的碰撞反应池也是碰撞池的一种,可通过离子/中性粒子反应消除干扰离子。目前商品化仪器多采用弯曲设计的碰撞池,作用有两个:一是消除中性粒子的噪声干扰;二是减小真空腔的体积。此外,最大限度减少串扰也是碰撞池在设计时需重点考虑的问题。

QqQ(图 11-26)是目前应用最广的串联质谱仪,称为三重四极(Triple-

Stage Quadrupole，TSQ)质谱仪。其第一级和第三级均为普通四极杆(Q)，第二级为碰撞池。早期的碰撞池采用的是仅加 RF 电压的四极杆(q)，如今几乎全为仅加 RF 电压的六极杆(Hexapole，h)或八极杆(Octopole，o)。尽管包含了 QqQ、QhQ、QoQ 等多种类型，“三重四极”质谱仪的名称仍沿用至今。

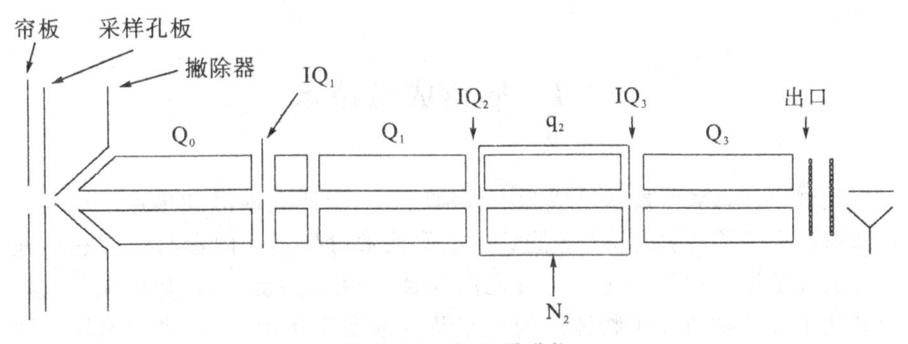

图 11-26　QqQ 质谱仪

串联和多级质谱仪类型多样，既包含了单个分析器的结构和功能，又具有整合后的特性。从结构上看，并非各种分析器的简单串联，需要进行仔细设计；也并非任意类型的分析器都适合组合搭配，其在质谱仪中出现的先后顺序也是有考量的。从功能上看，大大拓展了单级质谱仪的性能，并且不同厂商的仪器除了一些共同的基本工作方式外，还具有各自独特的工作方式。本章第五节已对常见的几种分析器作了较详细的介绍，这里不再赘述。

第12章　质谱成像与联用技术

12.1　质谱成像技术

质谱成像(IMS)技术已成为MS领域的一个研究前沿和热点。作为一种新型的分子成像技术,IMS能够用影像技术对生物体内参与生理和病理过程的分子进行定性或定量的可视化检测,可用于检测基因、蛋白质和药物等其他小分子物质在生物体内的分布及其浓度变化信息,提供生物体不同的生理过程及病理过程中分子的变化,在临床医学和分子生物学等领域有重大应用前景。

IMS技术与正电子发射断层成像、核磁共振成像、放射自显影和荧光成像等其他成像技术比较,具有以下几个特点:

①能够对多种分析物成像。

②不需要标记。

③可以同时获得非目标物质的信息。

④利用MS/MS分析可对未知化合物进行结构解析等。

IMS技术在近年来获得了长足发展,为生命科学、材料科学及生物医学等领域提供了强大的技术支持。

但是作为一种新兴的分子成像技术,其未来的发展需要从以下几个方面努力。

①加快数据采集及分析也是未来需要改进的一个重要方向。目前即使在最优化数据采集和处理条件下,利用质谱成像技术给出结果仍需较长时间。

②提高成像技术的空间分辨率,实现单细胞水平蛋白质组学成像分析。如果实现这个目标,临床医生就能够在分子水平上评估由显微镜观察到的结果。

③提高现有技术的灵敏度,因为低丰度生物标志物的检测经常受到灵敏度的限制;此外,提高成像空间分辨率的同时,进样量也会急剧降低,则需要高检测灵敏度的质谱分析器弥补。

此外，应进一步研发新的质谱成像探针技术，用于发展超大型或超小型成像质谱仪，前者用于人体或大型物体的成像分析，后者作为便携式仪器用于现场分析，这对于临床诊断、公共安全、食品安全和环境监测等都有非常重要的意义。

12.2　质谱联用技术

12.2.1　气相色谱-质谱技术

气相色谱-质谱联用仪（GC-MS）是分析仪器中较早实现联用技术的仪器。

1. 分类

GC-MS 联用仪的分类有多种方法，按照仪器的机械尺寸，可以粗略地分为大型、中型、小型三类气质联用仪；按照仪器的性能，粗略地分为高档、中档、低档三类气质联用仪或研究级和常规检测级两类。按照质谱技术，GC-MS 通常是指气相色谱-四极杆质谱或磁质谱，GC-ITMS 通常是指气相色谱-离子阱质谱，GC-TOFMS 是指气相色谱-飞行时间质谱等。按照质谱仪的分辨率，又可以分为高分辨、中分辨、低分辨气质联用仪。小型台式四极杆质谱检测器（MSD）的质量范围一般低于 10 000。四级杆质谱由于其本身固有的限制，一般 GC-MS 分辨率在 2 000 以下。与气相色谱联用的高分辨磁质谱一般最高分辨率可达 60 000 以上，与气相色谱联用的飞行时间质谱（TOFMS），其分辨率可达 5 000 左右。

2. 基本结构

由于质谱法的灵敏度高，扫描速度快，因此极适合与气相色谱联用，为柱后流出组分的结构鉴定提供确证的信息，而且即使对含量处于 ng 级，在数秒钟内流出的物质也可以鉴别。采用气相色谱填充柱时，载气流量达每分钟数十毫升，因此与高真空离子源极不匹配。为了解决此问题，必须采用接口，即分子分离器。其结构如图 12-1 所示。

气相色谱仪由进样器、色谱柱、检测器（GC-MS 联用时质谱仪为检测器）及控制色谱条件的微处理机组成。与气相色谱联用的质谱仪类型多种多样，主要体现在分析器的不同，有四极杆质谱仪、磁质谱仪、离子阱质谱仪及飞行时间质谱仪等。四极质谱仪的扫描速度高，但分辨率及灵敏度要差一些。最理想的是傅里叶变换离子回旋共振质谱仪。

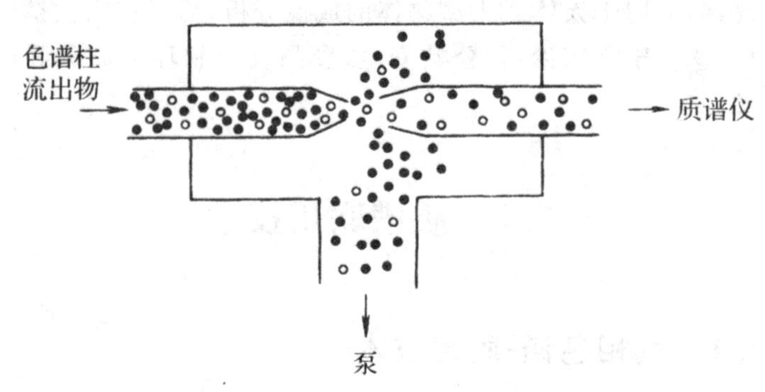

图 12-1 喷嘴分子分离器的结构

3. 工作原理

GC-MS 的工作原理如图 12-2 所示。当一个混合样品用微量注射器注入气相色谱仪的进样器后，样品在进样器中被加热气化。由载气载着样品气通过色谱柱，色谱柱内填有某种固定相，不同分析对象应选择不同的固定相。色谱柱分为填充柱和毛细管柱。由于气相色谱仪独特的分离能力，在一定的操作条件下，每种组分离开色谱柱出口的时间不同。从进样时算起至某组分的区域中心离开色谱柱出口的时间是这个组分的保留时间。

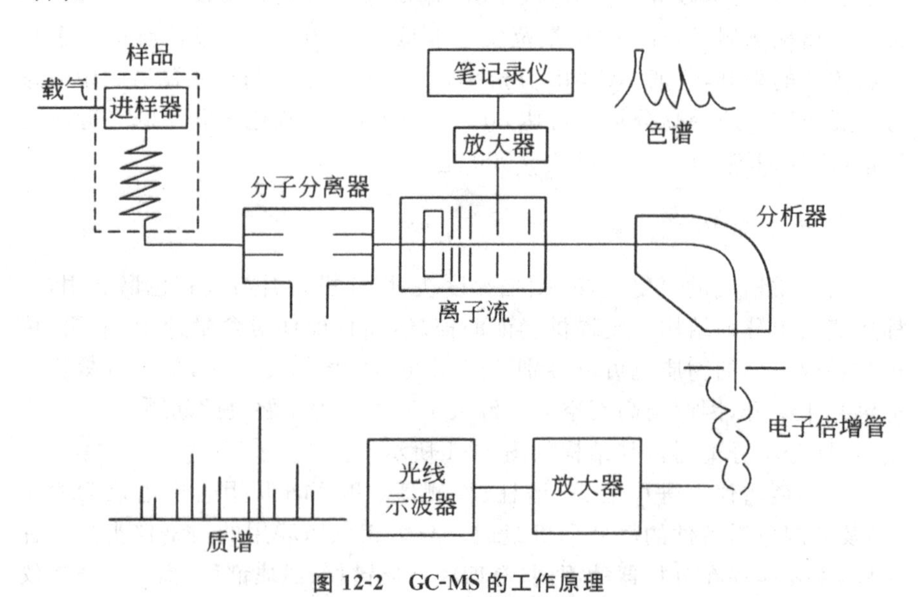

图 12-2 GC-MS 的工作原理

当有某种器件装在色谱柱出口时，能使到达柱出口的某组分转化为电信号。这个信号经放大器放大后可在记录仪上得到色谱峰的图形。上述器件在色谱仪中称为检测器，如热导池、氢火焰和电子俘获检测器等。在 GC-MS 中不使用这些检测器，而是用离子源中的一个总离子检测极代替它。在色谱仪出口，载气已完成它的历史使命，需设法筛去，保留组分的分子进入质谱仪的离子源中。分子分离器的作用就是尽可能地把载气筛去，只让组分的分子通过。因为这时组分的量非常少，进入质谱仪时，不至于严重破坏质谱仪的真空。

样品的中性分子进入质谱仪的离子源后将会被电离为带电离子。另外，还会有一部分载气进入离子源，它们和质谱仪内残余气体分子同时被电离为离子并构成本底。样品离子和本底离子一起被离子源的加速电压加速，射向质谱仪的分析器中，在进入分析器前，设计好的总离子检测极，收集总离子流的一部分。总离子检测极收集的离子流经过放大器放大并记录下来，在记录纸上得到的图形实际上就是该组分的色谱峰。总离子色谱峰由底到峰顶再下降的过程，就是某组分出现在离子源的过程。

在进行 GC-MS 操作时，从进样起，质谱仪开始在预定的质谱范围内，磁场作自动循环扫描，每次扫描给出一组质谱，存入计算机，计算机算出每组质谱的全部峰强总和，作为再现色谱峰的纵坐标。每次扫描的起始时间作为横坐标。这样每次扫描给出一个点，连接这些点会再现一个色谱峰。它和总离子色谱峰相似。数据系统可给出每个再现色谱峰峰顶所对应的时间，即保留时间。

利用再现的色谱峰，可任意调出色谱上任何一点所对应的一组质谱。色谱峰顶处可获得无畸变的质谱。另外，还可利用再现的色谱峰来计算峰面积进行定量分析。

4. 样品导入和接口

GC 柱上的流出物通过接口逐一进入质谱仪并被鉴定。用于 GC-MS 联用的色谱柱在柱流失方面有较高的要求，这是因为质谱仪对柱流出物有较大的响应。选用低流失的色谱柱对 GC-MS 联用至关重要。

GC 仪的出口处的压力为常压，而进入质谱仪的离子源要求真空，更重要的是 GC 的载气有一定的流速，如果使全部进入离子流，即使质谱仪有高性能的真空系统也难以维持所要求高真空。因此，实现 GC-MS 联用，需要解决的一个重要问题是气相色谱仪的出口大气压工作条件与质谱仪的真空操作条件相匹配。质谱仪必须在高真空（$10^{-5}\sim10^{-6}$ Pa）条件下工作，否则，电子能量将大部分消耗在大量的氮气和氧气分子的电离上。离子源的

适宜真空度约为 10^{-3} Pa，而色谱柱出口压力约为 10^{5} Pa，这高达 8 个数量级的压差是联用时必须考虑的问题。也就是说，要有一个适当的方法来解决两者间压差较大的问题。接口的作用一是降低压力，以满足质谱仪的要求；二是减少流量，排除过量的载气。经数十年的发展，目前最常用的接口有三种，用于毛细管柱的直接连接接口、开口分流接口和用于填充柱的分子分离器。

(1)直接连接接口

直接连接接口是早期出现的接口，也是最常见、最简单的接口，它是将色谱柱直接插入质谱仪的离子源内。这种接口如图 12-3 所示。这种接口样品的降解损失最小，灵敏度最高，其峰高比开口分流接口要高出 10 多倍，因此更适合于灵敏度较低的小峰定性。它不适合流量过大的大口径毛细管柱和填充柱，只适合于小口径毛细管柱。以便使质谱仪能在干净、高真空条件下操作。另外，由于色谱柱出口是直接插入离子源，处于真空条件下，柱效率损失较大，有时需调节色谱的流动条件。

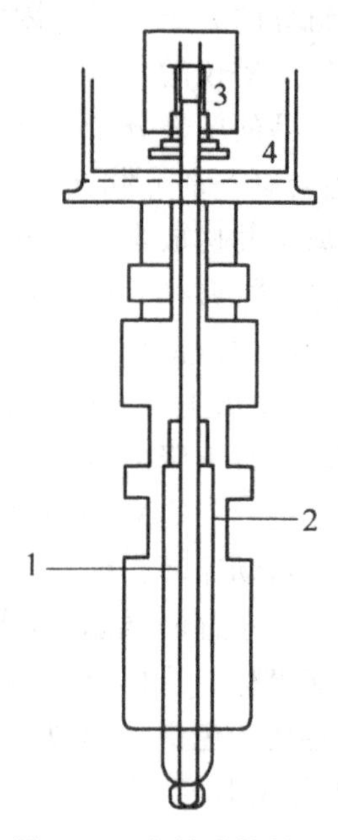

图 12-3　直接连接接口

1—毛细管柱；2—柱导引管；3—离子源；4—真空系统

(2)开口分流接口

开口分流接口只让色谱柱流出物的一部分流入质谱仪，它是最常用的分流型接口，如图 12-4 所示。毛细管柱末端插入接口，它的出口正对流入质谱仪的限流毛细管的入口。限流毛细管的外面有一根内衬管，使两根毛细管管端易于对准。两个插入口距离约为 2 mm，然后将两组件置于充有氦气的外套管中。若色谱柱流量超过质谱仪要求流量时，过多的色谱流出物则随气封氦气流出接口；当色谱柱流量小于质谱仪工作流量时，气封氦气可以提供补充气。由于接口处于常压氦气的保护，色谱柱出口处于常压，联用时不影响色谱柱的分离效能及更换色谱柱时不影响质谱仪的工作。因此，开口分流接口是毛细管柱气相色谱-质谱联用最常用的接口。

(3)分子分离器

分子分离器按其分离原理的不同可分为喷射式分离器、泻流型微孔玻璃分离器、渗透型硅橡胶膜分离器和半透膜分离器，但常用的是喷射式分离器，其结构示意图如图 12-5 所示。

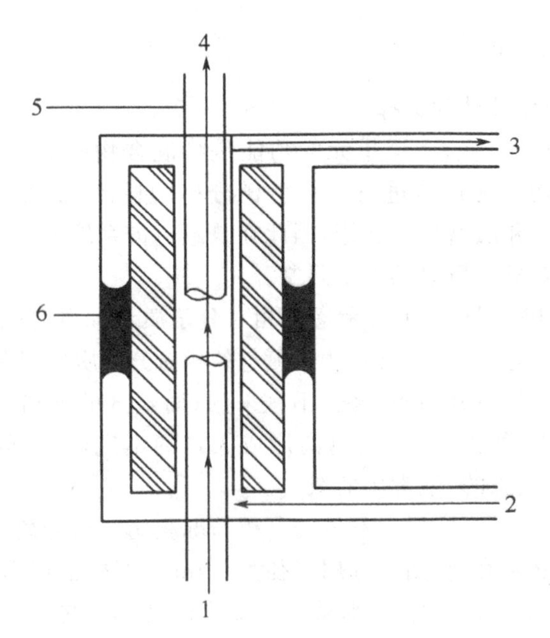

图 12-4　开口分流接口

1—毛细管流出物；2—吹扫气入口；3—吹扫气出口；
4—至离子源；5—高真空密封；6—吹扫气/气相色谱柱隔

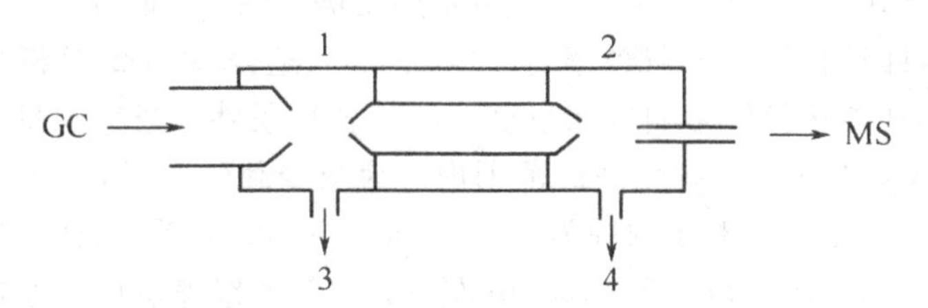

图 12-5　喷射式分离器的结构示意图

1—第一喷嘴；2—第二喷嘴；3—低真空泵；4—高真空泵

喷射式分离器是基于在膨胀的超音速喷射气流中，不同相对分子质量的气体有不同的扩散速率这一原理设计的。色谱流出物经第一级喷嘴喷出后，相对分子质量小的载气扩散快，因而大部分被真空泵抽走；样品气相对分子质量大，扩散慢，继续前进，此时的压强已降至 10 Pa，即样品得到了浓缩。再经一次喷射，压强可降至约 10^{-2} Pa，样品气再次被浓缩，然后被送入离子源。

喷射式分离器体积小，试样在分离器中停留的时间短（其流速相当于音速），热解和记忆效应少；缺点是制造困难，喷嘴容易被堵塞。

5. 操作条件的优化

(1)色谱操作条件的选择

在 GC-MS 中,气相色谱单元的功能是将混合物的多组分化合物分离成单组分化合物。凡是能进行气相色谱分析的样品,都可以进行 GC-MS 检测。但是由于和质谱仪相联用,因此在兼顾色谱系统的某些要求后,对被分析物质的相对分子质量都有了限制。

用于 GC-MS 的载气,主要考虑其相对分子质量和电离电位。气相色谱常用的载气为氮气、氢气和氦气,由于氮气的相对分子质量较大(28.14),会干扰低相对分子质量组分的质谱图,不宜采用;而氦气的电离电位(24.6 eV)比氢气(15.4 eV)的大,不易被电离形成大量的本底电流,利于质谱检测。因此,氦气是最理想的、最常用的载气。

在柱型的选择上,应根据具体的分析情况决定。若分离效率是次要的,且样品中大部分为溶剂,则可选用内径为 2 mm 的填充柱;若样品组成十分复杂,或样品总量不足几微克,则采用毛细管柱是合适的。对于常用的 MS,都采用毛细管柱。由于受质谱仪离子源真空度的限制,最常用的是内径为 0.25 mm、0.32 mm 的色谱柱。只有使用能除去溶剂的开口分流接口装置,才能使用内径为 0.53 mm 的色谱柱。对于固定液,除了考虑色谱分离效率外,还必须兼顾其流失问题,否则会造成复杂的质谱本底。交联柱的耐温能力比普通柱高,且耐溶剂冲洗,柱效率高,柱寿命长,很适合 GC-MS 分析。

此外,还要选择好影响气相色谱分离的各种条件。载气流量和线速度应选取在 GC-MS 仪接口允许的范围内。为减少载气总量,常采用较低的流量和较高的柱温。对于内径为 0.25 mm、0.5 mm 的毛细管柱,实用体积流量应分别为 1 mL/min、5 mL/min 左右。载气的线速度应等于或略高于最佳线速度。

最大样品量应以不使色谱柱分离度严重下降为宜,但是在进行痕量组分分析时,要使用超过极限的最大样品量。假若按最小色谱峰估算,样品总量仍不足时,则应进行样品预富集。

(2)防止离子源的污染和退化

色谱柱老化时不能接质谱仪(离子源),老化温度应高于使用温度。另外,所有的注射口(如隔垫、内衬管、界面)都必须保持干净,不能使手指汗渍、外来污染物玷污它们,否则会引起新的质量碎片峰。

(3)合理设置各温度带区的温度

必须维持色谱柱、分离器和质谱仪入口整个通路的温度恒定,或者自一端至另一端的温度逐渐下降幅度很小。务必避免通路中有冷却点存在,否则会使一些高沸点流出物在中途冷凝而影响质谱定量结果。例如，接口的温度过高或过低，常引起联机分析失败。一般来说，其温度可略低于柱温，每 100℃柱温，接口温度可低 15～20℃。任何时候均应避免在接口(包括连接管线)的任何部分出现冷却点。

(4)综合考虑质谱仪的操作参数

按分析要求和仪器能达到的性能来综合考虑质量色谱图的质量范围、分辨率和扫描速度。在选定气相色谱柱型和分离条件下，可知气相色谱峰的宽度，然后以 1/10 气相色谱峰宽来初定扫描周期。由所需谱图的质量范围、分辨率和扫描周期初定扫描速度，再实际测定，直至仪器性能满足要求为止。

总之，一次成功的联机分析要求色谱、接口及质谱部分均工作在良好状态。为此，常应在联机分析前先进行色谱单机实验，以了解样品量、溶剂以及是否需对所有色谱峰进行质谱分析等情况，从而选取最佳的联机条件。

12.2.2　液相色谱-质谱联用技术

液相色谱-质谱联用(LC-MS)必须通过一个特殊的接口，在样品进入质谱前将 LC 流动相中的大量溶剂除去，并使分离出的样品离子化，这样才能有效地将色谱分离和质谱检测相结合。因此，可以说液质联用技术的发展就是接口技术的发展。

在热喷雾接口出现之前，LC-MS 主要采用移动带接口和连续流 FAB 接口，但这并不是真正意义上的液质联用。直到大气压离子化技术(API)的出现才使液相色谱-质谱联用技术有了突破性进展，API 接口的商品化使得 LC-MS 成为真正的联用技术。

1. 工作原理

液相色谱是高压-液相-分子体系，而质谱是高真空-气相-离子体系。传统 HPLC 分离时用的高流速和质谱仪要求的高真空之间存在着难以协调的矛盾。HPLC-MS 接口设计是要把尽可能多的 LC 流出物引入 MS，以获得最大的灵敏度；并使待分析样品在接口处获得有效的浓缩，而 MS 的差速抽真空系统仅可容许引入约 50 nL/s 的液体流动相。

为克服以上限制采用了以下几种方法：

①扩大 MS 真空系统的抽气容量。

②引入真空系统前先除去溶剂。

③牺牲灵敏度，分流流出物。

④使用可在较低流量下有效工作的微型 LC 柱。将这些手段用于

LC-MS 接口技术中，可以解决真空匹配问题。

2. LC-MS 方法的建立

近年来发展起来的 ESI、APCI、APPI 等多种接口技术已成为 LC-MS 最常用的接口，均为在大气压条件下同时完成溶剂的去除和样品的电离。下面讨论 API-LC-MS 方法建立的一些规律。

(1)选择合适的离子化模式

作为 API-MS 的接口，ESI、APCI 和 APPI 各有所长，应根据样品的性质及色谱分离模式来选择合适的离子源，如图 12-6 所示。ESI 适于分析中等极性到强极性化合物，而 APCI 则适于分析非极性到中等极性、相对分子质量小于 1 000 的热稳定性化合物，APPI 适于分析非极性化合物。相比而言，ESI 适合与反相色谱、体积排阻色谱及亲和色谱联机；而 APCI 和 APPI 则适合与正相色谱和大多数反相色谱联机。

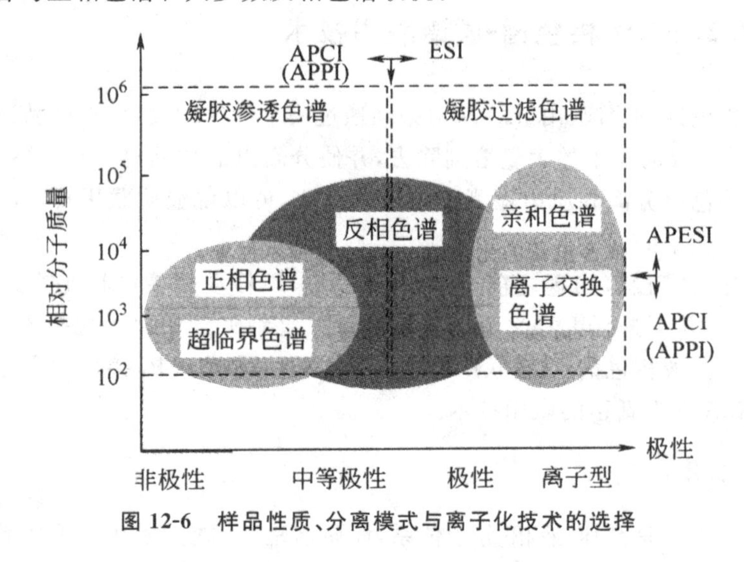

图 12-6 样品性质、分离模式与离子化技术的选择

(2)柱后修饰技术

通常情况下，对已有的色谱分离方法进行优化后不能得到较为满意的联机效果，这时，需采用柱后修饰技术加以解决，其流程如图 12-7 所示。

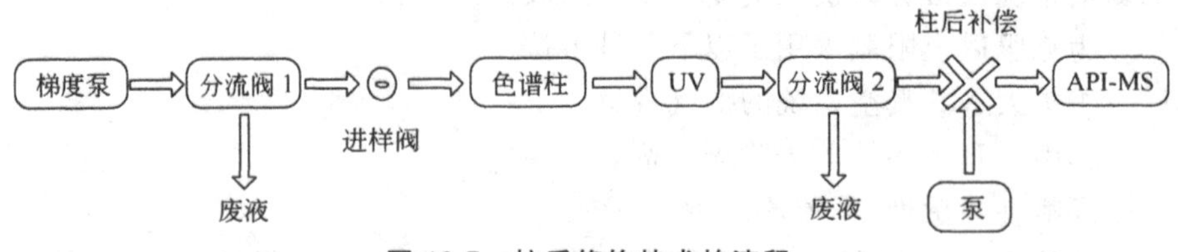

图 12-7 柱后修饰技术的流程

柱后修饰主要有以下几种：

①柱后添加挥发性的酸、碱溶液，调节流动相的 pH，如添加甲酸或乙酸的异丙醇溶液，降低流动相的 pH，可提高 ESI 正模式检测的灵敏度。反之，柱后添加 $NH_3 \cdot H_2O$，可提高流动相的 pH，有利于负模式检测。

②柱后添加有机溶剂以优化质谱性能，最合适的添加溶剂是异丙醇，能利于含水量较高的流动相去溶剂化，并可稀释离子型缓冲溶液。

③柱后分流，降低流速，通常用在大内径色谱柱分离上。

④柱后添加一定浓度的碱金属离子，使分子中缺少或不含可质子化位点的化合物阳离子化。

⑤柱后添加可与被分析物形成弱离子对的添加物来代替形成强离子对的添加物，提高 ESI 的灵敏度，这种柱后修饰技术称为“TFA-fix”。当流动相中含有三氟乙酸或七氟丁酸时，可在柱后添加弱酸来取代这些低沸点的强酸，如选用丙酸的异丙醇溶液。

⑥柱后衍生化以形成具有电喷雾活性的衍生物，可以检测出 ESI 条件下难离子化的样品。

(3)将 LC 方法转换为 LC-MS

进行方法转换时，要尽量选择与液质联机系统相匹配的色谱条件，应注意以下几点：

①使用挥发性的添加物，如甲酸、乙酸、TFA、$NH_3 \cdot H_2O$ 等来调节流动相的 pH。

②选用可挥发性缓冲盐代替不挥发性缓冲盐，或尽量采用低浓度的缓冲液。

③采用挥发性的离子对试剂，或尽量选择分子量较小的离子对试剂，避免产生较强的本底干扰。

④尽量采用色谱纯的有机溶剂，以减少噪声信号。

⑤由于长期使用缓冲液的色谱柱上可能残留有大量的 Na^+、K^+ 离子，因此应避免使用这样的色谱柱进行 LC-MS 分析。

⑥应根据不同情况选择合适的柱内径、流速。

⑦进行 HPLC-MS 分析时，要求样品尽量不含可能会引起 ESI 信号干扰的基质，且样品黏度不宜过大，以免堵塞喷口及毛细管入口。

因此，进行 HPLC-MS 联机前必须根据样品的具体情况选择合适的处理方法。

(4)选择合适的质谱检测模式

应根据样品的性质及流动相的组成来选择质谱检测模式，对碱性样品可优先考虑使用正离子模式，对酸性样品可使用负离子模式检测，当化合物的酸碱性不明确时可优先选择 APCI 正模式检测。

通常情况下，碱性化合物适于用正离子模式检测，测试溶液的 pH 应较低，可用乙酸、甲酸、三氟乙酸来调节。另外，酸性化合物适于用负离子模式检测，测试溶液的 pH 应较高，可用氨水或三乙胺等进行调节。

12.2.3 液相色谱-质谱/质谱联用技术

为了得到更多的有关分子离子和碎片离子的结构信息，早期的质谱工作者把亚稳离子作为一种研究对象。尽管亚稳离子能提供一定的结构信息，但由于亚稳离子形成的概率小，碎裂反应通道相对较少，难以检测。后来采取多种措施先使稳定离子活化，再发生裂解，从而得到离子的结构信息，这就是早期的质谱/质谱技术。随着质谱分析技术的发展，质谱/质谱串联的结构也越来越多，后来出现了很多软电离技术，如 ESI、APCI、FAB、MALDI 等，产生的大多是准分子离子，更需要通过串联质谱法来得到化合物的结构信息。因此，近年来，串联质谱法的发展十分迅速，其原理如图 12-8 所示。

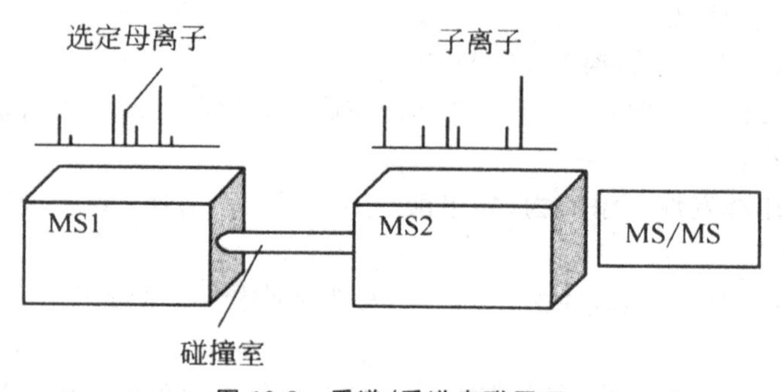

图 12-8 质谱/质谱串联原理

对稳定离子进行活化的方法很多，最常用的是向反应区引入惰性气体，具有一定动能的离子进入碰撞室后，与室内惰性气体的分子或原子发生碰撞。此时，离子的部分动能转化为热力学能，可发生多反应途径的裂解，这种技术称为碰撞活化裂解，也称为碰撞诱导裂解(CID)。对于磁式质谱仪，离子加速电压会超过几千伏，而对于四极杆、离子阱等，获得的离子动能在几到几百电子伏特之间，前者称为高能 CID，后者称为低能 CID。它们产生的离子内能分布不同，得到的子离子谱也有差别。高能 CID 谱的重现性好，而低能 CID 受碰撞气的种类、压力以及温度等多种因素的影响，重现性较差。

12.2.4 液相色谱-核磁共振波谱-质谱联用技术

核磁共振波谱(NMR)能给出化合物的立体化学信息，但如果没有分子量信息要确定一个未知物的结构是非常困难的，因此，HPLC-MS 和 HPLC-NMR 联用就有其必要性。目前，已有商品化的 LC-NMR-MS 仪器问世。

HPLC-MS 和 HPLC-NMR 联用的方式有两种：平行和并行。其中，平行联用设计是指色谱柱流出物依次经过两个检测器，由于混合物中某一组分在各检测器上的分析时间不同，得到的结果难以匹配解析，而且在 NMR 和 MS 之间存在压差，可能会使 NMR 探头渗漏，因此，比较常用的是并行的联用方式，如图 12-9 所示。

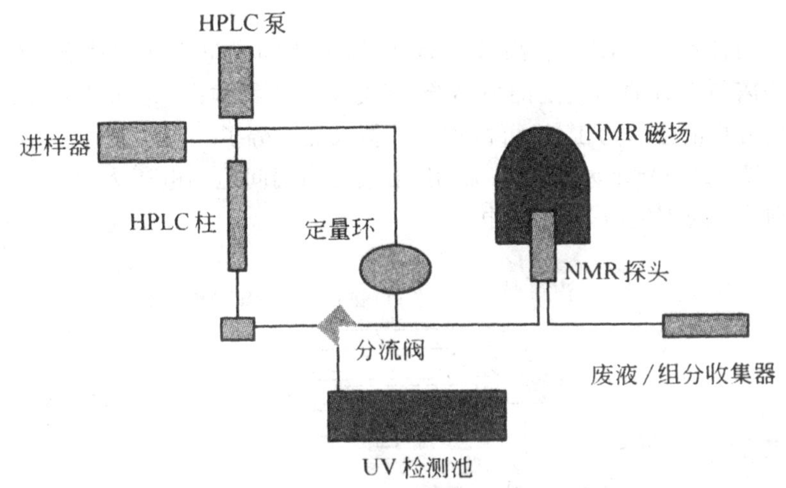

图 12-9　LC-NMR-MS 联用的示意图

在并行联用设计中，HPLC 流出物分流后进入各检测器，可以根据实验需要很容易地调节分流比。NMR 的最大缺点是检测灵敏度低，对 ^{1}HNMR，连续流动方式下需要 1～5 μg 样品，而 MS 只需要 ng 级或更低的样品量就可得到很好的信号，通常柱后分流后有 2%～5%的样品进入 MS，其余的进入 NMR。

通常在 HPLC 柱后加 UV 检测器，若 UV 检测池位于分流器前面，则可用 UV 信号来触发 NMR 检测、MS 检测或同步检测。若 UV 检测池位于分流器之后，则流出物可直接进入 MS，在到达 UV 检测池之前就出峰，随后该峰被 UV 检测，触发 NMR 做停流检测。

由于 NMR 和 MS 是两种完全不同的检测器，尽管 LC-NMR-MS 联用系统看起来相对简单，但在实际操作中仍有许多问题需要克服，如溶剂的匹配性、仪器的灵敏度以及磁场的影响等。为消除溶剂的 NMR 质子信号，通常采用氘代试剂，但可能会与被分析物发生 H/D 交换，影响 MS 相对分子质量的测定。另外，可用 MS 的 H/D 交换来确定分析物中可交换的氢原子个数。若考虑到 H/D 交换的发生，则可以在柱后添加质子化的溶剂使之逆转。联用时采用预饱和或 WET 脉冲序列技术等来消除溶剂的质子信号。

这种联用技术集合了 LC-NMR 和 LC-MS 的优点，可快速地在单次测量中获得丰富的样品结构信息，并成功用于天然产物混合物以及药物代谢物的在线分离分析等领域。

12.2.5 毛细管电泳-质谱联用技术

毛细管电泳（CE）具有高效分离、快速分析和微量进样的特点。CE 的高效分离与 MS 的高鉴定能力结合，成为微量生物样品，尤其是多肽、蛋白质分离分析的强有力工具，可以用来分析天然大分子。

如图 12-10 所示为 CE-MS 联用，毛细管两端间施加电压为 30～50 kV，而毛细管末端则施加 5 kV 的电压。

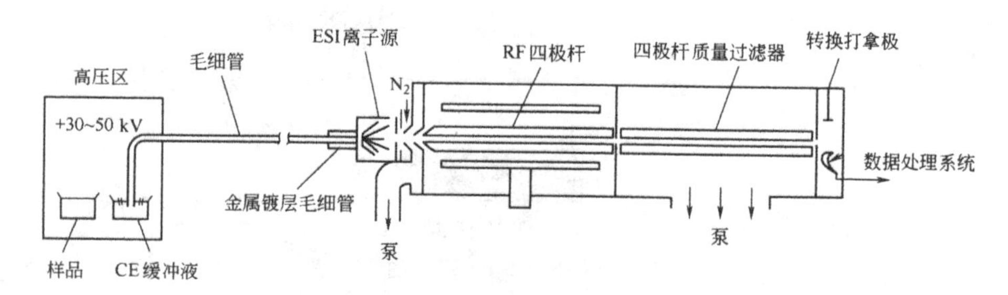

图 12-10 CE-MS 联用的示意图

薄层色谱（TLC）与 MS 和 FTIR 的联用已有了成功的接口，但没有得到广泛的应用，这大概是由于把分析实验中最简单、最便宜的分离技术与最复杂、最昂贵的检测技术相联接的缘故。但是，绝不能低估现代高效薄层色谱的分离能力及其通用性。超临界流体色谱（SFC）也已成功地与质谱、FTIR 和原子发射检测技术联用。根据 SFC 中所使用流动相的性质，对接口的要求也介于气相和液相色谱的接口之间。因此，现有的 GC 和 LC 接口只需稍加改动便可与各种类型的光谱检测器成功地联用。

这些发展背后的推动力是各种分离技术均需要高度灵敏和专属的检测器，使之能够解决日益复杂的分析问题。接口技术的成功与否将最终取决于是否能满足这些联机的要求，展望联用技术的未来，不难预测新颖的联用技术很可能就会出现。其中，毛细管电泳（CE）与 FTIR、原子发射、质谱检测技术联用等接口的研究已具有了一定的成熟性。

参考文献

[1]姜洪文.分析化学[M].4版.北京:化学工业出版社,2017.

[2]李晓莉.分析化学[M].北京:中国轻工业出版社,2017.

[3]邵利民.分析化学[M].北京:科学出版社,2017.

[4]陈媛梅.分析化学[M].北京:科学出版社,2017.

[5]曾元儿,张凌.分析化学[M].北京:科学出版社,2017.

[6]王嗣岑,朱军.分析化学[M].北京:科学出版社,2017.

[7]李明梅,吴琼林,方苗利.分析化学[M].武汉:华中科技大学出版社,2017.

[8]邢文卫,陈艾霞.分析化学[M].3版.北京:化学工业出版社,2017.

[9]何金兰,杨克让,李小戈.仪器分析原理[M].北京:科学出版社,2017.

[10]胡劲波,秦卫东.仪器分析[M].3版.北京:北京师范大学出版社,2017.

[11]陈浩.仪器分析[M].3版.北京:科学出版社,2017.

[12]方惠群,于俊生,史坚.仪器分析[M].北京:科学出版社,2017.

[13]罗思宝,甘中东.实用仪器分析[M].成都:西南交通大学出版社,2017.

[14]邹继红,司毅.分析化学[M].北京:科学出版社,2016.

[15]冯淑琴,甘中东.化学分析技术[M].北京:化学工业出版社,2016.

[16]高金波,吴红.分析化学[M].北京:中国医药科技出版社,2016.

[17]宋丽华,任晓燕.分析化学[M].重庆:重庆大学出版社,2016.

[18]李会,郭利.分析化学技术[M].北京:化学工业出版社,2016.

[19]王玉枝,张正奇.分析化学[M].3版.北京:科学出版社,2016.

[20]黄杉生.分析化学[M].北京:科学出版社,2016.

[21]赵世芬,闫冬良.仪器分析[M].北京:化学工业出版社,2016.

[22]严拯宇.仪器分析[M].2版.南京:东南大学出版社,2016.

[23]干宁,沈昊宇,贾志舰,等.现代仪器分析[M].北京:化学工业出版社,2016.

[24]天津大学分析化学教研组.仪器分析[M].北京:高等教育出版

社,2016.
[25]陈兴利,赵美丽.仪器分析[M].北京:化学工业出版社,2016.
[26]夏立娅.现代仪器分析技术[M].北京:中国质检出版社,2016.
[27]董慧茹.仪器分析[M].3版.北京:化学工业出版社,2016.
[28]杜一平.现代仪器分析方法[M].2版.上海:华东理工大学出版社,2015.
[29]姚思童,刘利,张进.分析化学[M].北京:化学工业出版社,2015.
[30]张云.分析化学[M].北京:化学工业出版社,2015.
[31]刘捷,司学芝.分析化学[M].2版.北京:化学工业出版社,2015.
[32]毋福海.分析化学[M].北京:人民卫生出版社,2015.
[33]郭英凯.仪器分析[M].2版.北京:化学工业出版社,2015.
[34]王世平.现代仪器分析原理与技术[M].北京:科学出版社,2015.
[35]田丹碧.仪器分析[M].2版.北京:化学工业出版社,2015.
[36]王文海.仪器分析[M].北京:化学工业出版社,2015.
[37]栾崇林.仪器分析[M].北京:化学工业出版社,2015.
[38]赵晓华,鲁梅.仪器分析[M].北京:中国轻工业出版社,2015.
[39]张俊霞,王利.仪器分析技术[M].重庆:重庆大学出版社,2015.
[40]石慧,刘德秀.分析化学[M].北京:化学工业出版社,2014.
[41]张梅,池玉梅.分析化学[M].北京:中国医药科技出版社,2014.
[42]吕海涛,宋祖伟.分析化学[M].北京:中国农业出版社,2014.
[43]戴大模,何英,等.分析化学[M].上海:华东师范大学出版社,2014.
[44]李慎新,卢燕,向珍.分析化学[M].北京:科学出版社,2014.
[45]苏少林.仪器分析[M].2版.北京:中国环境出版社,2014.
[46]赵美丽,徐晓安.仪器分析[M].北京:化学工业出版社,2014.
[47]李丽华,杨红兵.仪器分析[M].2版.武汉:华中科技大学出版社,2014.
[48]魏培海,曹国庆.仪器分析[M].3版.北京:高等教育出版社,2014.
[49]袁存光,于剑峰.高等仪器分析[M].北京:石油工业出版社,2014.
[50]姚开安,赵登山.仪器分析[M].南京:南京大学出版社,2014.